DIE WISSENSCHAFT

SAMMLUNG VON EINZELDARSTELLUNGEN AUS DEN GEBIETEN DER NATURWISSENSCHAFT UND DER TECHNIK

BAND 60

Dr. Alfred Wegener

Wind- und Wasserhosen in Europa

Mit 85 Abbildungen

Springer Fachmedien Wiesbaden GmbH

1917

PHÉNOMÈNE DE TROMBES MARINES.

observé dans la mer de Sicile en vue de Stromboli le 27 Juin 1827 et dessiné par L. Mazzara à bord du Brigantin le Portia capitaine Cabbage au moment où le navire faisait feu sur la trombe qui le menaçait de plus près

Erscheinung von Wasserhosen, beobachtet in den Gewässern von Sizilien in Sicht des Stromboli am 27. Juni 1827 und gezeichnet von L. Mazzara an Bord der Brigantine le Portia, Kapitän Cabbage, in dem Augenblick, wo das Schiff auf die es am nächsten bedrohende Wasserhose feuert. (Nr. 83 des Verzeichnisses; aus Platzgründen mußte das Bild auf der linken Seite, wo der Stromboli und noch zwei weitere ferne Wasserhosen sichtbar waren, etwas gekürzt werden. Original im Besitz der Deutschen Seewarte.)

Wind- und Wasserhosen
in Europa

Von

Prof. Dr. Alfred Wegener

Privatdozent der Meteorologie, prakt. Astronomie und kosmischen Physik
a. d. Universität Marburg i. H.

Mit 85 Abbildungen

Springer Fachmedien Wiesbaden GmbH

1917

Ursprünglich erschienen bei Friedr. Vieweg & Sohn, Braunschweig, Germany 1916
Softcover reprint of the hardcover 1st edition 1916

ISBN 978-3-663-19830-7 ISBN 978-3-663-20165-6 (eBook)
DOI 10.1007/978-3-663-20165-6

Dem Forscher und Menschen

Wladimir Köppen

in Verehrung gewidmet und zu seinem
70. Geburtstage am 25. September 1916

überreicht

vom Verfasser

Vorwort.

In dem vorliegenden Buch ist der Versuch gemacht, die in Europa über Wind- und Wasserhosen oder Tromben gemachten Beobachtungen zu sammeln und unter dem Gesichtspunkt ihrer physikalischen Erklärung zu sichten. Zwar gibt es schon einige ältere Zusammenfassungen über Tromben schlechthin, so von Lamy (1689), Montanari (1694), Boscovich (1749), Peltier (1840), Muncke (1842) und Reye (1872), die natürlich auch großenteils Material aus Europa verwenden, aber schon die Jahreszahlen zeigen, daß diese dem heutigen Stande der Forschung nicht mehr entsprechen können. Die vorliegende Arbeit gründet sich auf ein erheblich breiteres Beobachtungsmaterial, beschränkt sich aber dabei auf europäische Tromben, um diese den nordamerikanischen Tromben (Tornados) gegenüberstellen zu können, welche bereits von Finley (1887) einer Sonderbearbeitung unterworfen worden sind.

Das „Verzeichnis der benutzten Beobachtungen" erhebt natürlich keinen Anspruch, eine vollständige Liste der europäischen Trombenbeschreibungen zu sein; die italienische Literatur ist nur zum kleinsten Teil, die spanische, russische und die der Balkanländer gar nicht berücksichtigt; aber auch die deutsche ist sehr unvollständig. Es finden sich zweifellos noch zahlreiche deutsche Beschreibungen in Zeitschriften, Zeitungen, Reisebeschreibungen, Lebensbeschreibungen, Stadtchroniken, Predigten usw. versteckt, deren Berücksichtigung indessen dieser Arbeit statt des geplanten physikalischen einen vorwiegend historischen Charakter gegeben hätte und mir überdies in der gegenwärtigen Kriegszeit schlechterdings unmöglich war.

Diesen Umständen möge man es auch zugute halten, wenn die bibliographischen Angaben nicht immer die wünschenswerte Genauigkeit und Gleichmäßigkeit aufweisen.

Diejenigen Beschreibungen, die mir noch während der Ausarbeitung bekannt wurden, sind im Anhange des Verzeichnisses aufgeführt. Bei einem Teil der schon abgeschlossenen statistischen Zusammenstellungen konnten sie nicht mehr berücksichtigt werden, doch ist im übrigen ihr Inhalt in der gleichen Weise verwertet wie der der anderen.

Nicht aufgeführt sind im Verzeichnis die mehr als 200 an den „Onweder"-Stationen Hollands von 1888 bis 1913 notierten und oft auch kurz beschriebenen „Hoozen", welche in der jährlichen Veröffentlichung des Kgl. Niederländischen Meteorologischen Instituts „Onweders in Nederland" jahrgangsweise zusammengestellt sind. Sie wurden nur im statistischen Teil, insbesondere als unabhängige Kontrolle für die aus der Hauptsammlung abgeleitete jährliche und tägliche Häufigkeitsperiode benutzt.

Für Unterstützung bei der Sammlung des Materials habe ich den Herren Professoren v. Hann, Hellmann und Köppen zu danken, letzterem insbesondere auch für eine Durchsicht des Manuskriptes.

Die Verlagsbuchhandlung hat sich ein großes Verdienst dadurch erworben, daß sie nicht vor der Drucklegung dieses Buches mitten im Kriege zurückgeschreckt ist.

Im Felde, im August 1916.

Alfred Wegener.

Inhaltsverzeichnis.

Druckfehler.

S. 184 viertletzte Zeile: statt 75 000 lies 7 500
S. 184 drittletzte Zeile: „ 72 000 „ 7 200.

Erstes Kapitel.

Einleitung.

Literatur. Schon aus dem 17. Jahrhundert gibt es mehrere zusammenfassende Bücher über Tromben, welche von der Beschreibung eines Einzelfalles ausgehen, nämlich die 1689 zu Paris erschienenen „Conjectures phys. sur les colonnes de nuë“ des übrigens im Buchtitel nicht genannten Père François Lamy, und die 1694 zu Parma erschienene „Opera postuma del Sig. Dottore Geminiano Montanari“, betitelt: „Le forze d'Eolo, Dialogo fisico-matematico sopra gli effetti del Vortice, ò sia Turbine ... che il giorno 29 Luglio 1686 ha scorso e flagellato molte ville, e luoghi de' territorij di Mantova, Padova, Verona etc.“ Diese Bücher enthalten auch bereits Abbildungen von Tromben. Von größerer Bedeutung für die kontinuierliche Entwickelung der Trombenforschung ist aber erst das 1749 in Rom erschienene, 224 Seiten starke Buch von Boscovich[1]) „Sopra il Turbine che la notte tra gli XI, e XII Giugno de MDCCXLIX danneggiò una gran parte di Roma Dissertazione“, welches gleichfalls von einem Einzelfall, nämlich der im Titel genannten Trombe ausgehend, in seinem 2. Teil eine Reihe anderer Beobachtungen heranzieht und im 3. Teil die Entstehung untersucht. Eine erheblich größere Sammlung von Beschreibungen — wenn man von der Tornadoliteratur absieht, bisher die größte überhaupt —, und zwar teilweise in wörtlicher Wiedergabe oder Übersetzung, gab im Jahre 1840 der bekannte französische Physiker Peltier in seinem 444 Seiten starken Buche „Météorologie. Observations et recherches expérimentales sur les causes qui concourent à la formation des trombes“ (Paris 1840), dessen Trombenkatalog Becquerel in sein im selben Jahre

[1]) Im Titel des Buches steht durch Druckfehler Bos**ch**ovich. Siehe das Fehlerverzeichnis am Schluß desselben.

erschienenes „Traité expérimental de l'Électricité et du Magnetisme" übernahm. Diese wichtige Sammlung von 137 Trombenbeobachtungen aus aller Herren Länder wird leider durch die Voreingenommenheit des Autors für die elektrische Theorie so stark beeinflußt, daß sie als Quelle nur mit großer Vorsicht benutzt werden kann. Weit objektiver ist der im 10. Bande von Gehlers physikalischem Wörterbuch (Leipzig 1842) erschienene, 88 Seiten lange Artikel „Wettersäule" von Muncke, welcher ausdrücklich die falsche elektrische Theorie ablehnt und unter Verzicht auf eine vollständige Erklärung die Sammlung von Beobachtungstatsachen in den Vordergrund stellt, ohne aber Peltier an Materialmenge zu übertreffen. Letzteres trifft auch zu für das 30 Jahre später erschienene Buch des Straßburger Mathematikers Reye: „Die Wirbelstürme, Tornados und Wettersäulen in der Erd-Atmosphäre mit Berücksichtigung der Stürme in der Sonnen-Atmosphäre" (Hannover 1872), welches auf 248 Seiten ein sehr viel umfassenderes Thema behandelt, von dem die Tromben nur einen Teil bilden. Das Buch dient zudem der Durchführung einer bestimmten Theorie, welche man als die thermodynamische bezeichnen kann, und nach welcher die kleineren Staubwirbel, die Tromben und die Barometerdepressionen als wesensgleiche Erscheinungen aufgefaßt werden, nämlich als verursacht durch das Aufsteigen erhitzter Luftmassen. In der Sammlung reiner Tatsachen steht deshalb dies Buch hinter Munckes Arbeit zurück. Aus Europa wäre weiter höchstens noch die kurze Arbeit von Früh über „Wasserhosen auf Schweizer-Seen" (Jahresber. d. Geogr.-Ethnogr. Ges. in Zürich 1906—07, Zürich 1907, S. 105—127) zu nennen, wo im Anschluß an die Beschreibung einer Trombe auf dem Zugersee zum ersten Male der Versuch gemacht wird, eine historisch vollständige Übersicht bei allerdings sehr starker lokaler Einschränkung zu geben.

In Nordamerika hat sich dagegen in den letzten 50 Jahren über die dort viel häufigeren Windhosen, die sog. Tornados, eine eigene Literatur entwickelt, welche zu beachtenswerten Zusammenfassungen geführt hat. An erster Stelle ist hier das 196 Seiten starke Buch von J. P. Finley, „Tornadoes" (New York 1887) zu nennen. Da das vorliegende Buch aber den europäischen Tromben gewidmet ist, sollen hier nur kurz die wichtigsten amerikanischen Arbeiten aufgezählt werden:

J. P. Finley, On the Charakter of Six Hundred Tornadoes. Prof. Papers of the Signal Service N. VII, Washington 1882. (Überholt durch das oben genannte Buch, das auf dreimal größerem Material beruht und oft zu anderen Resultaten kommt.)

— The Tornadoes of Kansas for 29 Years, 1859—1887, Washington 1888.

W. M. Davis, The Relation of Tornadoes to Cyclones. Amer. Met. Journ. **1**, 121, 1884.

Gibson, Water-Spouts on the Gulf-Stream in Winter. Amer. Met. Journ. **3**, 119, 1886 (Ref. Met. Zeitschr. 1886, S. 559).

A. J. Henry, Tornadoes, 1895—96. Rep. of the Chief of the Weather Bureau 1895—96, Washington 1896.

S. D. Flora, Tornadoes in Kansas. Monthly Weather Review **43**, 615, 1915.

Bezeichnungen und Definition. Windhosen und Wasserhosen sind gleichartige Erscheinungen, nur ist erstere Bezeichnung auf dem Lande, letztere auf See gebräuchlich. Sollte es einmal gelingen, geringe grundsätzliche Unterschiede zwischen beiden zu entdecken, was bisher mit Sicherheit nicht möglich ist, so werden sich solche vermutlich ohne weiteres auf die verschiedene Reibung am Untergrunde zurückführen lassen. Die Bezeichnung „Hose" ist holländischen Ursprungs. Nach Friedr. Kluge [1]) ist der älteste Beleg: 1629 Deker, Diurnal etc., „so die Holländer eine Hoos nennen". Der Schweizer Scheuchzer (1746) kennt das Wort anscheinend noch nicht, sondern spricht von „Windsbraut", „Wasserthurn", „Wassersaul" etc. Die sprachliche Ableitung des Wortes „Hose" ist noch nicht festgestellt, wenn auch viele Ansichten darüber geäußert sind. Die nächstliegende Annahme ist, daß es identisch mit „Hose" (Beinkleid, früher auch langer Strumpf) ist. Auch der Schlauch an der Feuerspritze wird an Bord gewöhnlich Hose genannt; „hawse" (engl.) ist die Klüse, d. h. die Röhre für die Ankerkette. Auffällig ist allerdings, daß die Bezeichnung schon zu einer Zeit gebraucht wird, wo nach der damaligen Tracht der Vergleich mit dem Beinkleid weniger gut paßt als heute. Auch wäre dann die deutsche Sprache die einzige, welche sich dieses Vergleichs bediente. Ulrich Hellmann macht mich aufmerksam auf eine mögliche Ableitung von dem mittelniederdeutschen Verbum „hossen" (mittelhochdeutsch „hotzen", verwandt mit hetzen und huschen), welches bedeutet: in lebhafter wirbelnder Bewegung

---

[1]) Seemannsprache, Halle 1911.

sein (auch transitiv); infolge der allgemeinen Dehnung der Vokale könnte das Wort im Mittelalter lautlich mit „Hose“ (Beinkleid) zusammengefallen sein. Es ist aber noch nicht untersucht, ob nicht die holländischen Seefahrer Kenntnis und Bezeichnung dieser Erscheinung etwa von den Portugiesen übernommen haben [1]).

Im 19. Jahrhundert wurden mehrere Versuche gemacht, die beide Erscheinungen umfassende Bezeichnung „Wettersäule“ einzuführen, doch ist diese neuerdings wieder völlig aufgegeben worden, zumal seit die in größeren Städten für das Publikum bestimmten Wetterstationen so genannt wurden. Statt dessen hat sich in Deutschland wenigstens in der wissenschaftlichen Literatur die namentlich in Frankreich und Schweden allgemein verbreitete, aber schon fast international verwendbare Bezeichnung „Trombe“, die gleichfalls für Land und Wasser gilt, eingebürgert, ohne aber die beiden erstgenannten zu verdrängen. Dies Wort stammt vom italienischen „tromba“ (Trompete, auch Rüssel, Wasserpumpe), welches z. B. von Boscovich (1749) gelegentlich neben „turbine“ gebraucht wird, und bezeichnet also die Form des Wolkenschlauches. In den heutigen Physikbüchern wird es gern für Wirbel mit langer Achse überhaupt gebraucht. Diesem letzteren Brauch folgt beispielsweise Pouillet, wenn er bei der Windhose von Malaunay das Wort Trombe vermeidet, weil die Rotation nicht erwiesen sei, während Peltier und Heß sich an die ursprüngliche Bedeutung halten, wenn sie von „Tromben ohne Rotation“ sprechen.

In Nordamerika hat sich seit Anfang des 19. Jahrhunderts für die Windhosen die Bezeichnung „Tornado“ eingebürgert. Da diese Erscheinungen dort aus lokalen Ursachen nicht nur häufiger, sondern auch heftiger sind als in Europa, kann einer solchen Sonderbezeichnung eine gewisse Berechtigung nicht abgesprochen

---

[1]) Met. Zeitschr. 1886, S. 358 wird die Bezeichnung Windhase für die aufschäumende Stelle der Meeresoberfläche gebraucht, welche den Fuß einer nicht kondensierenden und deshalb unsichtbaren Wasserhose bildet. Mit diesem Ausdruck bezeichnet man an der Ostsee, z. B. in Memel, die an der Nordsee „Katzenpfoten“ genannten dunklen Flecke gekräuselten Wassers auf sonst glatter Oberfläche, die durch einzelne Windstöße verursacht werden und schnell wie Hasen über das Wasser laufen. Dabei ist zu bemerken, daß auch der Stamm der Worte „Hase“ und „hossen“ derselbe ist; der Hase ist das Tier, welches huscht.

werden. Allerdings ist die Wahl deshalb eine unglückliche, weil die Verwendung desselben Wortes für die Böen (Wirbel mit horizontaler Achse) des tropischen Westafrika, die erheblich älter ist, Anlaß zu Mißverständnissen geben kann. Indessen hat sich diese Bezeichnung völlig eingebürgert und wird sogar von Mohorovičič für eine besonders heftige europäische Windhose gebraucht.

Eine Definition der Wind- und Wasserhosen zu geben, ist eigentlich nur dann möglich, wenn man gewisse grundlegende Fragen, die heute immerhin noch der Erörterung bedürfen, als gelöst voraussetzt, insbesondere die Fragen, ob diese Erscheinungen stets Wirbel darstellen, und ob sie stets von einer Wolke herabkommen. Setzen wir dies und einiges andere, was erst in diesem Buche zu beweisen sein wird, als gegeben voraus, so kann man sagen, die Wind- und Wasserhosen sind große Luftwirbel mit vertikaler Achse, die vom Rande einer Cumulo-Nimbus-Wolke meist bis zum Erdboden herabreichen, in ihrem Inneren durch Kondensation in Form eines herabhängenden Zapfens, Trichters, Schlauches oder Säule, im unteren Teile auch durch Staub, ganz oder teilweise sichtbar sind und in einer meist nach Hektometern zählenden Spurbreite durch stürmisches Hinzuströmen der Luft zu dem stark luftverdünnten Raum um die Wirbelachse gewöhnlich derartige Verwüstungen verursachen, wie sie auch bei den schwersten Stürmen größerer Ausdehnung nicht beobachtet werden.

Abgrenzung gegen die Barometerdepressionen. Da es noch mancherlei andere Wirbel mit vertikaler Achse in der Atmosphäre gibt, und auch die Dimensionen und die Heftigkeit der Windhosen variieren, ist es notwendig, die Grenze zwischen letzteren und den nächst verwandten Formen festzustellen. Es wurde schon oben erwähnt, daß Reye — und eigentlich müßte man sagen, eine ganze Generation von Meteorologen, die durch die Namen Faye, Ferrel und Sprung gekennzeichnet wird — der Ansicht war, sowohl die kleinen bei Sonnenstrahlung entstehenden Staubwirbel als die Windhosen, ferner die tropischen Cyklonen und die Barometerdepressionen entständen alle auf gleiche Weise und bildeten eine einzige Formenreihe mit Übergängen, so daß sich auch die eine Form durch bloße Vergrößerung in die andere umwandeln könne. Derartige Umwandlungen von tropischen Cyklonen zu Barometerdepressionen sind in der Tat sehr häufig beobachtet worden. Es gehört auch nicht viel dazu, da die Dimensionen der größeren unter den Tropencyklonen schon diejenigen unserer Depressionen erreichen; der Durchmesser der Windsysteme ist nämlich nach v. Hann im Mittel folgender:

Tropencyklone	300—2000 (meist 500) km
Barometerdepression	1000—3000 km.

Aber obwohl die Tropencyklonen in ihrem Aufbau, insbesondere ihrem starken, durch die Centrifugalkraft erzeugten Barometerfall im Inneren sowie in der zentralen absteigenden Luftsäule des „Sturmauges", die rings von aufsteigender Luft umgeben ist, große Ähnlichkeit mit den Windhosen zeigen, fehlt doch vollkommen der Übergang zwischen beiden. Es ist jedenfalls bis heute niemals beobachtet worden, daß etwa eine Wasserhose sich in eine Tropencyklone umgewandelt hätte. Zwischen den Dimensionen klafft eine weite Lücke, die man doch kaum geneigt sein wird, heute noch auf Mängel der Beobachtungen zurückzuführen, wenn auch die Entstehung der Tropencyklonen noch keineswegs geklärt ist. Die Zahlen für die Durchmesser sind nämlich folgende:

Kleinste Tropencyklone	. . . .	300 km
Größte Windhose	Amerika	3 "
	Europa	2,3 "

Selbst wer die Frage einer möglichen Umwandlung offen lassen will, muß hiernach die Notwendigkeit zugeben, die Tromben als Wirbel mit langer Achse von jenen flachen Wirbelscheiben, deren Höhe nur etwa $^1/_{100}$ des Durchmessers beträgt, in der Behandlung zu trennen.

Abgrenzung gegen die Staubwirbel; Kleintromben und Großtromben. Nach der anderen Seite grenzen die Wind- und Wasserhosen an die Staubwirbel, wie sie in größerer Häufigkeit und Dimension aus Mesopotamien, der Sahara, Ägypten, Südamerika, Island und anderen, namentlich Wüstengebieten, beschrieben sind; und von diesen wieder scheint es Übergänge zu kleineren Wirbeln zu geben, die durch den Staub unserer Landstraßen, Laub u. a. sichtbar werden. G. A. Hirn [1]) scheint der erste gewesen zu sein, welcher

[1]) G. A. Hirn, Étude sur une classe particulière de tourbillons etc. Bull. de la Soc. de l'Hist. Nat. de Colmar, Paris 1878.

erkannte, daß die Entstehung dieser Staubwirbel oder Staubtromben eine ganz andere ist als die der Wind- und Wasserhosen, und nach ihm hat v. Hann diese Auffassung in allen 3 Auflagen seines bekannten Lehrbuches der Meteorologie mit Entschiedenheit vertreten: „Sie haben nur die Form mit ihnen gemein, nicht die Natur ihrer Entstehung". Während die Wind- und Wasserhosen in einer Cumulo-Nimbus-Wolke entstehen, von wo sich der Wirbel bis zum Erdboden herab verlängert, stehen die Staubwirbel meist gar nicht mit einer Wolke in Verbindung, sondern bilden sich vom Erdboden her in der Weise, daß eine staaberfüllte, anfangs meist ungeordnet aufstrudelnde Luftsäule sichtbar wird, die sich dann plötzlich in einen glatten, cylindrischen Körper verwandelt. Nach der Art ihres Vorkommens bei starker Sonnenstrahlung über großen ebenen Flächen ist zu schließen, daß die Überhitzung der untersten Luftschicht die Ursache des Aufstrudelns ist; auch über Bränden und heißer Lava entstehen bisweilen auf gleiche Weise ähnliche Gebilde. Das Aufsteigen scheint jedenfalls eine notwendige Bedingung für die Entstehung derartiger Wirbel zu sein; daß es auch eine ausreichende Bedingung sei, möchte ich bezweifeln, da uns mancherlei alltägliche Erfahrungen darüber belehren, daß in den meisten Fällen bei solchem Aufstrudeln keine Rotation entsteht[1]).

Die Dimensionen dieser Staubwirbel reichen an die der Windhosen jedenfalls nur selten heran, wenn sie auch oft mehrere Hundert Meter hoch sind. Ihre Rotationsgeschwindigkeit ist nie so groß, daß sie kondensieren; sie sind nur durch vom Boden aufgenommene Partikel sichtbar. Es entsteht in ihnen keine merkliche Luftverdünnung, der Wirbel ist also ebenso gebaut, als wenn er sich in einer inkompressiblen Flüssigkeit befände; für die Windhosen dagegen ist die starke Luftverdünnung im Inneren charakteristisch, und die Kompressibilität des Mediums spielt in ihrem Bau und in ihren Wirkungen eine Hauptrolle.

Aus dem gleichen Grunde der geringeren Rotation üben die Staubwirbel auch niemals zerstörende Wirkungen aus. Allerdings gibt es auch Cumulo-Nimbus-Tromben von geringerer Kraft, welche nicht kondensieren, so daß nur an der Wolke ein Zapfen und am Erdboden oder auf dem Wasser ein Fuß zu sehen ist, und

---

[1]) Auch Hirn hat diesen Zweifel geäußert.

die ich „blinde“ Tromben zu nennen vorschlage [1]). Aber niemals wird man diese von oben herabwachsenden Wirbel mit den aufsteigenden Staubwirbeln verwechseln können. Da nun für beide Erscheinungen die Bezeichnung Trombe eingebürgert ist, eine strenge Unterscheidung aber dringend nötig ist, schlage ich weiter vor, die Staubtromben und alle kleineren Formen als Kleintromben, die Windhosen, Wasserhosen und Tornados dagegen als Großtromben zu bezeichnen. Man wird diese Bezeichnungen vielleicht nicht nur in der Atmosphäre, sondern mit Vorteil auch in der Hydrosphäre anwenden können, wo wir in den leider noch fast gar nicht untersuchten Mahlströmen Wirbel von einer höheren Größenordnung haben als die gewöhnlichen Wasserwirbel.

In diesem Buche werden nur die Beobachtungen über die Großtromben der Atmosphäre behandelt, während die Kleintromben als wesentlich andere Erscheinungen beiseite gelassen werden. Es sei nur bemerkt, daß auch von den letzteren bereits zahlreiche Beschreibungen veröffentlicht sind, von denen hier diejenigen aufgezählt seien, die mir bei meiner Materialsammlung in die Hände fielen.

Literatur über Kleintromben.

1. Oeuvre de M. Franklin, II, Paris 1773, S. 75 (Beobachtungen über Sandwirbel).

2. Hamilton, Physikalische Merkwürdigkeiten bei dem letzten Ausbruche des Vesuvs, den 15. Juni 1794 (Beschluß). Gilb. Ann. d. Physik **6**, 21, 1800.

3. Stephensons Beobachtungen vom Ganges aus den Jahren 1831—34, angeführt von Muncke in Gehlerts Phys. Wörterb. **10**, 1637, 1842.

4. A. v. Humboldt, Ansichten der Natur, 3. Ausg. 1849, S. 26 und 222 (Sandhosen).

5. Roth, Der Vesuv und die Umgebung von Neapel. Berlin 1857, S. 130 (Heißluftsäulen über heißer Lava).

6. v. Seebach, Über den Vulkan von Santorin und die Eruption von 1866. Abhdlg. d. K. Ges. d. Wiss. zu Göttingen, Bd. 13, S. 57 (mit Abbildung der Aschentrombe).

7. D. Milne-Home, On rotatory Storms, as illustrated by the phenomena of Waterspouts and Whirlwinds. Journ. of the Scottish Met. Soc., New Series, Vol. II, S. 305, 1869 (Abschnitt II).

8. Schläfli, Über Staubtromben und den „Samum“ in Unter-Mesopotamien. Ztschr. d. Österr. Ges. f. Met. **5**, 469, 1870.

---

[1]) Im Altdeutschen bezeichnete blind, wie jetzt wohl noch in Blindschleiche, etwas, was nicht gesehen werden kann.

9. Raoul Pictet (Staubtromben bei Kairo), Archives des Sciences phys. et nat. de Genève, Juillet 1879.

10. Alex. Fischer Olmsted, Whirlwinds produced by the Burning of a Cane-Brake. Sill. J., II. Series, 11, S. 181.

11. Bailleul, Compt. Rend. **31**, S. 8 (Wirbel über heißer Lava).

12. Less, Sandhose in der Nähe von Berlin. Met. Ztschr. 1891, S. 274.

13. Budde, Eine Beobachtung kleiner Tromben. Ztschr. d. Österr. Ges. f. Met. **18**, 462, 1883.

14. Hildebrandsson et Teisserenc de Bort, Les Bases de la météorologie dynamique. Bd. 2, Paris 1900, S. 289 (Sandwirbel in der Sahara, von T. beobachtet).

15. Sprung, Staubtrombe bei Luzern. Met. Ztschr. 1885, S. 334.

16. Alfred Wegener, Staubwirbel auf Island. Met. Ztschr. 1914, S. 199.

17. Günther, Geophysik, Bd. II, S. 222, enthält eine Notiz über „Thronträger" in Mesopotamien, welche von Sueß als Staubsäulen gedeutet werden.

Zweites Kapitel.

Elf ausgewählte Originalbeschreibungen.

1. [A 10][1]) Hellmann, Beiträge zur Geschichte der Meteorologie (Veröff. d. Kgl. Preuß. Met. Inst. Nr. 273), Berlin 1914, S. 131 ff. (Ungewitter am 1. September 1535 zu Öls in Schlesien, aus einem theologisch-meteorologischen Traktate des Pfarrers Ambrosius Moibanus [1536], dessen langer Titel beginnt: Der 29. Psalm Dauids von der gewalt der stimme Gottes, jnn den lüfften u. s. w. — Die Beschreibung selbst stammt von Laurentius von Rosenroth, Knar genannt.)

[Vereinigung von 3 Gewittern. Starke Blitze. Wolle auf 10—12 km entführt. Decke eines Schlafzimmers gesprengt. Hausrat entführt. Laub „versengt". Rätselhafte Angaben über Feuer, Funken, Geruch. Verwechselung mit dem Rauch einer Feuersbrunst. Versetzung eines ganzen Hauses. Unbeschriebenes Wolkengebilde. Menschen mit den Betten auf die Straße geschleudert. Ganze Auflage eines Buches entführt und verstreut, teilweise ca. 8 km weit. 5 Personen von einem einstürzenden Giebel erschlagen. Ein Kachelofen gesprengt. Steinkreuz und Dachreiter von 2 Kirchendächern abgerissen. 14—15 Zinnen der Stadtmauer abgebrochen.]

[Gekürzt.]

[1]) [ ] = Nummer unseres Verzeichnisses.

„ES hat sich begeben, am ersten tage des Monats Septembris ... 1535 auff den abent, wie sich tag vnd nacht von ein ander haben scheiden wöllen, sind vom Mittage, mitternacht, vnd dem abent, aus jglichem winckel eines, drey große erschreckliche vngewitter, von ferne jnn aller höhe auff die Stad Olse zugezogen, welche bey fünff vierteil stunden, oder je lenger gewehret haben.

„... Es hat auch on vnterlas, wie sich die vngewitter erhaben, so hefftig vnd vber die mas gehimelitzt, der gleichen sie es jr leben lang nie gesehen, bis also alle drey vngewitter zu hauffe gezogen sind.

„... Zum vierden, Hat es auch einem armen tuchmacher, mit namen Matthes Khune, ein gemach auffgerissen, darinne er vngefehrlich bey zwenzig stein wolle gehabt, daran denn alle sein vermügen gewest ist, diese ist jm gentzlich vnd gar verfurt, das er dauon nicht eine hand vol behalten, vnd bey anderthalbe meil wegs von der stad Olsen, nachmals hin vnd her zurstrewet befunden.

„... Zum sechsten, Hat es dem Bader sein haus oben wie andere seinen nachbarn zerrissen vnd wegkgenomen. Item, es hat jm oben aus der deke seines schlaffgemachs aus einem newen gantzen leimenen, vnd festen soller drey tillen, sampt dem leime heraus sonderlich gerissen, dasselb also weg gefurt, das nach heutes tages kein stucke dauon gefundē ist. Dergleichen auch da er oben nachmals das gehultze, so jm von andern heusern auff seines kommen, weggereumet, hat er darunter von mancherley hausrat, als brathspisse, flachs, hecheln, siebe, körbe, grosse stucke zusamme gedrehete wixene liechte, einen grossen langen kochleffel, daran vnten ein eyserner rinck gewesen, vnd anders gefundē. Vn̄ weil es nicht sein gewest, sondern von frembde niemand weis von wanne oder wie, aldahin bracht, hat er jnn der Stat hin vnd her gefraget, vnd dasselb geweiset. Es hat sich aber niemand darzu bekennen können. Darzu sind jm auch die beume jnn seinem garten am haus beineben andern nachbarn von dem fewre, so gefallen hat, vorsenget worden.

„... Da solches geschehen, ist der Balbirer auff die gasse gelauffen ... Da er aber fur die haus thüre komen, hat er on alle gefehr gen himel gesehen, Da hat jn gedaucht, wie sich der himel hette gantz von einander gethan, vnd ist her vnter mit hauffen fewr gefallen, das die funcken auff jn gestuben, jedoch jm keinen schaden gethan, sondern bald verloschen. Aber dennoch haben jm den gantzen tag vnd lenger die kleider hart darnach gestuncken, Auch hat er angezeiget das er solchs, so er gesehen, an seinem gesichte schwerlich jmer mehr vberwinden würde, Vnd jm sey des morgens, von solchem jnn seinem haubte worden, gleich wie er zum teil darinne thamisch gewesen were.

„... Zum achten, Ist auch gemeltem Balbirer die wunderbarliche gesichte furkomen, Nemlich da er von der gassen widerumb jnn sein haus gelauffen, hat er bald darnach oben fur der stuben thür widerumb hinaus gesehen, da hat jn gedaucht wie eines Rathern, mit namen Christoff Tschirdewahn, gegen vber wonhafftig, haus gantz oben brente, vnd jnn der selben gassen als zumal eitel fewr were, Da ist er zu seinem weibe hinein jnn die stube gelauffen, vñ gesagt sie müsten nu alle verderben, etc. Bald ist er widerumb darnach aus der stuben gelauffen, vnd abermals hinaus gesehen, da ist es gantz finster vmb dasselb haus vnd gassen gewesen, Vnd wie es nachmals ein wenig gehimlitzt, das es schein gegeben, hat er gesehen, das desselben Rathern haus oben das dach vnd gibel gantz jnn dem gewaltigen fewr also hinweg kommen vnd gefurt worden ist.

„... Zum 14., Hat es auff einer gassen mit namen die Breslische gasse, ein gantz haus zwischen andern heusern gelegen ein gut teil von seiner stete auff die gasse geruckt vnd gesetzet ...

„... Zum fünffzehenden, Hat den hausman auff dem Ratsthurme nicht anders gedaucht, denn es weren die gründe an mauren, vnd das erdreich alles bodenlos geworden ... Auch hat er so ein wünderbarlich vnd seltzams gesicht am himel gesehen do sich das vngewitter angefangē, auch weil es geweret hat, das wie er sich hören hat lassen, jm dauon zureden vnmüglich sey, mit besonderm anzeigen, so bald er dauon reden wil, das jm alle seine glidmas erzittern vnd grausen fur fürchte.

„... Es hat auch etliche Jüden sampt jren weibern vnd Kindern aus jren schlaff gemechen sampt den betten, vber die decher, auff die gassen geworffen, Auch jre Kinder wegfüren wöllen, Dergleichen so haben sie daselbst bey jnen eine fast werckliche drückerey zugericht, darinne sie das Alte testament, so jnn jrer sprache auffs new mit einer glossen vnd auslegung corrigiert worden, jnn Hebreischer zunge zu drucken furgenommen, Welcher exemplar sie ein gantz gemach alle vol gehabt, Dieses gemach vnd drückerey, hat das wetter auch genomen, dasselb gantz eingerissen, die Exemplar vnd gedruckten sexternen vber alle heuser jnn die gassen der stad, fur die stad, auch jnn alle weitte feld gefurt, eines jnn das ander gemenget, zurrissen, an die zeune vnd beume gehangen, das man also des morgens, wie es tag worden, jnn vnd fur der stad, auch auff dem felde hin vnd wider vnd geringes vmb die stad die selben scarten vnd gedruckts papir souiel vnd gantz dicke gelegen, vnd funden, jnn massen wie es geschneiet hette, Das die leute jnn vnd vor der stad, auch die Bawrn auff dem felde der selben grosse bürden auff gelesen vnd heimgetragen haben, vnd solche scarten sind ferner denn eine gutte meil weges, vnd noch viel weitter von der stad jnn den Heiden vnd welden gespüret worden.

„... Zum Neunzehenden, Hat es an dem Rathause einen gantz starcken seer vesten vnd mit eisern anckern wol vorwarten alten Gibel (welcher wol lenger, den zweihundert iar gestanden) eingeworffen, vnd darunter funff personen inn den heusern, so an das Rathaus gebawet gewesen, erschlagen. Diese funffe vnd nicht mehr, hat dis erschreckliche vngewitter entleibet, Wiewol acht personen darinne gewesen, so sind ̃jr doch drei dauon wunderlich vnter allem ziegel grause errettet vnd beim leben erhaltē worden, Sonderlich ein Kind das inn einer wiegen gelegen, Und wen man es itzund fraget, was jm wederfaren sey, so gibt es ein zeichen mit einem finger, vnd weist inn den himel. Daraus wol vnd gnugsam zu vermuthen, das dis vnschuld kindlin etwas wunderbarlichs gesehen hat.

„... Ferner so hat es inn der Ratstube den Ofen am forderteile oben eine schicht kacheln oder zwo vom Thurme anzuheben bis vnten an den fus, vngeferlich drey kacheln breit weggerissen, vnd ist zu einem glasfensterlein hinaus gefaren, dasselb also mit genomen, das man nichts dauon funden, Dennoch an der Stüben sunst, welches ein fast hubsch vnd alt wercklichs gewelb ist, keinen schaden gethan.

„... Darnach dieselbige gasse hinder hingefaren, ein gros steinern Creutze vngeferlich eines mannes lang auff vnser lieben frawen kirchen oben vom dache, welches mit eisern ankern wol gefast gewest mit hinwegk gefürt, das man nicht das gerinste stucklein dauon finden hat kunnen. Nachmals auff des heiligen leichnams kirche, die da nicht weit von diser gelegen, die keule zu sampt dem knopff, daran vnten am Dache abgerissen, dieselbe jnndes erbarn Lucas Kosselers F. G. zur Olsen etc. Secretari garten geworffen, Das gebeuds auff der kirchen, sampt der Glocken jnn grundt gerissen vnd ein geschlagen.

„Vnd da man des morgens frue die keule vnd den knopff daran vnuerseeret jnn gedachtem garten gefunden, haben am vnterteile der keulen, welche da vnten an dem orte, damit sie auff dem dache gestanden, hol gewesen, alle vol der gedruckten Jüdischen briue so es hin vnd her verfurt, gestackt, gleich wie sie mit gewalt von jemand hinein gestossen vnd geschlagen gewest weren, Vnd ist also hinder der selben kirchen vber die statmaur hinaus gefaren, Alda an der statmaur vngeferlich bey vierzehen oder funffzehen zinnen mit hinweg genomen, Dergleichen zwey thorheuslein, die auff der maure gestanden zurissen vnd verfurt."

2. [43] Spallanzani, Mémoires de la Société d'Italie. Bd. 4, S. 473 ff., nach Peltiers französischer Übersetzung (Météorologie etc., Paris 1840, S. 237).

[Auf der Adria an der Küste von Istrien; anfangs tropfsteinartige Zapfen, dann 3 gleichzeitige Wasserhosen aus demselben Wolkenwulst; ringförmige lamellenartige Wassererhebung mit zentraler Vertiefung unter der Wasserhose; Geräusch; Zerreißen durch Wind.]

„Nachdem wir am Abend des 22. August 1785 in Venedig die Anker gelichtet hatten, kamen wir am folgenden Tage um 11 Uhr in Sicht der Berge von Istrien. Der Wind wehte ziemlich schwach aus Westen, der Himmel war mit Gewitterwolken bedeckt, die nach Osten zogen, und von Zeit zu Zeit waren im Nordosten lebhafte Blitze zu sehen, gefolgt von Donnerschlägen, die nicht jenes langgezogene Rollen hören ließen, welches man meist auf der Erde hört, sondern sehr kurzen Kanonenschüssen ähnelten; ich habe dies auch sonst beobachtet, hauptsächlich, wenn man nur Himmel und Wasser sieht. Die Unterfläche der Wolken berührte die Berge von Istrien, und schien daher nach Augenmaß nicht mehr als eine [italien.] Meile [= 1855 m] hoch zu sein. Sie war durchaus einförmig, mit Ausnahme eines Wulstes, der auf der einen Seite vorhanden war; und dort erschien die Wolke infolge ihrer größeren Dicke schwärzer. Außer der fortschreitenden Bewegung nach Osten, welche auch die übrigen Teile der

Wolke zeigten, hatte dieser Wulst noch eine wirbelnde Bewegung; und da wo er stand, leuchteten die Blitze und grollte der Donner häufiger, ohne daß ein Anzeichen von Regen zu sehen war. Der Wolkenwulst entsprach, auf das Meer projiziert, einem Orte, der nicht mehr als 5 [italien.] Meilen [= 9,2 km] von uns entfernt war. In dem Augenblick, als ich die Augen auf diesen Wulst als auf das augenfälligste Object gerichtet hielt, beobachtete ich, wie es sich in der Mitte plötzlich zu einer Art umgekehrtem Kegel verlängerte; andere Kegel erschienen sogleich auf dieselbe Weise neben dem ersten, welche außerordentlich, auch im großen, den lotrechten Stalaktiten von der Wölbung einer unterirdischen Höhle ähnelten. Aber diese Gruppe von Kegeln verschwand sogleich wieder; kurze Zeit darauf bildete sich ein anderer Kegel an demselben Ort, aber viel größer, welcher, sich schnell verlängernd und senkrecht hinabfallend, in sehr kurzer Zeit ohne Unterbrechung bis zum Meer hinabreichte, und die Oberfläche mit seinem unteren Ende berührte — man könnte sagen mit seiner Spitze, insofern sich die Basis des Kegels in dem Wolkenwulst verbarg. Als die Spitze das Meereswasser berührte, erhob sich dies zu einem kleinen Berge, welcher so lange bestand, wie der umgekehrte Kegel unversehrt blieb. Dies war also eine wirkliche und vollständige Wasserhose, während die kürzeren Kegel nur unvollkommen waren ...

„Die Spitze der Trombe war von uns etwa $3^1/_2$ [italien.] Meilen [= 6,5 km] entfernt. Ihr scheinbarer Durchmesser dort, wo sie das Meer berührte, schien 11 Fuß [= 3,3 m] nicht zu überschreiten; aber nach oben verdickte sie sich so, daß sie dort, wo sie die Wolke berührte, mindestens verzehnfacht erschien. Die Materie, aus der die Trombe bestand, schien sich nicht von derjenigen der erzeugenden Wolke zu unterscheiden, ausgenommen, daß sie mehr durchscheinend war; so konnte man in den unteren Teilen die dahinter liegenden Gegenstände, d. h. das jenseitige Meer, hindurchsehen. Die Trombe bildete einen sehr deutlichen Bogen, der nach unserer Seite convex und nach der entgegengesetzten concav war, und die Concavität war durch den Wind erzeugt, welcher noch immer aus Westen wehte. Der Punkt, an dem die Trombe das Meer berührte, lag nicht vertikal unter demjenigen, an welchem sie in die Wolke überging, sondern erheblich diesseits. Bei aufmerksamer Beobachtung konnte man diesen großen Bogen in einer von oben nach unten wachsenden fortschreitenden Bewegung sehen und zwar so, daß er sich uns sehr langsam näherte, obwohl er infolge seiner Richtung offenbar dem Schiff keinen Schaden tun, sondern seitlich vorbeigehen mußte.

„Während ich voller Freude dies wunderbare Schauspiel beobachtete, lösten sich plötzlich von demselben Wolkenwulst, der jetzt sehr schwarz war und unaufhörlich Blitz und Donner aussandte, zwei andere Tromben, die eine umfangreicher, die andere geringer als die erste, welche mit fast der gleichen Geschwindigkeit herabstiegen und sich mit dem Meer vereinigten. Die Zeitdauer des Herabsteigen betrug etwas mehr als drei Minuten. Außer der gewöhnlichen Krümmung sah ich an ihrem oberen Ende oder ihrer Basis [à leur cime ou base] eine kreisende Bewegung, und ich sah auch wegen der geringeren Entfernung jetzt mit größerer Schärfe die beiden Erhebungen von Wasser unter den Trombenspitzen, die sich in gleicher Weise bildeten, sobald diese das Meer berührten. Obwohl ich beim erstenmal diese Erhebung für eine solide Wassermasse gehalten hatte, bot sie doch nur den Anschein davon. Es war nur eine dünne Lamelle von Wasser, welche sich einige Fuß hoch über dem Meeresspiegel erhob und nur, mit einem guten Fernglas betrachtet, schaumbedeckt erschien. Da nun diese Lamelle an mehreren Stellen zerrissen war, ließ sie sehr deutlich eine Vertiefung in ihrem Inneren erkennen, die aber nicht in der Mitte lag und die mehr als zwei Fuß tief in das Meer eindrang. Ich nahm daher nicht ohne Grund an, daß es sich um eine Kraft handelte, die von oben nach unten auf das Meer wirkte und diese Höhlung erzeugte, und dabei das Wasser zwang, seitwärts davon emporzusteigen; und da die Höhlung und die Lamelle unter der Spitze der beiden Tromben lagen und ihnen bei ihrer Bewegung beharrlich folgten, so schloß ich, daß diese Kraft nur in einem Luftstrom bestehen könnte, der sich aus den Wolken durch die Trombe herabstürzte und das Meer mit Heftigkeit peitschte. Die große Nähe der Tromben ließ mich auch noch eine andere Erscheinung entdecken, die mich in meiner Meinung bestärkte; es ging nämlich von diesen beiden Aushöhlungen ein confuses, ununterbrochenes Geräusch aus, das dem ähnlich war, welches die Bäume hervorbringen, wenn sie heftig vom Winde geschüttelt werden. Das Meer hatte jedenfalls keinen Anteil an dieser Erscheinung, da seine Oberfläche nur durch einen schwachen

Wind leicht bewegt war. Während ich diese beiden Tromben betrachtete, war die erste verschwunden. Ihre Auflösung geschah folgendermaßen: Der Bogen, aus dem sie bestand, wurde immer schärfer, und allmählich bildete sich in der Mitte ein Winkel; darauf zerriß sie in zwei Stücke, und kaum hatte die Zerreißung stattgefunden, als auch schon die Wassererhebung zurücksank. Die beiden Bogenstücke hörten indessen nicht sofort auf zu existieren; sie blieben noch 11 Minuten lang sichtbar, dann verblaßten sie unmerklich, wie es bei einer Wolke sein kann, wenn sie sich in Nichts auflöst. Um aber auf die beiden anderen Tromben zurückzukommen, so konnte ich, als sie im Norden neben dem Schiff vorbei passierten, neue noch genauere Beobachtungen anstellen. Die (untere) Spitze der größten Trombe hatte ungefähr drei Ruten [= 10,8 m] Durchmesser, nach oben wuchs er schnell. Die Materie der Trombe schien mir vollkommen ähnlich der der Wolke zu sein, und ihre Transparenz gestattete zu sehen, daß ihr Inneres vollständig leer war. Man hörte aufs Deutlichste das Geräusch der Luft, welche vom oberen Teil der Trombe senkrecht herabfallend, mit Gewalt auf das Meer schlug, es zwang sich auszuhöhlen und um die Höhlung herum eine schäumende Lamelle von mehreren Fuß Höhe emporhob; und die Oberfläche der Höhlung kochte und schäumte und wurde in einer kreisenden Bewegung herumgeführt, alles Wirkungen des Ansturmes der Luft. Ähnliche Erscheinungen fanden statt in der kleineren Trombe.

„Während dieser Zeit hatte die Gewitterwolke unser Zenith erreicht, und zwar ohne einen Tropfen Regen zu geben. Sie wurde von Blitzen durchfurcht, die von sehr heftigen Donnerschlägen begleitet waren. An der Stelle, wo sich die Tromben ablösten (und dies war immer bei dem schwarzen Wolkenwulst) — an dieser Stelle, sage ich, bewegte sich die Wolke mit großer Geschwindigkeit im Kreise, nach Art einer Garnwinde, und diese Wirbelbewegung war noch deutlicher sichtbar an verschiedenen Stellen der Tromben. Die größte Trombe dauerte 27 Minuten, die kleinste 18; und die Dauer würde wahrscheinlich länger gewesen sein, wenn der Wind sie nicht zu sehr gebogen und schließlich im oberen Teile abgerissen hätte.

„Sobald die Säulen abgerissen waren, verloren die beiden Stellen des Meeres unter ihnen sofort ihre Aushöhlungen, ihre schäumenden Wasserlamellen glätteten sich und wurden wieder so ruhig wie das übrige Meer. Die abgerissenen Bögen der Tromben waren noch einige Zeit hindurch zu sehen, indem der obere Teil mit den Wolken verbunden blieb, und der untere vom Winde entführt wurde ..."

[Es folgen Schlußbetrachtungen, erst von Spallanzani, dann von Peltier.]

3. [53] Professor C. H. Wolke, Nachricht von einer sehr in der Nähe beobachteten Wasserhose. Gilberts Ann. d. Phys. **10**, 482, 1802.

[6 gleichzeitige Wasserhosen auf dem Finnischen Meerbusen, von denen eine über das Schiff fortschreitet. Geruch. Aushöhlung der Wasseroberfläche unter der Trombe. Auf- und absteigende Bewegung.]

„Am letzten Juli 1796, als ich mit einem Lübecker Schiffer M—r von Kronstadt abfuhr, um eine Reise nach Deutschland zu machen, wehte zwar auf kurze Zeit ein günstiger Wind aus Osten, doch wurde er schon gegen Abend westlich. Am 5. Aug. Nachmittags war er Nordwest, und wir kamen dabei lavirend nur wenig vorwärts. Bald darauf entstand eine gänzliche Windstille, so daß das Meer eine Spiegelfläche zu werden schien. In der nordwestlichen Gegend des Himmels erblickte ich eine lang gedehnte Masse düsterer Wolken von schwarzblauer Farbe, und bald darauf zwei fürchterlich herab sinkende Zapfen. Mein Schiffer und sein Steuermann, obgleich seit 30 Jahren auf der Ostsee hin und her schiffend, hatten noch nie eine Wasserhose gesehen, aber vieles von ihrer zerstörenden Kraft gehört. Sie erschraken also, und auf Befehl des Schiffers wurden alle Segel gleich eingezogen. Auch mir war dies Schauspiel, dessen Annäherung ich nach der Beschaffenheit des Windes und unserer Lage erwartete, neu. Ich freuete mich innerlich eben so sehr darüber, als es meinen Schiffer ängstigte. Beherzt, suchte ich ihn und meine Mitgefährten zu beruhigen, durch die Vorstellung, daß wir höchstens nur ein wenig Sturm und Regen zu erwarten hätten. Meine Beruhigung fand keine gute Aufnahme. Verdrießlich sagte er mir: »Sie haben gut sprechen, daß keine große Gefahr zu befürchten sey; denn Sie haben nicht, wie ich, ein Schiff zu verlieren.« Geht das Schiff verloren, guter Freund, erwiederte ich, wer von uns allen hat dann mehr oder minder zu befürchten? Mein Leben gilt mir so viel als Ihnen Ihr Schiff!

„Kaum hatten wir den kurzen Wortwechsel beendigt, als eins der Ungeheuer gegen uns her schwebte. Dem Scheine nach hatte es uns zu seinem Ziele gemacht. Der Wind wurde wieder merklich, und wir hätten noch jetzt dem Ueberfalle ausweichen können, wenn der Schiffer nur muthig genug gewesen wäre, geschwind ein Paar Segel herzustellen. Da dieses aber nicht geschah, so mußten wir uns geduldig ergeben, hätte auch das Ungeheuer, wie

Fig. 1. Rechts: die Wasserhose, welche das Schiff überschritt, vor (1) und nach (2) diesem Ereignis;
links: die 5 gleichzeitig mit (2) beobachteten Wasserhosen.

der Schiffer fürchtete, als ein gefüllter Schlauch uns und unser Fahrzeug überströmen, in seinen Wirbel aufnehmen, zu der Wolke empor ziehen und wieder herab schleudern können. Der Anblick auf diese anrückende Wassersäule, die sich von der Meeresfläche bis zu der düstern Wolke erhob, war, da wir sie in einer Entfernung von 100 Schritten wahrnahmen, wirklich schauderhaft. Es schien mir, daß die Tropfen, woraus der Cylinder bestand, nicht senkrecht herabfielen, sondern schraubengängig herabflossen und zum Theil in einer entgegengesetzten Richtung sich hinaufwanden (vgl. Fig. 1). Der Fuß der Säule schien auf einer großen kugelförmig hohlen Schale zu ruhen und mit ihr fortzugleiten. Des Schiffes Höhe, von der ich herabsah, erleichterte es mir, dieses zu bemerken. Um den Rand der Schale kochte die See mit Heftigkeit empor. Eine Menge kleiner und größerer Wassermassen *bb* tanzte um sie herum. Sie erhoben sich zugespitzt zu einer Höhe von 12 bis 16 Fuß, und sanken, während andere wieder stiegen, herunter. Eine leichte Wolke von Dünsten *aa*, welche die heftige Bewegung des Wassers erzeugte, schwebte über den tanzenden Spitzsäulen und um sie herum. Man konnte sich dabei des Gedankens an eine mitwirkende Feuergluth nicht enthalten.

„Nun wurde die Scene noch feierlicher, als das Getöse des nahen Ungeheuers unsere Ohren durchdrang. Bald hernach stieß es so auf das Vordertheil des Schiffes, daß die Angst, die meine Gefährten erfüllte, sie nicht hinderte, es zu fühlen. Zwei Frauenzimmer aus Wien schrieen auf: Jesus, Maria, Joseph! mein Schiffer: Ach, Herr Jesus, hilf uns! Die übrigen ließen nur ein Ach! oder ein Ach Gott! hören. Des heiligen Jonas Gebet in dem Bauche seines Wasserungeheuers ist zwar länger, aber wohl nicht inbrünstiger gewesen. Diese ängstliche Aeußerung störte mich in der Ruhe meiner Beobachtung und trieb mich unwillkührlich einen Schritt in die Kajüte hinein, vor deren Thüre ich vorher stand. Doch Alles war nur ein panisches Schrecken; keine Gefahr hatte statt. Die Wasserhose rauschte schnell von vorn nach hinten über uns und unser Schiff hinweg, bespritzte uns nur mit einzelnen Regentropfen von der Größe einer Kirsche, und ließ einen Schwefel- und Salpetergeruch nach, als, nach alter Sage, der Teufel. Der Schiffer dachte wohl hieran, indem er nun mit entlasteter Brust ausrief: Gott sey Dank! seht, da geht er hin! In demselben Augenblick sprang ich hervor, um den Abzug des zu sehr gefürchteten Ungeheuers zu betrachten.

„Es kam mir vor, als wenn unser Schiff den Tanz der Spitzsäulen unterbrochen und den Umfang ihres Springplatzes verringert hatte. Sie erhoben sich nicht gleich wieder zu der Höhe, die ich in gleicher Weise bei ihrem Anzuge wahrnahm. Den Durchmesser des aufkochenden Umfanges schätzte ich auf 130 Fuß, den der Hose auf 25 Fuß. Es kam mir abermahls so vor, als wenn das Wasser in dem Cylinder sich wie zwei Schrauben von einer Seite herab-, und von der andern hinaufwand. Die Lage desselben war nun so, daß die von der Sonne erleuchtete Seite uns in die Augen fiel, welche drei herabhängende Streifen *f*, *e*, *d* darstellte, wovon der mittelste *e* einen gelben Glanz hatte, die beiden äußeren *f* und *d* aber etwas dunkel erschienen. Wir verfolgten dieses angenehme Schauspiel so lange mit unsern Augen, bis es sich verlor.

„Aber wie erstaunten wir, da wir uns umsahen, und etwas mehr nach Norden hin noch fünf neu entstandene Wasserhosen *g h i k l* erblickten. Doch ich ließ meine Freude über das Glück, eine sehr seltene Erscheinung in der Nähe gesehen zu haben, so laut werden, daß sie sich den Herzen meiner Gefährten mittheilte und der Furcht keinen Raum verstattete. Die Segel wurden aufgezogen und wir fuhren weiter.“

[Fortgelassen sind ein paar einleitende Worte und zum Schluß eine kurze Mitteilung, welche dem Verfasser von einem Landprediger R. über eine Wasserhose bei Repsholt gemacht wurde. Dieselbe soll „einen Weiher fast wasserleer gemacht und die Fische desselben auf das Land umher gestreut“ haben.]

4. [54] Lampadius, Systematischer Grundriß der Atmosphärologie, Freyberg 1806, S. 167 ff.

[Die Windhose von Hainichen. Spurbreite von 60 Schritten. Außerhalb der Spur Windstille. Einsturz von Häusern und Gewölben. Abheben der Dächer. Kühe und Federvieh erschlagen. Menschen verletzt. Gasse im Walde. Verdorren der Vegetation. Geruch.]

[In einigen einleitenden Worten wird mitgeteilt, daß die Trombe am 23. April 1800 zwischen 4 und 5 Uhr nachmittags in der Gegend des Städtchens Hainichen stattfand, 5 Stunden von Freiberg, an dessen Bergakademie L. Professor war, und daß die folgende Beschreibung von ihm bereits im selben Jahre aufgesetzt wurde. „Folgende authentische Thatsachen über diese große Naturbegebenheit sind theils von mir selbst an Ort und Stelle gesammelt, theils durch glaubwürdige Personen mitgetheilt worden“.]

„Nachdem bereits seit dem Mittage in dem Umkreise der genannten Gegenden mehrere jedoch nicht sehr starke Gewitter, zum Theil mit Hagel begleitet, von Westen nach Osten vorüber gezogen waren, bildete sich plötzlich eine sehr finstere Wolke ohngefähr wie es schien, $^3/_4$ Stunde unterhalb Haynichen, nordostwärts, in deren Mitte sich ein langer Schlauchähnlicher weißer Nebelstrahl zu bilden anfieng, an Größe immer zunahm, und sich abwechselnd bald zur Erde neigte, bald sich wieder der schwarzen Wolke näherte. Dieses geschahe unter steten schnellen Fortschwimmen der erwähnten Wolke. Nach wenigen Minuten näherte sich die Spitze dieses Schlauches ganz der Erde und strich mit unglaublicher Schnelligkeit mit Staub und Verwüstung begleitet, von Südwest nach Ost an der Oberfläche der Erde fort. In 7 bis 8 Minuten berührte dieser Wirbel eine Strecke fast von einer deutschen Meile in einer gleichförmigen Breite von 60 Schritten. Alle sich seinem Flusse entgegenstämmende erhabene Gegenstände wurden zerrissen und umher geschleudert, indeß, was äußerst merkwürdig ist, außerhalb dieser Breite, eine Windstille herrschte. Man denke sich das Erstaunen einer Bauerfrau in Dittersdorf, welche durch das Fenster in der Wohnstube ihres Hauses die Scheune neben demselben mit dem größten Geprassel einstürzen sieht, indem sie sich an ihrem Beobachtungsorte ganz ruhig und ohne Erschütterung befindet. Zuerst wollen wir den Zug dieser Windhose noch etwas genauer beschreiben und dann noch einige merkwürdige Nebenumstände mittheilen. Südwestlich auf den Feldern des Dorfes Arnsdorf fällt der Wirbel gegen die Erde nieder und fängt zuerst an die Dächer der Gebäude dieses Ortes zu zerstören. Nun senkt er sich tiefer und zieht in derselben Richtung auf das Dorf Dittersdorf los, und zertrümmert zuerst das vor 6 Jahren ganz neu erbauete Philippische Guth. Die Scheune wird in Stücken umher geworfen, die Stallgebäude werden verrückt und das große Wohngebäude, bis auf den linken Flügel gänzlich zertrümmert. Jedoch wird auch der letzte um 3 Ellen verschoben. Das Dach nebst den Böden voll Getraide werden in den nächsten Teich geschleudert, indem das Mauerwerk zerrissen wird und die Gewölbe einstürzen. Nur einzig die gewölbte Küche erhält sich, und hier fristet die Vorsehung der Familie des Hausbesitzers das Leben. Mehrere Kühe werden erschlagen, andere halb zerdrückt und sonst beschädigt, und erfüllen mit ängstlichen Brüllen die Luft, indessen das Federvieh durch den heftigen Wirbel getödtet mit fortgerissen wird. An diesen Thieren bemerkte man keine Spuren einer Versengung. Auf dem nächstgelegenen Gute reißt diese ungeheure Kraft drey Seitengebäude und zwei einzeln gelegene Häuser nieder. In dem einen werden zwey alte Eheleute unter der Trümmern verschüttet. Sie erhalten jedoch ihr Leben, aber der Mann wird am Kopfe sehr beschädigt und der Frau ein Schenkel gebrochen. Immer weiter fliegt nun die wirbelnde Bewegung und setzt ihren Lauf zuerst quer durch den angrenzenden Churfürstl. Wald fort. In der Breite von 60 Schritten wird dort kein Baum und Strauch verschont. Abgebrochen, ausgerissen und zum Theil weit umher geschleudert werden diese starken Gewächse, und in einem Augenblicke eine Allee durch den Wald geschlagen. Mehrere dieser Bäume waren fast ganz geschält und zwar bis an ihre Spitzen. Um sich einen Begrif von jener Kraft zu machen, bedenke man daß starke Bäume mehrere hundert Schritte aus dem Walde über den Strigisfluß fortgeschleudert wurden. Noch immer verheerend zieht dieser Strom auf das Dorf Etzdorf bey dem Städtchen Roßwein, und vollendet seine Verwüstungen mit der Zerstörung von vier Bauerngütern und einem Halbhufengute. Mehrere dieser Häuser wurden gänzlich nieder und umher geworfen, von andern wieder die Dächer abgedeckt, Wände und andere Theile der Häuser verschoben und umher geschleudert. Eichen und Linden, wie alle andere Bäume auf dem Zuge in diesen Dorfe wurden ausgerissen und zerbrochen. Doch auch hier kam, weil viele Einwohner auf dem Felde beschäftigt waren, glücklicherweise niemand ums Leben. Einige Personen wurden zwar unter den Ruinen verschüttet und beschädigt, aber dennoch gerettet. Endlich veränderte sich die wirbelnde Bewegung, und die Dampf- und Wolkensäule zerstreuete sich zwischen Etzdorf und Roßwein. Zwischen Dittersdorf und Etzdorf wurde ein Knecht nebst zwey Pferden gegen 60 Schritte weit in den Hohlweg geschleudert. Er liegt einige Minuten ohne Bewußtseyn, und erstaunt bey dem Erwachen über die Spuren der Verwüstung um ihn her, so wie über seine Pferde, welche keuchend in einiger Entfernung von ihm in dem Strauchwerk verwickelt liegen."

[Es folgt ein Abschnitt über die vermutlichen Ursachen der Trombe. Darin heißt es, daß es in „der ganzen Zeit als die wirbelnde Bewegung in der Luft währte, auch keinen Tropfen regnete. Hie und da zeigten sich die Pflanzentheile (so z. B. das Gras, über welches der Strom fortgegangen war), etwas versengt, auch wollten mehrere Personen nach Endigung des Phänomens einen schwefelartigen Geruch bemerkt haben".]

5. [55] MURHARD, Beschreibung mehrerer auf dem Mittelländischen Meere beobachteten Wasserhosen. Gilberts Ann. d. Physik **12**, 239, 1803.

[Am 5. Nov. 1800 bei Kap Matapan am Rande eines großen Gewitters 6 gleichzeitige Wasserhosen. Auf- und absteigende Bewegung. Geräusch. Parallele Fortbewegung.]

„... Aber noch ehe die Sonne in den Mittagskreis trat, sammelten sich am Horizonte einige dunkle Wolken, welche eine Veränderung des Wetters prophezeiten. Im Zenith hatten wir die Erscheinung, die man Lämmer nennt, eine Anhäufung kleiner unzähliger Wölkchen. Um 2 Uhr erhob sich ein uns willkommner Nordostwind und um 4 Uhr hatten wir bereits das Kap Matapan umsegelt, das von der Südküste von Morea hervorsticht ...

„Der Wind war stärker geworden, aber er hatte sich zu unserm Mißvergnügen gedreht und in Nordwest verwandelt. Schwarze Wolken überzogen die ganze Wölbung des Himmels, und das Meer stieg in kurzer Zeit so hoch, daß die Wellen unaufhörlich über den Bord zusammenschlugen. Wir lavirten so gut wir konnten. Aber aller angestrengten Mühe ungeachtet gingen wir mehr zurück als vorwärts. Indessen hatten die Wolken eine so furchtbare Lage angenommen, daß sie jeden Augenblik in ganzen Massen herabzustürzen drohten. Nie habe ich sie auf dem festen Lande so tief zur Erde herabhängend erblickt, als jetzt hier auf dem Meere. Ein schreckliches Ungewitter schien uns bevorzustehen; jeder hielt einen Wolkenbruch ohne Gleichen für unvermeidlich, und erwartete, daß die ungeheure Wolkenmasse das Schiff überschütten und in die Tiefe des Meeres mit hinabreißen werde. Die Verwirrung unter dem Schiffsvolke war unbeschreiblich ... Alles schrie durch einander; mit fürchterlicher Stimme befahl der Kapitän, schnell alle Segel einzuziehen, und die erschrockenen Matrosen arbeiteten voll Angst mit einer solchen Eilfertigkeit, daß in weniger als zehn Minuten alles vollstreckt war. So überließen wir uns fürchtend und zagend dem kommenden Schicksale ...

„Aber wie groß war unser aller Erstaunen, als sich unsern Augen urplötzlich das seltsamste überraschendste Naturphänomen darstellte, das sich vorstellen läßt. Auf Einmal zogen sich die Wolken, deren Herabfallen wir mit so großer Besorgnis in jedem Moment erwarteten, pfeilschnell zusammen, bildeten ungeheure dicke schwarzgrauliche Massen, und liefen vom Winde getrieben nach Süden. In einer Entfernung von ungefähr 60° vom Horizonte blieben sie hin und her schwankend hängen; ein neuer Windstoß erfolgte, und wir hatten das Schauspiel, diese Wolkenmassen in Gestalt dicker cylinderförmiger Wassersäulen heruntersinken zu sehen. Anfangs erblickte ich 4 solche vom Himmel sich herablassende Wolkensäulen, die so dicht waren, daß man in der Entfernung nicht unterscheiden konnte, ob es Dampf oder Wasser sey; und kurz darauf entstanden noch 2 andere von eben der Gestalt und Form. In einem Augenblicke waren sie bis zu der Fläche der Meereswogen herabgeschossen und hatten sich mit denselben in Verbindung gesetzt, und nun kam es mir vor, als wenn bei jeder dieser Säulen das Wasser sich aus dem Meere in die Höhe erhöbe und zu den Wolken hinanstiege, und dagegen das Wasser der Wolken zum Meere herabströme. Wenigstens war eine außerordentlich schnelle Bewegung von oben nach unten und von unten nach oben hinauf sehr bemerklich. Indessen schien doch auch zugleich das Wasser in concentrischen horizontalen Kreisen, die stets sich veränderten, zu laufen, welches ich sehr deutlich durch ein gutes Fernrohr, das ich zur Hand nahm, beobachten konnte.

„Diese Erscheinung war zugleich mit einem solchen Brausen und Getöse verbunden, daß ich unwillkürlich an das Herausströmen des im Papinianischen Topfe in Dunstgestalt verwandelten Wassers dachte, wenn der Deckel desselben schnell abgezogen wird. Die Säulen waren alle sehr gleichförmig und in jeder Entfernung von der Oberfläche des Meeres gleich dick, so daß die stets sich bildenden und in einander übergehenden concentrischen Kreise alle von Einem Durchmesser waren. Oben und unten allein, wo sich die Säulen in den Wolken und im Meere verloren, hatten sie eine weit beträchtlichere Peripherie, denn an diesen beiden Orten erblickte man unzählige Wirbel und Schneckengänge, die das hinauf- und herabrollende Wasser bildete, und die den Säulen das Ansehen gaben, als wären sie mit Kapitälern versehen.

„Diese sechs senkrechten Säulen, welche das Meer mit den Wolken in Verbindung setzten, blieben nicht an einem Orte stehen, sondern bewegten sich fort, wie es schien, in der Richtung des Windes. Da auch unser Fahrzeug nach Süden getrieben wurde, so kamen wir, alles Lavierens ungeachtet, einer dieser Säulen so nahe, daß wir uns in der größten Lebensgefahr dünkten, und wir blieben länger als zwanzig Minuten in dieser Angst, die durch die einbrechende Dämmerung noch vermehrt wurde. In dieser Noth wurde das Boot ausgesetzt, zehn aus dem Schiffe sprangen hinein, und ungeachtet die Wellen ohne Aufhören über ihnen zusammenschlugen, glückte es den braven Leuten doch, uns eine gute Strecke nach Nordosten zu ziehen. Diese Hauptgefahr war also überstanden, aber wer bürgte uns dafür, daß sie nicht noch einmahl über uns herkam?

„Mehrere Matrosen wollten in ihrer Seepraxis dergleichen ungeheure Wassererscheinungen schon mehrmals erlebt haben: sie sagten, man müsse auf sie schießen; dies sei das einzige Mittel, sie sich vom Halse zu schaffen. Aber unser Schiff hatte lauter hölzerne Kanonen, die in demselben lediglich zur Zierde und um sich in der Entfernung gegen Korsaren in Respekt zu erhalten, angebracht waren; wir konnten also keine Salve auf unsern Feind geben, und unsre Büchsen thaten nicht Wirkung genug. Ich hoffte noch immer, daß zwei Säulen, welche einander sehr nahe waren, auf einander getrieben werden würden, und war neugierig, den Erfolg davon zu sehen, aber dies geschah nicht. Die Säulen bewegten sich immer einander parallel nach Süden fort, und zwar mit einer solchen Schnelligkeit, daß wir sie aus den Augen verloren, noch ehe die Nacht völlig einbrach, wodurch aller Furcht ein Ende gemacht wurde.

„Gegen acht Uhr abends fingen unaufhörliche Blitze an, den Himmel, der noch immer stark umwölkt war, zu erleuchten; dies dauerte bis halb zehn Uhr. Auch zwei feurige Meteore in Gestalt von großen Sphären bemerkte ich am Himmel sich fortbewegen und herunterschießen. Gegen Mitternacht stellte sich ein mit Hagel und Schloßen vermischter starker Regenguß ein, der bis zum folgenden Tag fortdauerte. Alles dies scheint mir offenbar zu beweisen, daß Electrizität bei Hervorbringung jener Wassererscheinungen sehr mit im Spiele gewesen sey."

6. [95] Medicinal-Assessor Mohr in Coblenz. Beobachtung einer Erdtrombe und Wasserhose zu Coblenz am 1. Mai 1835. Pogg. Ann. **112**, 231, 1835.

[Menschen zu Boden geworfen, Häuser abgedeckt. Leichtere Gegenstände zu großen Höhen emporgehoben. Geruch. Staubfuß. Veränderung bei Überschreiten des Flusses. Zögerndes Fortschreiten. Gewitter und Hagel nach der Trombe.]

„Am heutigen Morgen hatte sich bei vorherrschendem Ostwinde und einem Barometerstande von 27″ 8,9‴ mit + 2,0° R. Thermometerstande Reif und ein dichter Nebel gebildet, welcher gegen 9 Uhr den hervordringenden Sonnenstrahlen weichen mußte. Der Horizont heiterte sich auf, und gegen 12 Uhr war die Witterung freundlich und warm. Um diese Zeit bildeten sich in W. Gewitterwolken, das Barometer fing an langsam auf 27″ 8,0‴ zu sinken, und der Himmel bewölkte sich. Um halb 3 Uhr bildete sich am Fuße der Alexander-Festung, im Felde von Neuendorf, ein Wirbelwind, der rasch zu einer fürchterlichen Stärke heranwuchs, Sand und Staub aufwühlte und mit sich fortführte. Er nahm seine Richtung von WNW nach SO, gerade auf die Landspitze zu, welche von dem Ausflusse der Mosel in den Rhein an ihrem linken Ufer gebildet wird. Auf diesem Wege hatte er ganz die Stärke einer gewaltigen Erdtrombe angenommen. Eine Frauensperson, welche mit einem Korbe voll Kraut auf dem Kopfe aus dem Felde kam, wurde davon zu Boden geworfen, der Korb mit dem Kraute aber hoch durch die Luft auf die andere Rheinseite fortgeführt. Ein Mann, welcher im Felde mit Kartoffelsetzen beschäftigt war, wurde eben so zu Boden geworfen, sein Korb mit Kartoffeln aber auf einige hundert Schritte weit in die Mosel geschleudert. Ein Knabe rettete sich durch Festhalten an einem Weidenstrauche, und andere Leute im Felde, welche von dem Meteor überfallen wurden, riefen einander zu und ließen sich zu Boden fallen. Die Staubwolke, welche wirbelnd über die Erde fortzog, war ganz grau von Farbe und undurchsichtig. Sie hatte eine schräge Lage nach der Strömung des Windes in den höheren Regionen mit dem oberen und breiteren Theile nach vorn, den unteren und schmäleren gleichsam nach sich ziehend. Sie hatte die scheinbare Form eines Trichters, dessen Spitze, nach unten gekehrt, einen Durchmesser von 30 bis 40 Fuß hatte, dessen oberer Durchmesser aber drei bis vier Mal so groß war. Die Höhe hatte bald alle nahegelegene Häuser weit überstiegen. Diese Trombe, deren Bewegung von einem fürchterlichen Sausen begleitet war, zog gerade über die Safian-Fabrik des Herrn J. P. Münch hin, dessen Gebäude der erste höhere Gegenstand war, welcher davon berührt wurde. Unter schrecklichem Geprassel wurde das Dach des hinteren Gebäudes auf einige hundert Quadratfuß breit losgerissen und über das Hauptgebäude hinweg, etwa

40 Schritte weit, in's Feld geschleudert; die Fachwände wurden in allen Fugen erschüttert, das Mauerwerk theilweise herausgeworfen, in der unteren Werkstätte die Fenster zertrümmert, und ein fest eingeklemmter Pfosten, von 6 Zoll Dicke, mit der daran befestigten Glättmaschine umgestürzt. Eine zweite dieser Art, gerade danebenstehende, blieb unversehrt. Zugleich wurden mehrere Fenster, und am Dache der vorderen Gebäude die Schiefer und Läden nebst den Fensterflügeln herausgerissen und alles weit umher zerstreut. Die im Speicher aufgehangenen Häute wurden von der Trombe fortgerissen und in die hohe Luft geschleudert, wo man sie wie schwarze Punkte oder wie schwarze Vögel herumschwirren gesehen hat. Auf dem Platze vor dem Hause waren viele lackirte Häute, in Holzrahmen ausgespannt, zum Trocknen gelegen, deren jede 40 bis 50 Pfund an Gewicht betrug. Alle diese Rahmen wurden weit umhergeschleudert, und mehrere sehr beschädigt oder zerbrochen wieder gefunden; viele aber, so wie von den ersteren Häuten, wurden über den Rhein oder in denselben geworfen, und sind verloren gegangen. Der ganze Verlust war noch nicht ermittelt. Dieß alles war in einigen Minuten geschehen. Ein Arbeiter in der Werkstätte, welcher gerade an der Glättmaschine arbeitete, als das Fenster hinter ihm zertrümmert wurde, behauptete, einen eigenthümlichen fremden Geruch dabei bemerkt zu haben, den ein anderer mit dem schwefligen Geruche bei Gewitterschlägen vergleichen wollte. Dieser Geruch war noch $^1/_2$ Stunde nachher bemerkbar (vermuthlich der eigentümliche Geruch der freien elektrischen Strömung).

„Diese Erdtrombe bewegte sich in der angenommenen Richtung rasch fort gegen das etwa 100 Schritte entfernte linke Ufer der Mosel. Hier veränderte sich das ganze Schauspiel und nahm eine andere Gestalt an. Die Erdtrombe wurde eine Wasserhose, und indem sie über die Oberfläche der Mosel quer nach dem rechten Ufer hinübereilte, wühlte sie das Wasser in so wildem Brausen auf, daß es, auf der ganzen Basis schäumend, auf eine bedeutende Höhe wirbelnd heraufgezogen wurde, während außerhalb des Wirkungskreises der Wasserspiegel weder gestört noch getrübt wurde. Der Trichter nahm eine Ausdehnung über die Hälfte des Flußbettes ein, und mitten aus diesem Trichter schien eine grauweiße Dunstsäule von Mannesdicke hervorzusteigen, deren Ansehen und Bewegung alle Zuschauer mit dem Wasserdampfe aus den Dampfmaschinen verglichen, wenn das Ventil geöffnet wird. Die Säule schien zu einer unberechenbaren Höhe heraufzusteigen, während sich aus den Höhen ein Wolkenkegel herabsenkte und mit derselben vereinigte. In dieser Form und Richtung gelangte sie an die Landspitze vom rechten Moselufer, an der Ecke des ehemaligen deutschen Hauses, wo die Mosel mit dem Rhein zusammenfließt. Hier schien das ganze Meteor einen Augenblick still zu stehen, nahm aber gleich seine Richtung in gerader Linie quer über den Rhein gegen den Ehrenbreitenstein hin, und, am dortigen Ufer angelangt, warf es das Wasser 8 bis 10 Fuß hoch auf das Ufer, und schleuderte zugleich eine Menge Sand und kleine Steine gegen das am Ufer gelegene Gartenhaus, worin viele Fensterscheiben zerbrochen, und zugleich viele Leinwand, welche daneben auf einer Bleiche lag, namentlich ein 60 Ellen langes Stück Tuch, in die hohe Luft fortgetragen wurde, wo man es wie eine Bandschleife herumflattern gesehen hat. Die Wasserhose rückte nun fort über die Mauer in den anstoßenden Garten und hat viele Zerstörungen darin angerichtet. Sieben Bäume verschiedener Dicke, von 6 bis 8 Zoll Durchmesser, wurden theils in der Quere abgebrochen, theils die Aeste von 4 bis 6 Zoll Dicke abgerissen und nach allen Richtungen über die Mauern geschleudert. Ein Arbeiter im Garten, welcher die Thür eben schließen wollte, wurde von dem Strome ergriffen, und nur mit der äußersten Anstrengung und Anklammern an die Thür hat er der Gewalt widerstanden, um nicht fortgerissen zu werden. Er glaubte nach mehreren Stunden noch das Geräusch von einem hohen Wasserfalle in den Ohren zu haben, und wollte auch deutlich den oben erwähnten fremden Geruch bemerkt haben, der ihm das Athmen beschwerlich machte.

„An dieser Stelle scheint das ganze Meteor sein Ende oder seine Entladung gefunden zu haben, obgleich der erste Anstoß auch noch auf den östlich gelegenen Gebirgen, namentlich in den Ortschaften Arzheim, Ahrenberg bis Neuheußel verspürt worden ist. Die ganze Erscheinung war auf einmal verschwunden, indem die Wolken sich trennten und zurückzogen, nachdem sie etwa eine halbe Viertelstunde vom ersten Erscheinen bis zum Verschwinden gedauert hatte. Es ist nicht möglich, die Zeit der Dauer genau anzugeben, weil alle Zuschauer, die sie von verschiedenen Standpunkten beobachteten, viel zu sehr von Erstaunen ergriffen waren, um darüber richtig urtheilen zu können. Wenige Minuten nach dem Aufhören fiel ein heftiger Platzregen mit so starkem Hagel, wie er hier nie beobachtet worden, theilweise so dick wie Haselnüsse oder dicke Erbsen. Er dauerte aber nur 5 bis 6 Minuten. Die Vögel vom Felde oder in der Luft, namentlich die Schwalben, retteten sich in die Speicherfenster. Unterdessen hatten sich die Gewitterwolken in W. in schwarzen Massen zusammengezogen und aufgethürmt. Sie kamen mit Blitz und Donner zum Ausbruch, und zogen in dreimaligen heftigen Schlägen in derselben Richtung nach OSO. schnell über unsere Stadt weg. Die Masse des gefallenen Regens hatte beinahe 3 Linien in verticaler Höhe oder $^7/_{12}$ Quart Wasser auf den Quadratfuß betragen. Abends war das Barometer auf 27″ 9,0‴ gestiegen, der Himmel von Regenwolken überzogen, der Neumond mit einem Hofe umgeben, und die Temperatur auf $+ 5{,}6^0$ R gesunken. Keine anderen Erscheinungen sind dabei oder nachher beobachtet worden.“

7. [115] Dr. GERHARD VOM RATH, Über die Wettersäule, welche am 10. Juni 1858 oberhalb Königswinter zwei Mal über den Rhein ging. Pogg. Ann. d. Phys. u. Chem. **104**, 631, 1858.

[Ähnlichkeit des Staubfußes mit einem Brand. Wasserkrone, Wasserturm, Wassersäule. Schildförmige Aufwölbung des Wassers unter der Trombe. Doppelte und dreifache Röhre.]

[Zuerst werden die meteorologischen Ablesungen vom 1. bis 10. Juni angeführt, die hier übergangen werden.]

„Am Schauplatz des Ereignisses selbst fielen während desselben und unmittelbar nachher mächtige Regengüsse. Schon am 7. und 8. zogen am nordwestlichen Himmel gegen den Wind Wolkenwände empor, von denen man Gewitter und den lang ersehnten Regen erwartete. Doch zertheilten sie sich wieder und die Abende und Morgen waren ganz klar. Am 9. erhob sich gegen Süd schwarzes Gewölk, in dem es stark wetterleuchtete. In Nord stiegen wie ungeheure Thürme Wolkenmassen empor. Der ganze Horizont umzog sich. Mit Bestimmtheit wurde auf die Nacht der lang ersehnte Regen erwartet. Bis zum Morgen des 10. war aber das Gewölk wieder zerstreut, kein Tropfen gefallen. Der Wind stand in Nordwest. Um die Mittagszeit stiegen in Süd schwere Wetterwolken auf, denen man in der Ferne, unter Blitzen und Donnerschlägen, Regengüsse entstürzen sah.

„Es mochte 1 Uhr 20 Min. seyn, als von der Mehlemer Au, gegenüber Königswinter, in der Richtung von Honnef, also gegen SSO, ein aschgraues Band am Himmel gesehen wurde. In seinem oberen Theile stieg es fast senkrecht auf, während es unten sich schief emporzog, s. Fig. 2, Nr. 1. Die Höhe, welche es erreichte, mußte sehr bedeutend, wenigstens 2000 F. [= 650 m] seyn; denn die nach jener Richtung hin den Horizont begränzenden Berge schienen kaum den 4. oder 5. Theil der Höhe jenes dunklen Streifens zu erreichen. Wo derselbe auf dem Boden ruhte, erblickte man eine schwarze Staubmasse in wirbelnder Bewegung hinaufgezogen. Der dunkle Streif war also eine aus den feinsten Staubtheilchen gebildete Säule. Der Wirbel trieb durch mächtige, im Kreise sich fortpflanzende Stöße große Staub- und Erdmassen auf, deren schwerere Theile zurückfielen, während die leichteren schnell in große Höhen getragen wurden. Anfangs hatte der Anblick eine gewisse Aehnlichkeit mit einem großen Brande, dessen Kohlenqualm von heftigem Winde bewegt wird.

„Der Wirbel war in fortschreitender Bewegung begriffen, sie war gegen NW gerichtet. Der Spiegel des Rheins war bald erreicht. Da erhob sich das Wasser, indem auf der Peripherie eines Kreises, dessen Durchmesser 50 Schritte [= 400 m] betragen mochte, Kämme und Strahlen von Wasser und Schaum emporsprangen. Die schöne Erscheinung glich einer sich drehenden Krone, deren weiße Schaumstrahlen 20 bis 30 Fuß aufschossen. Die innere Kreisfläche zeigte sich dabei zu einem Schilde aufgewölbt (was deutlich von der Mehlemer Au, aus halbstündiger Entfernung zu erkennen war) und mit Schaum bedeckt. Man hätte wähnen können, es habe sich im Rheine eine flache Insel erhoben, um welche im Kreise das Wasser aufspritzte. — Die Menge des aufgezogenen Wassers und die Höhe, welche es erreichte, wuchs mit dem Fortschreiten. Anfangs sah man das gegenüberliegende Rheinufer durch die Wasserkrone, was später nicht mehr möglich war. Sie ging bei ihrem Überschreiten des Rheins in großer Nähe zwischen zwei Dampfschiffen hindurch, berührte aber keine Gegenstände, an denen sie ihre Kraft hätte beweisen können. Dem linken Ufer nahe war die Krone schon in eine 40 bis 50 Fuß [= 13—16 m] hohe Wassersäule verwandelt.

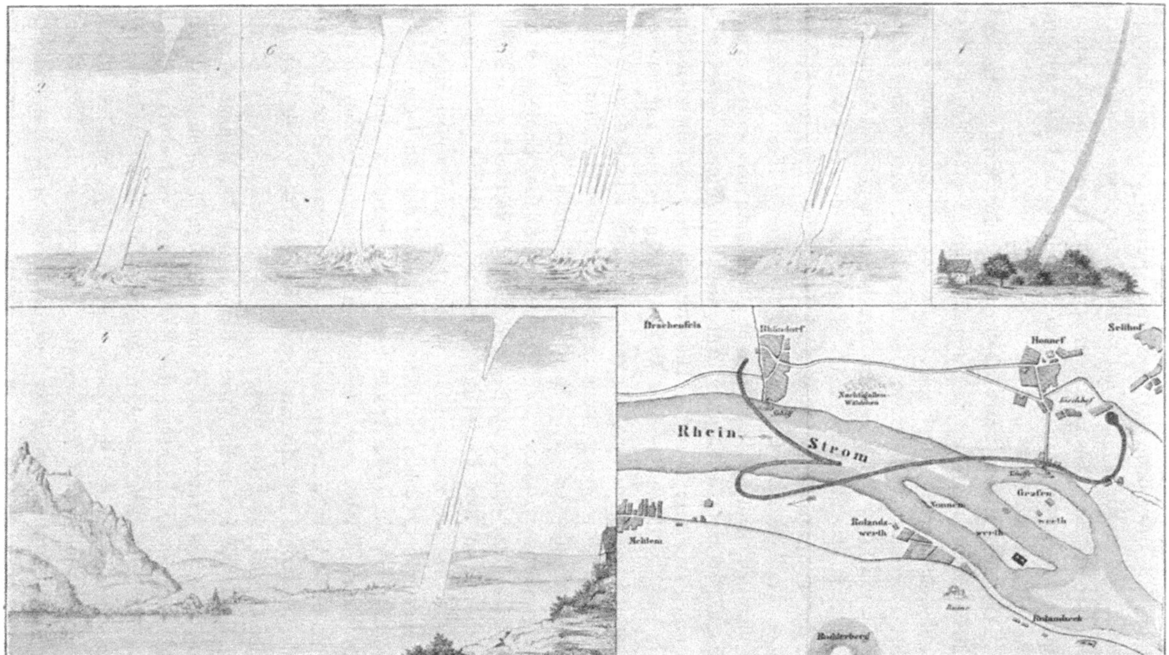

Fig. 2. Die Wettersäule von Königswinter in 6 Erscheinungsformen und ihre Bahn.
(Die Nebenstrahlen müssen als die optisch wirksameren Randpartien durchscheinender Hohlröhren aufgefaßt werden.)

„Jetzt begann in der Au gegen SSO unter einer Erhebung von 45° bis 50° über dem Horizont eine gelblichweiße Wolkenspitze sichtbar zu werden. Sie hatte die Gestalt eines umgekehrten etwas schief nach Ost gerichteten Kegels (dessen Basis wie ein Nagelkopf geformt war) und hob sich leuchtend ab von graublauen Wetterwolken.

„Auf dem linken Ufer angelangt riß der Wirbel eine unermeßliche Staubmasse empor, aus welcher er eine Säule bildete, die, obgleich ferner, doch den Gipfel des Drachenfelsens weit an Höhe überragte. Die Höhe desselben über dem Meere beträgt 1001 par. F. [= 325 m], über dem Rheinspiegel an seinem Fuße 850 par. F. [= 276 m]. (Nach Messungen des Hrn. v. Dechen.) Der Zusammenhang zwischen dem Sandwirbel und der gelblichweißen Wolkenspitze trat jetzt klar hervor. Diese verlängerte sich nämlich nach unten so schnell, daß man mit dem Auge die Bewegung verfolgen konnte. Auf dunklem Himmel erschien sie wie ein glänzender Degen. Die Spitze der aufstrebenden Sandsäule und der degenförmigen Wolke waren gerade auf einander gerichtet und strebten sich zu vereinigen. So schritt diese Wettersäule, sich nur wenig vom Strome entfernend schnell hinab, gerade auf die Au zu. Ihre Gewalt wuchs; sie nahm eine schreckende Gestalt an. Der wirbelnde Fuß der Säule war hier dem Beobachter durch vorliegende Häuser verdeckt. So konnte er nicht genau ihre Entfernung schätzen, glaubte jeden Augenblick sie über die vorliegenden Wohnungen hinbrechen zu sehen. Auf mehreren größeren Schiffen, welche bei der Au lagen, wurde Alles thätig. Man ließ Anker herab und bereitete sich auf den gefürchteten Wirbel vor. Die Gewalt desselben schien so groß, der Anblick der Säule so drohend, daß einzelne Bewohner von Niederdollendorf, 20 Min. unterhalb Königswinter, ihre Wohnung verließen und ins Freie eilten.

„Bevor sie indeß die oberen Landhäuser bei Mehlem erreicht hatte, hielt die Wettersäule in ihrer Bewegung gegen Nord inne, drehte sich in der Richtung des Sonnenlaufs und schritt zurück. Trotz der scheinbar drohenden Nähe blieb der Wirbel (wie spätere Beobachtung lehrte) doch noch 500 Ruthen [= 1,8 km] von der Au entfernt. Zum zweiten Male sprang der Wirbel aufs Wasser mit ungleich größerer Gewalt als das erste Mal. Die getroffene Stelle verwandelte sich sogleich in eine weiße Schaummasse, das Wasser schien hoch aufzusieden, eine Wolke vom feinsten Wasserstaube lagerte darauf. Mit einem Male erhob sich aus dem wogenden Schaume eine Masse von Wasser und Wasserdunst fast senkrecht, ein wenig nach rechts geneigt. Sie theilte sich alsbald in drei Strahlen, welche mit einander parallel und einander nahe aufwärts streckten. Der mittlere Strahl sprang hoch über die beiden seitlichen empor, und näherte sich mehr und mehr der weißen degenförmigen Wolke (s. Fig. 2, Nr. 2); die beiden seitlichen Strahlen schienen sich nun in je zwei zu zertheilen, so daß nun fünf erblickt wurden[1]). Der mittelste stieg immer höher, der sich herabsenkenden Wolkenspitze zu. Beide vereinigten sich; so wurde das Wasser aus dem Strom in die Wolken gezogen, welche viel höher als der Drachenfels schwebten. Der mit der Wolke sich verbindende Strahl schien fast in seiner ganzen Länge eine gleiche Breite zu besitzen; nur dort wo er im Gewölk verschwamm, erschien er etwas mächtiger (s. Fig. 2, Nr. 3).

„Diese Wasserhose neigte sich anfangs etwas von West gegen Ost. Bald richtete sie sich senkrecht empor, und überschritt so den Strom. In jedem Augenblick veränderte sie ihre Gestalt. Die beiden Nebenstrahlen jederseits des Hauptstrahls verbanden sich zu je einem (s. Fig. 2, Nr. 4). Einige Minuten lang hatte die Wassersäule die auffallendste Aehnlichkeit mit einem gothischen Thurme. Senkrecht erhob er sich wie Silber glänzend und berührte mit seiner Spitze die Wolken. Das Volk mit seiner lebendigen Phantasie vermißte daran keinerlei Schmuck und Zierrath. »Kein Steinmetz vermag so wunderschöne Blumen und Schnörkel zu bauen wie der Thurm trug«; »er war genau wie das Hochkreuz bei Godesberg«, hörte man zu Rhöndorf und Honnef versichern. Die merkwürdigen Nebenstrahlen jederseits des Hauptstrahls wurden auch oberhalb Mehlem gesehen.

„Darauf verengte sich die Wassersäule an ihrem Fuße, wo sie auf der wirbelnden und kochenden Wasserstaubmasse ruhte (siehe Fig. 2, Nr. 5). An der Stelle, wo diese Zusammenziehung stattfand, befindet sich im Rhein eine Untiefe, welche zur Zeit des

---

[1]) Es handelt sich offenbar um einen Rotationskörper, nämlich die Wandungen mehrerer ineinandersteckender Röhren aus durchscheinendem Gischt; der Wortlaut legt das von einigen Autoren auch wirklich begangene Mißverständnis nahe, als handele es sich um mehrere getrennte Strahlen. W.

Ereignisses nur 1 bis 2 Fuß Wasser besaß. Es war also nicht Wasser genug im Strome, um die Wassersäule zu unterhalten. Nun vereinigten sich alle Strahlen, die Einschnürung verschwand und wie ein Riesen-Obelisk schwebte die Gestalt auf dem Rheine (s. Fig. 2, Nr. 6). Sie bewegte sich gegen Rhöndorf und erreichte das rechte Ufer etwa 30 Ruthen [= ca. 100 m] unterhalb der Rhöndorfer Fähre. Hier löste sich die Schaumsäule vom Stromspiegel ab. Die schwereren Wassertheile fielen wie niederhangende Fetzen von der aufsteigenden Schaummasse herunter und über das Ufer weg, während der Schaum zu den Wolken gezogen wurde. Zum dritten Male auf seinem Wege rührte der Wind Staub und Sand empor. Die dunkle Masse stieg der weißen Schaumsäule nach; obgleich sie sich berührten, waren beide Theile scharf durch eine horizontale Linie geschieden. Während die Schaummasse gänzlich in den Wolken verschwand und der Staub folgte, schritt die Wettersäule vor Rhöndorf hin, auf den südlichen Fuß des Drachenfelsens zu. Sie erreichte ihn nicht, ihre Gewalt nahm ab. Endlich verschwand für den Beobachter in der Au alles unter dem wolkenbruchartig herabstürzenden Regen, dem Hagelkörner beigemengt waren. Das Wetter kam von Süd.

„Das ganze Wirbelphänomen dauerte etwa 35 Minuten.“

[Es folgen Angaben anderer Beobachter, namentlich über die üblichen Wirkungen auf dem Lande. In einem Kornfeld war die Breite des Streifens 50 bis 60 Schritt; die niedergedrückten Halme lagen in der Bahnmitte in der Zugrichtung der Trombe, an den Seiten mehr nach der Mitte zu abgelenkt.]

8. [129] H. H. Hildebrandsson, Tromben vid Nöttja den 9. Juni 1883. Öfversigt af Kongl. Vetenskaps-Akademiens Förhandlingar 1884, N. 2, S. 5.

[Funken aus dem Staubfuß. Cyklonale Rotation mit Aufwärtsbewegung. Gewittersturm in der Umgebung der Trombe. Teilung in 2 Tromben nach Überschreiten eines Sees. Fallrichtung der Bäume. Umwerfen und Verrücken von Häusern. Das Rohr eines Rohrdaches zu den Wolken hinaufgehoben.]

[Wir übergehen die Einleitung Hildebrandssons und geben nur den wörtlichen Bericht des Pfarrers Rydeman in der Übersetzung wieder.]

„Aus der Entfernung Augenzeuge dieser Naturerscheinung, welche am 9. dieses um 2 Uhr nachmittags über Nöttja und einen Teil des Kirchspiels Annerstad einherzog, kann ich nach einer Besichtigung der Verwüstungsspur des Cyklons folgendes berichten:

„Unbedeutender Regen war vor dem Aufsteigen der Trombe gefallen. Mittags herrschte starke Wärme — $+31^0$ C —, die Luft war schwül und drückend; eine Viertelstunde nach der Erscheinung fiel starker Regen. Während eines heftigen Gewitters mit dunklen Wolken, welche die Gegend in fast nächtliches Dunkel hüllten, gewahrte ich nach oben gehende Feuerfunken aus einer isoliert liegenden hellgrauen Wolke etwa eine Meile [$7^1/_2$ km] abseits von hier. Die aufwärts gehenden Feuerfunken waren keine gewöhnlichen Blitze, sondern elektrische Funken, die einem gerade nach oben gehenden Feuerregen glichen, 6 bis 10 in der Sekunde, die, wie es schien, nur 3 bis 4 Klafter [5 bis 7 m] weit unter schneller Bewegung leuchteten. Gleich darauf schien ein ungewöhnlich starker Blitz aus der darüber liegenden dunklen Wolkenschicht gerade durch die kleine hellgraue Wolke zur Erde zu gehen. Im selben Augenblick schien die hellgraue Wolke sich zu einem groben Seil auszuspinnen, welches in überall gleicher Breite vom dunklen Himmel herab zur Erde hing, zeitweise sich biegend und sich unaufhörlich drehend, und zwar in umgekehrter Richtung wie die Zeiger einer auf dem Boden liegenden Uhr. Das Seil, welches zuerst nur $^2/_3$ des Abstandes der Wolke von der Erde ausmachte und an der Wolke fest war, knüpfte sich sodann auch an die Erde an. Dies ging indessen so vor sich, daß das unterste Drittel sich durch Ansaugen von der Erde her erhob, worauf die ganze Säule gleichförmig und sehr schnell rotierte, ähnlich einer Leine oder einem Seil, das herumgedreht wird. Auf der ganzen Länge der Säule schienen ihre Bestandteile eine kreisende, aufwärts gehende Richtung zu haben. (Eine Zwerg-Föhre lag mit so großem herausgerissenen Wurzelwerk auf einem Steinzaun von Nöttja, daß man annehmen muß, der Cyklon hatte auch eine saugende Kraft, da der Stamm wohl nicht $^1/_5$ der Stärke besaß, die erforderlich gewesen wäre, um ein Entwurzeln nur durch Seitendruck zu ermöglichen.) Bei der Bildung der Säule war diese von einem Nebel umgeben, aber nach Verlauf einer Minute hatte sie ihre bestimmten Umrisse, ohne verschleiert zu sein.

„Dies Wolkenseil (ich nenne es so) war 8 bis 10 Minuten lang sichtbar und schritt in dieser Zeit mindestens $^3/_4$ Meile vorwärts.

Als es gleich im Anfang über den Exen-See im Kirchspiel Nöttja ging, nahm es eine dunkel blaugraue Farbe an, welche bald wieder in die ursprüngliche hellgraue überging, als der $^1/_6$ Meile

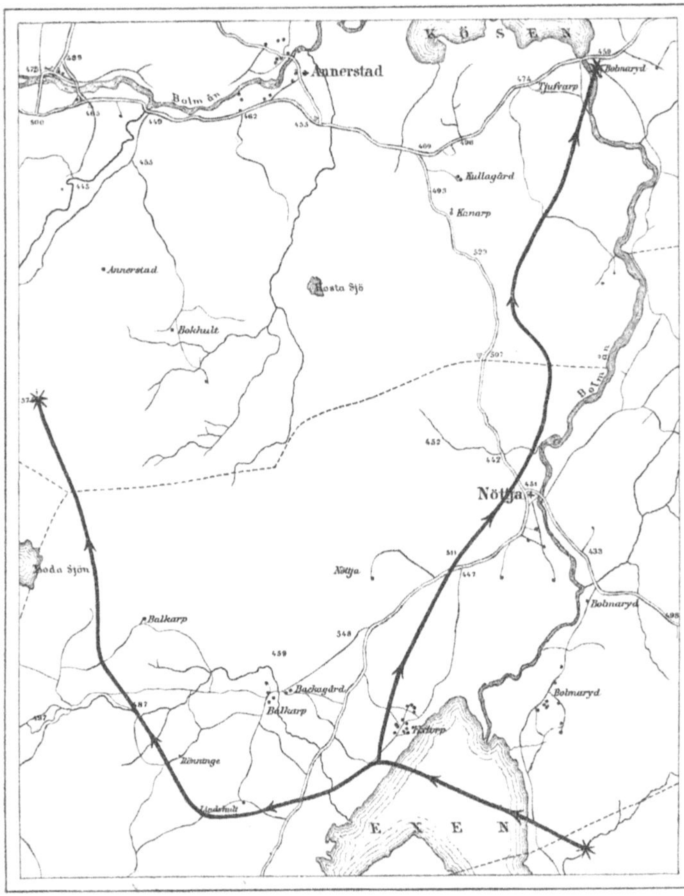

Fig. 3. Spur der sich teilenden Trombe von Nöttja.

breite See passiert war. Ein klarer Streifen auf dem Wasser kennzeichnete die Spur des Cyklons über den im übrigen vom Sturm erregten See. Bisweilen schien sich das Wolkenseil von der Erdoberfläche bis 10 oder 12 Klafter (etwa 20 m) hochzuziehen, und nach dem Marsch über den See teilte es sich, so daß ein kleineres Seil oder Säule hervortrat, welches sich in gleicher Richtung drehte. Das kleinere war noch 3 bis 4 Minuten sichtbar und ging in nördlicher, das größere hingegen erst in westlicher und dann in nordwestlicher Richtung (s. Fig. 3). Die Verheerungen zeigen, daß das größere einen Durchmesser von ungefähr 40 Ellen (24 m) und das kleinere von 10 (6 m) hatte. Letzteres beschrieb seine in der Hauptrichtung nördliche Bahn mit launenhaften Schnörkeln, besonders bei der Kirche von Nöttja. Beide mündeten aus in Wolken, die sich in Form schnell rotierender Trichter erweiterten.

„Soweit das, was ich durch Zufall selbst zu sehen bekam. Was die Verheerungen betrifft, so sei zuerst der größere Cyklon besprochen. Dieser ging, wie schon gesagt wurde, in nordwestlicher Richtung über den Exen und über flache Felder, überall umgeworfene Stein- und Holzzäune in 30 bis 40 Ellen (20 m) Breite zurücklassend, und traf $1/3$ Meile [$2^1/_2$ km] vom Exen zwei nahe bei einander liegende bewaldete Hügel auf dem Gut Balkö, wo alle größeren Stämme von Buchen, Birken, Espen und Föhren in einer 30 bis 40 Ellen [17,8 bis 23,8 m] breiten Gasse zum Teil abgebrochen, meist aber mit großem Wurzelwerk in dem sehr steinigen Boden umgelegt sind. Die abgebrochenen Stämme standen in der Regel an den Seiten der Gasse, welche durch die entwurzelten gebildet wurde. Die Gipfel der nächst stehenden Stämme waren teils geknickt, teils geköpft. Die entwurzelten Bäume lagen in der Mitte in der Richtung, in welcher sich der Cyklon bewegte, auf der linken Seite teilweise in der entgegengesetzten Richtung, doch meist nach innen zu, quer über die in der Mitte liegenden Stämme. Auf der rechten Seite lagen fast alle quer über den in der Gasse liegenden. (Auch dies scheint die Saugkraft zu beweisen.)

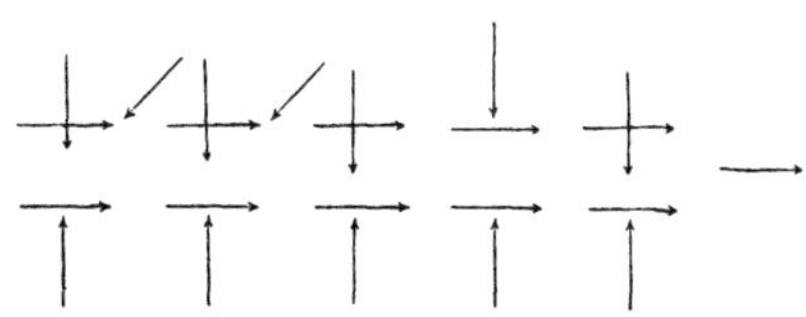

Fig. 4. Fallrichtung der Bäume bei der Trombe von Nöttja.

„Die bewaldeten Hügel sind klein, jeder nur ungefähr von 170 Ellen [101 m] im Durchmesser, weshalb die Zerstörung auf einige Hundert Fuhren Holz beschränkt geblieben ist.

„Zugleich mit dem Verlassen des Waldes von Balkö drehte die Säule des Cyklons in völlig nördlicher Richtung ab, ging über ein kahles Brachland, hob im Vorbeigehen das Dach eines Hauses ab und traf $^1/_4$ Meile [1,9 km] von der Balkö-Landspitze auf einen Fichtenwald bei Skäckarps im Kirchspiel Annerstad, wo gleichfalls alle Bäume, die sich nicht demütig zur Erde neigen konnten, umgeworfen wurden. Weiter ist die Spur dieses Cyklons nicht zu verfolgen.

„Der kleinere Cyklon ging vom Exen in nördlicher Richtung durch die Stadt Nöttja, wo er launenhaft gleichsam um die Kirche herumtanzte, ging dann mit verringerter Kraft über Bolmarö im Kirchspiel Annerstad und verschwand ungefähr $^1/_2$ Meile [3,8 km] vom Ausgangspunkt. Der Cyklon passierte kahle Wiesen und Brachfelder, wo hier und da ein umgeworfener kleinerer Baum seinen Weg bezeichnet. Aber in Nöttja traf er auf zwei etwa 1000 Ellen (600 m) von einander entfernte, 40 Ellen (24 m) lange Viehställe. Diese wurden umgestürzt, der eine völlig, der andere zu $^5/_6$ seiner Länge. Merkwürdigerweise blieb der schwächste Teil stehen. Selbst die Holzwände, die allerdings ziemlich ungebrochen zusammenhielten, hatten sich doch verrückt und teilweise um mehrere Fuß verschoben.

„Am wunderlichsten erscheint es doch, daß der Cyklon bei seiner launenhaften Schwingung um die Kirche und dicht an ihr vorbei das Kirchendach so gelüftet hat, daß der östliche Dachschluß noch jetzt weit offen steht, ungefähr einen Fuß über dem östlichen Giebel, ohne daß auch nur ein Spahn vom Dache gelöst wäre, oder sonst irgend eine Öffnung gefunden wäre, durch welche die Luft hineinströmen und von innen drücken konnte. Ein Brett wurde von einem Wirtschaftsdach in der Stadt losgerissen und über 1000 Fuß (300 m) weit bis auf den Kirchhof geschleudert, wo sich ein Mann vor der Luftfahrt dadurch rettete, daß er sich an einen Pfosten des Glockenhäuschens klammerte. In Bolmarö, $^1/_3$ Meile [2,5 km] von Nöttja, war der Cyklon schwächer geworden und hinterließ dort seine letzte Spur durch Abheben eines Rohrdaches von einem Viehstall. Dies verursachte allerdings das unheimlichste Schauspiel, da das abgerissene Rohr wie ein dunkler Rauchpfeiler hoch hinauf zu den Wolken geführt wurde und erst nach langer Zeit weit herum verstreut niederfiel."

[In einem längeren Schlußwort macht Hildebrandsson darauf aufmerksam, daß auch diese Trombe ebenso wie die von Hallsberg immer nach rechts abbog, wenn sie vom Wald auf das offene Feld überging. Hildebrandsson gibt ferner verschiedene Wetterkarten, auf welche hier nicht näher eingegangen werden kann.]

9. [159] BRAUN, Windhose in Teplitz. Met. Zeitschr. 1887, S. 266.

[Horizontaler Wirbel von 8 bis 10 km Länge, dessen Spitze sich zur Erde herabbiegt und hier die gewöhnlichen Verwüstungen verursacht. Bewegung im horizontalen Teil vom dünneren zum dickeren Ende. Lage am Vorderrand eines großen Gewitters.]

„»Vorgestern, Montag den 16. Mai, fand in Mariaschein hier ein Natur-Ereignis statt, eine Windhose. Ich selbst sah die Erscheinung erst, nachdem die Hauptsache vorüber war. Ein Schüler rief mich gegen $5^1/_2$ Uhr Nachmittags ($\pm {}^1/_2$ Stunde), um eine »sonderbare Wolke« zu sehen. Ich fand in der Tat eine sehr merkwürdig gestaltete Wolke. Dieselbe war ähnlich einer riesigen Schlange, gegen unten sehr schmal, aber immer breiter werdend bis zu etwa 7^0 scheinbarer Breite, mit ganz scharfen Rändern, etwas geschlängelt, dunkelfarbig und von etwa 60 bis 70^0 scheinbarer Länge. Am oberen Ende verlor sich die Gestalt in gleich dunklen Wolkenmassen, wobei aber eine sehr heftige kräuselnde Bewegung zu bemerken war. Noch etwa 5 Minuten hielt sich die Erscheinung; dann löste sie sich langsam auf.

„Ein Freund von mir sah das Phänomen schon früher. Danach war die Gestalt der betreffenden Wolke vorher weit weniger in die Länge gedehnt, sondern mehr ähnlich einem umgekehrten Kegel von mäßiger Öffnung. Die Spitze erreichte den Boden, und daselbst war die Erscheinung verschwunden und wie in Staub gehüllt, obgleich das Wetter derart war, daß größere Staubmassen kaum möglich waren.

„Der eigentliche Ort der Erscheinung muß zwischen Teplitz und Karbitz auf ${}^2/_5$ der Entfernung von Teplitz gewesen sein (somit ca. ${}^3/_4$ Stunde von hier, von Teplitz etwa ${}^5/_8$ Stunde), da sie von Teplitz aus gegen Kulen erschien, von hier aus aber gegen den Teplitzer Schloßberg, d. h. gegen Süden.

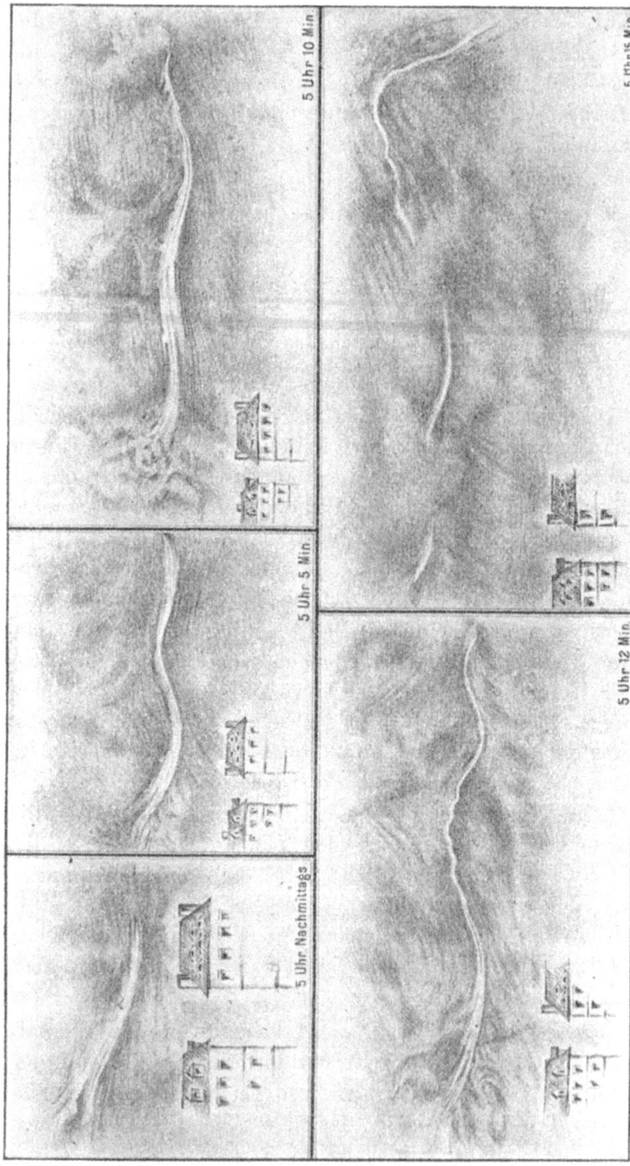

Fig. 5. Die horizontale Trombe von Teplitz.

„Tags darauf hörten wir, daß der Wirbel auf einem Kohlenschacht das Dach eines Gebäudes weggerissen und mit Kohlen beladene Hunde gegen einander geworfen habe.

„Auffallend war es mir, daß bei so niedriger Temperatur (ca. 12⁰ C) sich eine solche Erscheinung bildete. Aber es zeigten sich noch andere meteorologische Erscheinungen, welche auf eine mehr allgemeine Störung schließen lassen. Früh am Morgen nämlich schien es, daß der Tag heiter werden würde. Aber um $7^1/_4$ Uhr kam schon etwas Regen und mit demselben mischten sich Graupeln. Gegen $4^3/_4$ Uhr kam Hagel, schwach an Menge, aber von ansehnlicher Größe der Körner, etwa wie recht starke Haselnüsse, so daß sie von den spielenden Schülern sofort als Schneebälle verwendet wurden. Dieser Hagel mochte etwa $^1/_4$ oder $^1/_2$ Stunde früher stattfinden als ich die Erscheinung sah. An demselben Tage hat es einige male gedonnert. Während der Erscheinung war der westliche Himmel unten eigentümlich gelb und oben mit schweren Wolken beladen, aus denen es stellenweise regnete, und öfters fanden sehr grelle Blitze statt, welche zur Erde fuhren. Spät am Abend, gegen 11 Uhr, entlud sich noch ein Gewitter von größter Heftigkeit, so daß ein Freund, der schon über 20 Jahre hier ist, mir sagte, ein solches Gewitter sei hier noch nie gewesen.«

„Herrn Bernhard Marr jun., Metallwaren-Fabrikant in Dux, verdanken wir die folgende Mitteilung vom 17. Mai, welche von einer Reihe Zeichnungen begleitet war, deren verkleinerte Kopien Fig. 5 unsern Lesern vorführt.

„»Ich beehre mich, Ihnen hiermit einige selbstgefertigte Skizzen über eine am 16. Mai d. J. Nachmittags 5 Uhr im Teplitzer Tale beobachtete, lang andauernde Erscheinung, welche wohl am schönsten in Teplitz selbst wahrzunehmen war, zu übersenden, um Ihre Aufmerksamkeit auf diesen gewiß eigentümlichen meteorologischen Fall zu lenken. Da die Bewohnerschaft von Teplitz auf allen Straßen und Plätzen das interessante Schauspiel verfolgte, so werden in den Tagesblättern jedenfalls ausführliche Berichte darüber gebracht werden. Ich teile Ihnen meine eigenen Beobachtungen mit, die Sie als von einem Laien herrührend, wohlwollend aufnehmen wollen.

„Um $4^3/_4$ Uhr Nachmittags schien sich über Teplitz ein Gewitter bilden zu wollen, welches einerseits von Norden, andererseits von Süden herangezogen kam. Als der Himmel bereits vollständig bewölkt war, ohne daß es geregnet hätte, und ohne daß Blitz und Donner in Erscheinung getreten wären, mußte jedem Spaziergänger um 5 Uhr ein greller weißer Streifen in nördlicher Richtung auffallen, der erst kurz und dick, plötzlich in lebhafte Bewegung gerieth und sich allmälig immer länger und länger über den schwarzgrauen Wolkenhimmel hin erstreckte — etwa von Probstau in nordöstlicher Richtung gegen Karbitz und weiterhin sich ausdehnend. Dieser Streifen bestand scheinbar aus weißen Wasserdämpfen, welche sich in wirbelnder Bewegung um die Längsachse, die sich stellenweise deutlich als dunkler Hohlkern zeigte, von dem schwachen Ende nach dem starken hin ziemlich heftig vorwärts bewegten (entgegen der wachsenden Verlängerung) und an diesem starken Ende (dem Anfangspunkte) gleichsam wie Rauchwolken aus einem Schlote in die umgebenden Wolken übertraten. Diese schneeweiße und nach meiner und anderer Beschauer Schätzung etwa $1^1/_2$ bis 2 Wegstunden [$7^1/_2$ bis 10 km] lange, horizontal gelagerte Dämpfe-Hose war wie ein langes, bald schmäler, bald breiter werdendes, bald anscheinend parallel gespaltenes Nebelseil in steter langsamer Auf- und Abschwingung begriffen, während die Dämpfe selbst in der beschriebenen Richtung fortstrebten. Es hatte den Anschein, als ob zwei aus dem dunklen Himmel wenig hervortretende entfernte Wolken mit einander durch die Nebelröhre verbunden wären, wobei die eine Wolke die andere abzusaugen schien. Gegen das Ende der Erscheinung hin, welche im Ganzen eine gute Viertelstunde währte, wurde diese Nebelröhre immer dünner und hob sich höher am Himmel empor; dann kam es mir vor, als ob die in der Ferne herankommenden Dämpfe plötzlich in retrograde Bewegung kämen und endlich zerriß die ganz fein gewordene Dampfschnur etwa in der Weise, in welcher man sich einen Blitz langsam vergehen denkt. Das Gewitter war aber zunächst zerstört und gar nicht zur Wirkung gekommen; erst eine halbe Stunde später kam von Süden her ein ausgesprochenes Gewitter, welches aber über Teplitz selbst nicht so heftig war, als zuvor in der Umgebung, wo es starken Schloßenfall und Hagel mit sich führte.«

„Demselben Herrn verdanken wir die Einsendung des »Teplitz-Schönauer Anzeiger« vom 18. Mai, worin ein in einigen Punkten ergänzender Bericht über die Erscheinung sich findet:

„Um 5^h p. m., »während von Westen her ein mächtiges Hagelwetter über das Erzgebirge hinzog, entstand aus den vorgelagerten, ungefähr in der Höhe des Gebirges schwebenden Wolken ein hornartiges, etwas gekrümmtes Gebilde, welches sich von Nordwesten nach Südosten hinzog und mit seinem spitzeren Ende gegen die Erde gerichtet war. In wenigen Minuten jedoch hatte es sich schief nach unten zu einem mächtigen Streifen ausgestreckt, dessen Ende drei fingerartige Fortsätze trieb, deren mittelster sich ungeheuer verlängerte und in weitem Bogen sich gegen die Erde senkte. Die zwei Seitentriebe verschwanden später. Das ganze Gebilde hatte eine Länge von ca. 8 bis 10 km.«

„Die wirbelnde Bewegung in dem Rohre und das Dünnerwerden vor der Auflösung werden sodann übereinstimmend mit den anderen Berichten geschildert. Längere Zeit sollen zwei dunkle Bänder innerhalb der Röhre sichtbar gewesen sein; gegen das Ende kam sie in »gewaltige schlangenartige Bewegungen«. In der Umgebung soll Windstille geherrscht haben; dagegen »wurde in Weißkirchlitz ein Gartenhäuschen in die Luft gehoben, das Dach eines dortigen Kohlenwerkgebäudes abgetragen, ein Kamin daselbst beschädigt, mehrere Bäume entwurzelt« u. s. w.

„Der »Neuen Freien Presse« wird ferner aus dem nicht weit von Teplitz entfernten Orte Karbitz über dieselbe Natur-Erscheinung geschrieben: »Die Trombe bewegte sich genau um 5 Uhr Nachmittags aus nordöstlicher Richtung, vom Erzgebirge gegen Schönau bei Teplitz, warf Holzhütten um, trug von einem Gebäude ein Stück Dach ab und wirbelte in den Teichen das Wasser in einer mehrere Meter hohen Säule auf, so in der Nähe von Mariaschein. Der dadurch angerichtete Schaden ist aber nicht bedeutend. Den ganzen Tag über war es bei 24° C sehr schwül, und die Trombe entstand kurz vor Ausbruch eines Gewitters, nach welchem sich die Temperatur rasch und bis auf 12° C abkühlte.«"

10. [178] W. Köppen, Die Windhose vom 5. Juli 1890 bei Oldenburg und die Gewitterböe vom 10. Juli 1896 in Ostholstein. Ann. d. Hydrogr. u. Maritim. Met. Heft X, XI u. XII, 1896 und eine ergänzende Notiz Met. Zeitschr. 1912, S. 85.

[Spurbreite. Geringere Breite des Wolkenschlauches. Fallrichtung der Bäume. Skizzen von Augenzeugen. Ein Hirtenknabe von der Trombe erfaßt. Hitze in derselben. Geruch. Cyklonale Rotation. Aufsteigende und absteigende Bewegung. Parallele Trombenerscheinungen desselben Gewitters. Wetterkarte.]

Gekürzt.

„Die Breite der Verwüstungsspur konnte von mir an drei Stellen (Tweelbäke, Neuenwege und Frischenmoor) ziemlich genau mit 92, 100 und 110 Schritt [74, 80 und 88 m] bestimmt werden; von Anderen ist sie in Neuenbrook auf »kaum 40 m« oder sogar auf »weniger als 100 Fuß« [< 30 m], in Mittelhofschlag auf 200 Schritt [160 m] und in Rodenkircherwurp auf 150 bis 200 Schritt [120 bis 160 m] geschätzt worden. Meist waren die Schäden in der Mitte der Spur am stärksten, an den Rändern geringer. Die Breite der sichtbaren Trombe selbst war an ihrem unteren Ende vielfach noch weit geringer; als sie die Hunte überschritt »schmäler als ein Heuhaufen« ...

„Da die Windhose zum größeren Teile über offenes Land ging, so ließ sich die Lage der Verwüstungen zur Mittellinie ihrer Bahn nicht überall feststellen. Wo dies aber mit einiger Sicherheit geschehen konnte, zeigte es sich, daß am linken, westlichen Rande der Bahn der heftige Wind von der Westseite, am rechten, östlichen Rande aber von der südlichen und östlichen Seite des Horizonts kam, wie folgende Tabelle zeigt:

Zahl der entwurzelten oder gebrochenen Bäume.

		Richtung, aus welcher der Stoß kam								
		NE	N	NNW	NW	WzN	W	WSW	SWzW	SW
Tweelbäke und Neuenweger Moor	westl. Rand	1	2	1	3	2	3	1	—	2
	Mitte	—	—	—	—	—	—	—	1	2
	östl. Rand	—	—	—	—	—	—	1	—	—
Frischenmoor	westl. Rand	—	—	—	2	—	—	1	4	2
	Mitte	—	—	—	—	—	—	—	—	—
	östl. Rand	—	—	—	—	—	—	—	—	—

		Richtung, aus welcher der Stoß kam								
		SSW	SzW	S	SzE	SSE	SEzS	SE	SEzE	ESE
Tweelbäke und Neuenweger Moor	westl. Rand	—	—	—	—	—	—	—	—	1
	Mitte	2	—	—	—	1	—	3	5	—
	östl. Rand	1	5	9	1	7	2	6	—	7
Frischenmoor	westl. Rand	—	—	1	—	—	—	—	—	—
	Mitte	—	—	7	—	—	—	1	—	—
	östl. Rand	—	—	3	—	—	1	1	—	—

„Es sind also alle Anzeichen für die Fortbewegung eines kleinen Wirbels mit cyklonischer Drehung um eine vertikale Axe vorhanden. Unterstützt werden sie durch das, was sich über die Änderung der Sturmrichtung während des Vorübergangs der Windhose feststellen läßt.

„Fälle des Uebereinanderlagerns von Bäumen, aus denen man die Aenderung des Windes während der wenigen Minuten seiner orkanmäßigen Stärke am Orte sehen konnte, waren freilich bei der Baumarmut des Landes nicht viele zu finden; die immerhin lehrreiche Liste will ich in derselben kurzen Bezeichnungsweise aufführen, welche ich für den Crossener Orkan angewandt habe; nämlich voran die Richtung, aus welcher der zuoberst liegende Baum gestürzt ist, und darauf durch Bruchstriche getrennt die Richtung der darunter liegenden Bäume. Reihenfolge von Süd nach Nord, r = rechter, l = linken Rand, m = Mitte des Verwüstungsstreifens.

„In Tweelbäke: SE/S (r), S/SzE/SE (r), SSW/S (r), W/NE (l). In Neuenwege, Dinklage: W/S 2 (m); Menkens: SEzS/SEzS/ESE (r), S 3/SE 2 (r), S/SSE/SE/SE (m ?), SSE/SSE (m ?). Auf letzterem Anwesen lagen eine Menge entwurzelter Bäume (mächtige Eichen etc.), von denen eine Anzahl in eigentümlicher Weise nach dem Wurf so gedreht erschienen:

(der Punkt deutet den Standort, der Strich den Stamm, der Kreis die Krone des Baumes an).

„Es liegen also vom rechten Rande oder der Mitte acht Fälle einer Drehung mit der Uhr und ein entgegengesetzter, vom linken überhaupt nur ein Fall vor, und zwar einer gegen die Uhr, wie es dem Durchgange eines cyklonalen Wirbels entspricht.

„Das Interessanteste an dem Phänomen war jedenfalls die Anwesenheit einer sichtbaren, gut ausgebildeten »Hose« oder »Trombe« darin. Unzählige Personen haben sie gesehen; eine Reihe derselben habe ich auf meiner Untersuchungsreise selbst sprechen können und habe zwölf von ihnen, bei denen es sich zeigte, daß sie ein klares Bild von der Erscheinung erhalten und bewahrt hatten, Papptafel und Bleistift in die Hand gedrückt mit der Aufforderung, das Gesehene aufzuzeichnen. Auf diese Weise ist die Reihe guter und schlechter Skizzen der Windhose entstanden, die im Folgenden wiedergegeben werden ... [Fig. 6].

„Nach mündlicher und brieflicher Mitteilung des Herrn Lehrers Duis in Tweelbäke haben sich zuerst über dem Streeker Moor vier Zapfen in den Wolken gebildet, die dem Augenschein nach sich zu nähern suchten. »In Wolkenhöhe schwebten sie anfangs in der Luft herum, bis sie nach und nach sich verbanden und die Erde berührten. Schon bevor die Spitze die Erde berührte, wurden mehrere Torfhaufen umgeworfen.«

„Ähnlich erzählte man mir bei Borchers, auf dem ersten von der Windhose getroffenen Bauernhof, daß zwischen diesem und dem südlich davon gelegenen Hof von Wencke zwei Zapfen sich vereinigt hätten. Bei Wencke ist so gut wie kein Schaden geschehen; bei Borchers sind Zweige gebrochen; bei den nordwärts folgenden Höfen dagegen, Wichmann und Maass, haben bereits große Verwüstungen stattgefunden.

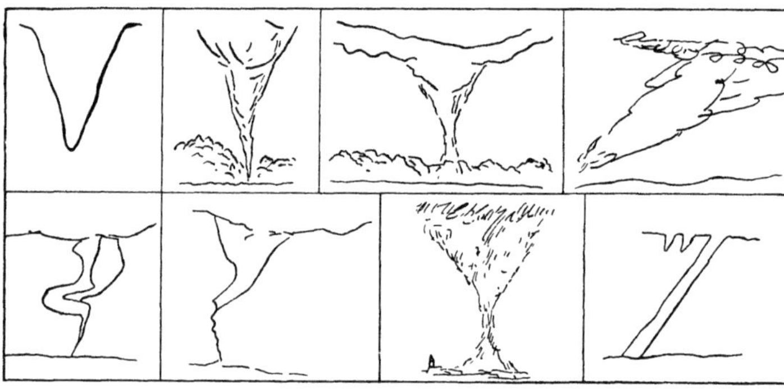

Fig. 6. Formen der Windhose von Oldenburg (Auswahl).
Oben von links nach rechts Nr. 1—4, unten desgleichen 5—8.

„Von hier stammt die erste der mitzuteilenden Zeichnungen; ein Arbeiter, der bei dem Haus von Maass ... stand, als die Scheune 10 Schritt davon umbrach, gab die Hose in folgender Form wieder (Fig. 6, Nr. 1).

„Zwei sehr gute Skizzen des Aussehens der Hose ... entwarf mir Herr Duis, der sie vom Schulhause aus einer Entfernung von 250 bis 400 m (von West her) beobachtete. Fig. 6, Nr. 3 stellt die Hose dar, als sie über dem Bache sich befand, Nr. 2 etwas später, über einem Kornfeld. Ihre Farbe war unten grau, nach oben zu immer dunkler, bis zum Schwarz; sie zog mit der Schnelligkeit eines Eisenbahnzuges nordwärts. Den Hintergrund der Figuren bilden die Bäume an der Chaussee nach Hatten. In dem Trichter wurden eine Menge Vögel, Holzstücke etc. herumgewirbelt. Herr Duis ergänzte mir seine interessanten mündlichen Mitteilungen brieflich, wie folgt:

„»Alle, die ich darüber befragt habe, stimmen darin überein, daß es in der Windhose trocken gewesen wäre. Zur Seite aber, am Umfange der Windhose, herrschte meistens ein gewaltiger Sprühregen (Anm. Köppens: Nach der früheren mündlichen Angabe desselben Herrn war am Schulhause, 250 m von der Bahn der Windhose, »während ihres Vorüberganges schwerer Regen, gleich nach 4^h, der aber kaum 5 Minuten andauerte, bis die Windhose außer Sicht war«). Mit diesem dampfartigen Regen kamen auch die Gegenstände herunter, die die Windhose auf ihrem verheerenden Zuge mit sich nahm, wie todte Krähen, Lerchen, Staare, ferner Zweige, Pfähle etc. Die Zweige waren gänzlich zerbrochen, die zarte Rinde an vielen Stellen abgeschabt. Den Vögeln waren die Flügel theilweise abgerissen, auch waren einigen die Federn ausgerissen, aber nur theilweise«.

„Daß die aufgegriffenen Gegenstände theilweise ziemlich lange in der Windhose geblieben sind, dafür ist ein Espenzweig Zeuge, der vom Hofe des Herrn Maass bis zu jenem des Herrn Rastede getragen ist, der 2 km weiter nördlich 400 m rechts von der Bahn der Windhose liegt.

„In Sicht des Schulhauses Tweelbäke weidende Kühe wurden merkbar in die Höhe gehoben, eine von ihnen in den Graben geworfen und der sie hütende Knabe, Emil Suhr, eine Strecke von gut 25 Schritt halb gerollt, halb getragen. Als ihn die Windhose am Chausseedamm liegen ließ, ist der Junge niedergekniet und hat ein geistliches Lied angestimmt. In der Windhose war es, nach seiner Angabe, heiß; er ist drin bei vollem Bewußtsein geblieben, hat aber keinen Laut von sich geben können.

„Mehrere Leute haben versichert, daß sie in der Umgebung der Windhose einen eigentümlichen, widerlichen Geruch wahrgenommen hätten ...

„Die Oldenburg-Bremer Bahn wurde von der Windhose bei Neuenwegermoor, zwei Telegraphenpfähle östlich vom Bahnwärterhause, überschritten. Die Telegraphendrähte wurden nicht zerrissen, obwohl ein Pfahl umgestürzt wurde. Am Bahnwärterhause herrschte beim Vorübergang der Windhose starker Wind..., bei der Schule dagegen, die etwa 170 m weiter nach NW, circa 300 m von der Bahnmitte im freien Felde liegt, soll sich dabei »kein Lüftchen« geregt haben, aber etwas Hagel und vor- und nachher Regentropfen gefallen sein ... Nach Angaben des Schullehrers war die kreisend aufsteigende Bewegung durch die mitgeführten Aeste sehr deutlich, selbst ganze Tannen flogen hoch hinauf, auch ein Storchnest; am »oberen Ende« der Windhose wurden die Gegenstände hinausgeschleudert auf eine Weite von circa 200 m ...

„Auf ihrem weiteren Wege über den Hunte-Fluß ... ist die Trombe von vielen Personen gesehen worden, deren einige ich das Glück hatte, zu treffen, als ich am 12. Juli 1890 diese Gegend besuchte. Von diesen rühren die Zeichnungen Nr. 4 bis 7. Alle sind von Westen her aufgenommen ...

„Nr. 4 wurde mir von einem Baggermann gezeichnet; es ist sehr bemerkenswert, daß in dieser, ebenfalls von West aufgenommenen Figur ... die untere Spitze nach Norden, also vorwärts, geneigt ist und nicht etwa nachgeschleppt wird, wie man es erwarten sollte. In den beiden folgenden Figuren, Nr. 5 und 6, ist dagegen die Hose als mehrfach geknickt dargestellt. Sie stammen beide von Arbeitern aus Donnerschwee her ...

„Nr. 7 ist vom Tischler Hauken in Donnerschwee in meiner Gegenwart entworfen und stellt die Hose dar, als sie eben »die Hunte passirt hatte und aus der Höhe in die Hose sich schwarze Wolkenmassen hineinsenkten«. Die zur Orientierung mit dargestellte Holler Kirche war dabei gut zu sehen ...

„Der Trichter der Hose erschien in Neuenbrook nach Herrn Meyers Mitteilung nebelgrau und stand nach oben mit tiefschwarzen Wolken in Verbindung; seine Spitze soll sich »aufsteigend — verengert, absteigend — erweitert haben« ...

„In Oberhörne hat die Windhose zuerst, vom Ipweger Moor kommend, das Stühmersche Haus getroffen und dieses 27 m lange und 15 m breite Gebäude zu $^2/_3$ zerstört. Die Frau des Bewohners ... hat von einer freien Stelle 40 bis 50 Schritt [30 bis 40 m] weit ONO vom Hause auf der Chaussee die Windhose herabkommen sehen. Diese sei über ein kleines Gehölz, welches 500 m vom Hause entfernt ist, hinweggegangen, ohne den Bäumen Schaden zuzufügen, und habe sich dann auf ihr Haus niedergelassen. In der Windhose sei eine furchtbar drehende Bewegung gewesen und gewaltiges Tosen und Krachen, so daß die Pferde auf der Weide wild wurden. Neben der Windhose hätten noch mehrere Zapfen aus den Wolken herabgehangen. An dem Orte, wo die Frau stand, war kein Wind zu spüren ...

„Als die Windhose kurz vor Janssen's Haus zu Oldenbrook-Altendorf die Chaussee kreuzte, riß sie von einem circa 12 m hohen Eschenbaum verschiedene kleine Zweige ab. Herr Janssen, der vor der Tür seines Hauses stand, sah sie herankommen und erkannte eine schnelle drehende Bewegung gegen den Zeiger der Uhr darin; kaum war er ins Haus geflüchtet, als die Windhose dessen vorderen östlichen Theil (den Viehstall) ergriff und von dem etwa 15 m breiten und 37,5 m langen Hause das östliche Drittel nebst der daranstoßenden Scheune umriß, und von dem Rest die Nordseite des Daches hinauswarf, während dessen Südseite erhalten blieb ...

„Ein günstiger Zufall hat es gefügt, daß Herr Dr. Behrmann vom Balkon seiner Wohnung in der Navigationsschule zu Elsfleth, also aus einer Entfernung von $8^1/_4$ km, die Trombe längere Zeit hat genau beobachten können. Er erblickte die Windhose um $6^h 0^m$ in der Richtung N 79° W ... Drei Minuten später, etwa über Altendorf, wurde sie auf 10 bis 15 Sekunden in der Mitte unterbrochen. Der Fuß sah nun wie rotierende Rauchmassen aus. Darauf stellte sich der erstere Anblick wieder her, bis um $6^h 7^m$ die Hose sehr schmal wurde und nach vorn überneigte (Fig. 6, Nr. 8); so hielt sie sich, weiterziehend, noch bis $6^h 10^m$, worauf sie ziemlich plötzlich zerging und nur ein von der Wolke herabhängender Zapfen nachblieb, den zwei Zapfen gleich, welche seit ihrem ersten Erblicken auf ihrer Rückseite zu sehen waren.

„In sehr interessanter Weise schließen sich an die Zeichnungen des Herrn Dr. Behrmann diejenigen des Herrn Heinrich Janssen, Stationsvorstehers in Golzwarden, an, der vom Bahnhof Golzwarden aus die Fortbewegung der Windhose von Strückhausen bis Esenshamm beobachtete und von ihr, als sie über Frischenmoor war, nur $5^1/_2$ km entfernt war ...

„... Die Bewegung war außen eine korkzieherförmig absteigende, im Innern der Hose wurden die Wolken anscheinend wieder mit großer Geschwindigkeit nach oben gezogen. Während der obere Teil der Hose durch eine sehr dunkle Wolkenmasse gebildet wurde, war der untere Teil fast durchsichtig und zeigte nur leichte zerrissene Wölkchen, ähnlich dem aufquellenden Rauch bei heißem Luftgang. Recht deutlich war jedoch zu erkennen, daß die Bewegung von Nord auf West, Süd, Ost erfolgte und daß sämmtliche Wolken, welche in den Wirbel hineingezogen wurden, aus Norden kamen.“ (Anm. Köppens: Nach der mündlichen Mitteilung des Herrn Janssen geschah dieser auch in Fig. 7 angedeutete Zuzug der Wolken aus Nord mit großer Geschwindigkeit.) ...

„In Übereinstimmung mit der von den Herren Behrmann und Janssen gemachten Beobachtung über den Fortfall des unteren Theiles der sichtbaren Wettersäule habe ich in Frischenmoor, das ich selbst besuchte, keine Zeichnung der Windsbraut und nur ziemlich unbestimmte Angaben über ihr Aussehen erhalten können. Doch scheint ein stumpfer Wolkenzapfen oben und ein Fuß aus Staub und Trümmern gesehen worden zu sein ... Trotzdem waren ... die Wirkungen in Frischenmoor kaum schwächer als an den südlicheren Ortschaften, wo diese Säule voll sichtbar war; besonders die Versetzung des aus schweren Balken gezimmerten Fachwerks der neuen Scheune bei Ebeling ... um mehrere Fuß ist eine gewaltige Kraftäußerung ...

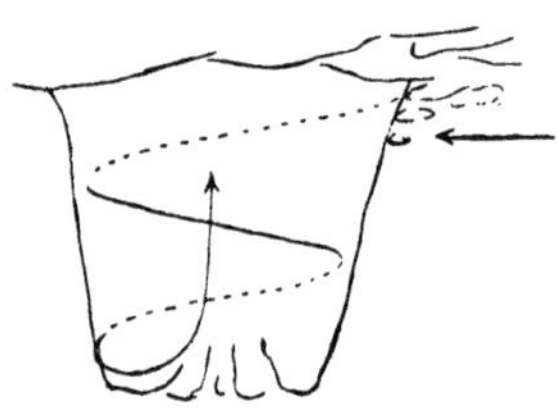

Fig. 7. Windhose von Oldenburg, nach Zeichnung von Janssen.

„Herr Dr. med. Kreymborg in Rodenkirchen, mit dem ich beim Besuche dieser Stadt mich über die Windhose unterhalten habe, hatte die Güte, mir ... eine von einem Augenzeugen in Rodenkircherwurp entworfene Zeichnung der Wolkenbildung dabei zu übersenden (vgl. Fig. 8). Ich weiß nicht, wann die Zeichnung entstanden ist und wie weit das Gesehene dem Zeichner noch frisch im Gedächtnis war; aber die Buckel und Wülste an der mächtigen Wolke zeigen die ganz charakteristischen Züge eines »Mammato-cumulus«. Die mehreren kleinen Zapfen entsprechen dem von Herrn Behrmann Gesehenen, während der größere stumpfe Kegel rechts vielleicht dem von Herrn Janssen genauer ins Auge gefaßten Hauptgebilde entspricht.

„Die zusammenhängende Spur der Windhose hört ... bei Esenshamm auf. Dagegen sind 20 km nordöstlich von Bremerhaven, in Bederkesa, ferner in Südleda und endlich auch jenseits der Elbe, bei Marne, am gleichen Abend Windhosen beobachtet worden, welche Fortsetzungen, aber wohl nur mittelbare, der hier besprochenen bilden ...

„Wie man aus den Übersichtskärtchen Fig. 9 erkennt, liegen von diesem Nachmittage auch von der Westgrenze des Großherzogthums Oldenburg Nachrichten über Windhosen vor, von denen es unsicher bleibt, ob sie sich auf eine und dieselbe lang-

Fig. 8. Wolkengebilde der Oldenburger Windhose, nach einer Zeichnung aus Rodenkirchen.

lebige Erscheinung oder auf zwei solche von kurzer Dauer und örtlich eng beschränktem Auftreten beziehen. Die Verbindungslinie zwischen Esterwegen und Burgförde geht zwar zum größten Theil über ödes Moorland; aber sie berührt das große Dorf Scharrel im Saterland, geht bei Ocholt über die Eisenbahn ins gut bebaute Ammerland und streift den Ostrand von Westerstede. Da es mir nicht gelungen ist, irgend welche weiteren Nachrichten über die Windhose zu erhalten, so muß ich vermuthen, daß die Windhose, auch wenn sie von Esterwegen nach Burgförde gegangen sein sollte, die genannten Orte übersprungen hat, ohne Schaden zu tun ...

„Zeit und Fortpflanzungs-Geschwindigkeit ... Am genauesten sind wohl die Angaben für Neuenwege [$4^h\,32^m$ p.], weil Herr Assistent Griese vom Oldenburger Bahnhofe aus die Windhose mit der Uhr in der Hand beobachtet hat und ein Zug von Bremen erwartet wurde, und diejenigen der beiden Bahnbeamten für Strückhausen [$5^h\,10^m$ p.], da die Eisenbahnzüge als mächtiger

Fig. 9. Gestaffelte Bahnen der Oldenburger Windhose und ihrer Paralleltromben.

Registrierapparat wirken, wie ich dieses im zweiten dieser Beiträge habe zeigen können. Wir sind danach genötigt, bei den Zeitangaben von Herrn Direktor Behrmann ein Versehen von einer Stunde anzunehmen ... Die mittlere Geschwindigkeit des Fortschreitens ergibt sich hieraus zwischen Neuenwege und Strückhausen zu 0,57 km in der Minute oder 34 km in der Stunde, was der Geschwindigkeit eines langsamen Eisenbahnzuges entspricht. Mit dieser ist die Fortbewegung denn auch wiederholt verglichen worden.

„Für Bederkesa wird »etwa um 6^h«, für Marne »etwas nach 7^h« als Zeit der Windhose angegeben. Bederkesa liegt 45 km von Strückhausen, Marne 38 km von Bederkesa entfernt. Es würde daher die Zeit des Auftretens kein unbedingtes Hindernis abgeben, das Phänomen von Bederkesa für eine Fortsetzung des Oldenburger zu halten, was jedoch eine unwahrscheinliche plötzliche Richtungsänderung hinter Großensiel bedingen würde. Erheblich mehr Wahrscheinlichkeit hat die Zugehörigkeit der Wahrnehmungen in Bederkesa und Marne zu einem und demselben meteorologischen Individuum, das dann die Strecke mit ganz derselben mittleren Geschwindigkeit von etwa 0,57 km in der Minute oder $9^1/_2$ m in der Sekunde zurückgelegt hätte, wie sie die Oldenburger Windsbraut hatte.

„Witterung. Am 4. Juli morgens lag ein barometrisches Minimum von < 750 mm Luftdruck auf der Nordsee vor dem Skagerrak, ein zweites, schwächeres kündigte sich auf dem Ozean vor dem Kanal an. Ersteres füllte sich schon im Laufe des 5. im südlichen Norwegen aus, letzteres dagegen bewegte sich mit zunehmender Tiefe zum Skagerrak und lag zur Zeit des Auftretens der Windhose nordwestlich von Borkum in dessen Nähe. Die Erscheinung spielte sich also im Südostviertel einer Depression, im südlichen Strome ab, jedoch ohne daß die Temperatur eine hohe gewesen wäre; im Gegenteil liegt diese in Nordwestdeutschland am Morgen des 5. 1 bis 4^0, am Morgen des 6. sogar 4 bis 7^0 unter ihrem Normalwert, und ist ihre Zunahme zum Nachmittag am 5. wegen des trüben regnerischen Wetters noch merklich geringer, als normal. Da zudem die horizontalen Temperaturunterschiede in der Umgebung der südlichen Nordsee nur gering waren ... so ist aus den Temperaturverhältnissen keine Ursache für ein labiles Gleichgewicht der Atmosphäre in vertikaler Richtung zu erkennen. Von einer Überhitzung der untersten Luftschicht konnte, bei dem trüben kühlen Wetter, nicht die Rede sein. Aber auch für eine mechanische Entstehung des Luftwirbels in der südlichen Strömung erscheinen die Verhältnisse ungünstig, da die letztere am 5. in Nordwestdeutschland nur schwach bis mäßig wehte ...

„Die der Bahn der Windhose nächste ... [meteorologische] Station ist Bremen ... Der Tag war [hier] trübe und regnerisch, aber zwischen $2^1/_2$ p und 9 p hat es nur einmal, von $4^3/_4$ bis 5 p, einen schwachen Schauer gegeben ... Dabei herrschte seit 2h nachts anhaltend leichter bis mäßiger Südwind, der erst am folgenden Morgen, um 5h a, dem West Platz machte, welcher bald darauf auffrischte.

„Anders in Oldenburg, auf der linken Seite der Windhose und in viel geringerer Entfernung von dieser; hier soll der bis dahin südliche Wind zur Zeit ihres Auftretens nach Nordost umgesprungen sein.

„Über die Gewitter in dieser Gegend am 5. Juli liegen mir genaue Aufzeichnungen von Elsfleth vor. Von $3^1/_2$ bis $6^1/_4$ p herrschte fern im Westen ein Gewitter, das aus Süd zog; der erste Donner wurde um 3h 27 gehört; am nächsten war es um 4h 55m; eben vor dem Ende der Hose blitzte es in NW. Geregnet hat es von 11 a bis $3^3/_4$ p (mäßig) und wieder am Abend ...

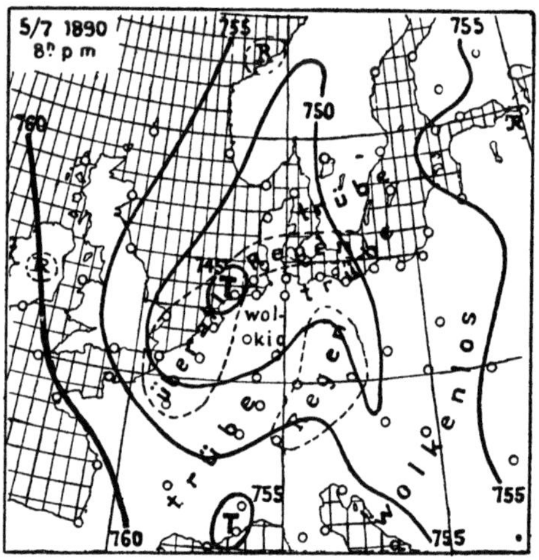

Fig. 10. Luftdruck und Regengebiete über Mitteleuropa kurz nach der Oldenburger Windhose.

„Die interessante Frage, ob die Windhose in einer bestimmten Beziehung zu einer Gewitterfront stand, würde sich wahrscheinlich auch dann nicht sicher beantworten lassen, wenn die Gegend nicht, wie tatsächlich der Fall, sehr arm an Gewitterstationen gewesen wäre ... Einer ausgedehnten Linienböe gehörte die Trombe jedenfalls nicht an ...“

11. [218] Früh, Wasserhosen auf Schweizer-Seen. Jahresber. d. Geograph.-Ethnograph. Ges. in Zürich 1906—07, Zürich 1907, S. 105; I. Die Wasserhose auf dem Zugersee, den 19. Juni 1905.

[Photographien. Wasserstaubfuß, beckenförmige Vertiefung und Wasserturm. Tastende Bewegungen. Anticyklonische Rotation. Hohler Wolkenschlauch.] [Stark gekürzt.]

„Nach Erkundigung kam vorher vom Lande her ein kleiner Luftwirbel, welcher Heu aufhob. Dann bildete sich in Alznach etwa 3 Uhr 50 Min. nachmittags in der ruhigen See plötzlich ein Wirbel wie ein Korb von etwa 1 Meter Durchmesser, vom Zugerberg als »eigentümlicher, weißer Fleck« erkannt und von vielen Bewohnern am östlichen Ufer als eine Bewegung beurteilt, als ob ein Gegenstand ins Wasser gefallen oder eine unterseeische Granate explodiert wäre. Es war ein »grauweißer Gischt«, eine »auf mehrere Meter Höhe reichende wallende Bewegung«; es glich die Form einem »hübschen Becken mit unebenem Rande, ähnlich wie eine große weiße Muschel«. Nach wenigen Sekunden erhob sich aus dem Korb eine vielspitzige Wassergarbe, aus welcher endlich eine dünne Säule herauswuchs, die mit einem zapfenartigen unteren Vorsprung der Wolke sich vereinigte. Damit stimmen trefflich die Beobachtungen von Herrn Wölfling: Zuerst auf dunklem See ein lichter Kreis und darüber Wolke mit trichterförmiger Spitze. Plötzlich steigt aus dem Kreis ein Stalagmit empor, während sich der Trichter verlängert. Nach 1 bis $1^1/_2$ Min. ist die Wasserhose gebildet, an deren Fuß sich ein Wirbel von auseinander geschleudertem Wasser bildet, ähnlich einem Spray zum Besprengen des Rasens in Gartenanlagen. Der Wolkenzapfen wird allgemein als »Trichter« konstatiert.

„In Übereinstimmung mit den photographisch fixierten Formen der unruhigen Wasserhose, will sie ein Beobachter in Zug »nicht mit einer steifen Säule vergleichen, eher mit einem tastenden Kautschukschlauch oder dem Sauger eines Polypen«. Vom Zugerberg erschien sie als ein »mächtiger Schlauch, rauchend und kreisend«, indem man deutlich sah, wie das Wasser in die Höhe »gezogen« wurde, wie es »aufwärts wirbelte«. Deutlich sah Roth, »wie das Wasser in rotierenden Wirbeln hinauffuhr«. Unten »peitschte die wandernde Hose den See wie ein starkes Dampferrad«, und Beobachter bei der Schutzengelkapelle in Zug hörten vom Fuße ein »Geräusch ausgehend wie schwacher Dampf, der einem Ventil entströmt«.

„Wichtig sind die Beobachtungen Schmidlin's, durch Wort und Bild vermittelt: »Die Wasserhose hat sich bis zum letzten Augenblick gedreht. Man konnte genau sehen wie das Wasser hinaufschoß; auf der hintern Seite fielen vom oberen Teil der Säule ganze Fetzen herunter«. Ein anderer spricht von einer

Fig. 11. Die Wasserhose vom 19. Juni 1905 auf dem Zugersee, nach einer im Besitz der Meteorologischen Zentralanstalt in Zürich befindlichen Original-Photographie von Weiß.

totalen Säulenspirale, ein dritter von einem riesigen Schiffstaue, ein vierter Beobachter aus Zug berichtet, daß — »dem Auge ganz gut sichtbar — eine Dunstmasse gegen Süden an dem Riesenbaume hinauf und dann gegen N herunter flutete«. Schärfer drückt sich Prof. J. J. Herzog in Zug im »Wächter« l. c. aus: »Langsam bewegte sich das ganze Prachtgebilde gegen Süden. Hierbei konnte man oft sehr deutlich sehen, wie im innern Teil der Wasserhose, welcher bedeutend heller erschien als der ihn umgebende Mantel, das silberglänzende Wasser in die Höhe strömte (?). Der äußere dunklere Teil der Hose bestand anscheinend nur aus fein zerstäubtem Wasser. Auf halber Höhe machte sich eine sehr rasche wagrechte Drehung der Wassermasse geltend. Dieselbe bewegte sich auf der gegen Zug gekehrten Seite von links nach rechts, auf der von der Stadt abgewandten natürlich in umgekehrter Richtung. Die rasche Drehung pflanzte sich von der Mitte aus allmählich nach unten und oben fort. Scheinbar infolge dieser Drehung teilte sich sodann die Säule in der Mitte, an der Stelle der raschesten Drehung«. Herr Wölfling konnte deutlich sehen, daß die Hose hohl war und sich die emporgerissenen Wasserteilchen am Mantel der Hose in aufsteigender Richtung, nach seiner Zeichnung in linkem Gewinde bewegten, so daß die Hose einem schweren Hanfkabel glich. Klipp und klar schreibt Schmidlin: »Die Wasserhose war hohl, eine große Röhre mit linkem Gewinde«. Die Röhrenform ergibt sich aus den meisten, guten Photographien ohne weiteres, beispielsweise aus den Wölflingschen Aufnahmen

Fig. 12. Die Wasserhose vom 19. Juni 1905 auf dem Zugersee, nach Photographie von L. Wölfling.

Nr. 2 bis 11 (unsere Fig. 12), so weit sich der Schlauch vor hellerem Hintergrunde projiziert (auf $^1/_3$ bis $^1/_2$ der scheinbaren Höhe). In einigen Bildern kann das relative Lumen auf $^2/_5$ der scheinbaren Dicke der Wasserhose bestimmt werden ...

„Unsere Fig. 11, sowie ... zeigen ferner wellenförmige Ränder der Säule als Ausdruck wirbelnder Bewegungen, während Photogramme aus großen Distanzen nur glatte Randlinien abbilden ließen ...

„Wahrscheinlich durch Nachlassen des Windes nahm die Hose zuletzt wieder eine östliche Richtung an und landete bei Trubikon SE Zug. Ihre Bahn ist nach den Peilungen und Photogrammen von Herrn Wölfling eine schwach gekrümmte, im allgemeinen SE verlaufende Kurve von 5 Kilometer. Der etwa 100 Meter hohe Fuß verflüchtigte sich in Berührung mit dem Lande wie der von einer Lokomotive ausgestoßene Dampf. Nach dem Augenschein desselben Beobachters zeigten sich die Spuren der zusammenbrechenden Wasserhose noch bis 300 Meter landeinwärts: Blumenstöcke wurden zerrissen, Rasen aufgewühlt, ein Birnbaum geknickt und auf 50 Meter vom Ufer verschleppt, fünf Hühner bis auf Haushöhe ohne Schaden emporgetragen und bergwärts Äste, Zweige und Wassermassen verfrachtet. Damit scheint sich die Trombe überhaupt an der Schwelle des Zugerberges tot gelaufen zu haben“ ...

Drittes Kapitel.

Verzeichnis der benutzten Trombenbeschreibungen.

(Datum, Tageszeit, Ort, Quelle, Abbildungen.)

Durch * sind Beschreibungen mit Abbildungen der Trombe hervorgehoben.

— bedeutet: Die betreffende Angabe fehlt.

Peltier (ohne nähere Bezeichnung) bedeutet: Peltier, Météorologie etc., Paris 1840.

Muncke (ohne nähere Bezeichnung) bedeutet: Art. Wettersäule in Gehlers Phys. Wörterb., Bd. 10, Leipzig 1842.

Früh (ohne nähere Bezeichnung) bedeutet: Früh, Wasserhosen auf Schweizer-Seen. Jahresber. d. Geogr.-Ethnogr. Ges. in Zürich 1906—07. Zürich 1907, S. 119 ff.

„Wörtlich" heißt eine Wiedergabe in Anführungszeichen.

„Nicht auffindbar" bedeutet: Im Namenverzeichnis des Meyerschen Handatlasses nicht enthalten.

1. 1456, August 22. oder 24. Kurz vor Tagesanbruch. Quer durch Italien von Ancona über den Arno. Machiavellos Geschichte von Florenz, Buch 6 (gibt 24. Aug.), und Ammiratis florentinische Geschichte, Buch 23 (gibt 22. Aug.). Nach Boschovich, Sopra il Turbine ... Dissertazione, Roma 1749, p. 73 ff. und nach Peltiers nicht wörtlichem Auszug.

2. 1586, Juli 16. —. Zürchersee. J. J. Scheuchzer, Naturgeschichte des Schweizerlandes, I, 247, Zürich 1746. Nach Früh.

3. 1652, Januar 28. —. Greifensee bei Zürich. J. J. Wagner, Hist. nat. helv. curiosa, p. 370, Zürich 1680. Nach Früh.

4. 1669, September —. Nachts. Frankreich von La Rochelle bis Paris. Duhamel, Traité de philosophie, Artikel Météores. Nach Peltier.

5. 1680, August 10. $5^1/_2$ p. Reims. Richard, Histoire naturelle de l'air et des météores **6**, 505, 1770 (R. hat angeblich die Beschreibung aus einem kleinen Werk „Conjectures physiques sur deux colonnes de nues" eines unbekannten Verfassers übernommen, das wohl mit dem auf S. 1 erwähnten Buch von Lamy identisch ist). Nach Peltiers wörtlicher Wiedergabe.

6. 1686, Juli 29. 5 p. Mantua, Padua, Verona. Le forze d'Eolo, Dialogo fisico-matematico sopra gli effetti del Vortice, ò sia Turbine ... che il giorno 29 Luglio 1686 ha scorso e flagellato molte ville, e luoghi de' territorij di Mantova, Padova, Verona etc. Opera postuma del Sig. Dottore Geminiano Montanari, Parma 1694; siehe auch Boschovich, Sopra il Turbine ... Dissertazione, Roma 1749, p. 93 und Peltier.

7. 1687, August 15. 4 p. In Brie (Landschaft östl. Paris). Richard, Hist. natur. de l'air et des météores **6**, 528, 1770. Nach Peltiers wörtlicher Wiedergabe.

8. 1687, August 15. —. Hatfield in Yorkshire (nahe der Humber-Mündung), England. Abraham de la Pryne [Peltier

schreibt, wohl fälschlich, Pryme], Phil. Trans. **23**, No. 281, S. 1248, 1702. Nach Peltiers teilweise wörtlicher Wiedergabe.

***9.** 1694, August 7 [? Nach J. of the Scott. Met. Soc., N. S. II, p. 305, 1869, ist das Datum 7. Mai]. 9—10 a. Topsham nahe Exeter an der Südküste Englands. Zachary Mayne, Phil. Trans. **19**, 28. Nach Peltiers nicht wörtlicher Wiedergabe. [In der Originalbeschreibung eine Abbildung, in der die Trombe $^2/_3$ eines Halbkreises bildet.]

10. 1701, März 24. Zwischen 10 und 11 a. „Dans les dunes" (atlantische Küste Frankreichs?). M. Patrick Gordon, Phil. Trans. **22**, 805. Nach Peltier.

11. 1701, August 28. 9 a. Golfe du Lion (mitteländ. Meer), gesehen von der Küste nördlich der Stadt Bona. Alexander Stewart, Phil. Trans. **23**, 1077, 1702. Nach Gilbert, Ann. d. Phys. **73**, 97, 1823 und Peltier.

12. 1702, Juni 21 [?]. 2 p. Hatfield in Yorkshire (nahe der Humber-Mündung), England. De la Pryne [Peltier schreibt, wohl fälschlich, Pryme], Phil. Trans. **23**, No. 284, p. 1331, 1702. Nach Peltiers nicht wörtlicher Wiedergabe. [Nach J. of the Scott. Met. Soc., N. S. II, p. 305, 1869 ist das Datum 26. Juni 1703.]

13. 1715, — —. —. Leyden? Musschenbroek, Introductio ad Phil. Nat. T. II, p. 1010, § 2381 ff., oder derselbe, Cours de physique, Cap. 42, § 2383. Nach Muncke und Peltier.

14. 1725, Mai 30. $4^3/_4 — 5^1/_2$ p. „Schloß Bocanbrey in der Normandie" (nicht auffindbar). De Jussieu, Histoire de l'Acad. roy. des sciences, année 1725, p. 5. Nach Peltiers nicht wörtlicher Wiedergabe.

15. 1725, September 27. 2 p. Möklinta, Vestman-Land, Schweden (nordwestlich von Stockholm). Er. Kalsenius, Acta litterar. Sueciæ, Upsalicæ publicata, ann. 1725, vol. 2, p. 106. Nach Peltiers wörtlicher Wiedergabe.

16. 1727, August 21. $5^1/_4$ p. Capestang bei Béziers an der Südküste Frankreichs. Mém. ac. sc. Paris, année 1727, hist. 41. Nach Peltiers nicht wörtlicher Wiedergabe.

17. 1729, November 2. 8 a. Montpellier, Südküste Frankreichs. Hist. de la Soc. roy. des sc. Montpellier, t. II, p. 24. Nach Peltiers nicht wörtlicher Wiedergabe.

18. 1731, October 30. —. Cerne-Abbas, Dorset, England (nahe der Südküste). Derby, Phil. Trans. **41**, p. 229. Nach Peltier (welcher, wohl versehentlich, Corne-Abbas schreibt).

19. 1733, Herbst. Nachts. Ancona, Italien. Boschovich, Sopra il Turbine etc. Dissertazione, Roma 1749, p. 98 ff. Nach Peltiers wörtlicher Übersetzung.

20. 1741, August —. 10 a. Holkham, Norfolk, England (an der Küste westlich der Bucht the Wash). Th. Lovell, Phil. Trans. **42**, 183 (Mitt. vom 4. Nov. 1742). Nach Peltiers nicht wörtlicher Wiedergabe.

21. 1741, Oktober —. 7 a. Genfersee. Jallabert, Hist. de l'acad. roy. des sciences, Année 1741, avec les Mém. de Math. et Phys., Paris 1744, p. 20 et 21. Nach Früh und Peltier.

22. Etwa 1742, — —. —. Venedig. Boschovich, Sopra il Turbine etc. Dissertazione, Roma 1749. Nach Peltier.

23. 1742, Juli 9. 6 a. Genfersee. Brisson, Mém. sur une espèce de météore connue sons le nom de trombe, Hist. de l'acad. roy. des sciences, année 1748, avec les Mém. de Math. et Phys., Paris 1770, p. 409. Nach Früh und Peltier.

24. Etwa 1745, Juni 17. 4 p. Dorf Mirabaux bei Aix, Depart. Corrèze, Südfrankreich (südwestlich von Clermont). Boschovich, Sopra il Turbine etc. Dissertazione, Roma 1749. Nach Peltiers nicht wörtlicher Wiedergabe.

25. 1747, August 29. —. Livorno. P. Beccaria. Dell' Elettricismo artificiale e naturale, Turin 1753. Nach Peltier.

26. 1748, Mai 21. —. Arezzo, Mittelitalien (nördl. des Trasimenischen Sees). Boschovich, Sopra il Turbine etc. Dissertazione, Roma 1749, 2. Teil. Nach Peltiers wörtlicher Übersetzung. [Boscovich beschreibt 3 Skizzen der Trombe, ohne sie zu reproduzieren.]

27. 1749, Juni 12. $2^1/_2$ a. Rom. Boschovich, Sopra il Turbine che la notte tra gli XI, e XII Giugnio del MDCCXLIX danneggiò una gran parte di Roma Dissertazione, Roma 1749.

28. 1749, September 15. 5—6 p. Rutland und Northampton, nordnordwestlich von London. Th. Barker, Phil. Trans. **46**, 248, 1749. Nach Peltiers wörtlicher Übersetzung.

29. 1750, Juni 24. —. „Berkoude“ (unauffindbar). Musschenbroek, Cours de physique, Cap. 42. Nach Peltier.

30. 1754, Juni 14. —. Harlem. Sigaud de Lafond, Dict. physique. Nach Peltier.

31. 1757, Oktober 29. 3 a. Malta. Chabert, Mém. acad. Paris 1758, p. 19. Eine andere, weniger genaue Beschreibung, die von Brydone herrührt, gibt Mallac in Arch. de l'Ile de France, No. 11, 1. Juin 1818. Nach Peltiers teilweise wörtlichem Auszug aus der erstgenannten Beschreibung.

32. 1764, Juni 23. 10 a. Limay bei Villeneuve-Saint-Georges, $^1/_2$ Lieue von der Seine, Frankreich. Du Bourdieu, Hist. de l'Acad. roy. des sciences 1764, 32. Nach Peltier.

33. 1764, August —. —. Genfersee. Wartmann, Bibl. univ. des sciences, belles-lettres et arts 1832, T. III — „Sciences et arts“, T. 51 oder 17. Jahrg. der Bibl. faisant suite de la bibl. brit., p. 322. Nach Früh.

34. 1774, März 14. 3—$3^3/_4$ p. Bassin d'Arcachon, Küste westlich Bordeaux, Frankreich. Butet, Roziers Journal de Physique **7**, 334. Nach Peltiers wörtlicher Wiedergabe.

35. 1775, April 19. —. Orbassan bei Toulouse, Frankreich. Mém. de l'Acad. de Toulouse, t. II, p. 24. Nach Peltier.

36. 1775 (Muncke, S. 1698, gibt wohl fälschlich die Jahreszahl 1785), Juli 16. $8^3/_4$ a. Eu, zwischen Dieppe und der Somme-Mündung, Nordküste von Frankreich. Roziers Journal de Physique, t. 7, p. 70, 1776. Nach Peltiers wörtlicher, aber gekürzter Wiedergabe.

37. 1776, August 6. —. Montagne d'Alaric bei Carcassone, Südfrankreich. Mém. de l'Acad. de Toulouse, t. III, p. 114. Nach Peltier.

38. 1779, Juli 20. $6^1/_2$ p. La Chartreuse bei Dijon, Ostfrankreich. Maret, Nouv. mém. ac. Dijon, 1783, 1re partie, p. 152. Nach Peltiers wörtlicher Wiedergabe.

***39.** 1780, April 12. 3—4 p. Nizza. Michaud, Roziers Journal de Physique, t. XXX, p. 284, 1787. Nach Peltier. [Mit einer von Peltier wohl nicht ganz unverändert reproduzierten instruktiven Abbildung.]

40. 1780, November 3. —. Carcassone, Südfrankreich. De Lespinasse, Roziers Journal de Physique, t. XVI, p. 355. Nach Peltiers größtenteils nicht wörtlicher Wiedergabe.

41. 1785, Juni 15. 2 p. Escale (Peltiers Schreibweise) oder Esclades (Munckes Schreibweise), 4 Lieues von Narbonne, Südfrankreich (nahe der Küste). Mém. de l'Acad. de Toulouse, t. 3, p. 144. Nach Peltiers wörtlicher Wiedergabe.

42. 1785, Juli 2. 6 p. Altona. Gothaisches Magazin für das Neueste aus der Physik. Bd. III, St. 3, S. 178. Nach Muncke.

43. 1785, August 23. 11 a. Adriatisches Meer, in Sicht der Küste von Istrien. Spallanzani, Mém. de la Soc. d'Italie, Bd. 4, S. 473. Nach Peltiers wörtlichem Auszug.

44. 1787, —. —. Blanquefort, unweit Bordeaux. Aus Esprit de Journaux 1788, Févr., übernommen in Gothaisches Magazin für das Neueste aus der Physik. T. V, St. 4, S. 90. Nack Muncke.

45. 1787. Juni 13. 2 p. Marliac und Justiniac bei Rieux, Südfrankreich (nahe der Garonne, zwischen Toulouse und Pyrenäen). Arbas, Mém. de l'Acad. de Toulouse, t. IV, p. 77. Nach Peltiers wörtlicher Wiedergabe.

46. 1788, Juli 2. —. „Abbotshall“ (nicht auffindbar. Genannt werden noch die Namen: Fife-Ness, Saint-Abb's head und der Firth. In Schottland gibt es Abbotsford). Gavin Inglis, Phil. Mag. **52**, 216, 1818. Nach Peltiers wörtlicher Übersetzung.

*__47.__ 1789, Januar 6. 10—1 mittags. Meer bei Nizza. Michaud, Beobachtungen einiger Wasserhosen, die am 6. Januar und am 19. März 1789 zu Nizza gesehen wurden. (Aus den Mém. de l'Acad. de Turin, t. 6.) Gilberts Ann. d. Phys. **7**, 49, 1801. [Mit Abbildungen, die in der Gilbertschen Reproduktion vermutlich nicht unverändert geblieben sind.]

*__48.__ 1789. März 19. 11^{40} a. Meer bei Nizza. Michaud, Beobachtungen einiger Wasserhosen, die am 6. Januar und am 19. März 1789 zu Nizza gesehen wurden. (Aus den Mém. de l'Acad. de Turin, t. 6.) Gilberts Ann. d. Phys. **7**, 49, 1801. [Abbildung, in der Gilbertschen Reproduktion vermutlich nicht unverändert.]

49. 1791, Juni —. —. Le Merlerault, Depart. Orne, Nordfrankreich (südlich Le Havre). Peltier, Météorologie etc., Paris 1840, S. 331 ff.

50. 1792, Juli 18. 3 p. Am See Loch-Leven, nördlich Edinburgh. Phil. Mag. **52**, 216, 1818. Nach Peltier.

***51.** 1793, November 1. 8^{35} a. Genfersee. J. Wild, Description d'une trombe d'eau sur le lac Léman, adressée à la soc. d'hist. nat. de Genève, Journ. de phys. et de chim. et d'hist. nat. par Jean-Claude Lamétherie, Nivose au 2e de la Rép. fr. T. I, Paris An 2 [mit einer Tafel]. Nach Früh, Peltier und Gilberts Ann. d. Phys. **7**, 70, 1801.

52. 1794, Juli —. —. Ostsee zwischen Reval und Flensburg. Gilbert, Von Wasserhosen und Erdtromben und ihrer verwüstenden Kraft, neuere Bemerkungen. Gilberts Ann. d. Phys. **73**, 95, 1823 (Brief von Dr. Chladni, mitgeteilt von Gilbert).

***53.** 1796, August 5. Nachmittags. Finnischer Meerbusen. Wolke, Nachricht von einer sehr in der Nähe beobachteten Wasserhose. Gilberts Ann. d. Phys. **10**, 482, 1802. [Mit Abbildung, welche 7 Tromben zeigt, wovon aber nur 6 gleichzeitig sind.]

54. 1800, April 23. 4—5 p. Hainichen bei Freiberg in Sachsen. Lampadius, Systematischer Grundriß der Atmosphärologie, Freyberg 1806, S. 167.

55. 1800, November 5. Von 4 p bis zur Dunkelheit. Mittelländisches Meer bei Kap Matapan. Murhard, Beschreibung mehrerer auf dem Mittelländischen Meere beobachteten Wasserhosen. Gilberts Ann. d. Phys. **12**, 239, 1803.

56. 1801, Juni 23 („4. Messidor"). —. „Marcelein", wohl eins der beiden, nahe südsüdöstlich bzw. südwestlich Lyon gelegenen St. Marcellin. Journ. de Paris 1801, No. 294. Nach Muncke.

57. 1804, Juli 30. —. Viguzzolo bei Tortona, Italien (südlicher Teil der Po-Ebene, gerade nördlich Genua). Vassalli-Eandi, Mém. de l'Acad. des sciences de Turin **20**, S. VIII. Nach Peltiers wörtlichem Auszug.

58. 1806, Mai 16. 1—2 p. Paris. Debrun (wo?) und Lamarck, Annuaire météorologique 1807. Nach Peltiers umfangreichem, wörtlichem Auszug aus beiden.

59. 1806, Juli 16. $9^3/_4$ a. Osterode am Harz. Aus Nat. Zeit. St. 38, 1806 übernommen in Gilberts Ann. d. Phys. **27**, 474, 1807: Wirbelwind zu Osterode am Harze.

60. 1806, Juli 30. 2 p. Palmanova, Italien (nordöstlich Venedig, nahe der österr. Grenze). Aus Lalande, Journ. de l'Empire, übernommen in Gilberts Ann. d. Phys. **27**, 475, 1807.

61. 1810, Juli 5. —. Wesermündung. Brandes (Brief an Gilbert), Gilberts Ann. d. Phys. **36**, 404, 1810.

62. 1811, —. —. Fort Trekroner bei Kopenhagen. Catteau-Calleville (soll heißen Cateau-Calleville?), Gemälde der Ostsee; deutsche Übersetzung (von Weyland), Weimar 1815, S. 122. Nach Muncke.

63. 1817, Juni 27. Gegen 7 p. Stratford, Tottenham, Hampstead (wohl die nordwestlichen Vororte von London). Luke Howard, Eine über festem Lande herabsteigende Wasserhose; von Gilbert fast wörtlich nach Thoms. Ann. of Philos. Aug. übersetzt in Gilberts Ann. d. Phys. **57**, 219, 1817.

— Wohl identisch damit ist folgende Trombe:

*1817, Juni 27. —. Kentish-Town (Stadtteil von London). Philos. Magaz. **50**, 146, 1817 [mit 2 Figuren, deren erste die Mammato-Form des Trichters zeigt]. Nach Peltiers nicht wörtlichem Auszug.

64. 1817, August 14. —. San Angelo bei Neapel. Journal du Commerce 18. Sept. 1817; Dict. des sc. nat. **55**, 421. Nach Peltiers nicht wörtlicher Wiedergabe.

65. 1818, —. —. Sussex und Kent, England. Ann. of Philos. 1818, Juni. Nach Muncke.

66. 1818, März 7. —. Stenbury nahe Whitewell auf der Insel Wight. Phil. Mag. **51**, 236. Nach Peltier.

67. 1818, Mai 10. Jistebnitz bei Tabor in Böhmen. Muncke, Artikel Wettersäule in Gehlers Physikal. Wörterbuch, Bd. 10, S. 1657, Leipzig 1842.

68. 1818, Juni 18. —. Auxerre, Mittelfrankreich (östlich Orléans). Phil. Mag. **52**, 68, 1818. Nach Peltier.

69. 1818, Dezember, Anfang. —. Tschesme bei Smyrna. Zeitungsnachricht aus Konstantinopel vom 10. Dez. 1818, mitgeteilt in Gilbert, Von Wasserhosen und Erdtromben und ihrer verwüstenden Kraft, neuere Bemerkungen. Gilberts Ann. d. Phys. **73**, 95, 1823.

70. 1820, Oktober 25. Nach 12 Uhr mittags. „Atnsdorf" (wohl Attendorf bei Glogau) in Schlesien, an der Grenze der heutigen Provinz Posen. Gilbert, Von Wasserhosen und Erdtromben und ihrer verwüstenden Kraft, neuere Bemerkungen. Gilberts Ann. d. Phys. **73**, 109, 1823.

71. 1822, Mai 9. —. Foix, Südfrankreich (am Fuß der Pyrenäen). Ann. d. chim. et phys. **21**, 407, 1822. Nach Peltier.

72. 1822, Juni 16. 5 p. Régneville bei Coutances, Küste der Normandie südlich Cherbourg. Ann. de chim. et phys. **21**, 407, 1822. Nach Peltiers nicht wörtlicher Wiedergabe.

73. 1822 (oder 1823; dasselbe Jahr wie Nr. 74), Juni 24. —. Scarborough, England. John Dunn, Edinburgh Phil. Journ. No. XIX, p. 11. Nach Muncke.

74. 1822 (Muncke gibt wohl fälschlich das Jahr 1823 an), Juli 6. 1^{35} p. Assonval bei St. Omer und Boulogne. Desmarquoy, Ann. de chim. et phys. **24**, 433. Nach Peltiers größtenteils wörtlicher Wiedergabe.

75. 1822, Juli 18. 4 p. Athlone in Irland. Notiz der Leipziger Zeitung vom 24. August 1822, mitgeteilt in Gilbert, Von Wasserhosen und Erdtromben und ihrer verwüstenden Kraft, neuere Bemerkungen. Gilberts Ann. d. Phys. **73**, 95, 1823.

76. 1822, September 1. 7 a. Kap Blanc-Nez zwischen Boulogne und Calais. Ann. de chim. et phys. **21**, 409, 1822. Nach Peltiers wörtlichem Auszug.

77. 1822, September 18. —. Roseneath, Dumbartonshire, England (am Firth of Clyde). Ann. d. chim. et phys. **21**, 410, 1822 und Edinburgh Phil. Journ. **7**, 331 (Brief von James Smith). Nach Peltier.

78. 1823, August 26. 3 p. Rouvier bei Dreux, Nordfrankreich (südöstlich von Rouen). Defrance, Bulletin de Férusac, t. 4, 1823. Nach Peltiers nicht wörtlicher Wiedergabe.

79. 1823, September 16. Mittags. „Valeggia, Provinz Savone" (unauffindbar; in Mittelitalien gibt es einen Fluß Savone, eine Stadt Savon**a** und eine Stadt Valeggi**o**). Ann. de chim. et phys. **24**, 439. Nach Peltiers nicht wörtlicher, kurzer Wiedergabe.

80. 1824, Juli 27. 4 p. Reichenberg, Nord-Böhmen. Pleischl, Nachricht von einer Windhose auf der Herrschaft Reichenberg in Böhmen am 27. July 1824. Kastners Arch. für d. gesamte Naturlehre **3**, 449, 1824.

81. 1824, August 4. $12^3/_4$ Uhr mittags. Wesseling bei Bonn. Nöggerath, Nachricht von einer Wind- und Wasserhose in der Gegend von Bonn am 4. August 1824. Kastners Arch. für d. gesamte Naturlehre **3**, 52, 1824.

82. 1826, August 26. Mittags. Carcassone, Südfrankreich. Courrier français vom 19. Sept. 1826. Nach Muncke und Peltier.

***83.** 1827, Juni 27. —. Sizilianisches Meer. Mazzara, Lithographie (von Engelmann), 63 × 28 cm, mit einer Unterschrift. Im Besitz der Deutschen Seewarte. Vgl. auch Peltier, a. a. O. S. 284. Eine weitere Beschreibung ist nicht bekannt.

***84.** 1827, August 11. 6^{52}p. Genfersee. Mercanton, Bibl. univ. T. 36, 12ème année des „sciences et arts“, Genève 1827, p. 142. Nach Früh und Peltier.

85. 1829, Juni 25. 2—$2^1/_2$p. Trier. Nöggerath, Nachricht von einer merkwürdigen, mit einem leuchtenden Meteor verbundenen Windhose in der Gegend von Trier am 25. Juni 1829 (Brief von Großmann). Schweigger-Seidels Journ. f. Chem. u. Phys. **56**, 377, 1829.

86. 1829, August 15. —. „Gorschoff“ (nicht auffindbar; vielleicht Gorzków in Russisch-Polen, südwestlich von Lublin). Ann. de chim. et phys. **42**, 419. Nach Peltier.

87. 1830, Juni 9. 9 a. Neuchâteler See. Feuille d'avis de Neuchâtel und Bibl. univ., Sciences et arts, T. 44 oder Jahrg. 1830, T. II, p. 218. Ferner Ann. de chim. et phys. **45**, 424. Nach Früh und Peltier.

88. 1832, Oktober 29. Mittags. Auf dem Meere, 6 Seemeilen von Malta. Pianciani, „Institutions physicochimiques“ (Original wohl italienisch) **3**, 544. Nach Peltiers wörtlicher, aber gekürzter Übersetzung.

89. 1832, November 1. „Zu vorgerückter Tageszeit“ (wohl Spätnachmittag). Auf dem Ionischen Meer. Pianciani, Institutions physicochimiques **3**, 544 (Original italienisch?). Nach Peltiers wörtlicher Übersetzung.

90. 1832, Dezember 3. —. Genfersee. Wartmann, Bibl. univ. des sc., b.-lettres et arts 1832, T. III — „Sciences et arts", T. 51 oder 17. Jahrg. der Bibl. faisant suite de la bibl. brit., p. 321. Nach Früh und Peltier.

91. 1832 oder 1833, Sommer. Nachmittags. Mittelländisches Meer, 5 Seemeilen von der Küste von Algier. Beschreibung von de Tessan in A. Bérard, Description nautique des côtes de l'Algérie, p. 224. Nach Peltiers wörtlicher Wiedergabe.

*__92.__ 1833, Juni 26. 6^{45} p. Auf dem Bodensee bei Constanz. Muncke, Artikel „Wettersäule" in Gehlers Physikal. Wörterbuch, Bd. 10, S. 1678, Leipzig 1842. [Dazu eine Abbildung von Lachmann im Figurenatlas.]

93. 1833, Juni 28. —. Patschkau zwischen Glatz und Neiße in Schlesien. Muncke, Artikel „Wettersäule" in Gehlers Physikal. Wörterbuch, Bd. 10, S. 1678, Leipzig 1842.

94. 1834, Oktober 1. 11 a. Bronte, am NW-Fuß des Ätna. „Relation communiquée par M. Élie de Beaumont, de l'Académie des sciences." Nach Peltiers wörtlicher Wiedergabe.

95. 1835, Mai 1. $2^1/_2$ p. Coblenz. Mohr, Beobachtung einer Erdtrombe und Wasserhose zu Coblenz am 1. Mai 1835. Poggendorfs Ann. **112**, 231, 1835.

96. 1835, Juli 27. 6 p. Lafrançaise am Tarn, Südfrankreich (kurz vor der Mündung in die Garonne). Écho du Monde savant, ann. 1835, Nr. 73. Nach Peltiers nicht wörtlicher Wiedergabe.

97. 1835, Juli 28. —. Flaujagues oder Flaujaques bei St. Foy, Gironde (an der Dordogne). Pellis, Ann. de chim. et phys. **61**, 174. Nach Muncke und Peltier.

98. 1835, September —. —. An dem Fluß la Clouëre, südl. Poitiers, Westfrankreich. Vielleicht identisch mit 99. Mauduyt in Écho du Monde savant 1835, Nr. 83. Nach Peltiers nicht wörtlicher, kurzer Wiedergabe.

99. 1835, September 13. —. Champagné-St.-Hilaire, südl. Poitiers, Westfrankreich. Vielleicht identisch mit 98. Mauduyt in Écho du Monde savant 1835, Nr. 80 und 83. Nach Peltiers nicht wörtlicher, kurzer Wiedergabe.

100. 1836, Januar 29.—30. Nachts. „Trebeurden“ (nicht auffindbar). Feuilles d'annonces de côtes du Nord, Écho du Monde savant 1836, Nr. 7. Nach Peltier.

101. 1836, Oktober 23. 11 a. Auf der Bay de la Seine bei Douvres, Nordwestfrankreich. Écho du Monde savant 1836, Nr. 45 (181). Nach Peltier.

102. 1839, Juni 18. Mittags. Chatenay, südl. Vorort von Paris. Peltier, Météorologie etc., Paris 1840, p. 151; derselbe, Sur les circonstances qui ont accompagné la formation de la trombe par laquelle a été ravagée, le 18 juin 1839, la commune de Chatenay, Compt. rend. etc. **9**, 112, 1839; ferner: Nouveaux détails sur la trombe qui a ravagé le canton de Chatenay. Lettre de M. A. Bouchard à M. Arago, Compt. rend. etc. **9**, 134, 1839; ferner: Annuaire du bureau des Longitudes, pour 1838, p. 485; vgl. auch die Artikel von Darcet in Compt. rend. etc. **19**, 2112, 1844 und Lalanne, ebendort **9**, 219, 1839.

103. 1839, Juli, Ende. 10 a. Auf der Bai von Killiney, Irland (südl. Dublin). Athenaeum, 14. März 1840, Nr. 646, S. 217. Nach Peltier.

104. 1839, September 1. $2^1/_2$ a. Petit-Montrouge bei Paris. Peltier, Météorologie etc., Paris 1840, p. 367.

105. 1841, Mai 30. 5—6^{20} p. Courthezon, Südfrankreich. Observations relatives à la forme et à la marche d'une trombe qui s'est formée, le dimanche 30 mai à $6^h\,20^m$ du soir, à Courthezon (département de Vaucluse); par M. Renaux, architecte, Compt. rend. etc. **13**, 223—226, 1841; ferner: De Gasparin, Trombe observée dans le midi de la France, Compt. rend etc. **12**, 1117—1118, 1841.

106. 1844, September 19. $11^1/_2$ a. Toulouse. Mémoire sur les principaux ravages d'une trombe dans une commune des environs de Toulouse (Escalquens), le 19 septembre 1844; par M. l'abbé Chambon, professeur de physique au grand séminaire de Toulouse, Compt. rend. etc. **19**, 851—853, 1844.

107. 1845, Juli 25. 2^{50} p. Dijon. Sur une trombe observée à Dijon le 25 juillet 1845 (Extrait d'une Lettre de

M. Hugueny, professeur de physique, à M. Arago), Compt. rend. etc. **21**, 443—445, 1845.

108. 1845, August 19. $1^1/_4$ p. Rouen und Monville, Nordfrankreich. Trombe de Malaunay et de Monville (Extraits de plusieurs Lettres adressées à M. Arago, par M. Nell De Bréauté, correspondant de l'Académie, par M. Preisser, professeur de physique à Rouen et par M. Lecoq), Compt. rend. etc. **21**, 494—502, 1845; ferner Pouillet, Note sur le météore de Malaunay, Compt. rend. etc. **21**, 545—560, 1845; ferner Martins, Anweis. zur Beob. der Windhosen oder Tromben, Pogg. Ann. d. Phys. u. Chem. **81** (**157**), 444, 1850.

109. 1845 (?), —. —. „Railingen" (wohl Reilingen in Baden). Schimper, Über die Windhose von Railingen, Beilage zum Mannheimer Journal, Nr. 74, 1845. Erwähnt in Martins, Anweis. zur Beob. der Windhosen oder Tromben, Pogg. Ann. d. Phys. u. Chem. **81** (**157**), 444, 1850.

110. 1846, Januar 26. Am Tage. Moulins (wohl M. am Allier, Dép. Allier, Mittelfrankreich). Gouillaud, Sur une trombe qui a exercé ses ravages à Moulins. Compt. rend. etc. **22**, 344—345, 1846.

111. Vor 1850, —. —. Cette, Südküste Frankreichs. Ohne Quelle erwähnt in Martins, Anweis. zur Beob. der Windhosen oder Tromben, Pogg. Ann. d. Phys. u. Chem. **81** (**157**), 444, 1850.

112. 1851, September —. Morgens. Etretat bei Le Havre, Nordküste Frankreichs. Faye, Compt. rend. t. 95, n. 10, p. 430, 4. Sept. 1882 (Brief von Lalanne). Nach Ztschr. d. Österr. Ges. f. Met. **18**, 240, 1883.

113. 1855, August 20. 7 a. Mittelmeer 35° 50′ N. B., 19° 42′ östl. L. Quart. Journ. of the Roy. Met. Soc. **21**, 15, 1895.

114. 1858, —. —. Schwarzes Meer, nahe der S.-Küste der Krim. Tagebuch-Ms. von Natalie Köppen.

***115.** 1858, Juni 10. $1^1/_2$ p. Königswinter bei Bonn. G. vom Rath, Über die Wettersäule, welche am 10. Juni 1858 oberhalb Königswinter zwei Mal über den Rhein ging. Pogg. Ann. d. Phy. u. Chem. **104**, 631, 1858. [Mit 6 Abbildungen.] [v. Hann gibt im Abschnitt „Meteorologie" von Müller-Pouillets Lehrbuch der Physik eine gute Abbildung der von der Trombe hochgerissenen

Wassersäule mit der Unterschrift „Wasserhose von Königswinter"; die Herkunft dieses im zwölften Kapitel wiedergegebenen Bildes ist aber nicht bekannt. Siehe auch die ähnliche, aber schlechtere Figur in Müllers Lehrb. d. Kosm. Physik, 5. Aufl., von Peters, Braunschweig 1894, S. 715.

116. 1863, Juli —. —. Neapel. Colladon, Sur les tourbillons ascendants dans l'air et dans les liquides. Réponse aux observations de M. Faye. Compt. rend. **104**, 18. avril 1887.

117. 1863, Dezember —. Abends und nachts. Westliches Mittelmeer zwischen Almeria (Spanien) und Oran (Afrika). W. v. Siemens, Lebenserinnerungen, 3. Aufl. Berlin 1908, S. 162 und 164—166.

118. 1864, Juni 28. Am Tage. Auf dem Meere bei Aluschta, Südküste der Krim. Tagebuch-Ms. von Natalie Köppen, mit Zusätzen (1915) von W. Köppen.

119. 1867, September —. —. Schwarzes Meer zwischen der Krim und Odessa. Tagebuch-Ms. von Natalie Köppen.

120. 1869, Juli 4. 3^{10} p. „Napkor-Apagy und Telk" (Napkor oder Napko im nördl. Teil Mittelungarns?). Ztschr. der Österr. Ges. f. Met. **4**, 395, 1869.

121. 1869, Oktober 17. 1 p. In der Bocche di Cattaro. Klutschak in Ztschr. d. Österr. Ges. f. Met. **4**, 606, 1869.

122. 1871, November 26. —. Hafen von Lesina. Bucchich in Ztschr. d. Österr. Ges. f. Met. **7**, 231, 1872.

***123.** 1872, Juli 4. 7—$8^1/_2$ a. Oberer Bodensee. J. Göldi, für den Naturfreund in Heiden, Heiden 1876 [mit einem Holzschnitt; derselbe zeigt 3 vollständige und 1 unvollständige Wasserhose, welche aus einem horizontalen Wolkenwulst entspringen]. Nach Früh.

124. 1872, September 19—20. $12^1/_4$ nachts. Fiume. Stahlberger, Windhose zu Fiume am 20. September. Ztschr. d. Österr. Ges. f. Met. **7**, 335, 1872.

***125.** 1872, November 12. —. Mentone (Riviera). Müllers Lehrb. d. kosm. Physik, 5. Aufl., von Peters, Braunschweig 1894, S. 713. Mit einer aus den „Illustrated London News" übernommenen Figur der 3 gleichzeitigen Wasserhosen.

126. 1875, August 18. 4 p. Hallsberg, Prov. Nerike, Schweden (nördlich des Wettersees). H. Hildebrandsson, Sur la trombe près de Hallsberg le 18 Août 1875. Soc. R. des Scienc. d'Upsal, Upsal 1875. Nach Ztschr. d. Österr. Ges. f. Met. **11**, 208, 1876 und Hildebrandsson et Teisserenc de Bort, Les bases de la mét. dynam., Bd. II, Paris 1900, S. 291.

127. 1881, Mai 13. $3^3/_4$ p. Modena, Italien (südlicher Teil der Po-Ebene). Ragona, Ztschr. d. Österr. Ges. f. Met. **16**, 398, 1881.

128. 1882, Juni 7. Nach 4 p. Säby, Schweden. C. G. Fineman, Sur la trombe du 7 Juin 1882 dans la vallée de Säby. Présenté à la Soc. Roy. des Sciences d'Upsal le 29 Sept. 1882, Upsal 1883.

129. 1883, Juni 9. 2 p. Nöttja und Annerstad an der Bolm-Å im südwestl. Teil der Provinz Småland, Schweden. Hildebrandsson, Tromben vid Nöttja den 9 Juni 1883. Öfversigt af Kongl. Vetenskaps-Akademiens Förhandlingar 1884, N. 2, S. 5.

***130.** 1884, Juni 12. 5^{40} p. Sarajewo. Rothe, Tromben. Ztschr. d. Österr. Ges. f. Met. **19**, 497, 1884. [Mit 6 Skizzen.]

131. 1884, Juli 20. 9 a. Zürchersee. Wolf, Vierteljahrsschrift der nat. Ges. Zürich 1884, S. 267 (Brief von Carl Egli). Nach Früh.

132. 1884, Juli 26. —. Schuja, Gouvernement Wladimir, Rußland. „Das Wetter" **1**, 118, 1884.

133. 1884, Juli 29. —. Altenberg im Erzgebirge. „Das Wetter" **1**, 118, 1884.

***134.** 1884, Oktober 7. —. Catania, Sizilien. In einer Veröff. des Met. Obs. zu Riposto. [Mit Abbildung, welche reproduziert ist in v. Hann, Lehrb. d. Met., 3. Aufl. Leipzig 1915, S. 729.]

135. 1885, Mai 4. Kurz vor 4 p. Erfurt. „Das Wetter" **2**, 100, 1885.

136. 1885, Mai 17. Nachmittags. Koburg. „Das Wetter" **2**, 120, 1885.

137. 1885, Juni 8. —. Nadorst, nördlicher Vorort von Oldenburg. Köppen, Die Windhose vom 5. Juli 1890 bei

Oldenburg etc. Ann. d. Hydr. u. Marit. Met., Heft 10, 11 und 12, 1896[1]).

138. 1885, Juli 4, 4^{30} p. Karlsruhe. Met. Ztschr. 1886, S. 33.

139. 1885, Juli 20. 3 p. Strömsberg, Schweden. Ms. in der Bibliothek des Met. Obs. Upsala, erwähnt in Thure Wigert, Trombe de Wimmerby le 4 Juillet 1890, Bihang till K. Svenska Vet.-Akad. Handlingar, Bd. **16**, Afd. I, N. 10, sowie Met. Ztschr. 1891, S. 71.

140. 1885, August 18. $8^1/_2$ a. Warnemünde. Raspe, Einige Nachrichten über Wasserhosen. Met. Ztschr. 1886, S. 360. (Dies die Trombe, die den Ort selbst passierte; am selben Morgen $6^1/_2$ und 7 a zwei andere Tromben in der Umgebung von Warnemünde.)

141. 1885, August 19. $7^1/_2$ a. Umgebung von Warnemünde. Raspe, Einige Nachrichten über Wasserhosen. Met. Ztschr. 1886, S. 360.

142. 1885, August 25. Zwischen 9 und 10 a. Warnemünde. Raspe, Einige Nachrichten über Wasserhosen. Met. Ztschr. 1886, S. 360.

143. 1886, April 8. 6^{50} p. Andenne a. d. Maas, östlich Namur. Ciel et Terre **7**, 119, 1886—87.

144. 1886, Mai 23. 5 p (nach S. 142 jedoch „nach 6 Uhr"). Wetzlar. Assmann, Der Gewittersturm von Wetzlar am 23. Mai 1886. „Das Wetter" **3**, 189, 1886.

145. 1886, Juni 9. 5—6 p. Bukarest. Ciel et Terre **7**, 235, 1886—87 [mit Barogramm].

146. 1886, Juni 14. Bald nach Mittag. Deal, Ostküste Englands zw. Dover und Ramsgate. „Das Wetter" **3**, 147, 1886.

147. 1886, Juli —. —. Marczali, 25 km südl. des westl. Teiles des Plattensees, Ungarn. „Das Wetter" **3**, 163, 1886.

148. 1886, Juli 2. Mittags. Beuel bei Bonn. „Das Wetter" **3**, 163, 1886.

---

[1]) Nachträglich werde ich auf eine Beschreibung dieser Trombe im „Volksboten" für 1886 hingewiesen, welche drei Holzschnitte von umgestürzten Häusern und Bäumen enthält, und in welcher auch die Tageszeit zwischen 4 und 5 p angegeben ist.

149. 1886, Juli 13. Zwischen 5 und 6 p. Löwenberg, Schlesien. „Das Wetter“ **3**, 164, 1886.

150. 1886, Juli 27. —. Polnisch-Wartenberg, 50 km ENE von Breslau. „Das Wetter“ **3**, 165, 1886.

151. 1886, August 2. —. Treppeln, 9 km SE von Krossen a. O. „Das Wetter“ **3**, 165, 1886.

152. 1886, September 10 (?). Nachmittags. Ansbach. „Das Wetter“ **3**, 207, 1886.

153. 1886, September 17. 5^{30} p. Auf dem Meere bei Marseille. Colladon, Sur les tourbillons ascendants dans l'air et dans les liquides. Réponse aux observations de M. Faye. Compt. rend., t. **104**, 18. avril 1887.

154. 1886, Oktober —. 3 p. Bauerwitz im oberschlesischen Kreise Leobschütz. „Das Wetter“ **3**, 223, 1886.

155. 1886, Oktober 15 oder 14. 3 p. Matzkirch bei Kosel. Aus dem Koseler Stadtblatt übernommen in „Das Wetter“ **3**, 223, 1886.

156. 1886, Oktober 21. —. Fell, Landkreis Trier. „Das Wetter“ **3**, 223, 1886.

157. 1887, Sommer. 3 p. Auf der Hunte bei Elsfleth. Köppen, Die Windhose vom 5. Juli 1890 bei Oldenburg usw. Ann. d. Hydr. u. Mar. Met., Heft 10, 11 u. 12, 1896.

158. 1887, Mai 2. —. Albisheim, Rheinpfalz. „Das Wetter“ **4**, 138, 1887.

***159.** 1887, Mai 16. 5 p. Teplitz, Böhmen. Met. Ztschr. 1887, S. 266. [Mit 5 Skizzen, welche eine horizontale Trombe zeigen.]

160. 1887, Juli 12. $5^1/_2$ p. Siegersleben (genannt wird noch Dorf Eilsleben; unauffindbar). „Das Wetter“ **4**, 189, 1887.

161. 1887, Juli 19. 5—6 p. Matzkirch, Kreis Kosel. „Das Wetter“ **4**, 189, 1887.

162. 1887, August 13. —. Homps und La Redorte (Aude), nicht auffindbar. „Das Wetter“ **4**, 259, 1887.

163. 1887, August 19. 7^{30} a. Genfersee. Ch. Dufour, Bull. de la soc. vaud. des sciences nat. **24**, 212. Nach Früh.

164. 1887, August 25. Kurz nach 1 p. Altenroxel bei Münster. „Das Wetter“ **4**, 260, 1887.

165. 1887, Dezember 1. $6^1/_2$—$10^1/_2$ p. Upsala. Thure Wigert, Orage accompagné de trombes près Upsala. Bihang till K. Svenska Vet.-Akad. Handl., Bd. 14, Afd. I, N. 4, Stockholm 1888. (Vgl. auch das ausführliche Referat von Köppen in Met. Ztschr. 1889, S. [78].)

166. 1888, Juni 9. 1^{10} p. Dorf Bansleben, 5 km SSE von Gr.-Rohde und 2 km von der Stadt Schöppenstedt (südöstl. von Braunschweig). „Das Wetter" **5**, 211, 1888.

167. 1888, Juni 18. 3 p. Berga a. d. Elster (zw. Greiz und Gera). „Das Wetter" **5**, 164, 1888.

168. 1888, Oktober 3 (? vielleicht nur Datum des Berichts, der aber weniger als eine Woche nach dem Ereignis geschrieben ist). Zwischen 2 und 3 p. Naumburg a. Bober (25 km NE von Sagan). „Das Wetter" **5**, 257, 1888.

169. 1888, November 13. 2—3 p. Kutno, Russ.-Polen. „Das Wetter" **5**, 281, 1888.

170. 1888, November 27. —. Auf der Oder bei Krossen. „Das Wetter" **5**, 281, 1888.

171. 1889, April 30. 4 p. Zülz bei Neustadt in Schlesien. „Das Wetter" **6**, 119, 1889.

172. 1889, Mai 10. $12^1/_4$—$^1/_2$ mittags. Gajdobra bei Neusatz, Südungarn (zwischen den Mündungen der Drau und der Theiß in die Donau). Bizinger in Met. Ztschr. 1889, S. 318.

173. 1889, Juni 1 (wohl Datum der Mitteilung, die beginnt: „Vor einigen Tagen" ...). 4 p. Zetel bei Wilhelmshaven. „Das Wetter" **6**, 165, 1889.

174. 1889, Juni 20. — Warnemünde. „Das Wetter" **6**, 166, 1889.

175. 1889, August 21. $8^1/_2$ p. Viersen und Crefeld. „Das Wetter" **6**, 213, 1889.

176. 1890, —. 6^{25-30} p. Frankfurt a. O. „Das Wetter" **7**, 144, 1890.

177. 1890, Juli 4. 4 p. Vimmerby (im Titel der Originalabhandlung und infolgedessen auch im ganzen Text des deutschen Auszuges in Met. Ztschr. 1891, S. 69 ist die Schreibweise **W**immerby, dagegen im Text der Originalabhandlung stets **V**immerby, wie auch auf dem Andreeschen Handatlas) an der Stång-Å, Provinz Småland, Schweden (zw. Südspitze des Wettersees und Ostseeküste). Thure Wigert, Trombe de Wimmerby le 4 Juillet 1890, Bihang till K. Svenska Vet.-Akad. Handlingar, Bd. 16, Afd. I, N. 10, Stockholm 1891.

***178.** 1890, Juli 5. $4^1/_2$—$5^1/_4$ p. Bei Oldenburg. Köppen, Die Windhose vom 5. Juli 1890 bei Oldenburg und die Gewitterböe vom 10. Juli 1896 in Ostholstein. Ann. d. Hydr. u. Marit. Met., Heft 10, 11 u. 12, 1896. Siehe auch den Nachtrag in Met. Ztschr. 1912, S. 85. [Mit einer Reihe von Skizzen, die die verschiedenen Formen der Trombe zeigen.]

179. 1890, August 16. 2—3 p. Rastede bei Oldenburg. Köppen, Die Windhose vom 5. Juli 1890 bei Oldenburg usw. Ann. d. Hydr. u. Marit. Met., Heft 10, 11 u. 12, 1896.

180. 1890, August 18. 10^{25} p. Dreux, Nordfrankreich. Untersucht von Teisserenc de Bort; wörtlich in Hildebrandsson et Teisserenc de Bort, Les bases de la mét. dynamique, Bd. II, Paris 1900, S. 297. (Die Originalveröffentlichung ist dort nicht zitiert.)

181. 1891, —. $10^1/_2$ a. Björneborg, Finnland. R. Forstén, Trombe bei Björneborg. Met. Ztschr. 1891, S. 439.

182. 1891, Juli 20. 12^{10} mittags. Bendeleben am Kyffhäusergebirge (zwischen Frankenhausen u. Sondershausen). „Das Wetter" **8**, 191, 1891.

183. 1891, Juli 21. 11^{22-26} a. München. Erk, Eine Windhose zwischen Gewitterwolken. Beob. d. met. Stat. i. Kgr. Bayern, Bd. 13, Jahrg. 1891 (München 1892), S. 26.

184. 1891, August 4. 1^{30} p. Dorf Holte, 3 km von Stotel bei Bremerhaven. „Das Wetter" **8**, 192, 1891.

185. 1892, Mai 31. $4^1/_2$ p. Novska, Slavonien (wo die bosnische Grenze an die Sau herantritt). A. Mohorovičič, Der Tornado bei Novska. Vorgel. i. d. Sitz. d. Südslav. Ak. d. Wiss. u. Künste v. 22. April 1893 usw., Agram 1894. Vergl. auch Sürings Referat in Met. Ztschr. 1894, S. (40) und eine kurze Originalmitteilung in Met. Ztschr. 1892, S. 320.

186. 1892, August 26. —. Frisches Haff zwischen Büsterwalde und Alt-Passarge. „Das Wetter" **9**, 213, 1892.

187. 1893, Juli 27. Nachmittags. Antibes bei Nizza. Naudin, Compt. rend. **117**, 272, 1893. Nach Met. Ztschr. 1893, S. 465.

188. 1894, April 26. 8 a. Chew Magna bei Bristol, England. „Waterspout in Somerset, April 26th, 1894". Quart. Journ. of the Roy. Met. Soc. **20**, 171, 1894.

189. 1894, Mai 26. 1 p. Ludlow, Shropshire, England. Quart. Journ. of the Roy. Met. Soc. **20**, 231, 1894.

190. 1894, September 6. —. Genfersee. F. A. Forel, Gazette de Lausanne, 7.—9. Sept. 1894. Nach Früh.

***191.** 1895, März 31. 2 p. Bühne (Böhne nahe Rathenow?) i. d. Altmark. „Das Wetter" **12**, 120, 1895. [Mit 3 Skizzen, deren letzte den Trichter außen von einer durchscheinenden Hülle umgeben zeigt.]

192. 1895, August 16 (? Datum der Mitteilung, die beginnt: „Es war am Morgen ..., als ..."). 7 a. Dagebüll gegenüber der Insel Föhr. „Das Wetter" **12**, 238, 1895.

193. 1896, März 29. 12^{30} mittags. Insel und Stadt Lesina, Dalmatien. Met. Ztschr. 1896, S. 184.

194. 1896, Juni 9. 4—$4^1/_2$ p. Bridgwater, Somerset, England. Quart. Journ. of the Roy. Met. Soc. **22**, 293, 1896.

195. 1896, Juni 26. $10^3/_4$ a. Laibach. Met. Ztschr. 1896, S. 433.

196. 1896, September 10. $2^3/_4$ p. Paris. Angot und Jaubert in 2 Aufsätzen in Compt. rend. **123**, 460 und 461, 1896. Nach Met. Ztschr. 1896, S. 432.

197. 1896, September 19. 11^{30} a. Kirkwall, Orkney-Inseln. Quart. Journ. of the Roy. Met. Soc. **23**, 63, 1897.

198. 1896, September 20. 4 p. Auf der Themse. Quart. Journ. of the Roy. Met. Soc. **22**, 294, 1896.

199. 1896, Oktober 13. 4^{10} p. 13 Seemeilen südlich Beachy Head. Quart. Journ. of the Roy. Met. Soc. **22**, 63, 1897.

200. 1897, Mai 27. 5^{45} p. München. Finsterwalder, Beobachtungen an einer Trombe. Met. Ztschr. 1898, S. 79.

201. 1897, Juni 18. 4^{54} p. Asnières bei Paris. Zwei Berichte von Jaubert und Teisserenc de Bort in Compt. rend.

124 (1897, I. Sem.), S. 1481. [Jauberts Mitt. enthält das Barogramm von Asnières sowie das vom 10. Sept. 1896, Paris, und vom 2. Okt. 1894, Little Rock, Arkansas.]

202. 1898, Mai 17. 5—6 p. Genfersee. Neue Zürcher Zeitung 20. Mai 1898. Nach Früh.

203. 1898, Mai 22. 10 a. Waldau (welches?). „Das Wetter" **15**, 142, 1898.

204. 1898, Mai 31. 4^{15} p. Loughton, Essex, England. Quart. Journ. of the Roy. Met. Soc. **24**, 213, 1898.

205. 1898, Juli 29. 5^{30} p. Bodensee vor Langenargen. Grein, Wasserhose auf dem Bodensee. Globus **74**, Nr. 8, S. 132, 1898.

206. 1898, November 17. 12 mittags. Hafen von Bizerte, mittelländ. Küste Afrikas (nördlich Tunis). Met. Ztschr. 1899, S. 521.

207. 1899, Juli 3. 4^{10} p. Borås, Vestergötland, Schweden. Martin Jansson, Sur la trombe de Borås le 3 Juillet 1899, Bihang till K. Svenska Vet.-Akad. Handlingar, Bd. **26**, Afd. I, Nr. 3, Stockholm 1900.

208. 1899, Oktober 1. 2^{15} p. Wiltshire, Südost-England. Symons, The Wiltshire Whirlwind of October 1, 1899. Quart. Journ. of the Roy. Met. Soc. **26**, 261, 1900.

209. 1900, Juni 27. —. Kiel. „Das Wetter" **17**, 168, 1900.

210. 1901, Juni 30. Zwischen 12 und 1 p. Gr.-Schirrau in Schlesien (? ein Gr.-Schirrau liegt in Ostpreußen, 60 km östlich Königsberg). „Das Wetter" **18**, 168, 1901.

211. 1901, August 20. 3 p. Falkenberg a. d. Steinau, Oberschlesien (23 km westl. Oppeln). „Das Wetter" **18**, 264, 1901.

212. 1902, Juli 2. Mittags. Biberach an der Riß, Württemberg (nördl. des Bodensees). „Das Wetter" **19**, 164, 1902.

213. 1902, September —. 4 p. Adriat. Meer zwischen Pola und der Dalmat. Küste, westlich von Lussin Grande. Beobachtung von Dr. Locherer, dem Verfasser mündlich mitgeteilt von Dr. Herzog.

214. 1903, Juli 27. 6 p. Breslau. „Das Wetter" **20**, 191, 1903.

215. 1904, Mai 2. 11 a. Kritzkow, Mecklenburg. „Das Wetter“ **21**, 137, 1904.

216. 1904, September 23. 5—$5^1/_2$ p. Aegerisee bei Zug, Schweiz. Früh, Wasserhosen auf Schweizer-Seen. Jahresber. d. Geogr.-Ethnogr. Ges. in Zürich 1906—07, S. 121. Zürich 1907.

217. 1904, November 10. 10—11 a. Neuchâteler See. Früh, Wasserhosen auf Schweizer-Seen. Jahresber. d. Geogr.-Ethnogr. Ges. in Zürich 1906—07, S. 119. Zürich 1907.

***218.** 1905, Juni 19. 4 p. Zugersee, Schweiz. Früh, Wasserhosen auf Schweizer-Seen. Jahresber. d. Geogr.-Ethnogr. Ges. in Zürich 1906—07, S. 105. Zürich 1907. [Mit 3 Photographien der Wasserhose.]

219. 1905, Juni 27. $1^1/_2$ p. Stendsitz, Kreis Karthaus in Westpreußen. „Das Wetter“ **22**, 164, 1905.

220. 1905, Juni 28. Mittags. Northwich, Mittelengland (südwestlich von Manchester). Quart. Journ. of the Roy. Met. Soc. **31**, 271, 1905.

221. 1905, Juli 4. —. Cravant bei Beaugency, Westfrankreich (an der Loire unterhalb Orléans). Abbé Maillard in Sitz.-Ber. d. Pariser Akad., 6. Nov. 1905. Nach Met. Ztschr. 1906, S. 133.

222. 1905, August —. 6 a. Bodensee. Früh, Wasserhosen auf Schweizer-Seen. Jahresber. d. Geogr.-Ethnogr. Ges. in Zürich 1906—07, S. 125. Zürich 1907.

223. 1905, August 1. 3^{50} p. Zwischen Schmalnau und Dalherda bei Fulda. „Das Wetter“ **22**, 191, 1905.

***224.** 1905, Ende September. —. Neudek in Böhmen. [Die vielleicht am selben Tage geschriebene Meldung an die Met. Zentralanstalt Wien ist datiert 30. Sept.] Handschriftliche Meldung mit Skizze.

225. 1906, März 9. Gleich nach 3 p. Flecken Lehre, 12 km NE von Braunschweig. „Das Wetter“ **23**, 95, 1906.

***226.** 1906, Juni 14. 11^{4-10} a. Pullach bei München. Zwick, Windhose. Met. Ztschr. 1907, S. 519.

227. 1906, Juli 6. 11 bis 12 mittags. Bodensee. Früh, Wasserhosen auf Schweizer-Seen. Jahresber. d. Geogr.-Ethnogr. Ges. in Zürich 1906—07, S. 125. Zürich 1907.

*228. 1906, August 14. Zwischen $3^1/_2$ und $4^1/_2$ p. Solingen. „Das Wetter" **23**, 212 und 238, 1906.

229. 1907, Mai 22. $3^3/_4$—4 p. Solingen. „Das Wetter" **24**, 143, 1907.

*230. 1907, Juli 24. 7 a. Greifswalder Bodden. Mylius, Wetterkunde für den Wassersport, Berlin 1914, S. 68, sowie ergänzende briefliche Mitteilung desselben.

231. 1908, Oktober 4. 5 p. Upsala und Stockholm. Sven Landin, Sur le grain du 4 oct. 1908. Arkiv för Matematik, Astronomi och Fysik, Bd. 6, N. 11 [mit synopt. Wetterkarte für Skandinavien].

232. 1909, Juni 22. $10^1/_2$ a. Bad Flinsberg, 35 km W von Hirschberg, Schlesien. „Das Wetter" **26**, 163, 1909.

233. 1909, Juli 26. 11^{25} a. Berlin. „Das Wetter" **26**, 188, 1909.

234. 1910, Mai 11. 5—$^1/_2$9 p. Westböhmen. Ed. Schiefer Edler von Wahlburg, Die Windhose vom 15. [sic, Druckfehler!] Mai 1910 in West-Böhmen. „Das Wetter" **28**, 135, 1911.

Dieselbe Trombe in einem früheren Stadium ist die folgende:

*1910, Mai 11. 4^{20} p. Im Mürztal an der Semmeringbahn. Alfred Wegener, Windhose im Mürztal vom 11. Mai 1910. „Das Wetter" **33**, 91, 1916.

235. An demselben Tage gegen 5 p zweite Trombe am Ostabhang der Haardt in der Pfalz. Weickmann, Die Gewitter vom 11. Mai 1910. Beob. d. met. Stationen im Kgr. Bayern, Bd. 33, 1911. München 1912.

236. 1910, Mai 17. 3 p. Nitzow nahe der Havelmündung. „Das Wetter" **27**, 139, 1910.

*237. 1910, August 31. 7 a. Bodensee. „Das Wetter" **27**, 256, 1910. [Mit einer ausgeführten und einer schematischen Skizze, die beide die Röhrenform zeigen.]

238. 1912, Juli 19. Etwa $8^1/_4$ p. Schönenbaumgarten bei Altenau, Schweiz (dicht südlich des Bodensees). Hess, Über die Entstehung der Trombe von Schönenbaumgarten. Beil. z. Progr. d. Thurg. Kantonschule f. d. Schulj. 1912/13. Frauenfeld 1913,

und: Die Entstehung der Tromben aus Luftwogen, Sonderdruck aus d. 20. Heft d. „Mitt. d. thurg. naturf. Gesellschaft".

239. 1912, August 19. —. Portland Bill, England (Südküste). Dänische Zeitung „Danmark" vom 3. Sept. 1912.

240. 1912, September 16. —. Bodensee. Thurg. Zeitung, N. 221. Nach Hess, Über die Entstehung der Trombe von Schönenbaumgarten. Beil. z. Progr. d. Thurg. Kantonschule f. d. Schulj. 1912/13. Frauenfeld 1913.

241. 1913, August 19. $3^1/_2$ p. Achensee, Tirol. Defant, Wasserhosen auf dem Achensee. Met. Ztschr. 1913, S. 571.

*__242.__ 1913, August 19. 1 p. Eutingen (Eutingen bei Pforzheim, Baden, oder Eutingen bei Horb, Württemberg?). Schott, Windhose in Eutingen am 19. August 1913. „Das Wetter" **31**, 45, 1914. [Mit 4 Skizzen.]

*__243.__ ca. 1913, Ende September. 11 a. Bergzabern (Rheinpfalz). Nach einem 1916 dem Verfasser mündlich abgestatteten Bericht des Augenzeugen W. Michael und einer nach der Erinnerung von diesem entworfenen Skizze.

244. Ohne Jahr. —. Meerenge von Gibraltar. Peltier, Météorologie. Paris 1840, S. 223.

Anhang.

A 1. 1858, Juli 16. 4 p. Mangschütz, 15 km NE von Brieg in Schlesien. Prof. Dr. Ferdinand Cohn, Über die Windhose von Mangschütz am 16. Juli 1858, mit 1 Karte. Breslau 1858.

A 2. 1858, Juli 18. —. Hamm i. Westfahlen. Erwähnt in Cohn, Über die Windhose von Mangschütz am 16. Juli 1858. Breslau 1858.

A 3. 1890, August 19. 7—$8^1/_2$ p. St. Claude im Jura (Französ. u. Schweizer). Abbé Bourgeat, La trombe-cyclone du 19 Août 1890 dans le Jura, Lons-Le-Saunier, 1891 (Extrait des Mémoires de la Société d'Émulation du Jura); Louis Gauthier, Notice sur le cyclone du 19 Août 1890 en France et à travers la vallée de Joux, Bull. de la Soc. Vaudoise des Sciences Naturelles **27**, N. 103, 1891; — Annexe à la Notice etc., ibidem **28**, 109; nicht eingesehen habe ich: L. Gauthier, La trombe-cyclone du 19 août

1890, Compt. rend. 1890, 2e sem. **111**, N. 11, 417; Abbé Bourgeat, Premières observations sur le cyclone du 19 août dans le Jura, Compt. rend. **111**, 385; Cadenat, Sur les boules de feu, Compt. rend. **111**, N. 14, 492 [1]).

A 4. 1831, September 15. —. Mittelländ. Meer, vor der Reede von Algier. Bonnafont, Sur les trombes de mer et sur une nouvelle théorie de ce phénomène, Publ. de l'Union Médicale (nouv. série) des 17 et 20 Mai 1859.

A 5. 1838, November —. —. Mittelländ. Meer, vor dem Hafen von Philippeville, Algier. Bonnafont, Sur les trombes de mer etc. 1859.

A 6. 1846, Oktober —. 3 p. Mittelländ. Meer, vor Stora (Algier). Bonnafont, Sur les trombes de mer etc. 1859.

A 7. 1878, Mai 24. —. Offendorf bei Straßburg i. E. Hirn, Étude sur une classe particulière de tourbillons. Bull. de la Soc. d'Hist. Nat. de Colmar. Paris 1878, S. 40.

A 8. 1897, September 21. $2^1/_2$—$3^1/_2$ p. Oria, Provinz Lecce, Italien. Pasquale Franco, Il Turbine d'Oria del 21 Settembre 1897. Napoli 1897.

***A 9.** 1587, Juli 2. 12—1 mittags. Augsburg. Hellmann, Neudrucke von Schriften und Karten über Meteorologie u. Erdmagnetismus, Nr. 12: Wetterprognosen und Wetterberichte des XV. und XVI. Jahrhunderts. Berlin 1899.

A 10. 1535, September 1. In der Abenddämmerung. Öls in Schlesien. Hellmann, Beiträge zur Geschichte der Meteorologie (Veröff. d. Kgl. Preuß. Met. Inst. Nr. 273). Berlin 1914, S. 131.

***A 11.** ca. 1884, Anfang August. 2—3 p. Rufach zw. Colmar und Mülhausen i. E. Alfred Wegener, Die Trombe von Rufach i. E. Met. Ztschr. 1916, S. 276.

---

1) In den Beschreibungen finde ich noch folgende andere Gewitterstürme aus Frankreich erwähnt, die höchst wahrscheinlich Tromben sind, obwohl ein Wolkenschlauch nicht erwähnt wird:

1849, Sept. 30. $9^1/_4$ a in Caen. Spurbreite 100—150 m.

1871, Okt. 3. Vendôme. Spurbreite 150—500 m bei 49 km Länge; Zug-Geschwindigkeit 10—15 Lieues (50—75 km) pro Stunde.

1874, Sept. 19. Chalons-sur-Marne. Spurbreite 100 m.

1788, Juli 13 sollen 2 sehr zerstörende Tromben in Frankreich gehaust haben.

A 12. 1869, April 14. — Wallington, Northumberland, England. D. Milne-Home, On rotatory Storms, as illustrated by the phenomena of Waterspouts and Whirlwinds. Journ. of the Scott. Met. Soc., New Ser., Vol. II, S. 305—322, 1869.

A 13. 1864, Juli 26. ca. 5 p. Süsel bei Eutin, nördl. Lübeck. G. K. [Karsten?], Mittheilungen über die Windhose, welche am 26. Juli 1864, Nachmittags gegen 5 Uhr, durch das Holsteinische Kirchdorf Süsel zog. Mittheilungen des Vereins nördlich der Elbe zur Verbreitung naturwiss. Kenntnisse, 7. Heft, 1866. Kiel 1866. [Die Kupfertafel, welche die Trombenspur erläutert, trägt die Aufschrift: „Zu Bruhns: Gang der Windhose durch Süsel".]

***A 14.** 1764, Juni 29. 1—2 p. Woldegk, Mecklenburg (an der Grenze der Uckermark). G. B. Genzmer, Umständliche und zuverlässige Beschreibung des Orcans, welcher den 29. Juni 1764 einen Strich von etlichen Meilen im Stargardischen Kreise des Herzogthums Mecklenburg gewaltig verwüstet hat etc. Berlin und Stettin (Nicolai) 1765 [? unleserlich]. Mit einem schlechten, auf dem Titelblatt gedruckten Bild der Windhose u. 2 Tafeln, von denen die eine Baumschäden, die andere eine Karte der Trombenspur zeigt.

Viertes Kapitel.

Statistisches.

Absolute Häufigkeit. Bei der Unvollständigkeit unseres Trombenverzeichnisses können positive Angaben über die absolute Häufigkeit daraus kaum abgeleitet werden; doch ist es für die Beurteilung unseres Materials von Interesse, seine zeitliche und räumliche Verteilung kennen zu lernen. Eine Teilung nach Jahrzehnten gibt, wenn der Anhang mitgerechnet wird, folgendes Bild:

(1450)	1650	1660	1670	1680	1690	1700	1710	1720	1730	1740	1750	1760
4	1	1	0	4	1	3	1	4	2	9	5	

1760	1770	1780	1790	1800	1810	1820	1830	1840	1850	1860	1870	1880
3	5	10	5	7	9	17	20	8	4	8	6	

1880	1890	1900	1910	(1916)	ohne Jahr
50	35	25	10		1

In dem Anwachsen der Zahlen vor 1840 spiegelt sich offenbar die Sammelarbeit von Peltier und Muncke wieder; nach Abschluß derselben sinkt die Häufigkeit wieder auf das frühere Maß zurück, bis plötzlich ein gewaltiger Aufschwung im Jahrzehnt 1880—90, genauer mit dem Jahre 1884, beginnt. Den Anstoß hierzu haben offenbar die meteorologischen Zeitschriften gegeben. Diejenige der österreichischen Gesellschaft für Meteorologie existierte zwar schon seit 1866, aber erst 1884 wurde sie mit der deutschen Parallelschöpfung zu der einflußreichen wissenschaftlichen Zeitschrift verschmolzen, welche sie heute ist. Und im gleichen Jahre 1884 wurde auch „Das Wetter“ gegründet, dem wir gerade eine große Zahl von Trombenbeschreibungen verdanken. Sehr lehrreich ist es aber, daß nach der Hochflut der ersten Jahrzehnte dann wieder ein starkes Abflauen des Interesses sich bemerkbar macht, das offenbar bis zur Gegenwart anhält. Die größte jährliche Anzahl von Beschreibungen gibt das Jahr 1886, nämlich 14. Bei gleicher Aufmerksamkeit hätten also seit 1700 etwas mehr als 3000 Tromben beschrieben werden müssen, während unser Verzeichnis mit dem Anhange nur 246 gibt.

Die räumliche Verteilung der Tromben unseres Verzeichnisses einschließlich des Anhanges ist folgende:

Deutschland . .	79	Österreich . . .	16	Skandinavien	10
Frankreich . .	57	Italien	16	Balkan	2
England . . .	27	Rußland . . .	9	Belgien und Holland .	2
Schweiz	24	Mittelmeer . .	15	Spanien	0
				Ort unbestimmt . . .	1

Die holländischen Hosen aus den „Onweders“ sind hierbei ebenso wie in der vorangehenden Übersicht nicht mitgezählt. Unter der Annahme, daß in dem ziemlich engen Netz von „Onweder“-Stationen keine Trombe unbeobachtet blieb, findet man, daß in den Jahren 1888—1913 durchschnittlich an acht Tagen des Jahres in Holland Tromben aufgetreten sind. Selbst wenn man annimmt, daß im Inlande diese Erscheinungen erheblich seltener sind als an der Küste, müssen hiernach doch für ganz Europa mindestens 100 Tromben pro Jahr angenommen werden. Zu einer ähnlichen Schätzung gelangt man auch auf anderem Wege; von den 14 Beschreibungen des schon genannten Jahres 1886 stammen 9 aus Deutschland. Nimmt man an, daß hier nur eine Trombe unbeschrieben blieb, also im ganzen 10 auftraten, so folgt wieder für ganz Europa mindestens 100 Tromben pro Jahr. Aber natürlich ist diese Schätzung der wirklichen Trombenzahl als ganz unsicher zu betrachten.

Es ist nicht ohne Interesse, die entsprechenden, von Finley für die nordamerikanischen Tornados erhaltenen Zahlen zum Vergleich heranzuziehen. Für das Gesamtgebiet der Vereinigten Staaten findet er[1]:

1875	1876	1877	1878	1879	1880	1881	1882	1883	1884	1885	1886
80	66	70	81	89	137	114	88	161	200	136	280

Die letzten vier Jahre 1883—1886 geben als Gesamtsumme 777, während die vier am stärksten vertretenen Jahre in Europa (1884—1887) nur 35, also noch nicht den 20. Teil, ergeben. Dasselbe Verhältnis findet man für das an Beschreibungen reichste Einzeljahr:

Vereinigte Staaten (1886) . .	280	Trombenbeschreibungen,
Europa (1886)	14	„

Schon der trombenreichste Einzelstaat der Union, Kansas, muß reichlich so viel Tromben haben wie Europa, denn für ihn sind 64 Beschreibungen pro Jahrzehnt berechnet worden, also noch etwas mehr, als unsere Tabelle für das am stärksten vertretene Jahrzehnt gibt.

Es sei noch bemerkt, daß etwa 30 Proz. der europäischen Trombenbeschreibungen sich auf Wasserhosen und 70 Proz. auf Windhosen beziehen. Genau läßt sich dies Verhältnis nicht angeben, da oft Wasserhosen auf das Land übertreten und so zu Windhosen werden und umgekehrt. Die auf den Alpenseen besonders häufigen Tromben sind dabei als Wasserhosen gezählt. Einen Schluß auf das wirkliche Häufigkeitsverhältnis gestatten diese Zahlen natürlich nicht. Da jeder Seemann Wasserhosen kennt, die Mehrzahl der Landbewohner in Europa aber wohl nie eine Windhose erlebt, darf man wohl der landläufigen Ansicht, daß diese Erscheinungen auf See häufiger seien als auf dem Lande, unbedenklich zustimmen, zumal auch theoretische Gründe dafür sprechen. Der Beweis ist freilich noch zu erbringen.

Geographische Verteilung. Die Frage, ob es in Europa trombenarme und trombenreiche Gebiete gibt, liegt schon deshalb nahe,

[1] J. P. Finley, Tornadoes, New York 1887, S. 111.

weil in Amerika die verschiedenen Einzelstaaten der Union offenbar aus topographischen Gründen eine sehr verschiedene Tornadohäufigkeit aufweisen. Das Material unseres Verzeichnisses reicht natürlich auch für diese Frage eigentlich nicht aus, welche jedenfalls erheblich sicherer zu lösen sein wird, wenn einmal ein historisch vollständiges Verzeichnis der europäischen Tromben-

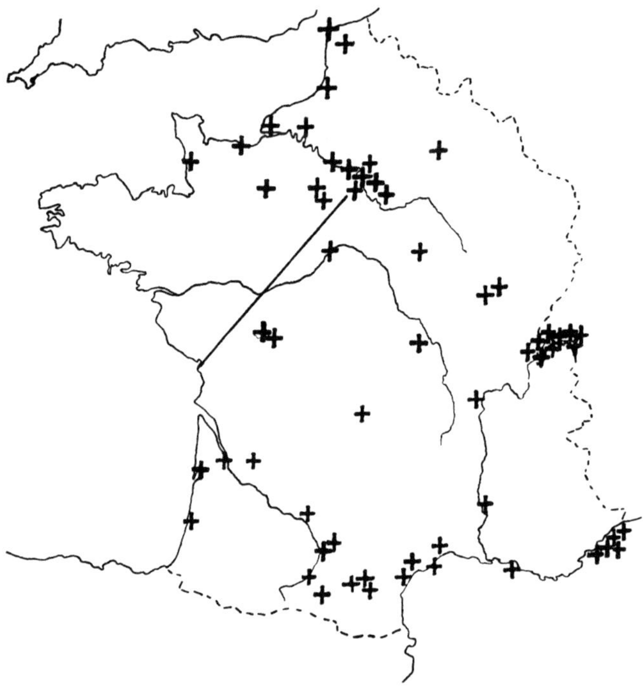

Fig. 13. Verteilung der Tromben des Hauptverzeichnisses in Frankreich.

beschreibungen zusammengestellt sein wird. Aber es scheinen doch auch jetzt schon gewisse Züge in der Verteilung hervorzutreten, deren Beachtung trotz ihrer Unsicherheit sich verlohnen dürfte.

Es ist z. B. offenbar keine Täuschung, daß die Tromben in Schweden viel häufiger sind als in dem benachbarten Norwegen (von wo gar keine Beschreibung vorliegt); denn die große Aufmerksamkeit, die man in letzterem Lande schon seit langem den Witterungserscheinungen zuwendet, läßt die Annahme, sie seien dort nur unbeachtet geblieben, wohl nicht zu. Ebenso sind die Tromben offenbar in Paris erheblich häufiger als in Berlin, denn auch hier liegt kein Grund vor, wesentliche Unterschiede in der Aufmerksamkeit anzunehmen. In Fig. 13 und 14 sind die deutschen und französischen Tromben unseres Verzeichnisses (ohne den Anhang) in Karten eingetragen. Daß die Gegend von Paris

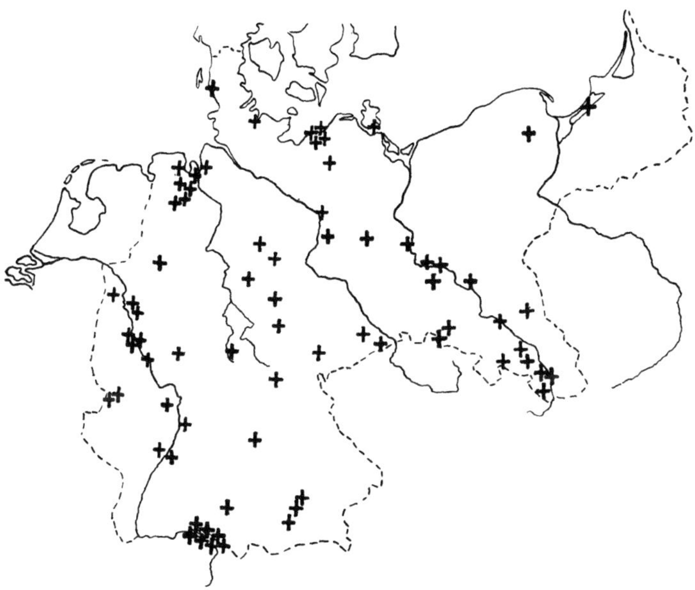

Fig. 14. Verteilung der Tromben des Hauptverzeichnisses in Deutschland.

mehr Tromben hat als das übrige Frankreich, kann natürlich Sache des Interesses sein. Dagegen möchte ich die Häufung in Südfrankreich zwischen dem Golfe du Lion und der Garonne für reell halten. Dies Gebiet hat sowohl mit Schweden als mit den tornadoreichen Staaten der Union das gemein, daß es ein relativ flaches, in Lee eines größeren Gebirgszuges liegendes Land ist. In solchen Gebieten stellen sich, wie leicht zu erklären, besonders häufig starke Windschichtungen ein, indem die untere Schicht durch das Gebirge abgelenkt wird, während die obere darüber hinwegweht. Der Trombenreichtum dieser Gegenden stützt also die Vermutung, daß starke Windschichtungen bei der Entstehung der Tromben eine Rolle spielen. Ob die Häufung bei Nizza in ähnlicher Weise mit dem Alpenwall in Verbindung gebracht werden darf, oder nur auf das Interesse einzelner Personen zurückzuführen ist, möchte ich dahingestellt sein lassen. Aber die starke Häufung auf dem Genfersee, deren Wiederholung wir bei den deutschen Tromben auf dem Bodensee vorfinden, ist wohl als reell zu betrachten, wenn sie vielleicht auch durch günstige Beobachtungsbedingungen infolge der freien Aussicht über den See künstlich etwas verstärkt ist. Wir wissen aus den aerologischen Untersuchungen der Drachenstation Friedrichshafen, daß hier häufig eine markante Windschichtung durch Stagnieren der untersten Luftschicht entsteht, und damit schließt sich dies Vorkommen wieder an die früher genannten an.

In Deutschland sind lokale Häufigkeitsmaxima bei München, Warnemünde und Oldenburg vorhanden, die nicht reell zu sein brauchen; die Häufung bei Oldenburg wird man geneigt sein, auf Köppens Sammlung älterer Berichte gelegentlich der dortigen Windhose vom 5. Juli 1890 zurückzuführen. Köppen selber hält es aber doch nicht für ausgeschlossen, daß die dortigen Moorgebiete wirklich einen besonderen Trombenreichtum aufweisen [1]), und erinnert daran, daß v. Bezold die Hochmoore Bayerns als Gewitterherde bezeichnete. Die freilich schwache Häufung im Rhein- und Moseltal dürfte gleichfalls nicht ohne Bedeutung sein, denn diese Beobachtungen stammen aus sehr verschiedener Zeit und von verschiedenen Autoren. Freilich wird eine Trombe im Tal mit seinen Ortschaften auch eher einen Beschreiber finden als eine solche im Gebirge. Hält man die Häufung dennoch für reell, so ist sie wohl ebenso zu erklären wie die auf den Alpenseen. Eine deutliche Verstärkung der Häufigkeit scheint sich auch für Schlesien zu ergeben [2]). Hier dürften die Sudeten wieder eine ähnliche Rolle spielen wie die Pyrenäen für Südfrankreich oder das norwegische Gebirge für Schweden.

---

[1]) Während des Druckes werden mir noch 2 Oldenburgische Windhosen bekannt: 1910, Juni 4, 5 p, 24 km westlich von Oldenburg, warf zwischen Ocholt und Zwischenahn 2 Güterwagen eines fahrenden Zuges um (Briefl. Mitteil. von Herrn Baurat Behrmann); 1916, Juli 17, in Firrel, zahlreiche Häuser wurden abgedeckt, Vieh in Wassergräben geschleudert, wo es ertrank, und mehrere Menschen verletzt (Zeitungsnotiz).

[2]) Wohin auch noch die beiden Tromben aus dem Anhang A 1 (Mangschütz bei Brieg) und A 10 (Öls) gehören.

Alle diese Anzeichen sind freilich unsicher, aber sie deuten sehr einmütig in dieselbe Richtung wie gewisse später zu besprechende Windbeobachtungen und auch wie die Wetterkarte.

Jährlicher Gang der Trombenhäufigkeit. Wegen des ursächlichen Zusammenhanges der Tromben mit den Gewittern sollen im folgenden überall die entsprechenden Angaben für letztere herangezogen werden. Für die 230 in Betracht kommenden Tromben unseres Verzeichnisses (der Anhang ist nicht berücksichtigt) und die Ge-

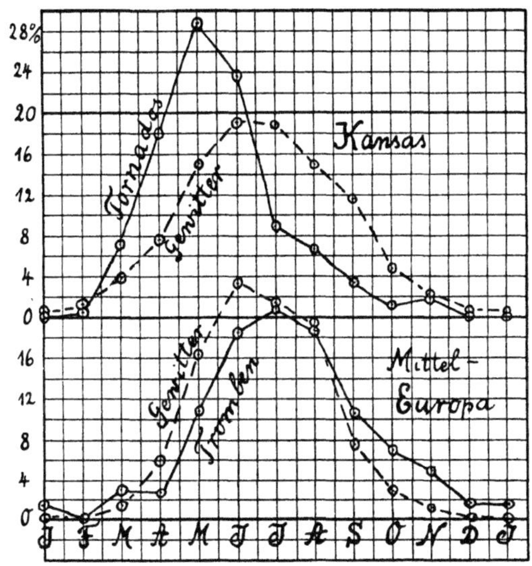

Fig. 15. Jährliche Periode der Häufigkeit der Tromben und der Gewitter in Kansas und in Mitteleuropa.

witter in Mitteleuropa (nach v. Hann) ergibt sich folgende prozentische Häufigkeit in den verschiedenen Monaten:

Europa	Jan.	Febr.	März	April	Mai	Juni	Juli	Aug.	Sept.	Okt.	Nov.	Dez.
	in Prozenten											
230 Tromben unseres Verzeichnisses	**1,7**	0,0	**3,0**	2,6	10,9	18,3	20,9	18,7	**10,4**	**7,0**	**4,8**	**1,7**
Gewitter in Mitteleuropa	0,0	**0,1**	1,2	**6,0**	**16,1**	**23,7**	**21,7**	**19,5**	7,7	2,9	1,0	0,1

Diese Zahlen sind in der unteren Darstellung der Fig. 15 veranschaulicht. Wie man an der Verteilung der fett gedruckten Zahlen sieht, sind die Gewitter des Früh- und Hochsommers arm, die des Herbstes und Frühwinters reich an Tromben.

Eine unabhängige Bestätigung dieses Ergebnisses liefern die 204 in den „Onweders in Nederland“ 1888—1913 aufgezählten, in unserem Verzeichnisse nicht enthaltenen Wind- und Wasserhosen, welche in der folgenden Tabelle mit den nach v. Hann (Lehrb., S. 679) umgerechneten Gewittertagen zu Utrecht verglichen sind:

Holland	Jan.	Febr.	März	April	Mai	Juni	Juli	Aug.	Sept.	Okt.	Nov.	Dez.
	in Prozenten											
204 Holländ. Tromben	0,0	**1,5**	**2,4**	4,4	9,3	**21,1**	20,6	**21,1**	**10,3**	**6,8**	**2,5**	0,0
Gewittertage zu Utrecht	**0,4**	0,6	1,4	**4,9**	**13,8**	19,0	**24,7**	19,9	9,7	4,3	1,2	**0,3**

Wenn auch weniger deutlich, ist doch auch hier der größere Trombenreichtum der Herbstgewitter gegenüber den Frühsommergewittern gut zu erkennen.

Von großem Interesse ist es nun, hiermit die entsprechenden Angaben für die nordamerikanischen Tornados zu vergleichen. Die folgende Tabelle, die in Fig. 15 in der oberen Darstellung veranschaulicht ist, gibt die prozentische Häufigkeit der Tornados und der Gewitter für Kansas, den tornadoreichsten Staat, für den das beste Beobachtungsmaterial vorliegt[1]).

Kansas	Jan.	Febr.	März	April	Mai	Juni	Juli	Aug.	Sept.	Okt.	Nov.	Dez.
	in Prozenten											
228 Tornados	0,0	0,4	**7,1**	**18,0**	**28,9**	**23,7**	8,8	6,5	3,5	1,3	1,8	0,0
Gewitter	**0,3**	**1,1**	3,9	7,5	14,9	19,1	**18,9**	**15,1**	**11,7**	**4,7**	**2,3**	**0,3**

[1]) S. D. Flora, Tornadoes in Kansas, Monthly Weather Review **43**, Nr. 12, Dez. 1915, S. 615. Seine Grundlagen sind J. P. Finley, The tornadoes of Kansas for 29 years, 1859—1887, Washington 1888, ferner A. J. Henry, Tornadoes, 1895—96, Report of the Chief of the Weather Bureau 1895—96, Washington 1896, und die monatlichen Berichte von Kansas für 1914 und 1915. — Die Gewitterhäufigkeit in Kansas habe ich aus einer in Monthly Weather Review **43**, Nr. 12, Dez. 1915, S. 619

Wie man sieht, verhält sich der Trombenreichtum der Gewitter in Amerika gerade umgekehrt wie in Europa: dort sind die Frühjahrsgewitter trombenreich, die Spätsommer- und Herbstgewitter trombenarm. Infolgedessen weicht die jährliche Periode der Tromben in beiden Gegenden sehr stark von einander ab, während die der Gewitter fast übereinstimmt. Es liegt nahe, die entgegengesetzte Lage des Ozeans für die beiden Länder als Ursache eines so gegensätzlichen Verhaltens aufzufassen, wenngleich die innere Natur dieser Beziehung noch zu klären bleibt.

Täglicher Gang der Trombenhäufigkeit. Ohne die im Anhang genannten Beobachtungen enthält unser Verzeichnis 169 Fälle, welche zur Bestimmung des täglichen Ganges der Trombenhäufig-

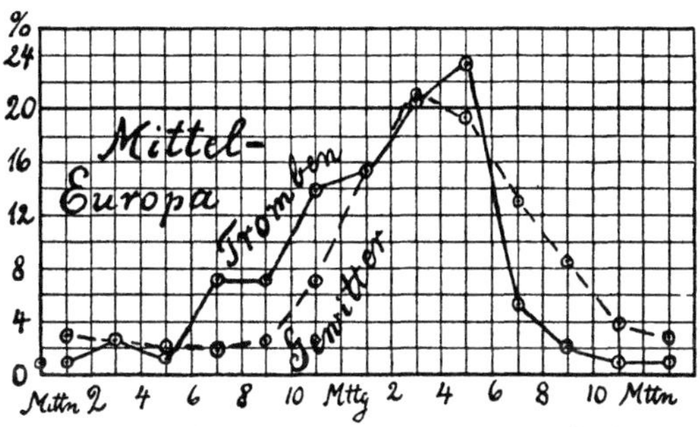

Fig. 16. Tägliche Häufigkeitsperiode der Tromben und Gewitter in Europa.

keit benutzt werden können. Sie führen zu der folgenden Zahlenreihe, welcher zum Vergleich die Zahlen für die Gewitter in Mitteleuropa (nach v. Hann) hinzugefügt sind:

Europa	Mittn.-2	2-4	4-6	6-8	8-10	10-Mittg.-2		2-4	4-6	6-8	8-10	10-Mittn.
	in Prozenten											
169 Tromben unseres Verzeichnisses	0,9	2,4	1,2	**7,1**	**7,1**	**13,9**	**15,4**	20,4	**23,4**	5,3	2,1	0,9
Gewitter in Mitteleuropa	**2,9**	**2,5**	**2,1**	1,9	2,5	7,1	15,3	**21,0**	19,3	**13,0**	**8,5**	**3,9**

veröffentlichten Zusammenstellung (Percentage Frequency of Thunderstorms in the United States, 1904—1913) entnommen, indem ich das Mittel der fünf in Kansas gelegenen Stationen Concordia, Dodge City, Topeka und Wichita nahm.

Diese durch Fig. 16 veranschaulichten Zahlen besagen, daß die Vormittagsgewitter trombenreich, die Abendgewitter trombenarm sind, was insofern überrascht, als man zunächst erwarten sollte, daß sich der Vormittag wie der Frühling und der Nachmittag wie der Herbst verhalten müßte.

Auch dies Ergebnis findet eine unabhängige Bestätigung durch die in unserem Verzeichnis nicht enthaltenen holländischen Tromben der „Onweders in Nederland" 1888—1913, von denen 124 die Angaben über Tageszeit enthalten. Ihre prozentische Verteilung auf die Tagesstunden zeigt die folgende Tabelle, welche zum Vergleich auch die entsprechenden Angaben für die Gewitter in Holland nach v. Hann (Lehrb., S. 680) enthält:

Holland	Mittn.-2	2-4	4-6	6-8	8-10	10-Mittg.-2		2-4	4-6	6-8	8-10	10-Mittn.
	in Prozenten											
124 Tromben	0,8	0,0	**3,2**	**6,9**	**13,3**	11,3	15,3	17,7	**15,3**	9,7	4,9	1,6
Gewitter	**2,2**	**3,3**	2,7	3,2	5,8	**12,0**	**19,4**	**18,5**	13,7	**10,3**	**6,1**	**2,8**

Auch hier sind also die Morgen- und Vormittagsgewitter trombenreich, und zwar sehr ausgeprägt, die Mittags-, Nachmittags-, Abend- und Nachtgewitter dagegen relativ trombenarm. Es kann somit nicht bezweifelt werden, daß dies Ergebnis reell ist. Vielleicht ist seine Erklärung in der später zu erörternden Eigentümlichkeit zu suchen, daß die Tromben sich vorwiegend im Anfangs- oder Jugendstadium der Gewitter bilden; ihre frühzeitige Auflösung nach nur kurzem Bestand scheint anzuzeigen, daß die weitere Ausbreitung des Cumulo-Nimbus, vielleicht auch das Fallen des Niederschlags, ihrem Fortbestand Schwierigkeiten verursacht, die nur relativ selten so überwunden werden, daß die Trombe das Gewitter auf seiner ganzen Bahn begleitet. Vollends bei nachlassendem und sich zerteilendem Gewitter kommen Tromben selten oder nie vor. Der relative Reichtum der Vormittags- und die Armut der Nachmittagsgewitter an Tromben könnte also damit zusammenhängen, daß das Jugendstadium der Gewitter naturgemäß häufiger vormittags, das Altersstadium häufiger nachmittags anzutreffen ist.

Von großem Interesse wäre es, auch in dieser Hinsicht die europäischen Verhältnisse mit den amerikanischen zu vergleichen. Leider ist in Amerika die Gewitterhäufigkeit noch wenig untersucht. Den von v. Hann (Lehrb., S. 734) für die Tornados abgeleiteten Zahlen, die von mir auf Dreistunden-Intervalle umgerechnet wurden, konnten in der folgenden Tabelle nur die vom Sommer 1885 für die Nordoststaaten der Union berechneten Gewitterhäufigkeiten gegenübergestellt werden:

Nordamerika	Mittn.-3	3-6	6-9	9-Mittg.-3	3-6	6-9	9-Mittn.
	in Prozenten						
Tornados (Verein. Staaten)	**2,5**	1,7	1,7	**6,0**	19,9	39,6	**19,3**	**9,3**
Gewitter (Nordost-Staaten, Sommer 1885)	1,8	**6,7**	**3,9**	5,4	**22,5**	**43,2**	15,0	1,5

Diese Zahlen sind in Fig. 17 veranschaulicht. Die beiden Kurven schließen sich sehr eng an einander an, und es dürfte verfrüht sein, bei dem geringen Umfange des Materials, welches für die Gewitter zur Verfügung steht, aus den kleinen Abweichungen der beiden Zahlenreihen Schlüsse zu ziehen. Dagegen sei auf die viel größere

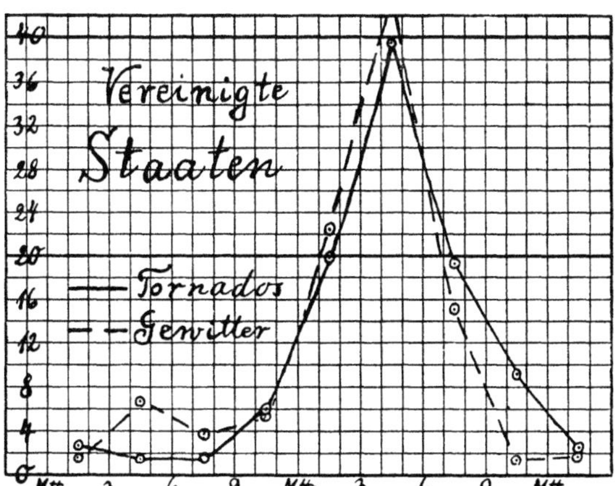

Fig. 17. Tägliche Häufigkeitsperiode der Tornados und Gewitter in Nordamerika.

Steilheit dieser Kurven gegenüber den europäischen hingewiesen, welche besagt, daß die amerikanischen Tornados sich viel mehr auf die nachmittags gelegene Zeit größter Häufigkeit zusammendrängen.

Beziehung der Tromben zu Depressionen. Von 89 Wetterkarten von Tagen, an denen in Europa eine Trombe beobachtet wurde, läßt sich diese überhaupt nur bei 49 einer ausgesprochenen Barometerdepression zuordnen. Die übrigen 40 zeigen die Trombe entweder in einem ausgesprochenen Hochdruckgebiet, oder (besonders häufig) in dem Hochdruckrücken zwischen zwei Depressionen, oder aber es herrschen überhaupt keine nennenswerten Druckunterschiede. Erkennbar ist eine Tendenz zu sackförmigen Ausbuchtungen der Isobaren, was ja bei dem ursächlichen Zusammenhang zwischen Gewitter und Tromben ohne weiteres zu erwarten ist. Man kann auch sehr häufig am Ort der Trombe ein Umschlagen des Windes zwischen den beiden dem Trombentermin benachbarten Wetterkarten erkennen, und im einzelnen, worauf aber nicht eingegangen werden kann, spricht vieles für und wenig gegen die Annahme, daß am Ort und zur Zeit der Trombe zwei verschiedene Windsysteme in verschiedenen Höhen über dem Erdboden anzutreffen sind. Besonders einleuchtend ist dies in den Fällen, wo sich die Trombe in einem schmalen Hochdrucksattel zwischen zwei Depressionen bildet.

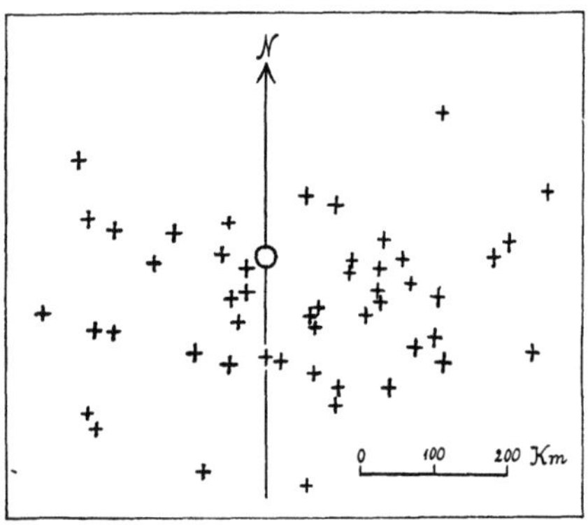

Fig. 18. Relative Lage von 49 europäischen Tromben, die sich einer Depression zuordnen lassen, zu deren Zentrum.

Die 49 Tromben, die einer Depression zugeordnet werden können, gruppieren sich um deren Zentrum in der Weise, wie es Fig. 18 angibt. Eine Auszählung der Oktanten ergibt:

	N	NE	E	SE	S	SW	W	NW	N
Anzahl:	1	7	14	8	6	7	6	0	

Die wenigsten Tromben stehen also nördlich, die meisten ostsüdöstlich des Zentrums. Da aber wegen der Verteilung der Depressionen überhaupt ganz Mitteleuropa am häufigsten ostsüdöstlich, am seltensten nördlich des Depressionszentrums liegt, kann man nur mit Vorbehalt hieraus auf eine prinzipielle Bevorzugung eines Depressionsquadranten schließen.

Untersucht man, in welchen Monaten die Tromben zu einer Depression gehören oder nicht, so erhält man folgende Zahlen:

Zahl der Tromben	Jan.	Febr.	März	April	Mai	Juni	Juli	Aug.	Sept.	Okt.	Nov.	Dez.
die zu keiner Dep. gehören	0	0	0	0	5	11	11	6	4	1	2	0
die zu einer Dep. gehören	0	0	1	2	9	9	9	11	3	3	1	1

Der Unterschied ist nur gering, geht aber in der zu erwartenden Richtung, indem die nicht zu einer Depression gehörigen Tromben, die also den sommerlichen Wärmegewittern entsprechen, noch mehr auf die Sommermonate zusammengedrängt sind als die anderen.

Es verlohnt sich nicht, Wetterkarten für Trombentermine zu reproduzieren, da sie keine besonderen Eigentümlichkeiten aufweisen. Zwei extreme Typen bilden diejenigen vom 20. Juni 1889 (Trombe Nr. 174 in Warnemünde) und die vom 9. März 1906 (Trombe Nr. 225 bei Braunschweig). Die erstere zeigt überhaupt nur die beiden Isobaren 760 und 765 mm, die Druckunterschiede sind äußerst gering, und im Witterungsbericht werden vereinzelte Gewitter gemeldet. Am 9. März 1906 zeigt die Karte dagegen über der Biskaya ein Hoch von 770 und über Finnland ein Tief von 725 mm, und in der Gegend der Trombe selber herrscht ein Gradient von 3 mm [pro 111 km] und stürmische NW-Winde. Der Witterungsbericht spricht von stürmischen Böen mit Gewitter und Graupelschauern. Die übrigen Wetterkarten für Trombentermine, die ich gesehen habe, nehmen alle Zwischenstadien zwischen diesen Extremen ein und zeigen dieselbe Mannigfaltigkeit, welche die Wetterlagen mit Gewitterneigung auszeichnet.

Die europäischen Tromben verhalten sich also in bezug auf die Wetterlage anders als die nordamerikanischen. Nach Davis[1]) kommen letztere nämlich fast nur im SE-Quadranten einer Depression vor. Im Gegensatz zu der bunten Mannigfaltigkeit in

[1]) W. M. Davis, The Relation of Tornadoes to Cyclones. Amer. Met. Journ. **1**, 121, 1884.

Europa herrscht dort eine überraschende Einförmigkeit, welche zeigt, daß die dortige große Häufigkeit der Tornados eben der ständigen Wiederkehr der gleichen Wetterlage zu verdanken ist. Um diese Gleichartigkeit zur Anschauung zu bringen, hat Davis

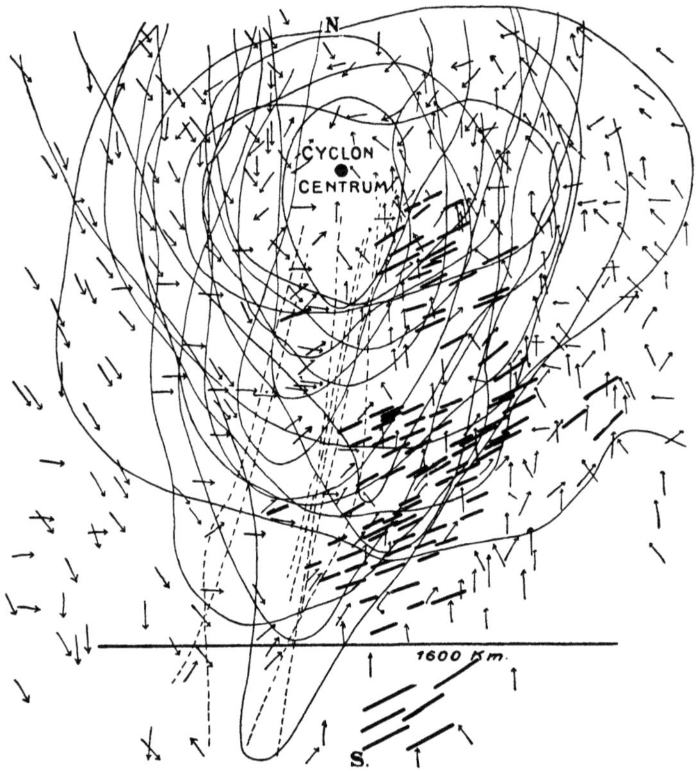

Fig. 19. Relative Lage der (dick gezeichneten) Tornadospuren im Druck- und Windsystem der Depressionen in Nordamerika.

eine Reihe von Wetterkarten von den vier Tagen: 19. Februar, 11. und 25. März, 1. April 1884, so übereinandergelegt, daß die Zentren der Depressionen durch Parallelverschiebung zur Deckung gebracht wurden. Das Resultat ist in Fig. 19 dargestellt. Die 18 ausgezogenen Kurven sind die Isobaren, die Pfeile geben die Windrichtung an, und die kurzen starken Linienstücke bedeuten die Trombenspuren. Daß an diesen vier Tagen nicht weniger als 100 Tornados beobachtet wurden, ist wieder ein Beispiel für die viel größere Häufigkeit dieser Erscheinungen in Nordamerika. Die sieben feinen gestrichelten Linien stellen die Grenze zwischen den warmen Südwinden und den kalten Westwinden dar, die stets sehr scharf ist. Die Tornados gehören noch der Region der Südwinde an, ziehen aber in einer Richtung, welche mehr dem Westwinde entspricht. Hierin zeigt sich deutlich, daß über der Südwindschicht bereits der Westwind wehen muß, der jenseits der Trennungslinie auch am Boden bemerkbar ist. Bei den nordamerikanischen Tromben spricht also die Wetterkarte mit noch größerer Entschiedenheit als bei den europäischen für das Übereinanderliegen mehrerer Windschichten. Von diesem Gesichtspunkt aus ist auch leicht zu verstehen, in welcher Weise in Amerika das Felsengebirge, in Europa die Pyrenäen, die Sudeten und das norwegische Gebirge eine Verstärkung der Trombenhäufigkeit in dem leewärts von ihnen gelegenen Flachlande erzeugen können; denn es ist bekannt, daß durch solche Gebirgszüge in der Atmosphäre Schichtgrenzen entstehen oder schon vorhandene verstärkt werden.

Zugrichtung. Die Zugrichtung der Trombe selber (nicht des Gewitters, welches meist etwas anders zieht) ist nur in 112 Fällen angegeben. Für die einzelnen Monate getrennt ist die Anzahl der Tromben, die aus der angegebenen Richtung ziehen, die folgende[1]):

	Jan.	Febr.	März	April	Mai	Juni	Juli	Aug.	Sept.	Okt.	Nov.	Dez.	Ohne Monat	Summe
NE	—	—	0,5	—	2	0,5	—	2	—	—	—	—	—	5,0
E	1	—	0,5	1	1	1,5	—	2	1	—	—	—	—	8,0
SE	—	—	—	—	2,5	1	3	2	—	—	1	—	—	9,5
S	—	—	—	0,5	1	1,5	3	2	2,5	1,5	—	—	1	13,0
SW	—	—	—	2,5	2,5	4,5	6	7	3,5	1,5	1	—	1	29,5
W	—	—	—	—	3	6,5	6,5	6	5	1	—	1	—	29,0
NW	—	—	—	—	—	3	1,5	4	—	2	1	—	—	11,5
N	—	—	—	—	3	0,5	—	1	—	1	1	—	—	6,5
														112,0

[1]) Aus dem Anhang kämen noch folgende Fälle hinzu: A 1 = NE, Juli; A 3 = SW, August; A 7 = SSW, Mai; A 8 = SW, September; A 11 = S, August; A 14 = SSW, Juni; A 13 = SW, Juli.

Wie man sieht, läßt sich die allgemeine Beziehung zwischen Windrichtung und Jahreszeit in dem Sinne, daß östliche Richtungen im Frühjahr häufiger als im Herbst, westliche im Herbst häufiger als im Frühjahr vorkommen, auch in diesen Zahlen erkennen. Der geringe Umfang des Materials gestattet indessen bei so weitgehender Zerlegung keine genaueren Aussagen hierüber[1]).

Drückt man die rechte Spalte dieser Tabelle in Prozenten aus, so erhält man die in der folgenden Tabelle angegebene prozentische Häufigkeit der Zugrichtungen europäischer Tromben; zum Vergleich ist auch die der Gewitter in Mitteleuropa und ferner die der nordamerikanischen Tornados[2]) angegeben:

	Prozentische Häufigkeit der Zugrichtung aus							
	NE	E	SE	S	SW	W	NW	N
Mitteleuropa Tromben	4,4	7,1	8,5	11,6	26,4	25,9	10,3	5,8
Mitteleuropa Gewitter	5	5	7	10	24	27	15	7
Nordam. Tornados	0,2	0,0	0,3	2,6	67,8	18,9	9,7	0,7

Im Gegensatz zu der höchst einseitigen Verteilung der Tornados schließt sich die Zugrichtung europäischer Tromben außerordentlich eng an die der Gewitter in Mitteleuropa an. Diese beiden Zahlenreihen sind noch durch die nebenstehende Fig. 20 besonders erläutert. Eine noch bessere Deckung der beiden Kurven würde erzielt, wenn man die der Tromben um einen Betrag nach rechts verschöbe, der einer Drehung aller Zugrichtungen um etwa 12^0 nach rechts entspräche. Es liegt sehr nahe, diesen systematischen Unterschied der Kurven auf die gewöhnliche Winddrehung mit der Höhe zurückzuführen. Die Trombe zieht etwas

[1]) Außer dem hier genannten Material finde ich noch die Zugrichtungen von 7 englischen „Wirbelwinden" zusammengestellt [Symons, Quart. Journ. of the Roy. Met. Soc. **26**, 261, 1900], die in das Trombenverzeichnis nicht aufgenommen wurden, da weiter nichts über sie ermittelt werden konnte, und deshalb ihre Trombennatur nicht feststeht. Diese Wirbelwinde zogen alle aus Richtungen zwischen S 10^0 W und S 62^0 W, was ja mit den häufigsten Zugrichtungen der Tromben übereinstimmt.

[2]) Erstere nach v. Hann, letztere umgerechnet nach Finley, Tornadoes, New York 1887, S. 113.

mehr nach links als das Gewitter, sie folgt also mehr dem Bodenwind. Es wird gleich gezeigt werden, daß sie auch langsamer zieht, also anscheinend auch in bezug auf Geschwindigkeit durch die erdnahen Schichten beeinflußt wird. Es ist auch wiederholt direkt beobachtet worden, daß der Fuß der Trombe stillstand oder doch stark zurückblieb, während ihr oberer Teil mit der

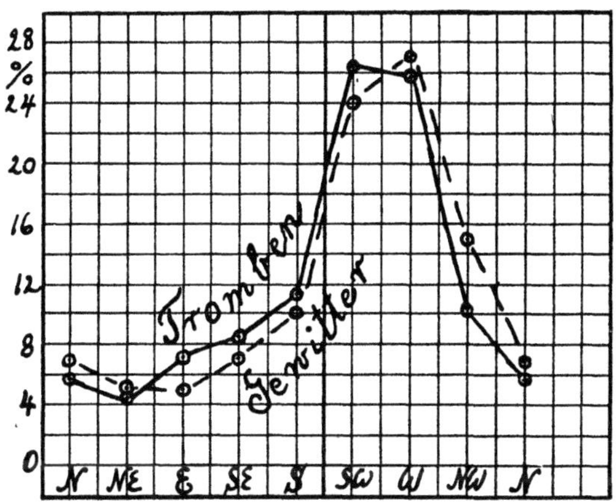

Fig. 20. Häufigkeit der Zugrichtungen aus den verschiedenen Himmelsrichtungen für Tromben und Gewitter in Europa.

Gewitterwolke weiterzog, und sehr häufig findet schon nach kurzer Lebensdauer die Auflösung der Trombe in der Weise statt, daß sie immer mehr in die Länge gezogen wird und schließlich zerreißt. Beispiele hierfür werden im sechsten Kapitel gegeben werden.

Zuggeschwindigkeit. Die verfügbaren Angaben über die Zuggeschwindigkeit der Tromben sind noch viel spärlicher als die über die Zugrichtung. Nur sehr selten findet sich diese Zuggeschwindigkeit direkt angegeben. In einigen anderen Fällen werden Angaben gemacht, die eine ungefähre Überführung in mps. gestatten. Oft sind aber diese Angaben so allgemein („schnell", „langsam" usw.), daß eine solche Umsetzung nicht möglich ist. Die 40 Fälle, die überhaupt vorhanden sind, sind in der folgenden Tabelle vereinigt.

Zuggeschwindigkeit der Tromben[1]).

Nr.[2])	mps.	Bezeichnung	Nr.[2])	mps.	Bezeichnung
40*	0	$^3/_4$ Stunde lang still-	218*	3,3	
44	0	gestanden.	73*	ca. 4	Nicht schneller als
*41	fast 0				ein laufender
64	fast 0				Mensch.
*151	fast 0	$^1/_4$ Stunde lang still-	116*	ca. 5	Wie ein mittelschn.
200*	0,2	gestanden.	97	6	Dampfschiff.
24	0,6		*185	6	Geschwindigkeit d.
58*	—	„Äußerst langsam."	*238	6	zugehörigen Ge-
223*	1		*228	7,2	witters.
*105	ca. 2	„Äußerst langsam,	*178	9,5	
		so daß man ihr	5*	10	
		bequem auswei-	96*	—	„Schnell."
		chen konnte."	101*	—	„Schnell."
222*	ca. 2	„Mit der Geschwin-	28*	—	„Schnell."
		digkeit eines Tra-	129*	9—12	
		jektkahns."	*239	ca. 15	„Mit Schnellzugs-
*144	ca. 2	Man konnte zu Fuß			fahrt."
115*	2	nachfolgen.	*54	15—16	„Mit unglaublicher
*85	ca. 2	Man konnte gehend	234*	17—19	Schnelligkeit."
		Schritt halten.	*121	18—19	
*9	—	„Langsam."	6	20	
14*	—	„Langsam."	*38	—	„Mit unglaublicher
*94	—	„Langsam."			Schnelligkeit."
*95	—	„Langsam."	*165	24	Geschwindigkeit d.
*166	—	„Langsam."			zugehörigen Ge-
107	3				witters.

Als Gesamtmittel ergibt sich aus den 30 Zahlenwerten 6,4 mps. oder 23,2 km pro Stunde. Im Vergleich zur Geschwindigkeit der Gewitter ist diese Zahl auffallend klein; denn es beträgt z. B. die stündliche Kilometerzahl für Gewitter in Norwegen 38, Rußland 41, Frankreich 41, Niederlande 38,7, Süddeutschland 36,8, Steiermark, Kärnten, Krain 30,4, Oberitalien 35,1, Mittel- und Unteritalien 39,0, oder im Gesamtmittel etwa 38. Die mittlere Geschwindigkeit der Tromben beträgt hiervon nur 61 Proz. Es kann wohl kaum bezweifelt werden, daß dem schon oben erwähnten Zurückbleiben des Trombenfußes mindestens ein großer Teil dieser Abweichung zugeschrieben werden muß. Dies schließt aber natür-

[1]) Hierzu kommen noch folgende Angaben aus dem Anhang: A 1 6 mps.; A 3 18 mps. (nach einer zweiten Berechnung 27 mps.); A 8 9 mps; A 9 eine halbe Stunde lang gestanden; A 14 7,5 mps.

[2]) Die Bedeutung der * wird später erklärt.

lich nicht aus, daß daneben noch ein systematischer Zusammenhang der Art besteht, daß langsam ziehende Gewitter trombenreicher sind als schnellziehende. Gewisse noch zu besprechende Eigenschaften der Tromben, nämlich ihre Vorliebe für Windstille und stagnierende, nicht turbulente Luft, machen dies wahrscheinlich.

Mittelt man diejenigen Zuggeschwindigkeiten für sich, bei denen die Trombe aus Richtungen zwischen WNW und SSW zog (in der Tabelle die 13 durch * links bezeichneten Zahlenwerte), so ergibt sich 8,3 mps. oder 29,9 km pro Stunde, wogegen die aus Richtungen zwischen S über E und N bis NW ziehenden (die 11 durch * rechts bezeichneten Zahlenwerte), nur 5,1 mps. oder 18,4 km pro Stunde geben. Daraus scheint hervorzugehen, daß die Tromben in den häufigsten Zugrichtungen schneller fortschreiten als in den seltenen.

Für die nordamerikanischen Tornados gibt Finley als Mittel 20 mps. oder 71 km pro Stunde Zuggeschwindigkeit; die Extreme sind 3 mps. (11 km pro Stunde) und 45 mps. (161 km pro Stunde). Diese Werte übertreffen nicht nur die Zuggeschwindigkeiten der europäischen Tromben, sondern sogar die der europäischen Gewitter weitaus, und legen wiederum Zeugnis ab für die eigenartige Ausbildung dieser Erscheinungen in Nordamerika.

Weglänge. Die Angaben über die von den Tromben zurückgelegte Weglänge — soweit sich solche in den Beschreibungen

Nr.	Weglänge[1] km	Nr.	Weglänge km	Nr.	Weglänge km
4	400	180	9	85	2,5
1	260	97	8	17	2
234	260	54	7	229	2
207	115	121	6,5	231 I	1,2
6	74	110	6	223	1
175	45	129	> 5,6	238	1
108	45	218	5	204	0,8
208	32	115	4	104	0,4—0,5
178	25	162	4	231 II	„Nur wenige Hundert Meter.“
228	23	20	3,7		
5	15	185 II	3,5	215	
105	15	77	3,2	44	fast 0
128	13,5	189	3,2	64	fast 0
144	9	24	3		

[1]) Hierzu kämen aus dem Anhang noch folgende Angaben: A 1 2,3 km; A 3 80 km; A 8 (soweit auf Land) 50 km; A 9 fast 0; A 14 27 km.

finden — sind in der beifolgenden Tabelle zusammengestellt. Der Wert dieser Zahlen wird durch den Umstand etwas beeinträchtigt, daß die Tromben sich oft vom Erdboden abheben. In vielen Fällen ist deshalb die Spur nur intermittierend. Andererseits ist natürlich auch oft eine spätere Fortsetzung der Spur unbeachtet geblieben.

Diese 39 Angaben ergeben als Gesamtmittel 36 km, die Extreme sind 400 und fast 0. In Nordamerika sind auch diese Zahlen, wie zu erwarten, größer; als Mittel ergibt sich dort 41 km, und die Extreme sind 483 und 0,3 km.

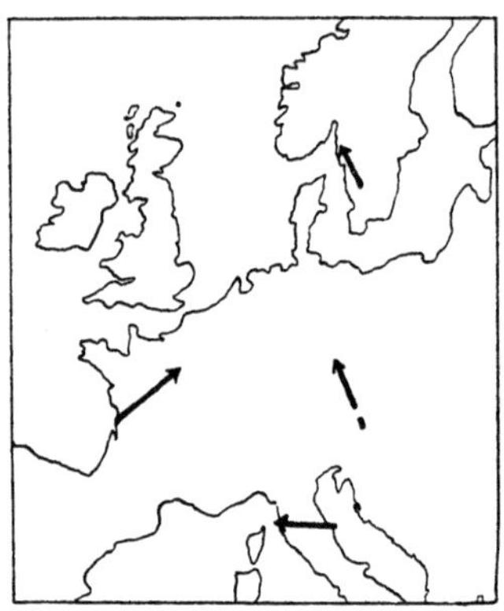

Fig. 21. Die vier längsten Trombenbahnen in Europa.

Die Angaben unserer Tabelle lassen sich übersichtlicher in folgender Weise zusammenfassen:

Weglänge km	Anzahl
<1	5
1— 10	21
10—100	9
>100	4

Mehr als die Hälfte aller Fälle ergibt also Weglängen zwischen 1 und 10 km.

Eine sehr ausgesprochene, aber wenig aussagende Beziehung besteht zwischen der Weglänge und der Zuggeschwindigkeit in dem Sinne, daß eine Gruppe von Fällen mit höherer Geschwindigkeit auch eine größere mittlere Weglänge ergibt. Daß diese Beziehung nichts Neues an den Tag bringt, sieht man besonders bei der Gruppe mit der Geschwindigkeit Null, deren zugehörige Weglänge auch nur Null sein kann. Bei höheren Geschwindigkeiten gilt diese Beziehung nur für ganze Gruppen, während Einzelfälle sich oft umgekehrt verhalten. Von einer Wiedergabe der Zahlen, die sich aus den beiden vorigen Tabellen leicht ableiten lassen, soll hier abgesehen werden.

Eine Beziehung der Weglänge zur Zugrichtung ist nicht erkennbar, was schon durch das obenstehende Kärtchen mit den vier längsten Trombenbahnen erläutert werden kann.

Lebensdauer. Schließlich seien noch die Angaben über die Lebensdauer der europäischen Tromben in der folgenden Tabelle zusammengestellt[1]):

Nr.	Lebensdauer	Nr.	Lebensdauer	Nr.	Lebensdauer
234	$3^h\,20^m$	58 II	25^m	129	>8–10^m
162	2	218	25	54	mindestens 7–8^m
88	Einige Stunden	10	20	7	7–8^m
24	$1^h\,30^m$	97	mindestens 20^m	236	5–8
144	1 10	223	20^m	205	7
64	1 (fast)	242	20	121	6
6	<1	43 II	18	226	6
228	55^m	181	17	232	5
40	>45	151	>15	243	ca. 5
58 I	reichl. 45	32	15	183	4
178	ca. 45	63	15	220	Ein paar Min.
115	35	107	ca. 15	230	Mehrere Min.
5	30	171	12	152	Wenige Min.
36	30	182	12	191	3
60	30	94	>10	227	2
85	30	57	10	238	2
192	30	146	10	31	$1^m\,30^s$
211	30	219	10	241 I	20
43 I	27	210	fast 10	170	ca. 5

Die 57 Werte schwanken zwischen 5 Sekunden und $3^1/_2$ Stunden. Der weitaus größte Teil, nämlich 61 Proz. (35 von 57) liegt zwischen 5 und 30^m einschließlich. Kürzer als 5^m dauern nur 18 Proz. (10 von 57), länger als 30^m 21 Proz. (12 von 57).

Diese Zahlenwerte und die der vorigen Tabelle würden noch größeres Interesse beanspruchen, wenn auch für die Lebensdauer und die Weglängen der Gewitter in Europa Zahlenangaben vorlägen. Aus den wenigen, in v. Hanns Lehrbuch hierüber enthaltenen Andeutungen geht nur soviel hervor, daß in beiden Fällen die Zahlenwerte für Tromben viel kleiner ausfallen als die für Gewitter. Gewitterzüge, die sich 1000 km weit verfolgen lassen, sind keine Seltenheit, und auch die kurzlebigen Sommergewitter dürften doch nur sehr selten eine kürzere Bahn als 10 km zurücklegen, während mehr als die Hälfte aller Tromben Weglängen aufweisen, die kleiner sind als diese Zahl. Wenn z. B.

[1]) Hierzu kommen noch aus dem Anhang folgende Werte: A 1 5—8^m; A 3 ca. 1^h; A 8 mehrere Stunden; A 9 fast $^1/_2$ Stunde; A 14 ca. 1^h.

Prohaska bei Ableitung der Breite der Hagelspuren nur solche Fälle benutzt, wo die Spur länger als 20 km ist, so ist wohl anzunehmen, daß dies die Mehrzahl der Fälle umfaßt. Hiernach scheint es, daß nicht einmal der Hagelfall, geschweige denn das Gewitter auf seinem ganzen Wege von der Trombe begleitet wird. Und zu demselben Resultat führen die Angaben über die Lebensdauer der Tromben. Denn Gewitter von einer Lebensdauer von nur 5 bis 30^{m} dürften selten sein.

Alles dies deutet darauf hin, daß die Tromben — wenigstens die weitaus häufigsten kurzlebigen — nur einer vorübergehenden Wachstumsphase des Cumulo-Nimbus entsprechen, eine Vorstellung, welche wir schon zur Erklärung der täglichen Periode verwendet haben, und auf die wir auch später noch zurückkommen werden. Andererseits freilich zeigen die in Europa selteneren langlebigen Tromben, daß der Vorgang unter besonderen Umständen auch lange Zeit stationär bleiben kann.

Fünftes Kapitel.

Witterung in der Umgebung der Trombe.

Der erzeugende Cumulo-Nimbus. Daß die Tromben meist im Gefolge von Gewittern auftreten, ist eine so alte und allgemein bekannte Tatsache, daß es hieße Eulen nach Athen tragen, wollte man Belege dafür erbringen. Interesse beansprucht aber die umgekehrte Frage: Gibt es auch Tromben ohne Gewitter? Beschränkt man die letztere Bezeichnung, wie üblich, auf die Fälle, in denen elektrische Entladungen auftreten, so ist die Frage zu bejahen; es kommt, wenn auch selten, vor, daß in der Umgebung der Trombe keinerlei elektrische Erscheinungen auftreten. Da die Sicherstellung dieser Fälle für die Erklärung der Tromben nicht ohne Bedeutung ist, müssen wir sie etwas näher ins Auge fassen.

Von 153 Beschreibungen, die Angaben über die Witterung enthalten [1]), berichten 92 von Gewittern, darunter 33 von Hagel.

---

[1]) Die im Anhang des Verzeichnisses angeführten Beschreibungen sind hier wie in den folgenden Auszählungen nicht mitgerechnet.

Letzterer wird aber auch noch in weiteren 15 Beschreibungen erwähnt; auch bei diesen müssen also wohl elektrische Entladungen vorhanden gewesen sein, obwohl sie nicht notiert wurden, so daß für 107 Fälle Gewitter als nachgewiesen gelten darf. Von dem Rest bleiben 39 Fälle unentschieden, und bei 7 Fällen wird die Anwesenheit elektrischer Erscheinungen ausdrücklich verneint [1]). Für die letzteren seien die Stichworte hier angeführt:

17. Starker Platzregen, aber ohne Blitz und Donner.

87. Nach Auflösung der Trombe scharfer, ausgiebiger Regen ohne Blitz.

112. Wolkenbruchartiger Regen ohne Blitz. Völlig bedeckt, grau bis schwarz.

205. Vier Stunden vorher Gewitter, aber während der Trombe wurden Blitz und Donner nicht beobachtet. Nach derselben schwacher, kurzer Regen.

61. Luft gewitterhaft, aber in der Nähe des Beobachters zur Zeit der Trombe kein Gewitter.

91. Luft drückend und gewitterig, aber ohne Blitz und Donner. Isolierte Wolken von kleinen Dimensionen und leicht pyramidaler Form; aus der größten entwickelte sich die Trombe.

182. Dunkle Wolkenmassen. Keine elektrischen Erscheinungen.

Die Beurteilung dieser Angaben ist aus verschiedenen Gründen nicht ganz leicht. Viele Tromben befinden sich, wie später gezeigt werden wird, erheblich seitwärts vom Gewitter, so daß ein Beobachter, der durch das Schauspiel der Trombe gefesselt wird, das Gewitter übersehen kann. Es gibt Fälle, in denen die Trombe, eben weil sie am Rande des cu-ni auftritt, von der Sonne hell beschienen wird, und in ihrer Spur das gute Wetter keine Unterbrechung erfährt. Dazu kommt, daß manche Tromben nur aus meilenweiter Entfernung beobachtet wurden. Da Blitze zur Mittagszeit leicht übersehen, und Donner selten weiter als 10 km gehört wird, ist es natürlich möglich, daß in einigen dieser sieben Fälle in Wirklichkeit doch elektrische Entladungen stattgefunden haben und nur unbemerkt geblieben sind. Aber z. B. bei Nr. 17 und 112, wo doch der Platzregen über den Beobachter fortzog, hätten solche

---

[1]) Auch im Anhang finden sich noch zwei solche Fälle, nämlich A 4 und A 5.

Entladungen kaum unbemerkt bleiben können. Es scheint daher festzustehen, daß Tromben auch ohne solche auftreten, wenn auch selten; auf 1 Trombe ohne kommen 15 mit Gewitter [1]). Hieraus scheint hervorzugehen, daß die elektrischen Entladungen unmittelbar nichts mit der Trombe zu tun haben; beide sind nur Begleiterscheinungen desselben Vorgangs, nämlich der Cumulo-Nimbus-Bildung.

Auch in denjenigen Fällen, in welchen Gewitter oder Hagel nicht ausdrücklich vermerkt wird, sprechen die Beschreibungen fast immer von schweren Wolken, welche offenbar als cu-ni anzusprechen sind. Eine vollständige Angabe der Wolkenbeschreibungen würde auch hier zu weit führen. Dagegen ist es notwendig, die bei älteren Autoren häufig auftretende Behauptung zu prüfen, es gebe auch Tromben ohne Wolken. Ein großer Teil der hierfür meist angeführten Argumente scheidet allerdings sofort aus, weil es sich in diesen Fällen offenbar um Kleintromben handelt, welche man früher nicht von den Großtromben unterschied, und welche ja in der Tat gerade bei starker Sonnenstrahlung und schönem Wetter auftreten. Allein auch unter den Beschreibungen echter Großtromben mit zerstörenden Wirkungen gibt es einige, welche als Beleg für die genannte Ansicht angeführt werden. Es ist kein Zufall, daß die fünf in Betracht kommenden Fälle sämtlich von Peltier herrühren, dessen elektrischer Theorie alles Wunderbare willkommen war (Nr. 72, 90, 5, 20, 64). Die Deutung dieser Fälle bedarf, wie im folgenden gezeigt werden wird, dringend der Richtigstellung.

72. Peltiers Überschrift lautet: „Ciel pur qui se couvre à mesure que la trombe s'avance", wodurch die genannte mißverständliche Auffassung sehr nahe gelegt wird; es genügt aber, auf den Satz in der Beschreibung hinzuweisen: „Kurze Zeit nach ihrem Verschwinden fiel ein starker Regenguß."

90. Nach Peltier eine „trombe sans nuages." Es handelt sich um eine blinde (nicht kondensierende) Trombe, von welcher nur der 20 bis 30 m hohe Wasserturm auf dem See gesehen wurde, während der zugehörige Wolkenzapfen der Beobachtung entging. Früh gibt an:

---

[1]) Finley (a. a. O., S. 145) findet für Tornados:

287 Fälle mit Blitzen vor Erscheinen des Tornados,
113 „ „ „ gleichzeitig mit demselben,
57 „ „ „ nach Verschwinden des Tornados,
8 Fälle, in denen das Fehlen elektrischer Entladungen notiert wurde.

„Nachdem sie sich gesenkt und aufgelöst, trat SW-Wind mit Regen ein.“ Peltier dagegen läßt, wohl durch Mißverständnis, die Wassersäule selbst „se répandre en pluie“ und schreibt weiter: „Le ciel était uniformément voilé par des vapeurs brumeuses qui occupaient les régions élevées, et il n'y avait plus de nuages proprement dits sur l'horizon“, wonach doch wohl anzunehmen ist, daß Bewölkung 10 geherrscht hat.

5. Peltier gibt in der Überschrift an: „Die Trombe bildete sich, als es nur wenige kleine Wolken gab, die in großer Höhe lagen (élevés) und durchscheinend waren (transparents)“. Nach der Beschreibung selber war der Sachverhalt aber ein anderer; der Beobachter stand am Fenster seines hochgelegenen Hauses mit mehr als 60 km weiter Aussicht; „le ciel n'était chargé que de petits nuages rares, assez élevés, et qui n'ôtaient rien à l'éclat des rayons du soleil.“ Die Trombe erschien dann in 5 km Entfernung, und wurde von der Sonne beschienen, was darauf hinzudeuten scheint, daß die erzeugende Wolke noch jenseits von ihr lag. Ob „élevé“ nicht sinngemäßer mit hochragend zu übersetzen wäre, sei dahingestellt. Aber „transparent“ ist jedenfalls ein Mißverständnis; der unbehinderte Sonnenschein dürfte beim Beobachter geherrscht haben.

20. Von Peltier überschrieben: „Ciel sans nuages.“ In der Beschreibung heißt es: „Das Wetter war heute schön und es gab kein Anzeichen von Gewitter oder Sturm.“ Versteht man unter Anzeichen soviel wie Vorzeichen, so bezieht sich die ganze Angabe auf die Zeit vor dem Gewitter; Peltiers Tendenz zeigt sich auch darin, daß er aus „schönem Wetter“ ohne weiteres „wolkenlosen Himmel“ macht, was doch nicht dasselbe ist.

64. „Au milieu d'un ciel serein.“ Leider ist dies die einzige, auf das Wetter bezügliche Bemerkung in der sehr unvollkommenen, nur zwölf Zeilen umfassenden Beschreibung, die sich fast nur mit der von der Trombe aufgehobenen und entführten Wäsche beschäftigt. Eine Kritik ist deshalb unmöglich.

Berücksichtigt man, daß dies die einzigen Großtromben unseres Verzeichnisses sind, welche sich als Argument für die genannte Meinung anführen lassen, und daß nach Peltiers Zeit ähnliche Fälle nicht mehr vorkommen, so kann kein Zweifel herrschen, daß die „Tromben ohne Wolken“ — sofern nicht Kleintromben gemeint sind — völlig in das Reich der Fabel zu verweisen sind. Die Trombe steht immer mit einem Cumulo-Nimbus oder jedenfalls einem großen Cumulus in unmittelbarem Zusammenhang; bei der weit überwiegenden Mehrzahl der Beobachtungen ist dies klar ausgesprochen, und der Rest gestattet wenigstens die gleiche Annahme. Eine Aufzählung der Stichworte würde, wie gesagt, zu weit führen. Wird Regen erwähnt, so ist es fast immer Platzregen, und auch wo gar kein Niederschlag und kein Gewitter notiert wird, ist fast stets von schweren dunklen Wolken, hochgetürmten Cumulusmassen, gewaltigen Wolkenmassen und ähnlichem die Rede; auch in den wenigen Fällen, wo von einer gleichmäßigen Stratusdecke berichtet wird, nötigen die sonstigen Angaben zu der Annahme oder lassen sie wenigstens zu, daß ein cu-ni vorhanden war, aber sich durch eine untere Schichtwolke den Blicken des Beobachters entzog.

Es sprechen also alle Anzeichen dafür, daß die Wolkenform des cu-ni oder wenigstens eines großen cu eine notwendige Bedingung für die Trombenbildung darstellt. Aus der Seltenheit der Tromben im Gegensatz zur Häufigkeit der Gewitter folgt allerdings, daß noch bestimmte andere, nicht häufig vorhandene Bedingungen hinzutreten müssen, damit ein solcher Wirbel entsteht. Daß diese Bedingungen nicht etwa nur in einer ungewöhnlichen Heftigkeit des Gewitters oder des Aufsteigens der Luft bestehen, geht aus den Fällen ohne elektrische Entladungen hervor. Auch an die Hagelbildung ist die Trombe offenbar nicht gebunden, da Hagel nur 48 mal unter den 153 Fällen mit Witterungsangaben notiert ist.

Die Trombenbildung bleibt offenbar ohne Einfluß auf die sonstigen Äußerungen des Gewitters; denn die Gewitter, bei denen Tromben auftreten, unterscheiden sich in keiner Weise von solchen ohne Tromben.

Es sei gleich hier zur Orientierung vorweggenommen, daß die entscheidenden Bedingungen für die Trombenbildung höchstwahrscheinlich in den Windverhältnissen, speziell in der Vertikalen, zu suchen sind. Die Gründe für diese Annahme können allerdings erst später erörtert werden.

Tromben im Jugendstadium des Cumulo-Nimbus. Die überraschend kleinen Zahlen, welche wir für die Lebensdauer der meisten Tromben fanden, legen die Frage nahe, in welches Entwickelungsstadium des Cumulo-Nimbus die Trombenbildung fällt. Prüfen wir die Beobachtungen daraufhin, so ergibt sich das wichtige Resultat, daß zwar in den meisten Fällen die Trombe gleichzeitig mit dem Regensturz sichtbar ist, also zu einer Zeit, wo der Niederschlag des cu-ni bereits die Erde erreicht — schon zahlreiche Abbildungen zeigen dies —, daß aber doch auch Fälle nicht selten sind, in denen die Trombe sich bildet, bevor Niederschlag aus der Wolke fällt, und sie sich auflöst, sobald die Wolke zu regnen beginnt. Es sind folgende Fälle:

218. „Aus der cu-ni-Wolke fiel während der Wasserhose kein Regen. Dieser setzte nach übereinstimmenden Mitteilungen gleich nach dem Zusammensturz derselben ein.“

63. „Das Meteor war eine halbe Stunde lang sichtbar, als ein beträchtlicher Platzregen aus der Wolke fiel, mit der sie in Verbindung stand.“

85. „Gleich nach Auflösung der Trombe entlud sich über dem nordwestlich davon gelegenen Walde ein Gewitter mit außerordentlich dicken Hagelkörnern.“

230. Die Tromben bildeten sich, als das Gewitter sich noch „zusammenbraute“ und hatten sich wieder aufgelöst, als es zum Ausbruch kam.

So gering die Zahl dieser Beobachtungen ist, gewinnt sie doch etwas an Bedeutung, wenn man berücksichtigt, daß als Gegenprobe nur 13 Fälle zur Verfügung stehen, in denen die Gleichzeitigkeit von Trombe und Niederschlag ausdrücklich ausgesprochen ist.

Aber allerdings müßten auf dieser Seite auch noch die Fälle gebucht werden, in denen der Niederschlag zeitlich der Trombe voranging. Wenngleich also für die überwiegende Mehrzahl Gleichzeitigkeit anzunehmen ist, so kommt den angeführten Fällen meines Erachtens doch ein besonderes Interesse zu. Denn sie lassen den Schluß zu, daß der Trombenwirbel nicht durch den fallenden Niederschlag erzeugt wird — er scheint im Gegenteil durch ihn bisweilen zerstört zu werden —, sondern durch das dem Niederschlag schon etwas vorausgehende Aufsteigen der Luftmassen. Mit diesem Ergebnis stimmt das frühere überein, daß Vormittagsgewitter trombenreicher sind als Nachmittagsgewitter, und damit stimmt beispielsweise auch die in Fig. 77 (elftes Kapitel) mitgeteilte Gewitterspur, welche zeigt, daß die Trombe aufhörte, als der Hagel begann.

Natürlich darf nicht übersehen werden, daß manche Tromben stundenlang das Gewitter begleiten können, und dabei eine allen Änderungen des Gewitters spottende Beständigkeit zeigen. Allein diese Art ist in Europa viel seltener als die kurzlebige; und letztere bevorzugt offenbar das Jugendstadium des cu-ni.

Von großer Bedeutung wäre es, wenn es gelänge, den Ort der Trombe relativ zum Regenguß näher zu bestimmen; als erste Frage ergibt sich dabei: Steht sie **innerhalb oder außerhalb des Regensturzes?** Für ersteres habe ich keine eindeutige Beobachtung finden können. Dagegen befand sich die Trombe mehrmals gerade im Rande des Regen- oder Hagelsturzes. So erreichte die

Trombe Nr. 189 den Beobachter zugleich mit großen Hagelkörnern, auf welche dann Schnee folgte.

Bei Nr. 185 ist die Schilderung besonders eingehend; hier wurde in der späteren Spur der Tromben zwar schon vor ihrer Ankunft langsamer Regen beobachtet; gleichzeitig mit ihrer Ankunft aber setzte schwerer Hagelschlag ein, dessen Schloßen bis 8 cm Länge bei 2 bis 3 cm Dicke aufwiesen.

Indessen sind dies Ausnahmen. In der Mehrzahl der Fälle befindet sich die Trombe in einer Entfernung vom Regenguß, die zwischen einigen Hundert Metern und etwa 10 km variiert, wie die folgenden Beispiele erläutern mögen.

Bei Nr. 34 heißt es: Während des Einherziehens des Meteors gingen Blitze und Hagel aus einer der Säule im Süden benachbarten Wolke hervor. Bei Nr. 39 fiel der Niederschlag nicht in der Bahn der Trombe, sondern erst in erheblichem seitlichen Abstande, nämlich beim Beobachter. Bei Nr. 95 zog die Trombe vor dem Hagelsturz von W nach E über das Deutsche Eck bei Coblenz nach Ehrenbreitenstein; der Hagel erreichte Coblenz erst einige Minuten, nachdem die Trombe sich bei Ehrenbreitenstein aufgelöst hatte, so daß 1 bis 2 km Zwischenraum zwischen der Trombe und dem Rand des Hagelsturzes gewesen sein müssen. Bei Nr. 115 — gleichfalls am Rhein — wurde der Beobachter von dem aus S heraufziehenden Hagelsturz erreicht, als sich die Trombe etwa 2 km nordöstlich von ihm befand; auch hier muß also der kleinste Abstand 1 bis 2 km betragen haben. Bei Nr. 181 heißt es geradezu: Etwa 5 km hinter der Säule konnte man Regen beobachten. Vielleicht noch größer war der Abstand bei Nr. 106. Hier spielte sich die Trombe in Escalquens ab, während gleichzeitig das 10 km westlich davon gelegene Toulouse „und Umgegend" Hagel und Wolkenbruch hatte; der kürzeste Abstand läßt sich hier allerdings nicht ermitteln. In den zeichnerischen und photographischen Abbildungen, die gleichzeitig Trombe und Regenguß zeigen, läßt sich der Abstand meist auf etwa 1 bis 5 km schätzen. Übrigens spricht auch die Zeitdifferenz, die nach fast allen Beschreibungen zwischen Regenguß und Trombe liegt, trotz ihrer Vieldeutigkeit dafür, daß die Tromben gut außerhalb des Platzregens stehen.

Befindet sich nun die Trombe **vor oder hinter dem Regensturz?** Zwei unzweifelhafte Belege für die Stellung vor demselben bilden die schon soeben genannten Beschreibungen Nr. 95 und 115, bei denen der Hagel auf die Spur der Trombe fiel. Ebenso klare Belege bilden die vorher erwähnten Nummern 185 und 189, bei denen der Hagel den Tromben auf dem Fuße folgte. Ferner müssen die beiden Tromben Nr. 231 auf der Vorderseite des Hagelsturzes gewesen sein, denn die Beschreibung sagt: „An mindestens zwei Orten, die in dem Hagelgebiet gelegen sind, hat man Tromben beobachten können, welche zur selben Zeit auftraten, zu welcher die Isochronen, die den Beginn des Hagels bezeichnen, diese Gegenden passierten.“ Bei Nr. 159 heißt es: „Während von Westen her ein mächtiges Hagelwetter über das Erzgebirge hinzog, entstand aus den vorgelagerten, ungefähr in Höhe des Gebirges schwebenden Wolken ein hornartiges Gebilde [die Trombe].“ Bei Nr. 107, wo der Beobachter sich der Trombe bis auf 5 m näherte, begann bei ihm, oder was in diesem Falle dasselbe ist, in der Spur der Trombe, der Platzregen fünf Minuten nach Vorübergang derselben. Auch die oben genannte Trombe von Toulouse (Nr. 106) befand sich vor dem Hagel, denn sie zog aus W, und der Hagelfall fand gleichzeitig 10 km westlich von ihr statt.

Diesen, wie ich glaube, einwandfreien acht Beobachtungen für die Stellung der Trombe auf der Vorderseite des Regensturzes lassen sich gleich klare Belege für die umgekehrte Stellung nicht gegenüberstellen; zwar gibt es eine Reihe von Beschreibungen (wie z. B. Nr. 206), bei denen schon vor der Trombe auf ihrer späteren Spur Hagel gefallen zu sein scheint, allein die Darstellung läßt stets an Klarheit zu wünschen übrig und ist nicht eindeutig. Wenngleich daher die letztere Anordnung keineswegs abgeleugnet werden kann, so muß die erstere doch offenbar die häufigere sein.

Zu dem gleichen Resultat, daß die Tromben sich vorwiegend auf der Vorderseite des Regensturzes befinden, kommen wir auch auf einem ganz anderen, freilich auch nicht ganz einwandfreien Wege, nämlich indem wir auszählen, wie oft die Trombe zeitlich vor und wie oft sie nach dem Niederschlag notiert wurde. Für ersteres finden sich 31, für letzteres nur 13 Fälle. Wie gesagt, ist das Resultat vieldeutig, da die Trombe oft aus meilenweiter Entfernung beobachtet wird, der Niederschlag aber sich fast immer auf den Ort des Beobachters bezieht; aber immerhin deutet auch dies Zahlenverhältnis in die gleiche Richtung wie unser früheres Ergebnis.

Es darf also wohl angenommen werden, daß die Mehrzahl der Tromben sich auf der Vorderseite des Regensturzes befindet, daß aber ein Vorkommen auf der Rückseite keineswegs ausgeschlossen ist [1]).

Die nächste Frage muß lauten: Befinden sich die Tromben **rechts oder links der Mittellinie** der Niederschlagsspur? In sieben Fällen (Nr. 95, 115, 185, 189, 206, 107, 105) überlagern sich die Spuren der Trombe und die des Hagels oder Regens. Wenn es auch unwahrscheinlich ist, daß dabei die Trombenspur gerade die Mitte der Niederschlagsspur gehalten habe, so läßt sich doch nicht entscheiden, ob sie sich rechts oder links davon befand. Bei Nr. 185 wird zwar berichtet, daß die Tromben am SE-Ende eines großen, aus SW kommenden Gewitterzuges auftraten, doch ist damit ihre relative Stellung zu dem einzelnen Hagelturm immer noch unbestimmt. Es gibt aber mehrere Fälle, in denen die Trombe sicher linksseitig, und auch mehrere solche, in denen sie rechtsseitig war. Eine Sicherstellung dieser beiden Tatsachen scheint mir für eine Erklärung der Tromben so wichtig zu sein, daß im folgenden diese Fälle ausführlicher besprochen werden sollen. Beispiele für linksseitige Tromben sind folgende:

39. Der Beobachter befindet sich bei Nizza am Lande, die Trombe zieht südlich von ihm auf dem Meere aus E. Der Niederschlag fällt auf dem Lande und nicht mehr in der Bahn der Trombe, welche also links vom Niederschlage einherzieht.

47. Ort und Verhältnisse wie bei 39. Die erste Trombe befindet sich noch ausgesprochen am Vorderrande des großen cu-ni, doch am linken Ende; die zweite, kurz darauf entstandene, am linken Seitenrand. Der Vorderrand hatte zu dieser Zeit nicht nur das Zenit überschritten, sondern es war bereits der ganze westliche Himmel bedeckt, nur im Süden war noch ein unbewölktes Segment; während sich hier die zweite Trombe abspielte, hatte der Beobachter am Lande Hagel.

85. Gleich nach Auflösung der Trombe entlud sich über dem nordnordwestlich davon gelegenen Walde ein Gewitter mit außerordent-

---

[1]) Bei Tornados scheinen beide Fälle vorzukommen. Finley gibt folgende Zahlen (Tornadoes, New York 1886, S. 146):

377	Fälle	mit	Regen	vor dem Tornado,
437	„	„	„	nach dem Tornado,
176	„	„	„	während des Tornados,
317	„	„	Hagel	vor dem Tornado,
124	„	„	„	nach dem Tornado,
163	„	„	„	während des Tornados.

lich dicken Hagelkörnern. Da die Trombe aus ENE zog, war sie links vom Niederschlag.

181. Der Beobachter befand sich etwa 500 m westlich der aus S ziehenden Trombe und konnte etwa 5 km hinter derselben Regen beobachten; die Trombe befand sich also 5 km links des Regengusses.

Diesen kaum anzuzweifelnden linksseitigen Tromben stehen folgende rechtsseitige gegenüber:

113. „Um 6 a. m. bilden sich schwere, böenartige Wolken im SE und NW; eine Wasserhose bildet sich am E-Ende der SE-Böe, eine andere am W-Ende der NW-Böe; beide Böen ziehen gegen das Schiff auf.“ Unter Berücksichtigung der entgegengesetzten Marschrichtung waren beide Tromben offenbar rechtsseitig.

128. An einem Orte, der wenig links von der Trombenbahn lag, begann im Augenblick des Vorbeiziehens der Trombe ein Hagelsturz. In Tranås, $1/2$ km links von der Trombenspur, war schon vor dem Vorbeigang der Trombe etwas Hagel gefallen, und fiel wieder beträchtlicher Hagel, nachdem sie ein Stück vorbeigezogen war. In der Bahn der Trombe selber scheint nur vor ihr etwas Regen gefallen zu sein. Die Trombe befand sich also anscheinend rechts vom Hagelsturz.

137. Der in der Trombenbahn befindliche Beobachter sah das Gewitter am westlichen Horizont sich langsam nach Norden schieben, befand sich also rechts davon.

230. „Aus dem allen schließe ich, daß die Tromben sich bei Fortschreiten des Gewitters nach Osten rechts seitwärts von dem Regenguß befanden.“ Vorher wird allerdings die Unsicherheit dieses Schlusses betont.

A 3. Aus Fig. 77 (11. Kap.) geht unmittelbar hervor, daß die Trombe von St. Claude sich dicht am rechten Rande des Hagelturms befand; freilich hört die Trombenspur da auf, wo die Hagelspur beginnt. Durch die Lage des Streufeldes, welches später noch eingehender besprochen werden wird, wird die Annahme bestätigt, daß der obere Teil der Trombe und folglich auch der erzeugende Cumuluskopf sich links vom Fuße der Trombe befunden hat. Zu beachten ist allerdings, daß die Trombe in diesem Falle am Seitenrande nicht des ganzen cu-ni, sondern nur des Hagelturmes einhergezogen ist; denn rechts und links der Trombenspur hat es geregnet, rechts bis etwa 10 km, links bis etwa 50 km Abstand.

A 14. In derselben Weise geht unmittelbar aus der Betrachtung der Fig. 78 (11. Kap.) hervor, daß sich die Trombe von Woldegk gleichfalls am rechten Seitenrande des Hagelturmes befand. Auch bei ihr zeigt das Streufeld, daß ihr oberer Teil sich links vom Fuße befand. Aus dem Umstand, daß das Gewitter schon eine Stunde vor der Trombe an den in der Spur der letzteren gelegenen Orten vorbeizog, geht ferner hervor, daß sie rechts hinter dem Gewitter zog.

Man wird zugeben müssen, daß auch diese Beobachtungen rechtsseitiger Tromben nicht gut angezweifelt werden können, und somit darf als nachgewiesen gelten, daß sowohl linksseitige wie rechtsseitige Tromben vorkommen. Ein Überwiegen der einen Art gegenüber der anderen ist nicht erkennbar.

Es gibt endlich eine Reihe von Fällen, in denen die Trombe gerade **an der Berührungsstelle zweier neben einander vorrückender Gewitter** entsteht, so daß es unsicher bleibt, zu welchem von ihnen sie gehört. Auch diese Fälle mögen kurz angeführt werden:

102. Zwei Gewitter, die zusammenwachsen; an ihrer Berührungsstelle wird ein Kampf der Wolken beobachtet, aus welchem die Trombe hervorgeht.

194. Ein Gewitter, das aus E und NE heraufzieht, teilt sich, und zwischen beiden Teilen erscheint die Trombe; nach Vorübergang schließen sich beide Teile wieder zusammen.

59. Es treffen sich zwei Gewitter, die aus SW und NW heraufziehen. „Hier standen sie ungefähr $1/4$ Stunde lang unerschütterlich fest, während welcher Zeit unter beständigem Blitzen und Donnern sich von dem ersteren eine schwarzgraue Wolke absonderte, die sich nach der Erde herabsenkte, und gleich darauf auch von dem zweiten eine hellrötlich gemischte Wolke, die sich gleichfalls nach der Erde senkte. Diese beiden Wolken nahmen ihren Lauf gegen einander, vereinigten sich und senkten sich immer tiefer.“ Nach dem Vorübergang „nahmen die beiden Gewitter denselben Weg, den diese schrecklichen vereinigten Wolken genommen hatten.“

161. Nach dieser Beschreibung „zogen schwere Gewitterwolken von Osten und Westen gegen einander... Es bildete sich ungefähr an der Stelle, an welcher die Gewitterwolken einander trafen, eine schwarze Säule...“

144. ... „zogen sich am südwestlichen und südöstlichen Horizont zwei, wie es schien, getrennte Gewitterherde beiderseits vom Stoppelberge zusammen. Beim Näherrücken derselben verschmolzen sie in eine einzelne sehr dunkele und schwere Wolke... Unter der Gewitterwolke bemerkte man starke Staubwolken [zwei Tromben].“

241. „Im Winkel von Pertisau stand ein mächtiges, sehr drohend aussehendes Gewitter, während ein zweites vom Inntal gegen Seespitz heraufzog und sich mit jenem über Pertisau vereinigte usw.“

Es ist immerhin auffällig, daß sich sechs so gleichartig lautende Beschreibungen finden, von denen z. B. Nr. 59 kaum anders zu deuten ist, als daß beide Gewitter an der Erzeugung der Trombe mechanisch beteiligt waren. Es wird jedenfalls gut sein, bei künftigen experimentellen wie theoretischen Untersuchungen über die Entstehung der Tromben auch diese Fälle im Auge zu behalten. Freilich wäre nichts verkehrter als anzunehmen, daß zwei sich berührende Cumulo-Nimbus-Wolken eine notwendige Bedingung für die Trombenbildung seien; denn die Fälle, in denen die Trombe am Rande eines einzelnen Gewitters steht, sind unter allen Umständen häufiger. Es könnte sich also nur darum handeln, ob etwa an einer solchen Berührungsstelle besonders günstige Bedingungen herrschen.

In ihrer Gesamtheit zeigen diese Beobachtungen über die relative Stellung der Trombe soviel, daß dieselbe nicht zentral, sondern peripher ist. Die Trombe ist ein Randgebilde des Cumulo-Nimbus, und zwar ein ziemlich seltenes. Auch ohne den später zu besprechenden Unterschied der Spurbreite von Trombe und Hagel heranzuziehen, müssen wir schon nach dem vorangehenden die früher von Ferrel, Sprung u. a. vertretene und noch in der Gegenwart hier und da geäußerte Ansicht zurückweisen, als stellten die Tromben die Achse des aufsteigenden Luftstroms der Gewitterwolke dar. Ferrels Annahme, der Mangel an Niederschlag in der Umgebung der Trombe selber erkläre sich aus dem heftigen Aufsteigen der Luft in dieser Region, ist zwar folgerichtig, aber mit den Beobachtungen unvereinbar, denn niemals ist eine Anordnung beobachtet worden, bei welcher die Stellung der Trombe als zentral aufgefaßt werden könnte. Es ist unerläßlich, davon auszugehen, daß die Tromben bloße Randwirbel sind, durch deren Zustandekommen oder Ausbleiben das Wachstum der Gewitterwolke und die Bildung der Niederschläge überhaupt nicht erkennbar beeinflußt wird. Daß sie eine so überraschende Kraft entfalten können, steht hiermit keineswegs im Widerspruch.

Auch die Angaben über die Windverhältnisse, die in der Nähe der Trombe herrschen, lassen wichtige Schlüsse hinsichtlich ihrer Entstehung zu. Zunächst gilt es dabei, die Behauptung zu prüfen, welche von den älteren Vertretern der mechanischen Trombentheorie trotz Widerspruchs von anderer Seite immer wieder aufgestellt und auch noch in neuester Zeit von Defant in der Beschreibung der Trombe vom Achensee vertreten worden ist, nämlich daß sich die Tromben **an der vertikalen Grenzfläche zweier entgegengesetzt fließender Luftströme** befänden. Wir können zwei Beobachtungen hierfür anführen:

241. [Achensee.] „An der Stelle, wo die Wasserhosen sich ausbildeten . . ., waren deutlich an dem schäumenden Wellenschlage zwei entgegengesetzte Windrichtungen zu beobachten; sehr schön war zu sehen, wie die Wellenberge sich kreuzten und das Wasser dadurch auf

weite Strecken in kochenden Zustand geriet. [Es folgt die Bildung zweier blinder Tromben, die sich vereinigen] ... Stets deutlich zu beobachten waren an der Entwickelungsstelle des Wirbels die entgegengesetzten Luftströmungen, die wohl an der Grenze der zwei fast gegen einander ziehenden Gewitter geherrscht haben mögen."

187. [Nizza.] „Plötzlich drehte sich der Wind von Ost gegen West und wurde sehr heftig, Da sah man ... [Entstehung der ersten Trombe in 1 km Entfernung]. Vier solche Tromben wanderten so gemeinsam in 1, 2 und 3 km Entfernung von einander über das Meer. Sie wanderten auf derselben Linie, und diese Linie war augenscheinlich die Kontaktlinie zwischen zwei entgegengesetzten Winden."

Bei dem zweiten dieser Fälle kann man vielleicht Zweifel hegen, ob der Beobachter imstande war, das was er behauptet, mit Sicherheit und für unsere Zwecke hinreichender Genauigkeit zu erkennen[1]. Immerhin muß man hiernach wohl zugeben, daß derartige Fälle vorkommen, die der genannten Vorstellung entsprechen. Dagegen muß die Frage, ob diese Windverhältnisse eine notwendige Bedingung für die Trombenbildung darstellen, bestimmt verneint werden. Denn bei Nr. 77 z. B. wird ausdrücklich angegeben, daß die Meeresoberfläche, abgesehen von der Spur der Wasserhose, spiegelglatt war, und ähnliche Verhältnisse haben auch bei Nr. 25 und 73 geherrscht. Überhaupt sprechen alle Fälle mit Windstille in der Umgebung der Trombe dagegen, wenn diese Angaben auch meist nicht dieselbe Gewähr für völlige Luftruhe geben, wie der genannte Fall mit der spiegelglatten Meeresoberfläche.

Es muß ferner hervorgehoben werden, daß die in Rede stehenden entgegengesetzten Luftströme auch nicht den Anspruch haben, als ausreichende Bedingung für die Trombenbildung gelten zu dürfen. Namentlich durch das neuere Studium der Böen sind solche scharfen Grenzlinien zwischen zwei verschiedenen Luftströmungen genauer bekannt geworden, aber Tromben sind bei solchen Gelegenheiten nicht zur Beobachtung gelangt. Man müßte folgerichtig auch noch weitergehen und verlangen, wenn eine vertikale Grenzfläche vertikale Tromben erzeugen soll, so müßte eine horizontale Grenzfläche auch Anlaß zu horizontalen Wirbeln geben. Diesen Einwand machte Muncke 1842 der Windgrenzen-

[1]) Die Abstände wurden vielleicht noch unterschätzt, da auch die Wolkenhöhe nur auf einige Hundert Meter, also wahrscheinlich zu klein geschätzt wurde, und überhaupt bei Tromben starke Unterschätzungen sehr gewöhnlich sind.

theorie. Freilich kennen wir heute auch horizontale Tromben, ja es spricht, wie wir sehen werden, manches dafür, daß die meisten, vielleicht alle Tromben in ihrem oberen Teil horizontal sind, dies berührt aber nicht die Tatsache, daß horizontale Schichtgrenzen mit Windsprung, aber ohne Tromben eine alltägliche Erscheinung sind.

Wenn es aber Tromben gibt, bei denen eine Windgrenze nicht vorhanden ist, und andererseits Windgrenzen, bei denen keine Tromben auftreten, und also die Windgrenze weder eine notwendige noch eine ausreichende Bedingung, geschweige denn beides, für die Trombenbildung darstellt, so kann dieser Erklärungsversuch nicht zum Ziel führen. Die Windgrenze hat mit der Trombe keinen unmittelbaren mechanischen Zusammenhang.

Wir wollen weiter die Frage prüfen, wie weit die oft ausgesprochene, aber gerade in neuerer Zeit auch vielfach widersprochene Behauptung zutrifft, daß die Tromben sich mit Vorliebe **bei Windstille** bilden. Einige Fälle, in denen dies zutrifft, wurden bereits im vorhergehenden genannt. Im ganzen finden wir 23 Fälle — bei der Seltenheit von Witterungsangaben eine große Zahl —, wo in der näheren Umgebung der Trombe Windstille herrschte.

Wir wollen nur 3 davon herausgreifen, in denen die Stille besonders auffällig war. So heißt es bei Nr. 81: „Außerhalb des Bereiches des Phänomens war aber durchaus völlige Windstille, und im oberen Teil des Dorfes hatte man von jenen Verheerungen [im unteren] selbst nicht die entfernteste Ahnung“. — Oder bei Nr. 54: „... indeß, was äußerst merkwürdig ist, außerhalb dieser Breite [von 60 Schritten] eine Windstille herrschte. Man denke sich das Erstaunen einer Bauersfrau in Dittersdorf, welche durch das Fenster in der Wohnstube ihres Hauses die Scheune neben demselben mit dem größten Geprassel einstürzen sieht, indem sie sich an ihrem Beobachtungsposten ganz ruhig und ohne Erschütterung befindet.“ Bei Nr. 107 ließ der Beobachter die Trombe, deren Spur nur 6 m Durchmesser hatte, bis auf 5 m herankommen; „aber als er den Wind zu merken begann, der sich in ihrer Umgebung bemerkbar machte“, entfloh er.

Die unbestreitbar große Häufigkeit der Tromben bei Windstille entspricht unserem früheren Ergebnis, daß die Tromben-Wetterkarte oft nur sehr geringe Druckunterschiede aufweist. Da aber manche dieser Wetterkarten auch kräftige Luftdruckgradienten zeigen, ist schon hiernach zu erwarten, daß es auch Tromben gibt, die **bei kräftigem, und zwar nicht nur lokalem Winde** entstehen. Dies ist in der Tat der Fall.

So heißt es in der Beschreibung der Wasserhose Nr. 52 (Ostsee zwischen Reval und Flensburg): „Der Wind war meistens Westwind und also ganz conträr, mitunter auch Sturm... Ein paar Tage darauf ward der conträre Wind noch heftiger, so daß mein Schiffer für rathsam hielt, in einem Hafen vor Anker zu legen, wo wir wegen des immerfort so ungünstigen Windes, der auch von vielen Gewittern begleitet war, $7\frac{1}{2}$ Tage liegen mußten. Der andere Schiffer [der gleichzeitig von Reval abfuhr], wollte aber schlechterdings etwas früher ankommen als der meinige. Dieses bestimmte ihn, keinen Hafen zu suchen, sondern mit vieler Beschwerde, auch für die Reisenden, immer See zu halten. Während eines Gewitters trifft eine Wasserhose, die sie wegen des Regens und der trüben Witterung nicht eher gesehen hatten, als bis sie ganz nahe und kein Ausweichen mehr möglich war, von der Seite gegen das Hinterteil des Schiffes". — Ein Beispiel von heftigem Ostwind ist die zu Nizza im Januar beobachtete Trombe Nr. 47; am 4., 5. und 6. Januar herrschte hier strenge Kälte mit Schneedecke, am 6. heftiger Ostwind, der schwere cu-ni-Wolken und mehrere Tromben mitführte. Der heftige Wind dauerte noch die ganze folgende Nacht und verursachte viel Schiffbruch an den benachbarten Küsten; bei Nizza selbst kam nur ein kleineres Fahrzeug ins Treiben. — Auch die drei Warnemünder Tromben Nr. 140, 141 und 142 entstanden bei westlichen und nordwestlichen Winden von der Stärke 4—7.

Wir dürfen hiernach schließen: Ebenso wie die Gewitter nicht nur an Wetterlagen mit schwachen Winden gebunden sind, sondern bisweilen auch im Bereich von tiefen Depressionen mit starken Winden auftreten („Wirbelgewitter"), ebenso tun dies auch die Tromben, und die größere Häufigkeit der „Wärmegewitter" gegenüber den „Wirbelgewittern" entspricht vollkommen der größeren Häufigkeit der Windstille oder schwachen Windes bei der Trombe gegenüber den Fällen mit starkem Wind.

Eine andere Frage von prinzipieller Bedeutung ist die, ob der gewöhnliche Gewittersturm in den Fällen, wo das Gewitter mit einer Trombe verbunden ist, fehlt. Man könnte nämlich meinen, daß die Trombe nur eine andere Erscheinungsform der mechanischen Energie des Gewittersturms darstellt und ihn ersetzt; um so näher liegt dieser Gedanke, als einerseits der Gewittersturm nicht selten in Gestalt eines Wirbels mit horizontaler Achse aufzutreten scheint, — wenngleich dies neuerdings auf Grund der Versuche von Wilhelm Schmidt bezweifelt worden ist, — und andererseits auch die Trombe in ihrem oberen Teil, wie wir später sehen werden, oft oder stets horizontal wird. Man könnte deshalb versucht sein, anzunehmen, daß Trombe und Gewitterböe nicht gleichzeitig auftreten könnten, und diese Annahme würde durch die zahlreichen Fälle mit Windstille in der Umgebung der Trombe gestützt.

Aber es gibt auch Beschreibungen, nach denen die **Gewitterböe gleichzeitig mit der Trombe** vorkommt. Die Darstellungen lassen im Einzelfall meist an Klarheit zu wünschen übrig, aber in ihrer Gesamtheit scheinen mir die folgenden sechs Beobachtungen zu zeigen, daß an dem gleichzeitigen Vorkommen beider Erscheinungen kaum zu zweifeln ist:

11. [Tromben weit entfernt.] „Nach ihrem Verschwinden bekamen wir für eine halbe Stunde starken NE mit einem kleinen Regen.“

24. „Um 4 Uhr nachmittags gab es einen Sturm, auf den ein starker Donnerschlag folgte. In diesem Augenblick sah man am Horizont eine Art große Pyramide [Trombe].“

27. „ . . . als ein schrecklicher Orkan, begleitet von Blitz und Donner, das verheerende Meteor ankündigte, welches ihm bald folgen sollte.“ Nach Vorübergang „vollkommene Ruhe“.

234. 700 Schritt von dem durch die Trombe verursachten Windbruch Gewittersturm.

129. „Ein klarer Streifen im Wasser kennzeichnete die Bahn der Trombe über den im übrigen vom [Gewitter-]Sturm erregten See.“

144. „Stürmische Windstöße wurden auch in weiterer Umgebung verspürt.“

Da also die Tromben bei Gewittern mit und ohne Böen auftreten, so kommen wir zu dem merkwürdigen Resultat, daß die Ausbildung der Böe und die Trombenbildung sich anscheinend nicht beeinflussen. Natürlich soll aber damit nicht behauptet werden, daß nicht Stromlinien und Wirbellinien beide Gebilde miteinander verknüpfen; es ist fast unmöglich, anzunehmen, daß zwei so markante Stromgebilde passiv neben einander existieren oder sich durchdringen; sie müssen vielmehr in irgend einer Weise ineinandergreifen und einander ergänzen.

Neuerdings ist auch wiederholt, insbesondere seit C. H. Seemann (1886), darauf hingewiesen worden, daß in der Umgebung der Trombe oft **umlaufende und böige Winde** herrschen. Schiffe, die in die Nähe von Wasserhosen kommen, beobachten ein plötzliches Umschlagen des Windes. Wie man sieht, kommt man hier auf die Windgrenzentheorie zurück, aber nicht in dem Sinne, daß die Trombe sich gerade an dieser Windgrenze befindet und unmittelbar durch sie erzeugt wird, sondern die Windgrenze befindet sich nur in der Umgebung der Trombe. Ich habe 11 Beobachtungen

— also eine immerhin erhebliche Anzahl — gefunden, welche als Beispiele dienen können:

53. Erst NW-Wind, dann Stille; kurz vor Zusammenstoß von Trombe und Schiff wieder etwas Wind, der auch nach Passieren anhält.

89. ENE-Wind, der kurz vor Entstehen der Trombe mehrmals schnell die Richtung wechselt.

167. „Während der Regen in Strömen goß, ging der Wind schnell von Nord nach Nordost um. Bald darauf ... [Trombe].“

181. Vorher still, nachher Windstärke 3.

197. „Der Wind war entweder eine Totenstille, oder blies zuerst aus der einen Himmelsrichtung und dann aus einer anderen.“

230. „Der Ostwind der vorhergehenden Tage machte Anstalt, in Westwind überzugehen.“

28. Vorher schwacher südlicher Wind; Trombe zwischen 5 und 6^p; um 8^p Gewitterregen mit stellenweise zerstörenden Windstößen, dann frische Brise aus NE.

38. Ostwind, während die Trombe (um $6^1/_2{}^p$) schnell aus SW zieht. Zwischen 8 und 9^p schlägt der Wind gleichfalls in SW um.

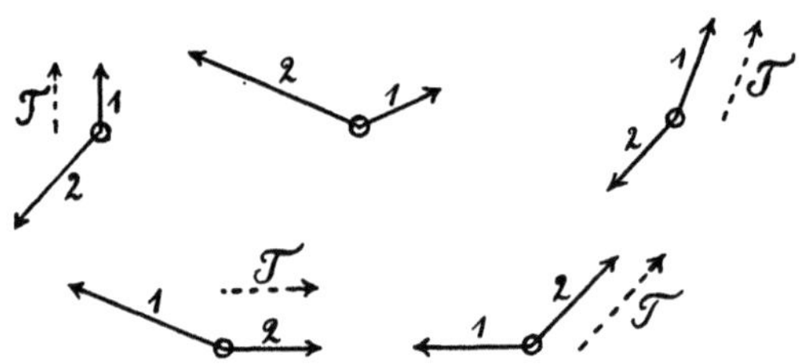

Fig. 22. Wind (nach Stärke und Richtung) vor (1) und nach (2) der Trombe, sowie deren Zugrichtung (T) für fünf Einzelfälle [oben 28, 113, 229, unten 106, 38].

113. Leichter, gleichmäßiger WSW bis zum Zusammenstoß von Schiff und Trombe. „Einige Augenblicke später trat Windstille ein, dann schwere Böen mit schwerem Gewölk und starkem Regen aus ESE.“

229. Um 2^p SSW; um 4^p Trombe, gleichfalls aus SSW; der Wind geht gleichzeitig nach NE um. Um 9^p wieder S.

106. Vorher starker ESE. Mit der aus W ziehenden Trombe kommt Westwind auf.

Es ist nicht ganz leicht, aus diesen Beschreibungen außer dem Wechsel von Windrichtung und Stärke etwas Gemeinsames herauszulesen. Besonders in den ersten sechs Fällen waren die Verhältnisse anscheinend sehr wechselnd, auch läßt die Beschreibung mitunter an Deutlichkeit zu wünschen übrig. Aber die letzten fünf Fälle (28, 38, 113, 229, 106) zeigen recht gleichartige Verhältnisse, was besonders in der graphischen Darstellung, Fig. 22, hervortritt. Der Winkel zwischen der Windrichtung vor und nach dem in der Nähe der Trombe beobachteten Umschlag ist fast überall der gleiche, nämlich etwa 150°. Die drei oberen Fälle der Figur zeigen ferner die gemeinsame Eigentümlichkeit, daß die nach dem Umschlag beobachtete Richtung um den genannten Winkel links der anfänglichen liegt, während die unteren beiden Fälle eine gleich große Drehung nach rechts geben. Dabei folgt die Trombe in den oberen Darstellungen dem ersten, in den unteren dem zweiten Winde, so daß der von der Zugrichtung der Trombe abweichende Wind in allen Fällen um 150° von dieser nach links gedreht erscheint. Ob hierin wirklich eine strenge Gesetzmäßigkeit zum Ausdruck kommt, läßt sich allerdings nach den vorliegenden Beobachtungen wohl nicht entscheiden; vielleicht darf eine solche überhaupt nicht erwartet werden.

Nach diesen Beobachtungen kommt jedenfalls recht häufig eine scharfe Windgrenze in der Umgebung der Trombe vor. Aber dieser Windsprung liegt, wie z. B. die Beobachtungen Nr. 28 und besonders 38 zeigen, oft in erheblicher Entfernung von der Trombe, jedenfalls so weit entfernt, daß an einen unmittelbaren mechanischen Zusammenhang nicht gedacht werden kann. Interessanterweise verhalten sich die Böen ganz ebenso: wie Köppen bei der Böe vom 9. September 1913 nachwies [1], lag dort die scharf ausgeprägte Windgrenze 20 km vor der Linie, an welcher die Windgeschwindigkeit plötzlich auf Sturmesstärke anwuchs. Der Wilhelmshavener Anemograph, über den die Böe fortzog, registrierte den Windumschlag (von SSW auf NNW) bereits kurz vor 7^p, während die Böe erst um 9^p ohne weitere Richtungsänderung einsetzte, und auch in Hamburg lagen noch 17 Minuten zwischen dem „Ausschießen“ des Windes und der plötzlichen Zunahme der Stärke. Köppen hebt hervor, daß eine so auffällige Trennung der beiden Erscheinungen selten ist; in der Regel fallen sie ganz oder doch nahezu zusammen.

Wie man sieht, verhält sich die Windgrenze zur Böe ähnlich wie zur Trombe: mit beiden kann sie zusammenfallen, aber sie kann auch mehr oder weniger weit von ihnen entfernt sein. Vielleicht darf man daraus schließen, daß Böe und Trombe beide

---

[1] Köppen, Über Böen, insbesondere die Böe vom 9. September 1913. Ann. d. Hydrogr. 1914, **42**, Heft VII.

mit der Windgrenze nur in mittelbarem Zusammenhange stehen, während ihr gegenseitiger Zusammenhang möglicherweise unmittelbar mechanisch bedingt ist. Zu einer Klärung dieser Verhältnisse sind aber weitere Beobachtungen, sei es in der Natur oder im Experiment, erforderlich.

Im vorangehenden ist schon mehrmals die Vermutung geäußert worden, daß **starke Windänderungen in der Vertikalen** eine notwendige Vorbedingung für die Trombenbildung seien. Nach dieser Vorstellung, die meines Wissens von früheren Autoren noch nicht geäußert worden ist, würde der Trombenwirbel dadurch entstehen, daß die aufquellende Luftmasse des Cumulo-Nimbus in eine anders bewegte Schicht hineinstößt. Daß auf solche Weise experimentell Wirbel erzeugt werden können, scheint aus den am Schlusse dieses Buches zu besprechenden Versuchen von Vettin hervorzugehen. Hier sei nur die Frage untersucht, ob die Beobachtungen einen Anhalt für die Annahme solcher Windschichtungen geben. In der Tat scheint dies der Fall zu sein. Wir geben zuerst die Beobachtungen wieder:

12. „Es herrschte wenig Wind am Erdboden, aber er [der Beobachter] glaubte, daß solcher in den höheren Schichten herrschte, weil er die Wolken sich stark bewegen und herumlegen [se placer en rond] sah."

36. Die untersten Windfahnen zeigten ESE-Wind, die höchstgelegenen WNW; das Gewitter zog aus NW, und die Wolken „kreuzten sich".

58. Unten sehr windstill. „Ich muß gestehen, daß ich aus der Richtung der Wolken in den verschiedenen Höhen zu bemerken glaubte, daß es mindestens drei oder vier Winde oberhalb der Wolkenregion gab, und daß sie ziemlich entgegengesetzte Richtung hatten."

123. „An jenem Morgen war der See vollständig ruhig, nur in der Höhe begann sich eine W-E-Strömung der Luft einzustellen, wie man an dem dunklen zipfelartig herabhängenden Gewölk deutlich bemerken konnte."

137. „Während das Gewitter in nicht sehr schneller Bewegung sich am westlichen Horizont nach Norden hin schob, wehte die untere Luftströmung aus Osten, die niedrigste Wolkenschicht kam sehr schnell aus Süden, eine obere aus Osten."

142. „Die Wolke zeigte eine Bewegung, die jedoch nicht mit der allgemeinen Windrichtung übereinstimmte. Während der Wind mäßig aus W-WNW wehte, schritt die Wolke in der Richtung von NE nach SW fort."

230. „Das Gewitter zog, trotzdem wir Ostwind hatten, offenbar mit Westwind über die See."

238. Bei dieser Trombe, die am 19. Juli um $8^1/_4{}^p$ am Südufer des Bodensees stattfand, können wir die aerologischen Beobachtungen von

Friedrichshafen verwenden. Die Trombe liegt zeitlich zwischen den beiden folgenden Beobachtungen:

19. Juli 5p 30 (Pilotballon)				20. Juli $6^{1}/_{2}$—7a (Fesselballon)			
Bis	560 m	S 80° W	1,5 m p. s.	In	395 m	ENE	3 m p. s.
„	620 „	S 65 W	6,5 „	„	500 „	E	3 „
„	1040 „	S 60 W	8,0 „	„	1000 „	C	
„	1520 „	S 60 W	12,5 „	„	1500 „	C	
„	2150 „	S 55 W	16,0 „	„	2000 „	WSW	4 „
„	2300 „	S 50 W	16,0 „	„	2500 „	SW	10—11 „
				„	3000 „	SW	11—12 „
				„	3310 „	SW	11—12 „

Wie man sieht, ist zwischen beiden Aufstiegen eine erhebliche Änderung eingetreten, indem die untere, zwischen den Bergen liegende Schicht zu stagnieren begann; ganz unten macht sich sogar ein leichter Gegenzug bemerkbar. In 2000 m Höhe herrschte nach dieser Änderung ein starker Windsprung. Es ist wahrscheinlich, daß dieser Zustand bereits abends vor Erscheinen der Trombe eingesetzt hatte, da bei letzterer gesagt wird: „Um den Bodensee herum wehten Winde der verschiedensten Richtungen, aber alle nur von geringem Stärkegrad".

38. Weiter ist hier auch noch die oben angeführte Beobachtung Nr. 38 zu nennen, bei der die Trombe aus SW zog, während unten noch Ostwind herrschte. Ich halte es aber für wahrscheinlich, daß auch die anderen oben genannten Beobachtungen über Windgrenzen als Beispiele für vertikale Windrichtungen betrachtet werden können, da diese Windgrenzen wohl kaum etwas anderes als die auskeilenden Enden einer unteren Schicht darstellen dürften.

Berücksichtigen wir einerseits die relativ große Zahl dieser Beobachtungen mit vertikaler Windschichtung, und andererseits die Schwierigkeiten für den Beobachter, eine solche festzustellen, so läßt sich die Vermutung nicht von der Hand weisen, daß solche Windschichtungen sogar in allen Fällen vorkommen und eine notwendige Bedingung für die Trombenbildung darstellen. Beweisen läßt sich dies allerdings aus den Beobachtungen nicht, aber die Seltenheit der Tromben würde mit dem Umstande stimmen, daß auch solche markanten Windsprünge in der Vertikalen nach den neueren aerologischen Erfahrungen nicht sehr häufig sind. Die sonst noch für diese Annahme sprechenden Gründe, von denen einige schon in den vorangehenden Abschnitten erwähnt wurden, werden im letzten Kapitel dieses Buches zusammengefaßt werden.

Nur kurz sei die Frage gestreift, ob die **Turbulenz** der Luftbewegung einen störenden Einfluß auf die Trombenbildung hat. Da man erst neuerdings auf den großen Gegensatz zwischen geradliniger und turbulenter Luftströmung aufmerksam geworden ist, kann man nicht erwarten, in den Beobachtungen direkt hierauf bezügliche Angaben zu finden. Nur Nr. 47 sagt etwas darüber aus. Wie schon oben erwähnt, entstanden diese Tromben bei heftigem Ostwind, der in der Umgegend Schiffbruch verursachte; der Beobachter gibt dabei an, daß dieser Wind „nicht schräg von oben herab, sondern parallel mit der Oberfläche der See wehte", worauf er die starke Wirkung auf ein abtreibendes Schiff bei nur mäßigem Seegange zurückführt. Diese Beschreibung legt die Auffassung nahe, daß trotz der großen Windstärke wenig Turbulenz herrschte.

Auch die Bevorzugung der Alpenseen mit ihrer stagnierenden unteren Luftschicht, ferner die häufige Entstehung der Trombe an der einen Seite des Rheintales und Auflösung an der anderen, und schließlich überhaupt ihre Häufigkeit bei Windstille sprechen dafür, daß Mangel an Turbulenz die Trombenbildung begünstigt.

Trombenschießen. Von diesem Gesichtspunkte aus hat der alte Seemannsbrauch, eine Wasserhose mit Kanonen zu beschießen, um sie zur Auflösung zu bringen, einiges Interesse. Während es beim Hagelschießen gänzlich aussichtslos erscheint, mit dem kleinen, dem Geschütz enteilenden Rauchringe das Riesengebilde eines Hagelturms auch nur im geringsten mechanisch zu beeinflussen, hat ein solches Unternehmen bei den Wasserhosen offenbar ungleich günstigere Aussichten, womit natürlich nicht behauptet werden soll, daß es hier wirkt. Wie alt der Brauch ist, habe ich nicht feststellen können; Dampier, der 1687 Wasserhosen beobachtete, kannte ihn, hatte aber, wie er in seiner Reise um die Welt versichert, niemals gehört, daß dies Mittel wirklichen Nutzen gebracht hätte. Auch Pater Tachard erwähnt den Brauch in seiner 1686 in Paris erschienenen Voyage de Siam. Von erfolgreicher Beschießung einer Wasserhose bei Cuba berichtet Bassard [1]): „Als beide [Wolke und Trombe] sich einigen Schiffen der Flotte bis auf Kanonenschußweite genähert hatten, wurden mehrere Kanonenkugeln gegen sie abgefeuert. Diese taten die beste Wirkung, indem sie das Zuströmen des Meereswassers, welches schnell in die Höhe kreiselte, unterbrachen. Die Wasserhose wurde nun

[1]) Gilberts Ann. d. Phys. **7**, 73, 1801.

unten schwächer und trennte sich bald darauf ganz von ihrem Fuße, worauf das Kochen und Aufbrausen aufhörte." Auch Napier hatte Erfolg [1]) bei einer in denselben Gewässern beobachteten Wasserhose, welche durch „das in solchen Fällen übliche Mittel", nämlich einen Kanonenschuß, auf $^1/_3$ Seemeile Entfernung „geteilt" wurde, sich aber bald wieder herstellte. Bonnafont [2]) meint, das Schießen bezwecke hauptsächlich, den Wasserturm im Innern der Trombe — der freilich, wie später gezeigt werden wird, keineswegs immer vorhanden ist — zum Zusammensturz zu bringen und auf diese Weise zu verhindern, daß sein Zusammensturz erst beim Überschreiten des Schiffes erfolgt, was jedenfalls viel Wasser auf Deck gibt. Da in der Tat recht geringe Änderungen des Rotationssystems zu genügen scheinen, um diese Veränderung herbeizuführen, so erscheint hiernach ein gewisser Erfolg des Schießens nicht ganz ausgeschlossen [3]).

Sechstes Kapitel.

Bildung und Auflösung der Trombe.

1. Bildung der Trombe.

Im folgenden seien zunächst die **anschaulichsten Beschreibungen** angeführt, welche sich auf die Entstehung der Tromben beziehen.

43. Gewitterwolken nordöstlich des Schiffes. „Die Unterfläche der Wolken berührte die Berge von Istrien, und schien daher nach Augenmaß nicht mehr als eine Meile [1855 m] hoch zu sein. Sie war durchaus einförmig, mit Ausnahme eines Wulstes, der auf der einen Seite vorhanden war; und dort erschien die Wolke infolge ihrer größeren

---

[1]) Gilberts Ann. d. Phys. **73**, 95, 1823.

[2]) Sur les trombes de mer et sur une nouvelle théorie de ce phénomène, Publ. de l'Union Médicale (nouv. Série), des 17 et 20 Mai 1859.

[3]) Röding, Allg. Wörterbuch der Marine, Bd. II, S. 879, Hamburg 1796, sagt nach Erwähnung dieses Brauches: „Man glaubt auch, daß sie sich zerstreuen, wenn man scharfe Messer- und Degenklingen daran bringt und deswegen stellen Seeleute solche bey dieser Gelegenheit auf den Bord".

Dicke schwärzer. Außer der fortschreitenden Bewegung nach Osten, welche auch die übrigen Teile der Wolke zeigten, hatte dieser Wulst noch eine wirbelnde Bewegung; und da, wo er stand, leuchteten die Blitze und grollte der Donner häufiger, ohne daß ein Anzeichen von Regen zu sehen war. Der Wolkenwulst entsprach, auf das Meer projiziert, einem Orte, der nicht mehr als fünf Meilen [9,3 km] von uns entfernt war. In dem Augenblick, als ich die Augen auf diesen Wulst als auf das augenfälligste Objekt gerichtet hielt, beobachtete ich, wie es sich in der Mitte plötzlich zu einer Art umgekehrtem Kegel verlängerte; andere Kegel erschienen sogleich auf dieselbe Weise neben dem ersten, welche außerordentlich, auch im großen, den lotrechten Stalaktiten von der Wölbung einer unterirdischen Höhle ähnelten. Aber diese Gruppe von Kegeln verschwand sogleich wieder; kurze Zeit darauf bildete sich ein anderer Kegel an demselben Orte, aber viel größer, welcher, sich schnell verlängernd und senkrecht hinabfallend, in sehr kurzer Zeit ohne Unterbrechung bis zum Meer hinabreichte, und die Oberfläche mit seinem unteren Ende berührte — man könnte sagen mit seiner Spitze, insofern sich die Basis des Kegels in dem Wolkenwulst verbarg. Als die Spitze das Meereswasser berührte, erhob sich dies zu einem kleinen Berge, welcher so lange bestand, wie der umgekehrte Kegel unversehrt blieb ...

„Während ich voller Freude dies wunderbare Schauspiel beobachtete, lösten sich plötzlich von demselben Wolkenwulst, der jetzt sehr schwarz war und unaufhörlich Blitz und Donner aussandte, zwei andere Tromben, die eine umfangreicher, die andere geringer als die erste, welche mit fast der gleichen Geschwindigkeit herabstiegen und sich mit dem Meer vereinigten. Die Zeitdauer des Herabsteigens betrug etwas mehr als drei Minuten ...“

47. Zuerst wurde längere Zeit nur der Fuß beobachtet, welcher nach der mitgeteilten Abbildung von erstaunlicher Höhe war. Dieser Fuß blieb stehen, bis ein schiefer Wolkenzapfen durch die Wolkenbewegung gerade über ihn getrieben wurde. „Nun bemerkten wir alle drei, daß sich dieser Zipfel senkrecht gegen den Fuß zu richtete und, gleich einem ungeheuren Sacke von Gaze, vom oberen Ende hinab auseinander rollte. Nachdem die Falten und Windungen dieses Dunstsackes verschwunden waren, und der graue, halb durchsichtige Körper der Wasserhose sich in dem Boden des Fußes festgesetzt hatte, nahm er eine senkrechte Stellung an und erweiterte sich in seinem Durchmesser“.

Der „herabrollende Gazesack“ entspricht wohl einer Verstärkung der Rotation, die sich von oben nach unten durch den Wirbel fortpflanzt. Vielleicht hatte der stärker rotierende und deshalb durch Kondensation sichtbare Teil die Form der Fig. 7 auf S. 50. Die bald verschwindenden „Falten und Windungen“ scheinen identisch zu sein mit den meist schraubenartig verlaufenden, tauähnlichen Windungen, welche den Körper der Trombe bisweilen als zusammengesetzt aus mehreren, sich unmittelbar berührenden Wirbelkernen mit gemeinsamem Mantel erscheinen lassen.

55. „Indessen hatten die Wolken eine so furchtbare Lage angenommen, daß sie jeden Augenblick in ganzen Massen herabzustürzen drohten. Nie habe ich sie auf dem festen Lande so tief zur Erde herabhängend erblickt, als jetzt hier auf dem Meere . . . Auf einmal zogen sich die Wolken, deren Herabfallen wir mit so großer Besorgnis in jedem Moment erwarteten, pfeilschnell zusammen, bildeten ungeheure dicke, schwarzgrauliche Massen und liefen, vom Winde getrieben, nach Süden. In einer Entfernung von ungefähr 60^0 vom Horizonte blieben sie, hin und her schwankend, hängen; ein neuer Windstoß erfolgte, und wir hatten das Schauspiel, diese Wolkenmassen in Gestalt dicker zylinderförmiger Wassersäulen heruntersinken zu sehen. Anfangs erblickte ich vier solche vom Himmel sich herablassende Wolkensäulen, die so dicht waren, daß man in der Entfernung nicht unterscheiden konnte, ob es Dampf oder Wasser sei, und kurz darauf entstanden noch zwei andere von eben der Gestalt und Form. In einem Augenblick waren sie bis zu der Fläche der Meereswogen herabgeschossen . . ."

59. Zwei Gewitter, aus NW und SW, die sich treffen. „Hier standen sie ungefähr $1/_4$ Stunde lang unerschütterlich fest, während welcher Zeit unter beständigem Blitzen und Donnern sich von dem ersteren eine schwarzgraue Wolke absonderte, die sich nach der Erde herabsenkte, und gleich darauf auch von dem zweiten eine hellröthlich gemischte Wolke, die sich gleichfalls nach der Erde senkte. Diese beiden Wolken nahmen ihren Lauf gegeneinander, vereinigten sich und senkten sich immer tiefer, so daß sie nur in einer Höhe von 20 bis 30 Fuß über die bestellten Ländereien hinschwebten."

63. „Aus einer dichten Wolke . . . trat plötzlich ein herabsteigender Kegel hervor, den einer der Beobachter mit einem umgekehrten Kirchturm verglich; dieser kehrte zur Wolke zurück. Es folgten ein zweiter und ein dritter, von denen der eine tiefer herabkam, mit einer bedeutenden perpendikulären Oszillation, und endlich sich unten öffnete, und nun sah der Arbeiter von dem erweiterten Ende desselben eine Säule, welche er mit einem Wurfspieße verglich, zur Erde herabgehen, die auch als dichterer Körper ziemlich weit aufwärts in der Wolke zu sehen war . . ."

Der „umgekehrte Kirchturm" besagt wohl, daß der Zapfen oben an seiner Wurzel mit dem Stumpf einer Röhre größeren Durchmessers umgeben war, wie z. B. in Fig. 58 links (11. Kap.). Diese Erklärung durch die später zu besprechende Doppelröhre ist deswegen sehr wahrscheinlich, weil bei der zweiten Erscheinung derselben Trombe noch deutlicher eine typische Doppelröhre geschildert wird. Der „Wurfspieß" ist die innere, dünnere Röhre. Vgl. hierzu das elfte Kapitel.

85. . . , „als sich plötzlich mitten in einer schwarzdunklen Wolke, die von Ostnordosten herüberzog, eine runde, lichte Masse in Bewegung setzte und gewaltig durch einander ging. Sie nahm bald nach oben die Gestalt eines Schornsteins an, aus dem ein graulichweißer, abwechselnd ziemlich feuriger Dampf durch mehrere Öffnungen mit solcher Kraft in die Höhe stieg, als würde er . . . durch viele Blasebälge mit

der größten Anstrengung herausgepreßt." Mit dieser recht unklaren Beschreibung ist wahrscheinlich der Wolkentrichter gemeint, dessen Wände aber nicht glatt, sondern mit stark wirbelnden, rundlichen Mammatobildungen bedeckt waren, und der nach unten in mehrere Spitzen auslief. Ob darunter noch eine glatte Säule (der Schornstein selber) erschien, sei dahingestellt.

91. ... „sah man den unteren Teil einer der Hauptwolken sich in eine abwärts gerichtete Protuberanz umbilden. Die Protuberanz verlängerte sich dann, und als ihr unteres Ende sich etwa auf $^4/_5$ der Entfernung zwischen Wolke und Meer dem letzteren genähert hatte, sah man, wie die Oberfläche des Meeres sich in der Verlängerung der Trombe bläute. Als die Verlängerung weiter fortschritt, sah man mit Bestimmtheit eine leichte Schaumbildung [clapotis], welche in dem Maße an Ausdehnung und Stärke wuchs, wie das untere Ende der Trombe sich dem Meere näherte."

95. „Um halb 3 Uhr bildete sich am Fuße der Alexander-Festung, im Felde von Neuendorf, ein Wirbelwind, der rasch zu einer fürchterlichen Stärke heranwuchs, Sand und Staub aufwühlte und mit sich fortführte ..." — Viel später erst wird der zugehörige Wolkenzapfen entdeckt.

97. „Während es donnerte, ohne zu regnen, bildete sich eine schwarze Wolke, in welche sich andere seitwärts stürzten, und die eine sichtbare drehende Bewegung zeigte. Bald darauf senkte sie sich herab, nahm eine schräge Richtung an, gelangte bis auf den Boden und bewegte sich ..."

107. Die Trombe bildete zuerst einen sehr spitzen, umgekehrten Kegel, der nur bis zu $^2/_3$ der Entfernung bis zur Erde herabreichte, oben von 3^0, unten von $^1/_4{}^0$ scheinbarer Breite. Die Winkelhöhe der oberen Basis wurde zu 60^0, die der unteren Spitze zu 20^0 geschätzt. Später „verringerte sich die Breite mehr und mehr, während die Länge größer wurde. Bald sah man nur noch ein weißes Band von $^1/_4{}^0$ Breite auf der ganzen Länge".

112. Drohender Himmel. „Mit einem Male begannen aus dieser gleichmäßigen Wölbung, die scheinbar sehr niedrig war und aus dichten, homogenen Wolken bestand, sich Wolkenfetzen niederzusenken. Diese anfangs ganz unregelmäßig, nahmen bald eine regelmäßige Form an, wobei sie immer dort dichter blieben, wo sie die Wolken berührten und nach unten sich abschwächten; schließlich bildeten sie Kegel, deren Basis an den Wolken anlag und deren Spitze sich dem Meere näherte. Wie sich die Spitze dem Meere näherte, fing dasselbe in einem kreisförmigen Raume an aufzuwallen; dieser Kreis wurde von selbst wieder die Basis eines Kegels, dessen Spitze sich mit der von den Wolken sich herabsenkenden vereinigte ..."

123. Vorher „zipfelartig herabhängendes Gewölk". „Den Anstoß gab eine wirbelnde Windbewegung in der überhängenden Wolke. Ein unten spitzer, oben breiter Wolkensack sank pfeilschnell herunter, dem dann ebenso schnell vom Seespiegel aus ein Wasserkegel entgegenschoß,

und so stand plötzlich auf weiß aufschäumender Basis eine tanzende Wassersäule da, welche Wolke und See vollständig miteinander verband."

137. „An mehreren Stellen des Himmels war ein Gegenstauen und Zusammenfließen der Wolken zu bemerken; plötzlich setzte eine starke Südweströmung ein und es begann ein ganz eigentümlicher Kampf der verschiedenen Windströmungen und ein unbeschreibliches Spiel der Wolken: ein Packen und Jagen, ein Schieben, Wirbeln und Wogen, wovon sich keine Beschreibung geben läßt. Am südwestlichen Himmel wirbelten schwarze Wolkenmassen wild um sich herum, senkten sich bis zur Erde herab, wurden dann vom Sturm ergriffen und heftig weitergeschleudert. Es war außer allem Zweifel, daß dieser düstere wilde Wirbel eine Windhose sei; plötzlich packte ihn eine Luftströmung und riß ihn in halber Höhe auseinander, die eine Hälfte senkte sich zur Erde herab, wo sie sich nach ungefähr einer Minute zerteilte, die andere Hälfte wurde in großem Bogen nordwärts geschleudert und begann ihren Verheerungszug."

174. ... „am nordöstlichen Himmel hing wie ein Vorhang schweres, finsteres Gewölk. Aus dem Rande dieses Gewölkes senkten sich kegelförmige Zapfen zur See hinab, denen entgegen die See sich in wirbelnder Bewegung erhob. So entstanden säulenartige Gebilde, welche See und Wolke miteinander verbanden."

178. „Nach mündlicher und brieflicher Mitteilung des Herrn Lehrers Duis in Tweelbäke haben sich zuerst über dem Streeker Moor vier Zapfen in den Wolken gebildet. »In Wolkenhöhe schwebten sie anfangs in der Luft herum, bis sie nach und nach sich verbanden und die Erde berührten. Schon bevor die Spitze die Erde berührte, wurden mehrere Torfhaufen umgeworfen.«" Nach einem anderen Bericht über dieselbe Trombe haben sich nur zwei Zapfen vereinigt.

187. „Da sah man vom inneren Teile des Cumulus umgekehrten Kegeln gleiche Protuberanzen hervorbrechen, deren Spitzen sich fast plötzlich wie Arme verlängerten und auf das Meer herabstürzten, dasselbe aufwühlend und mehrere Meter hoch im Wirbel emporziehend."

216. Auf dem See ein „weißer Schaumpunkt". „Gleichzeitig lagerte über dem südlichen Teil des Sees ... eine scheinbar ruhige Wetterwolke, von der ein kurzer Rüssel oder eine spitztrichterförmige Verlängerung etwas gegen den See herabhing. Blitzschnell zog sich dieser Rüssel in ein rauchgefärbtes, peitschendes, schnurähnliches Band aus, um sich mit jenem weißen Fleck zu vereinigen. Dann stieg das Seewasser mit einem Schlage wie ein Hydrant von unglaublichem Drucke in die Höhe, scheinbar im Vergleich zu den Bergen 1 km hoch und 4 bis 5 Minuten dauernd."

218. „Zuerst auf dunklem See ein lichter Kreis und darüber Wolke mit trichterförmiger Spitze. Plötzlich steigt aus dem Kreis ein Stalagmit empor, während sich der Trichter verlängert. Nach 1 bis $1^1/_2$ Minuten ist die Wasserhose gebildet, an deren Fuß sich ein Wirbel von auseinandergeschleudertem Wasser bildet, ähnlich einem Spray zum Besprengen des Rasens in Gartenanlagen."

236. Der Beobachter kam erst dazu, als die Zapfen bereits da waren: ... „sah nun aus den tiefsten Wolken drei Wolkentrichter niederhängen, die mit ihrer tiefsten Spitze in korkzieherartigen Bewegungen auf- und niederzüngelten. Plötzlich fuhr die eine Spitze in Röhrenform auf das Wasser nieder, und entgegen kam ihr ein Kegel weißen Wasserstaubes mit einer Schnelligkeit und Heftigkeit, die an eine Explosion erinnerte."

Aus diesen Beobachtungen, die noch durch andere, weniger anschauliche vermehrt werden könnten, geht mit Sicherheit hervor, daß die Tromben sich **nicht vom Boden, sondern von der Wolke aus** bilden. Sie wachsen nicht hinauf, sondern hinab. Die Beschreibungen Nr. 47, 95 und 216, bei denen zuerst oder doch gleichzeitig der Fuß der Trombe zur Beobachtung gelangt, können als Gegenbeweis nicht gelten, da bei ihnen offenbar nicht die Entstehung des Wolkenzapfens beobachtet, sondern nur sein Vorhandensein entdeckt wurde. Bei Nr. 43, 55, 85, 97, 123 ist bereits vor Bildung der Trombe eine besondere Bewegung an der betreffenden Stelle der Wolke bemerkbar, ja bisweilen schon ein deutliches Kreisen. Auch bei Nr. 102 und besonders anschaulich bei Nr. 137 findet ein „Kampf der Wolken" statt, aus dem die Trombe hervorgeht, und bei Nr. 167 heißt es: „Die Wolken stürmten auf und nieder, flogen durcheinander wie Bälle", worauf die Trombe entstand[1]). Aber noch überzeugender ist das zeitliche Nacheinander der Trichterbildung und des Aufschäumens des Meeres bei Nr. 91; die erste Kräuselung des Wassers trat hier erst ein, als die Trichterspitze nur noch ein Fünftel der Wolkenhöhe von ihm entfernt war, und Schaumbildung erst bei noch weiterem Senken. Auch bei Nr. 112 braust das Meer erst auf, als die Trichterspitze sich ihm nähert, bei Nr. 43 sogar erst, als sie es erreicht (desgl. auch bei Nr. 124). Andererseits sei darauf hingewiesen, daß dies Herabwachsen mitunter auch mit ungeheurer Schnelligkeit geschieht (vgl. Nr. 123), so daß das Aufschäumen des Wassers und das Hochwirbeln des Schaumes bisweilen einen geradezu explosionsartigen Eindruck erwecken (Nr. 236).

In mehreren Fällen reicht allerdings der Wirbel bis zum Boden hinab, ohne daß der Wolkentrichter dies tut, so daß nur

---

[1]) Auffällig ist das Fehlen solcher einleitenden Wolkenbewegungen bei den sehr ausführlichen Beschreibungen Nr. 112 und 174. Vielleicht haben sie sich hier in größeren Höhen innerhalb der Wolken abgespielt.

in der Höhe ein Wolkenzapfen und über dem Boden der Fuß der Trombe aus Staub oder Wasserstaub sichtbar ist. Es sind dies die „blinden“ Tromben Nr. 47, 95, 216, 218. Auch bei Nr. 241 werden zwei solche nahe bei einander entstandene Füße beschrieben, die auch nach ihrer Vereinigung nur eine blinde Trombe ergeben. Bei Nr. 47, 216 und 218 verwandelt sich aber die blinde Trombe, offenbar durch Verstärkung der Rotation, in eine sichtbare. Daß mitunter bei diesen blinden Tromben der Wolkenzapfen ganz übersehen, und infolgedessen angenommen wird, der Wirbel beschränke sich überhaupt auf den durch Staub sichtbaren Fuß der Trombe, kann nicht wundernehmen. Findet es doch sogar Muncke „gewagt, zwischen beiden einen durchsichtigen und somit selbst nicht sichtbaren Teil als wirklich vorhanden anzunehmen“.

In vielen Fällen entsteht die Trombe durch Vereinigung einer **größeren Zahl kleinerer, paralleler Wirbel,** deren Rotationssinn dann der gleiche sein muß, da sie sich durch Vereinigung nicht aufheben, sondern einen größeren Wirbel bilden. Bei Nr. 43 reichen schon diese Elementarwirbel bis unter die Wolkenbasis herab und erzeugen hier tropfsteinartige Protuberanzen[1]; die Vereinigung hat hier zur Folge, daß die Protuberanzen zuerst verschwinden, worauf dann die großen, umgekehrten Kegel hervorwachsen. Bei Nr. 59, 123, 178 laufen die Einzelwirbel einfach zusammen, und bei Nr. 55, 112, 174, 187 entstehen aus ihnen mehr oder weniger gleichzeitig eine entsprechende Anzahl von Tromben neben einander. Die Form dieser Protuberanzen ist meist die von Zapfen oder auch von Trichtern oder umgekehrten Kegeln; der Ausdruck „ungeheure dicke Massen“ bei Nr. 55 deutet vielleicht auf mehr halbkugelig herabhängende Ansätze hin. Alles dies sind aber wohl glatte Rotationskörper. Bei der weintraubenartigen Form von Nr. 85 (wenn meine Auffassung der wenig klaren Beschreibung die richtige ist) scheint der Zusammenschluß der Einzelwirbel zur einheitlichen Rotation noch unvollkommen zu sein: es existieren hier noch mehrere Rotationsachsen, doch sind alle bereits von einem gemeinsamen, wenn auch unsichtbaren Mantel umgeben. Die Abbildungen Fig. 23 auf nächster Seite und Fig. 8, S. 48 zeigen ähnliche Erscheinungen.

[1]) Dieselbe Erscheinung zeigt eins der in Fig. 62 (11. Kap.) dargestellten Tornadobilder von Finley.

Es kann nicht bewiesen werden, daß die Trombenbildung stets in der Vereinigung einer größeren Zahl kleinerer paralleler Wirbel besteht. Aber möglich ist dies durchaus, da sich die Vorgänge im Innern der Wolke unserer Beobachtung entziehen. Unmittelbar scheinen die Beobachtungen zu zeigen, daß sich die Elementarwirbel tatsächlich zu einem einzigen größeren vereinigen, wenn sie hinreichend nahe benachbart sind, während solche mit größerem Abstande von einander sich zu einer Mehrzahl paralleler Tromben entwickeln. Diese Verhältnisse sind zunächst deshalb interessant, weil sie zu der Annahme führen, daß in den reihenartig auftretenden Geschwistertromben, von denen im nächsten Kapitel ausführlicher die Rede sein wird, der gleiche Rotationssinn herrscht. Aber auch vom theoretischen Gesichtspunkte aus bietet die Entstehung der Trombe aus einer Mehrzahl kleinerer Wirbel großes Interesse. Nach der Theorie müssen nämlich zwei parallele, gleichsinnig rotierende Wirbel, wenn sie sich nahe genug sind, um sich zu beeinflussen, um einander kreisen; wenn die Achsen horizontal liegen, wird dies Kreisen auf einen gewissen Widerstand stoßen infolge der stabilen Schichtung der Atmosphäre, die alle Höhenänderungen zu hemmen sucht; dagegen fehlt ein solcher Widerstand, wenn die Achsen vertikal stehen. Handelt es sich also um horizontale Wirbel, deren Enden herabhängen, so wird diese Tendenz zum Kreisen dazu führen, daß die im horizontalen Teil getrennten Wirbel da, wo sie vertikal werden, sich umeinanderschlingen und zu einem größeren Wirbel verschmelzen. Auf diese Weise ließe sich die

Fig. 23. Weintraubenartige, aus noch nicht vereinigten Elementarwirbeln bestehende Trombe, angeblich von Michaud beobachtet, nach Peltier (ohne nähere Angaben).

Entstehung der Tromben aus einer größeren Zahl kleiner Wirbel mit der später auf andere Weise zu begründenden Annahme in Übereinstimmung bringen, daß der Trombenwirbel innerhalb der Wolke umbiegt und horizontal wird.

Die angeführten Beobachtungen über die Entstehung der Tromben bestätigen weiterhin auch unser früheres Ergebnis, daß sie Randgebilde des Cumulo-Nimbus sind. Sie bilden sich unter einem **Wolkenwulst** am Rande der untersten, vorgeschobenen Schicht des cu-ni. In manchen Beschreibungen und Abbildungen hat dieser Wulst eine gewisse Ähnlichkeit mit dem bekannten Böenkragen, z. B. bei Nr. 43, 112, 174, und in der Fig. 27 (S. 145). Bei Nr. 218 zeigen die Photographien Fig. 11 und 12 (S. 56 und 57), daß die Trombe nahe dem Rande einer sehr dunklen Wolke entsprang; vom Beobachter wurde der Oberrand dieser Wolke zu 1600 m, die Basis zu 1000 m geschätzt, was jedenfalls zeigt, daß es sich hier nur um die flachen, vorgeschobenen Teile des Cumulo-Nimbus handeln kann. Bei Nr. 39 heißt es geradezu: „... eine Trombe, welche von den vorgestreckten Teilen einer Gewitterwolke, die man in der Ferne sah, ausging", und bei Nr. 142 ist die Mutterwolke „eine schmale, lange, dunkle Wolke". Daß die Trombe am Rande der Wolke sich befindet, wird aber noch in zahlreichen anderen Beobachtungen ausdrücklich hervorgehoben (z. B. Nr. 47, 113 und 144, wo es heißt: „aus dem östlichen Rande der Wolke usw."). Die wenigen entgegenstehenden Beobachtungen (wie Nr. 81 und 233), wo die Trombe dem Beobachter unter dem mittleren, höchsten Teil der Wolke zu stehen schien, sind wohl perspektivisch zu erklären. Übrigens wird diese Stellung am Rande auch durch zahlreiche Abbildungen bestätigt.

2. Auflösung der Trombe.

Die Beobachtungen über die Auflösung der Tromben sind naturgemäß noch zahlreicher als diejenigen über die Entstehung, da der Beobachter, wenn die Trombe einmal entdeckt ist, das Schauspiel gern bis zu Ende beobachtet. Wir wollen deshalb diese Beschreibungen gleich in Gruppen einteilen. In der ersten Gruppe sind fünf Fälle zusammengestellt, in denen einfach ein **allmähliches Abklingen der Rotationsgeschwindigkeit** beobachtet wird, so daß die Trombe, und zwar zuerst in mittlerer Höhe, blind wird, bevor sie ganz erlischt:

142. ... „schritt die Wolke in der Richtung von NE nach SW fort. Der Faden [= Trombe] folgte, indem die Wolke weiterzog, auf dem Wasser nach, jedoch mit geringerer Geschwindigkeit, so daß er allmählich sich immer schräger zur Wasseroberfläche stellte. Schließlich zerriß er ungefähr in der Mitte. Der untere Teil fiel sehr langsam in sich (nicht geschlängelt wie ein Tau) zusammen, worauf sofort der Dampfkegel im Wasser verschwand. Das obere Ende zog sich wieder in die Wolke zurück, ohne daß scheinbar Stücke verloren gegangen wären. Die Retraktion des Fadens in die Wolke war etwas später vollendet, als das Herabsinken des unteren Endes ins Wasser. Auch dies Zusammensinken ging relativ langsam vor sich; es währte nach Schätzung etwa 15 bis 30 Sekunden. Es war nicht, als ob eine schwere Wassermasse fiele; sie würde rascher gefallen sein. Die Rißenden des Fadens waren spitz, der Faden selbst war sehr dünn, wie der Stiel eines Regenschirms im Verhältnis zum Schirm, wenn die Wolke den Schirm repräsentiert. Als die Wolke sich weiterbewegte, verlor der Faden allmählich an Stärke. Die ganze Erscheinung dauerte etwa eine viertel Stunde."

11. Die große Trombe war zuerst undurchsichtig, erschien aber später in ihrem unteren Teil wie eine Hohlröhre. „Nach einigen Augenblicken zerriß die Trombe oder die Röhre in der Mitte und verschwand; die Erregung des Meeres dauerte noch einige Zeit an."

32. „Die Säule zerriß dann ungefähr in $1/_3$ ihrer Höhe, die untere Partie fiel als Regen zurück und die obere wurde von der Wolke mit solcher Lebhaftigkeit aufgesaugt, daß sie in einer Sekunde verschwunden war."

174. „Wenn eine Wasserhose sich wieder auflöste, verschwand der untere helle Teil in der See, der obere dunkele zog sich mit reißender Schnelligkeit und noch immer in wirbelnder Bewegung in das Gewölk zurück."

178. Nach dem einen Beobachter wurde die vorher breite Säule sehr schmal und stärker geneigt, worauf sie plötzlich zerging und nur einen von der Wolke herabhängenden Zapfen zurückließ. Nach anderen Beobachtungen derselben Trombe bestand sie in ihrem letzten Teil überhaupt nur aus einem stumpfen, umgekehrten Kegel oder Zapfen oben und einem davon getrennten Fuß aus Staub und Trümmern, war also blind. Doch waren auch in diesem Stadium noch die Zerstörungen „kaum schwächer" als an den früheren Orten, wo die Säule voll sichtbar war. Indessen hört die Zerstörungsspur dann auf.

Daß die Tromben in der Regel sowohl beim Entstehen wie bei der Auflösung ein „blindes" Stadium haben, hat Kapitän Maxwell in der Zusammenfassung seiner (meist wohl ausländischen) Beobachtungen zum Ausdruck gebracht. Er erläutert dies durch die Skizze Fig. 24; beim Entstehen bilden sie einen Trichter mit scharfer unterer Begrenzung, von dem herab bis zu dem Fuß aus Wasserstaub die Trombe vollständig blind ist; in voller Wirksamkeit stellen sie undurchsichtige Säulen dar, und vor dem Verschwinden wird die untere Hälfte der letzteren eine dünnwandige, durchsichtige Röhre [1]). Von der letzteren Erscheinung soll noch später ausführlich die Rede sein. Die in diesem Kapitel bereits angeführten und noch folgenden Beob-

Fig. 24. Kapitän Maxwells Skizze einer Wasserhose im Entstehen (rechts), in voller Tätigkeit (Mitte) und vor dem Erlöschen (links).

achtungen zeigen allerdings, daß sowohl die Entstehung wie die Auflösung der Tromben auch ein von dem Maxwellschen Schema recht abweichendes Aussehen haben kann.

Im Gegensatz zu den bisherigen Beobachtungen, wo unter dem Wort „Zerreißen", wenn es überhaupt gebraucht wird, nur das Erlöschen der Kondensation zu verstehen ist, wird in der

---

[1]) Gilbert, Von Wasserhosen und Erdtromben usw., Gilb. Ann. d. Phys. **73**, 95, 1823.

folgenden ein wirkliches **Zerreißen des Wirbels** in zwei getrennte Stücke durch Windschichtung geschildert:

43. „Ihre Aufhebung geschah folgendermaßen: Der Bogen, aus dem sie bestand, wurde immer schärfer, und allmählich bildete sich in der Mitte ein Winkel; darauf zerriß sie in zwei Stücke, und kaum hatte die Zerreißung stattgefunden, als auch schon die Wassererhebung zurücksank. Die beiden Bogenstücke hörten indessen nicht sofort auf zu existieren; sie blieben noch 11 Minuten lang sichtbar, dann verblaßten sie unmerklich, wie es bei einer Wolke sein kann, wenn sie sich in Nichts auflöst" ... [Von der zweiten und dritten Trombe:] „Sobald die Säulen abgerissen waren, verloren die beiden Stellen des Meeres unter ihnen sofort ihre Aushöhlungen, ihre schäumenden Wasserlamellen [= Wasserkrone, vgl. die späteren Ausführungen über den Fuß der Trombe] glätteten sich und wurden wieder so ruhig wie das übrige Meer. Die abgerissenen Bögen der Tromben waren noch einige Zeit hindurch zu sehen, indem der obere Teil mit den Wolken verbunden blieb, und der untere vom Winde entführt wurde[1])".

Das Zurückziehen der Trombe in die Wolken geschieht bisweilen unter **schlangenartigen Windungen:**

105. ... „ahmte vollständig die Bewegung eines ungeheuren Reptils nach".

183. „Schließlich wurde der ganze Schlauch sehr rasch nach oben in die dunkle Wolke hineingezogen, unter Bewegungen, welche ganz den Eindruck machten, als ob sich ein Reptil in seinen Schlupfwinkel zurückzöge." Nach einem anderen Bericht über dieselbe Trombe „drängte sich das Band [= Trombe] eng zusammen, nahm eine schlangenförmige Gestalt an, die sich zu einer Art wie ein Korkzieher (schraubenförmig) umwandelte (der Prozeß dieser Formenveränderung ging von unten nach oben von statten), es erfolgte zuerst eine zitternde, dann eine äußerst lebhafte Bewegung, die von unten nach oben ging, und dann wurde das Ganze in den Wolken aufgenommen".

---

[1]) Fig. 26 zeigt ein ausländisches Beispiel für diese der Natur der Sache nach nicht sehr häufige Erscheinung, daß die Trombe unten durch eine Schichtgrenze abgeschnitten ist. Die früheren, an derselben Wolke beobachteten Wasserhosen (Fig. 25) hatten, teilweise allerdings blind, bis zum Meere hinabgereicht. Der Beobachter unterschied dann drei Wolkenschichten: Eine sehr hohe, eine sehr dunkle mittlere (aus dieser entsprangen die Tromben), und eine tiefe, „aus zahlreichen kleinen dunklen Wolken nahe dem Meeresspiegel" bestehend. Die in Fig. 26 abgebildete Wasserhose „entsprang aus einer großen Wolke in der zweiten oder mittleren Schicht, und anstatt bis zum Meere herabzureichen, heftete sie sich an eine der Wolken der dritten, tiefsten Schicht, welche anscheinend zu ihr hin und unter sie gezogen wurde". [Quart. Journ. R. Met. Soc. **9**, 163, 1883].

Fig. 25. Zwei blinde Wasserhosen auf den Gewässern von Mittelamerika, nach G. Attwood.

Fig. 26. Wasserhose aus derselben Wolke wie Fig. 25; das untere Ende geht in einen Fractocumulus über.

163. „Plötzlich brach sie und stieg in die Wolke empor, gleich einer sich verkriechenden Schlange."

Das schon bei Nr. 183 erwähnte **Zittern vor der Auflösung** der Trombe finden wir auch in den beiden folgenden Beschreibungen wieder:

200. ... „begannen die bis dahin ganz schlichten Ränder zu zittern und es bildeten sich, von unten beginnend, wulstförmige, um den Schlauch herumlaufende Hervorragungen, wie ringförmige Wirbel mit horizontaler Achse. In 2 bis 3 Sekunden durchlief die Bewegung den ganzen Schlauch, der sich dabei von Grau in schmutziges Gelb verfärbte, alsbald verschwand und nur eine leichte, rasch verfließende Trübung der Luft an seiner Stelle zurückließ" [beobachtet aus 1600 m Entfernung mit einem Handfernrohr].

191. ... „bis endlich im oberen Teil der Wolke, dem Trichter, ein Blitz sichtbar wurde, welcher anscheinend gleichzeitig nach zwei entgegengesetzten Seiten verlief [dies scheint auf einen horizontalen Blitz hinter der Trombe hinzudeuten. W.]. Sofort veränderte dann die Wolke ihr Aussehen, indem sie sich, von der Spitze ausgehend, von unten nach oben hin schnell auflöste, wobei zur Seite des Schlauches und des Trichters schwarze Wölkchen in rollender Bewegung nach oben stiegen, einem schwarzen, aufwirbelnden Rauch sehr ähnlich; nach kurzer Zeit verschwand die Wolkenbildung [Trombe] gänzlich".

Vielleicht gehört hierher auch die im folgenden beschriebene **Abschnürung von Teilen am unteren Ende** des Wolkenschlauches.

242. ... „beobachteten wir ... einen schlauchförmigen, schlangenartig sich windenden Fortsatz, der sich gegen den Erdboden unter tanzenden Bewegungen senkte und diesen zu berühren schien. Von diesem Schlauche trennte sich unten Stück um Stück unter rotierender Bewegung des Ganzen, bis endlich der Rest des Fortsatzes sich wieder in die Wolke zurückzuziehen schien".

Während bei den zum Schluß blind werdenden Tromben das Nachlassen der Rotation so langsam erfolgt, daß die Verdampfung der Wolkenteilchen damit Schritt halten kann, wird in den folgenden Beobachtungen, ebenso wie in der oben angeführten Nr. 200, ein **herumtreibender Nebel** noch nach Erlöschen der Trombe in der Luft wahrgenommen:

51. „Dieses [Verschwinden] geschah plötzlich, so daß binnen einer halben Minute auch alle Spuren derselben fort waren; fast so, wie die Dichter das Verschwinden der Geister zu schildern pflegen, und ihr unterster Teil zuerst. Während die Säule sich auflöste, zeigten sich einen Augenblick lang einige Dünste, zerstreuten sich aber so schnell, daß man sie kaum wahrnehmen konnte. Die letzte Spur von Dünsten war über der Wasserfläche."

122. „In der Mitte des Hafens angelangt, sah man dieselbe sich biegen, auflösen und nur der feine von ihr aus dem Meere emporgehobene Wasserstaub erschien noch einige Zeit, indem er sich vom Winde getrieben einherbewegte. Derselbe streifte sogar in der Gestalt eines leichten Nebels den Turm, wo die Autographen aufgestellt sind. Da die eigentliche Wasserhose sich früher bereits aufgelöst hatte, so nahm man durchaus keine Wirkung wahr, weder auf die Windfahne, noch auf den Anemometer. Ich konnte dies sehr sicher konstatieren, da ich mich zufällig ganz in der Nähe meines Observatoriums befand."

Nicht selten wird von einer **Verringerung des Durchmessers des Wolkenschlauches** kurz vor dessen Verschwinden berichtet. Dies steht im Gegensatz zu dem oben erwähnten Schema Maxwells, nach welchem die Kondensation sich auf den Mantel eines Zylinders beschränkt, die Röhre also nur immer durchsichtiger, aber nicht enger wird. Die Beobachtungen sind folgende:

10. „Darauf zog sich der Körper der Trombe zusammen und verschwand bald darauf."

47. Die Wasserhose löste sich beim Übertritt auf das Land auf: „Sie fuhr fort, ihren Lauf gegen Antibes zu nehmen; einige Zeit, ehe sie an der Küste ankam, zog sie sich nach allen Ausdehnungen zusammen, und als sie das Land berührte, verschwand ihr Fuß ganz und gar".

107. „Bald sah man nur noch ein weißes Band von $1/4^0$ Breite auf der ganzen Länge. Dieses Band schrumpfte ziemlich schnell ein, wurde fadenförmig und verschwand schließlich."

178. Auch bei dieser Trombe, die schon oben erwähnt war, wurde die vorher breite Säule vor dem Verschwinden sehr schmal.

Von großem Interesse ist nun eine andere, unmittelbar vor dem Verlöschen eintretende Erscheinung, welche auf den ersten Blick mit dem vorangehenden in unversöhnlichem Widerspruch zu stehen scheint, nämlich eine **Verbreiterung des Wolkentrichters in der Höhe** sowohl als auch des Fußes und seiner Spur. Daß aber in Wirklichkeit diese Verbreiterung mit einer Verjüngung der Wolkenröhre nicht nur vereinbar ist, sondern sogar sie ergänzt, geht gleich aus dem ersten der folgenden Zitate hervor, welches die unmittelbare Fortsetzung der oben unter Nr. 47 angeführten Worte darstellt. Höchstwahrscheinlich handelt es sich dabei um den Übergang zwischen zwei Rotationssystemen, welche später ausführlicher erläutert werden sollen, und von denen eines eine starke aber begrenzte, das andere eine geringere, jedoch ausgedehntere Druckverminderung erzeugt. Hier seien zunächst nur die Beobachtungen wiedergegeben:

47. „Sie zog sich unmerklich aufwärts; der ausgedehnte konische Teil wurde breiter und verdünnte sich immer mehr, und das Ganze vereinte sich endlich völlig mit der Wolkenmasse, wie ein Nebel sich in den anderen verliert.“

7. „Sie zeigte sich in derselben Erscheinung während einer halben Viertelstunde, worauf die Wirbelbewegung geradweise abnahm; die Säule verkürzte sich von unten und verbreiterte sich oben, schien hinaufzusteigen und vereinigte sich bald darauf mit der darüber liegenden Wolke, mit der sie sich vermengte.“

210. „Allmählich verbreiterte sich das spitze Ende des Wolkentrichters, zog [sich] mit bedeutender Schnelligkeit in die Höhe, und die ganze Erscheinung ging in die Wolke über.“

Diese Beobachtungen beziehen sich auf den oberen Teil der Trombe; eine **Verbreiterung des Fußes** zeigen die folgenden:

110. Die Spurbreite war 60 m, einige Male kleiner; „sie ist dagegen viel größer an dem Punkt, wo das Meteor verschwand“.

123. „Anfangs stand jede Wassersäule senkrecht, bald aber wurde der obere Teil von einer westlichen Windströmung nach Osten verschoben, so daß ihre Stellung eine schiefe wurde und sie dann plötzlich in der Mitte riß. Beim Zurückfallen des Wasserstrahls wurde der Seespiegel in einem ziemlich weiten Umkreis wellenförmig und schäumend aufgeregt, was man von Heiden aus, 400 m über dem [Boden-] See, selbst mit unbewaffnetem Auge deutlich sehen konnte.“

216. „Dann zerriß der Schlauch, wodurch der See in besondere Wallung geriet.“

222. „Dauer 7 Minuten, darauf starkes Aufschäumen des Sees.“

21. Früh berichtet von dieser Trombe: „Nachdem die Trombe verschwunden, begann der See zu kochen“ und setzt ein Fragezeichen in Klammern dahinter.

Es liegt kein Grund vor, diese Beobachtungen in Zweifel zu ziehen, die dem Berichterstatter wohl nur deshalb verdächtig erschienen, weil ihm das starke Aufbrausen des Sees mit einem Erlöschen der Trombe nicht vereinbar zu sein schien. Dieses Aufbrausen braucht aber keineswegs einer Vergrößerung der Wirbelintensität zu entsprechen, sondern ist mit einer Verminderung derselben sehr wohl vereinbar. Denn gleichzeitig sinkt ja der bisher vorhandene Wasserturm zusammen (vgl. Nr. 123).

Die Beobachtungen über den Wasserturm werden später im Zusammenhange besprochen werden. Nur um das Verständnis des folgenden zu erleichtern, sei erwähnt, daß er an ein bestimmtes Rotationssystem gebunden ist und zusammenstürzt, wenn dies sich ändert. In den vorliegenden Fällen ist aber gerade von einer solchen Änderung die Rede, welche in einer plötzlichen Erweiterung des Wirbels unter Verminderung seiner Rotationsgeschwindigkeit besteht. Die Verjüngung der kondensierenden Säule bis zum völligen Blindwerden derselben, die gleichzeitige Verbreiterung des oberen Wolkentrichters und der Spur auf der Erde, und das Zusammenfallen des etwa vorhandenen Wasserturms erscheinen als gleichzeitige Wirkungen dieser einen Veränderung. Die Plötzlichkeit dieses Übergangs ist es wohl, welche manche Beobachter von einem **Platzen der Trombe** reden läßt. Mit einer über das Ziel hinausschießenden Verallgemeinerung hat Dampier, der diese Erscheinung am 30. November 1687 bei Celebes zu beobachten Gelegenheit hatte, seine Erfahrung in folgender Weise formuliert (nach Peltier): „Diese Erscheinung setzt sich während einer halben Stunde mehr oder weniger fort, bis die ansaugende Kraft erschöpft ist; dann zerreißt die Säule, das ganze Wasser, welches sich unter dem Wolkentrichter befindet, fällt mit großem Getöse auf das Meer zurück und entfesselt auf ihm einen großen Aufruhr. Es ist für ein Schiff sehr gefährlich, sich unter einer Trombe in dem Augenblick zu befinden, wo sie zerreißt“. Er führt als Beispiel das Schiff Blessing, Kapitän Records an, welches 1674 von einer Wasserhose überschritten wurde, kurz nachdem diese „geplatzt“ war: „Sie näherte sich schnell und platzte kurz bevor sie das Schiff erreichte, wobei sie gewaltigen Lärm machte und das Wasser rings herum emporschleuderte, als ob ein großes Haus oder ein ähnlicher Gegenstand hineingestürzt wäre“. Bugspriet, Fock- und Besan-Mast gingen über Bord, nur der Großmast blieb stehen; Dampier schloß hieraus, daß die Trombe nicht immer nach dieser plötzlichen Veränderung erlischt. — Durch das Vorangehende wird auch die auf den ersten Blick phantastische Beschreibung Nr. 123 verständlich:

123. „Kaum waren die Fischer 50 Schritte weit geflohen, als tatsächlich die Katastrophe eintrat. Heulend öffnete sich der untere Teil der Wasserhose, und nun ergoß sich ein Strom ins Haff, der dasselbe auf einer Fläche von mindestens 200 Fuß [66 m] Durchmesser in eine derartige Aufregung brachte, daß davon betroffene Boote unbedingt dem Untergange geweiht gewesen wären. Welche Wassermassen die Wasserhose enthalten haben muß, läßt sich daraus erkennen, daß dieselbe mindestens 7 Minuten mit ungeschwächter Kraft herniederströmte.“

Dampiers Bemerkung, daß diese eigentümliche Veränderung der Trombe keineswegs immer ihr Ende bedeute, findet sich auch in unseren Beobachtungen bestätigt, wofür noch ein Beispiel gegeben sei:

81. „Auf dem Felde konnte man die Beschädigungen höchstens in einer Breite von 50 Schritt wahrnehmen, während in Wesseling die Wirkungen sich über 250 Schritt ausdehnten; jedoch wurde in dieser Breite nicht alles von dem Windstrudel ergriffen; manche Gegenstände waren so ruhig in ihrer Lage geblieben, als wenn eine völlige Windstille geherrscht hätte."

Die letztere Bemerkung scheint anzudeuten, daß in der zweiten, breiteren Form die Einheitlichkeit der Rotation gestört war, und man wird die Vermutung nicht von der Hand weisen können, daß es die vermehrte Reibung an den Häusern war, welche diese Störung herbeigeführt hat. Von diesem Gesichtspunkte aus erscheint es auch nicht als Zufall, daß sich die Trombe von Nöttja gerade nach Erreichung des Ufers teilte (vgl. Fig. 3, S. 36). Über diese Erscheinung der Teilung soll im folgenden ausführlicher berichtet werden.

Siebentes Kapitel.

Mehrfache Tromben, Teilung und Vereinigung; wiederholte Tromben.

Häufiger, als meist wohl angenommen wird, tritt der Fall ein, daß **mehrere gleichzeitige Tromben** zur Beobachtung gelangen. Wenn man Nr. 7 und 8, die sich am selben Tage, die eine östlich von Paris, die andere in Yorkshire nahe der Humber-Mündung abspielten, als zusammengehörig betrachtet, so haben wir es in 47 von 255, d. h. in 18 Proz. aller Fälle mit Multipel-Tromben zu tun. Die folgende Zusammenstellung gibt eine Übersicht hierüber:

Nr.	Anzahl der Tromben	Nr.	Anzahl der Tromben	Nr.	Anzahl der Tromben
174	In großer Zahl	178	3—4	42	2
25	18	43	3	48	2
112	11	58	3	92	2
83	11	125	3	103	2 (?)
199	10	131	3	108	2 [3]
240	8—10	154	3	113	2
185	7—8	230	3	117	2 (?)
53	7	236	3	129	2
123	7 [1]	195	> 2	165	2
11	6—7	91	Mehrere	170	2
55	6	101	"	172	2
47	5	190	"	183	2
153	5 [2]	193	"	231	2
88	4	(7 + 8)	2	(234 + 235)	2
128	Etwa 4	16	2	241	2
187	4	39	2		

In dieser Tabelle sind nun aber zwei Arten von Multipel-Tromben zusammengeworfen, deren Trennung sich verlohnt. In vielen Fällen ist nämlich der räumliche Abstand der verschiedenen Tromben-Individuen so groß, daß ihr Mechanismus nicht mehr unmittelbar zusammenhängen kann; sie gehören dann zwar oft noch derselben Gewitterfront an, aber entspringen einer anderen Wolke, und die Gemeinsamkeit ihres Auftretens ist nur dem Umstand zuzuschreiben, daß die Bedingungen für die Trombenbildung eben an verschiedenen Orten oder über einem größeren Areal erfüllt waren. Man könnte diese Tromben Doppelgänger nennen. Demgegenüber stehen die eigentlichen Geschwistertromben, die unter derselben Wolke aus den schon beschriebenen mehrfachen Zapfen entstehen können, wenn diese sich nicht vereinigen; so kann bisweilen eine ganze Reihe von Wasserhosen entstehen, die aus derselben Wolke mit geringen Abständen herabsteigen. Für die **Doppelgänger** ist (7 + 8), wie schon oben erwähnt, ein Beispiel. Ähnlich auch Nr. 183, wo die eine Trombe um $11^1/_2{}^a$ bei München, die andere um 1^p bei Heidenheim im westlichen Württem-

[1]) Nach dem Text. Die Abbildung zeigt nur 4.

[2]) Vielleicht nur wiederholte Erscheinungen.

[3]) Geschlossen aus zweimaligem Fall von Trümmern, mit zwei Stunden Zwischenzeit.

berg gesehen wird. Bei Nr. 234 trat außer der böhmischen, aus SSE ziehenden Trombe, deren Spur 260 km lang war, gleichzeitig noch eine zweite mit sehr kurzer Spur in der Pfalz auf (Nr. 235), die auch nicht mehr zu derselben Wolke, sondern höchstens noch zur selben Gewitterfront gehört haben kann. Weniger groß sind die Abstände bei den übrigen. So beginnt bei Nr. 165 die zweite Trombenspur 38 km rechts (und 21 km leewärts) von der ersten. Ähnlich gestaffelt liegen auch die Spuren der vier Windhosen bei Nr. 178 (vgl. die Karte Fig. 9, S. 52); ihre senkrechten Abstände sind 30, 15 und 5 km. Bei Nr. 113 wird ausdrücklich betont, daß die beiden Tromben zu zwei verschiedenen Böenwolken gehörten, zwischen denen sich der Beobachter befand. Ebenso heißt es bei Nr. 91: „Es bildeten sich ähnliche Tromben unter verschiedenen Wolken, so daß mehrere gleichzeitig bestanden haben".

Echte Schwestertromben dagegen sind folgende:

Nr.	Zahl der Tromben	Nr.	Zahl der Tromben
83	11	230	3
199	10 (?)	195	>2
185	7 — 8, dann 2	16	2
53	2 + 5	39	2
11	3 + (3 oder 4)	42	2
55	4 + 2	48	2
123	4[1])	92	2
187	4	129	2
43	3	170	2
58	3	172	2
125	3	241	2
236	3		

Sehr wahrscheinlich gehören hierher aber noch manche andere, bei denen nur nicht ausdrücklich hervorgehoben ist, daß die Tromben aus derselben Wolke herabkamen. Wenn z. B. bei Nr. 240 auf dem Bodensee „am 16. September 1912 sogar 8 — 10 gleichzeitig zu sehen gewesen sind", oder es bei Nr. 112 heißt: „Elf ähnliche Tromben bildeten sich so in weniger als einer Viertelstunde unter den Augen der Zuschauer" oder endlich bei Nr. 25 ein Seemann 18 Stück gezählt haben will, so ist es wohl wahrscheinlich, daß auch in diesen Fällen wenigstens einige Tromben aus derselben Wolke kamen.

---

[1]) Nach der Abbildung Fig. 27. Im Text werden 7 genannt.

Da diese Fälle von Schwestertromben ein besonderes Interesse bieten, mögen hier noch einige Zitate folgen:

42. „. . . ließ sich gegen 6 Uhr abends unweit Bannersdorf eine Wolke, wie ein zugespitzter Schlauch, auf die Elbe nieder, schwankte einige Male hin und her, vereinigte sich dann mit dem Wasser und zog tes in die Höhe. In einiger Entfernung senkte sich eine andere Wolke gleichfalls wirbelnd herab, schwankte über zehnmal hin und her . . . Nach etlichen Minuten rissen sich diese Tromben wieder vom Wasser los . . . zogen sich wirbelnd über die Stadt".

43. „Während ich voller Freude dies wundervolle Schauspiel (der 1. Trombe) beobachtete, lösten sich plötzlich von demselben Wolkenwulst,

Fig. 27. Mehrfache Wasserhosen auf dem Bodensee am 4. Juli 1872, nach einer Zeichnung von Däniker [123].

der jetzt sehr schwarz war, und unaufhörlich Blitz und Donner aussandte, zwei andere Tromben, die eine dicker, die andere dünner als die erste."

123. Nach dem Text „fünf vollständige Wasserhosen und zwei Wolkentrichter nebeneinander". Die Figur 27 gibt weniger.

53. Zuerst werden „zwei fürchterlich herabhängende Zapfen" gesehen. Eine der beiden Wasserhosen „rauschte" über das Schiff hinweg. Dann heißt es weiter: „Wir verfolgten dies angenehme Schauspiel so lange mit unseren Augen, bis es sich verlor. Aber wie erstaunten wir, da wir uns umsahen und etwas mehr nach Norden hin noch fünf neu entstandene Wasserhosen (Fig. 1, S. 18) erblickten".

55. „Anfangs erblickte ich vier solche vom Himmel sich herablassende Wolkensäulen . . . und kurz darauf entstanden noch zwei andere von eben der Gestalt und Form . . . Diese sechs senkrechten Säulen, welche das Meer mit den Wolken in Verbindung setzten, blieben nicht an einem Orte stehen, sondern bewegten sich fort, wie es schien, in

der Richtung des Windes . . . Ich hoffte noch immer, daß zwei Säulen, welche einander sehr nahe waren, auf einander getrieben werden würden, und war neugierig, den Erfolg davon zu sehen, aber dies geschah nicht. Die Säulen bewegten sich immer einander parallel nach Süden fort, und zwar mit einer solchen Schnelligkeit, daß wir sie aus den Augen verloren, noch ehe die Nacht völlig einbrach."

83. Von dieser Erscheinung gibt es keine Beschreibung, sondern nur die im Titelbild dieses Buches wiedergegebene Lithographie.

92. „Das Phänomen [Fig. 28] ist um so auffallender, da sich gleichzeitig zwei, eine große und eine kleine, dicht nebeneinander zeigten . . . Beide Wasserhosen entstanden gleichzeitig, doch verschwand die kleinere *b* schon wieder nach drei Minuten, die größere *a* verschwand auch

Fig. 28. Zwei gleichzeitige Wasserhosen auf dem Bodensee am 26. Juni 1883, nach Munckes Reprod. einer Zeichnung von Lachmann [92].

beinahe ganz nach fünf Minuten, bildete sich dann aber schnell wieder, dauerte noch etwa zwei Minuten und verlor sich in einem starken Regenguß, der die ganze Gegend einnahm."

170. Es wird ein größerer und ein kleinerer Wasserstaubfuß nebeneinander beobachtet. — Ein Beispiel für blinde Schwestertromben.

172. „Um 12^h 30 ereignete sich der Zusammenstoß zweier Windhosen; die eine schwächere kam von Süden, die gewaltige aber von Osten; sie trafen auf der Hutweide unmittelbar am Dorf zusammen; die schwächere zog sich darauf gegen SW, gegen Palánka, zurück; die starke zog in NW-Richtung über die rechte Seite des Dorfes hin."

185. Ein Beobachter sah acht Tromben, von denen die eine bald verschwand; ein anderer zuerst sieben, später sechs. Novska wurde nach mehreren Aussagen nur von zwei Tromben erreicht, die in geringer Entfernung von einander, und zwar anscheinend gestaffelt, einherzogen; die beiden Spuren waren nämlich 800—1200 und 2300 m breit, der senkrechte Abstand ihrer Mittellinien betrug aber nur 1200 bis 1500 m.

Fig. 29. Drei Wolkentrichter, von denen der eine sich zur vollständigen Wasserhose entwickelt, beobachtet und aquarelliert am 24. Juli 1907 auf dem Greifswalder Bodden von E. Mylius [230].

187. „Vier solche Tromben wanderten so gemeinsam in 1, 2 und 3 km Entfernung von uns über das Meer. Sie wanderten auf derselben Linie, und diese Linie war augenscheinlich die Kontaktlinie zwischen zwei entgegengesetzten Winden.“

195. „Wir hatten es offenbar mit einer Reihe von Windhosen zu tun, welche mitten in einer ruhigen Luftschichte sich bildeten, 50 bis 100 m Durchmesser hatten und in Distanzen von 180 bis 200 m aufstiegen.“

199. ... „war ich überrascht, zu beobachten, daß von ihr [der Wolke] mehrere Wasserhosen herabhingen ... Es waren nicht weniger als 10 verschiedene Wasserhosen, welche mit großer Geschwindigkeit vorwärts schritten, begleitet von einer spiraligen Bewegung des Wassers.“

230. „Ich ... sah nun aus den tiefsten Wolken drei Wolkentrichter niederhängen, die mit ihrer tiefsten Spitze in korkzieherartigen Bewegungen auf und nieder züngelten“ (eine von ihnen wuchs ganz bis zum Meere herab). Vgl. Fig. 29.

Man könnte auf den Gedanken kommen, daß die Schwestertromben paarweise zusammengehören und entgegengesetzt rotieren. Dies würde nämlich besonders gut zu dem theoretischen Satz passen, daß zwei parallele, entgegengesetzt rotierende Wirbel geradlinig und parallel weiter wandern (und zwar in derjenigen Richtung, in welcher sich die inneren, einander zugewandten Seiten der Wirbel bewegen). Eine klare Entscheidung aus den Beobachtungen ist nicht möglich, da noch niemals der Rotationssinn mehrerer gleichzeitig nebeneinander auftretender Tromben mit hinreichender Sicherheit beobachtet worden ist [1]).

[1]) Finley (Report of the Tornadoes of May 29 and 30, 1879 in Kansas, Nebraska, Missouri and Jova. Professional Papers of the Signal Service No. 4, Washington 1881) bringt auf S. 48 die in Fig. 30 wiedergegebene Skizze zweier unmittelbar benachbarter Tromben, wobei durch Pfeile eine entgegengesetzte Rotation derselben angedeutet wird. Es heißt dazu: „Captain Armstrong, who witnessed the approach of the storm at this point, stated that the dark cloud seemed to be formed of two wings one on the N. and the other on the S. side, propelling the central body along by an alternate upward and downward movement towards the ground, first one wing descending and

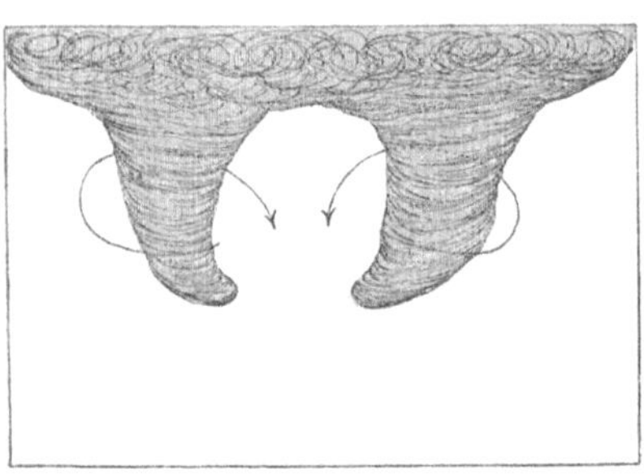

Fig. 30. Finleys Darstellung einer Doppeltrombe mit angeblich entgegengesetzter Rotation.

Bei A 13 schließt der Verfasser, „daß die Windhose, welche durch die Mitte des Ortes [Süsel] ging, auf der W-Seite, in $^1/_4$ Stunde Entfernung, von einer zweiten schwächeren mit entgegengesetzter Drehung begleitet wurde", allein der Hauptgrund, diese zweite Windhose anzunehmen, die keine Spur hinterließ, besteht darin, daß die an der betreffenden Stelle tätigen Arbeiter den Regen erst aus W, dann über N aus E bekamen. Es ist viel wahrscheinlicher, daß es sich hierbei um die früher besprochene Windgrenze handelt, die in der Nähe der Trombe häufig auftritt. Andere Beobachtungen für paarweise Zusammengehörigkeit mit entgegengesetzter Rotation habe ich in den europäischen Beschreibungen nicht gefunden. Und andererseits scheint alles gegen eine solche zu sprechen: In der weitaus größten Zahl der Fälle wird ja überhaupt nur eine Trombe beobachtet; in unserer Tabelle auf S. 144 ist keine Bevorzugung der geraden Zahlen vor den ungeraden zu erkennen, sondern es zeigt sich nur, daß die Häufigkeit um so mehr abnimmt, je größer die Anzahl der Schwestertromben wird. Es wurde ferner schon früher darauf hingewiesen, daß häufig eine einzige große Trombe aus dem Zusammenschluß einer Anzahl kleinerer entsteht; damit ist jedenfalls erwiesen, daß die Ausbildung einer größeren Zahl paralleler und gleichsinnig rotierender Wirbel keine Seltenheit ist; und da wäre es wohl eine unnatürliche Annahme, wenn man in den Fällen, wo diese Einzelwirbel sich nicht vereinigen, sondern als selbständige Tromben zur Erde herabreichen, entgegengesetzte Rotation annehmen wollte. Und schließlich zeugen auch die im folgenden zu besprechenden Teilungen und Vereinigungen von Tromben für gleichsinnige Rotation.

Teilung. Es kommt nämlich nicht selten vor, daß sich von einer breiteren Trombe eine schmalere abspaltet, ähnlich wie eine

---

then the other in an awkward, flopping manner, whirling all objects in opposite directions inward towards the center". Der Abstand dieser beiden Flügel ist kleiner als derjenige von Schwestertromben, ihre Form eine andere, und Abbildung wie Beschreibung legen die Vermutung nahe, daß die beiden Flügel nur die Seitenwände eines großen Rohres darstellen, welches bei dichterer Wolkenerfüllung dasselbe Bild gäbe wie Fig. 7, S. 50. Die Bewegung müßte dann allerdings unrichtig aufgefaßt sein. Dies ist unter den ausländischen Beobachtungen, die ich kenne, die einzige, in welcher eine entgegengesetzte Rotation zweier benachbarter Tromben behauptet wird.

Teildepression sich von der Hauptdepression abschnürt. Dabei müssen wir offenbar annehmen, daß die beiden Wolkensäulen, solange sie noch nahe bei einander sind, noch von einem gemeinsamen Mantel umgeben werden, so daß als Übergangsstadium eigentlich eine Trombe mit zwei (auch mehreren) Kernen resultiert. Die Lostrennung kann eine definitive sein, es kann aber auch nach kurzem getrennten Lauf wieder zu einer Vereinigung kommen. Und endlich können sich auch zwei benachbarte Tromben, die von Anfang an getrennt entstanden waren, im Verlaufe der Bewegung vereinigen. Diese für die Gesamterscheinung der Tromben sehr wichtigen Beobachtungen seien im folgenden ausführlich mitgeteilt [1]). Gleich bei dem ersten Bericht wird die gleichsinnige Rotation der beiden Teiltromben ausdrücklich hervorgehoben.

129. „Bisweilen schien das Wolkenseil etwa 20 m vom Boden hochgezogen zu werden, und nach Überschreitung des Sees teilte es sich, so daß ein dünneres Seil oder Säule von gleichgerichteter Rotation sich ablöste. Das dünnere war noch drei bis vier Minuten sichtbar und ging in nördlicher, daß größere erst in westlicher und dann in nordwestlicher Richtung weiter (s. Fig. 3, S. 36). Die Zerstörungsspuren zeigen, daß das größere einen Durchmesser von etwa 24 m, das kleinere von 6 m hatte. Letzteres verfolgte seine nördliche Hauptrichtung mit wunderlichen Ausbuchtungen, die am augenfälligsten bei der Kirche von Nöttja waren." Hier ist die Teilung also nicht nur von Augenzeugen beobachtet, sondern auch durch die Spur nachgewiesen.

128. Auch bei dieser Trombe wird von mehreren Augenzeugen an verschiedenen Stellen der Bahn beobachtet, wie sich schmalere Wirbel von dem großen abzweigen, um sich nach kurzer Zeit wieder mit ihm zu vereinigen. Das gleiche schließt Fineman aus der Fallrichtung der Bäume, teilweise an denselben Stellen, an denen die Abzweigung direkt gesehen wurde. Bisweilen erscheint der Hauptwirbel überhaupt als ein Konglomerat zahlreicher Einzelwirbel. Nur ein Beispiel direkter Beob-

---

[1]) Wie überhaupt stets bei den im Ausdruck oft unvollkommenen Trombenbeschreibungen, so ist auch besonders bei der Frage der Teilung Kritik nötig, um Mißverständnissen zu entgehen. Oft besteht nämlich die „Teilung" darin, daß der mittlere Teil der Trombe unsichtbar wird, so daß nur noch Wolkenzapfen und Staubfuß übrig bleiben. Z. B. heißt es bei Nr. 74: „Vom Dorfe Lambre an teilte sich der Wirbelwind in zwei Teile; der eine zerstreute sich in der Luft, der andere, welcher einer von heftigem Nordwestwinde fortgetriebenen Wolke glich [offenbar der Staubfuß!], gelangte zu der drei Meilen entfernten Stadt Lillers, wo er gegen 200 Bäume ausriß und sich dann gleichfalls zerstreute". — Oder bei Nr. 102: „Endlich teilte sich der Schlauch in zwei Teile, deren einer in die Höhe stieg, der andere sich gegen die Erde zog."

achtung: „In der Nähe von Traneryd teilte sich die Säule in drei Säulen, deren eine, größer und schwärzer als die anderen, diesen voraus-schritt, deren Färbung eine hellere war. Sie vereinigten sich indessen wiederum kurz vor dem See" . . . Nach den Spuren schweiften die kleineren Wirbel auch seitwärts von der Bahn ab.

24. [In Peltiers Darstellung]. „Sie [die Säule] teilte sich einmal in drei verschiedene Säulen, welche sich dann wieder zu einer einzigen vereinigten."

In dem folgenden Bericht entsteht die Trombe erst aus der Vereinigung zweier Zapfen und spaltet in ihrem weiteren Verlauf wieder Satelliten ab:

207. „Drei Leute, die an einem »Svensbacken« genannten Orte gearbeitet hatten, erzählten, daß sie um 4^h 10 nachmittags zwei Wolken, die eine von Westen, die andere von Osten kommen sahen [NB. sie standen selbst nördlich, konnten also nur westliche und östliche Bewegungskomponenten wahrnehmen], welche sich vereinigten und sich am westlichen Ufer des Ekta-Sees bis zur Erde herabsenkten . . .

„Beim Überschreiten des Viared-Sees wurde die Trombe von mehreren Personen beobachtet. Einige glaubten eine gewisse Ähnlichkeit zwischen dieser Trombe und einem Korkenzieher entdecken zu können, andere verglichen sie mit einer Wendeltreppe. Einer dieser Satelliten war nach Sjövik (dicht links der Bahn) gelangt, wo er einige Bäume umgeworfen hatte, die fast im Kreise lagen. Es scheint, daß er sich an dieser Stelle aufgelöst hat."

126. „Einige Wolken haben sich von den anderen abgelöst und getrennte Wirbel gebildet."

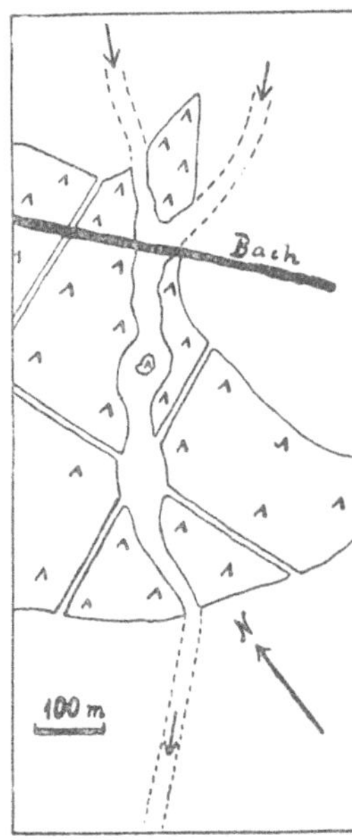

Fig. 31. Spur der Windhose von Mangschütz [A 1] im Walde (umgezeichnet); Vereinigung zweier Teiltromben.

A 1. Bei der Windhose von Mangschütz schloß der Beobachter, der nur nachträglich die Spur (Fig. 31) gesehen hat, daß zwei Wirbel, die von verschiedenen Seiten in den Wald eingetreten waren, sich hier vereinigt hatten. In der Mitte des Waldes muß wiederum auf kurze Zeit eine Spaltung eingetreten sein, da sich hier mitten in der Gasse eine Insel unbeschädigter Stämme vorfand. In der Beschreibung des Augenzeugen Oberförster Kirchner heißt es: „Von Zeit zu Zeit schienen im Walde kleinere Wolken neben der Wirbelsäule aufzusteigen, ähnlich den Rauchwolken eines Kanonenschusses, die sich dann mit der Wirbelsäule vereinigten". Die abgespaltenen Wirbel scheinen hier also nicht mehr durch Kondensation, sondern nur durch ihren Staubfuß sichtbar geworden zu sein.

Bei den bisherigen Beobachtungen war die Abspaltung einer Teiltrombe direkt gesehen. In einer Reihe anderer Fälle konnte sie wenigstens in der Zerstörungsspur nachgewiesen werden.

208. Die (hier nicht wiedergegebene) kartographische Darstellung der Zerstörungsspur dieser Trombe (bei Old Lodge) zeigt einen schmaleren und bald erlöschenden Seitenarm, der sich 70⁰ von der Hauptspur nach links abzweigt, ohne daß letztere dabei abgelenkt oder verengt wird. Im Text wird diese Erscheinung aber nicht erwähnt.

A 3. Auch bei dieser Trombe (von St. Claude) wurden an mehreren Stellen kurze Abzweigungen der Zerstörungsspur, und zwar sowohl nach

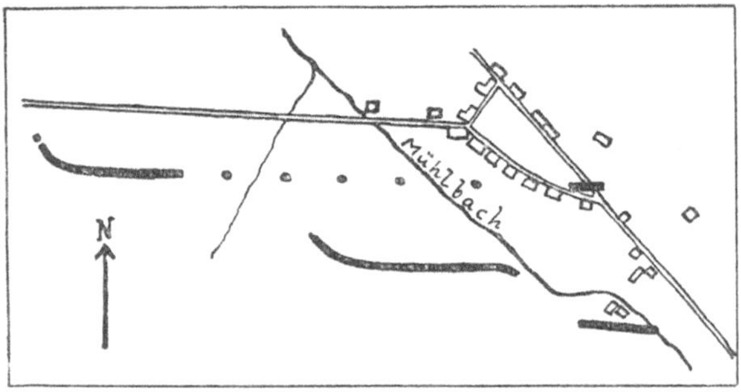

Fig. 32. Gestaffelte Spuren der Trombe von Schönenbaumgarten [238]; Abzweigung eines schwächeren Satelliten vom ersten Stück. (Umgezeichnet.) Die Trombe zog aus WNW.

rechts als auch nach links, beobachtet, wie man an der im elften Kapitel (Fig. 77) wiedergegebenen Kartenskizze erkennen kann.

Auch die folgende Beschreibung führt zur Annahme von Satelliten, die sich immer dann ablösen, wenn die Haupttrombe unter Abheben vom Erdboden einen Sprung nach rechts macht (vgl. Fig. 32):

238. „Nach einem Marsch von etwa 200 m in westöstlicher Richtung überschritt sie ein bewaldetes Tobel, um dann in der bisherigen Bewegungsrichtung zu verschwinden. Ungefähr 430 m in der östlichen Verlängerung der ersten Zerstörungsstrecke wurde ganz vereinzelt noch ein Bäumchen unmittelbar über dem Boden abgedrückt. Jenseits des Tobels setzte die Erscheinung etwa 90 m rechts seitwärts wieder zerstörend ein und wieder in westöstlicher Richtung eine Reihe der schönsten Bäume dem Tode weihend; zwei solche wurden sogar aus dem Boden ausgehoben und fortgetragen. Am Ende dieser zweiten, etwa 230 m langen Zerstörungsstrecke schien sich das Phänomen nochmals zu teilen. Geradeaus wurde in einiger Entfernung noch ein kleiner Baum gebodigt

und weidendes Vieh in Angst und Schrecken versetzt; ca. 60 m rechts seitwärts dagegen begann die Verwüstung zum dritten Male."

Weniger deutlich ist Nr. 177; hier läßt sich die Spur im Walde (vgl. Fig. 33) entweder als eine große Schleife **auffassen**, die ein einzelner Wirbel beschrieben hat, oder, was wahrscheinlicher sein dürfte, als Auflösung des Wirbels in eine Anzahl kleinerer.

Schon bei der oben angeführten Beobachtung A 1 (Fig. 31) hatten wir an einem Waldrande ein gutes Beispiel für **Vereinigung**

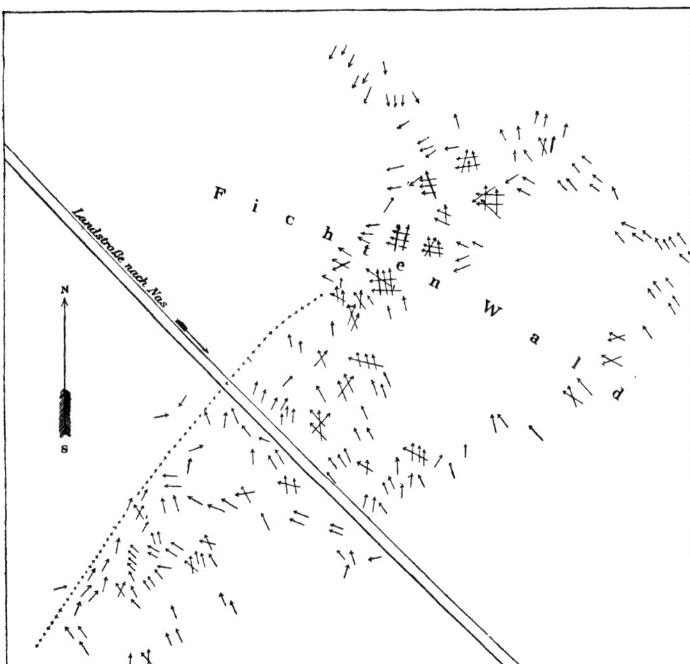

Fig. 33. Ende der Trombenspur von Vimmerby [177] im Walde, eine Teilung oder eine Schleife zeigend. Die Trombe zog aus SW.

zweier anfangs ganz getrennter Tromben. Weitere Beispiele für solche Vereinigungen sind folgende:

16. „. . . sah man in Capestang . . . eine ziemlich schwarze Säule, die von der Wolke zur Erde hinabstieg und sich nach der Erde zu verjüngte, wo sie in einer Spitze endigte . . .' Es erschien eine andere Säule von derselben Form; aber sie vereinigte sich bald mit der

ersten, und nachdem das ganze verschwunden war, fiel starker Regen und Hagel."

241. [Vereinigung zweier blinder Tromben.] „Auf einmal begann sich auf der Oberfläche des Sees ein kleiner Wirbel zu bilden, der immer mächtiger wurde, und einen zweiten, der nicht weit abseits davon sich ausgebildet hatte, in sich aufnahm."

Im Grunde genommen gehören natürlich auch diejenigen früher besprochenen Fälle hierher, in denen sich die Trombenbildung durch Vereinigung mehrerer Wolkenzapfen vollzieht.

Die Berichte über Teilungen stammen alle vom Lande, während die Vereinigung mehrerer Wolkenzapfen zu einer Trombe auch auf dem Meere beobachtet ist. Es scheint also, als ob letzterer Prozess „von selbst" eintreten kann, während bei ersterem vielleicht die größere Reibung am Erdboden eine Rolle spielt.

Zu unterscheiden von den im vorhergehenden besprochenen mehrfachen Tromben sind die **Wiederholungen ein und derselben Trombe** nach kürzerem Abheben vom Boden oder gar Verschwinden in der Wolke. Ein solches hüpfendes Vorwärtsschreiten, durch welches die Zerstörungsspur intermittierend wird, ist eine sehr häufige Erscheinung. Sie zeigt deutlicher als alles andere, daß die Entstehung des Wirbels nicht am Erdboden zu suchen ist, sondern in höheren Schichten. Von den zahlreichen Beispielen seien nur einige wenige angeführt:

74. „Indem sie ihren Weg in der Art einer Kugel fortsetzte, die gegen die Erde schlägt und abprallend sich wieder erhebt... hob sich die Trombe vom Boden ab, um nach einer Wegstunde und einige Male auch nach zwei Wegstunden ihre Verheerungen aufs neue zu beginnen..."

106. „Indessen erreicht sie auf ihrem Marsch nicht immer in gleicher Weise den Boden; sie bewegt sich gleichsam ricochierend."

110. Bei dieser Trombe lagen die zerstörten Objekte mit unbeschädigten Zwischenräumen von 30 bis 300 m.

189. „Der Wirbelwind schien sich eine halbe [engl.] Meile hinter uns in die Luft hinaufzuziehen, kam aber etwa $1^1/_2$ Meilen südlich von uns wieder zum Boden herab, wo er wieder enorme Verwüstungen verursachte, obwohl außerhalb seiner schmalen Spur kein Baum angerührt war."

In einigen dieser Beobachtungen scheint das Abheben und Niedersinken der Trombe sich in Form von rhythmischen Schwingungen zu vollziehen; es wäre nicht undenkbar, daß diese Schwingungen gleichzeitig mit den cykloidalen Ausbuchtungen der Spur entstehen, von denen später die Rede sein wird. Allein die Beobachtungen reichen wohl nicht aus, um hierüber Gewißheit zu verschaffen, und in vielen Fällen geschieht das Abheben jedenfalls unregelmäßig.

Bei Nr. 234 ist offenbar das Gelände die Ursache. Hier hob sich nämlich die Trombe unmittelbar nach Passieren des Gebirgskammes ab; sie behielt also anscheinend dieselbe Länge, die sie bei Überschreitung des Kammes gehabt hatte; erst 5 km jenseits desselben hatte sie sich dann wieder so weit nach unten verlängert, daß sie den hier viel tieferen Boden wieder erreichte. Übrigens heißt es in dieser Beschreibung weiter:

„Derart zog diese Windhose in hüpfenden, sich windenden Bewegungen ihren Weg weiter gegen NW, indem selbe teilweise auf der Erdoberfläche, andererseits wieder in höheren Luftregionen ihr Unwesen trieb, bis sie sich an der böhmisch-sächsischen Grenze verlor.“

Auch bei Nr. 238 erscheint das Gelände als Ursache des Abhebens, denn letzteres tritt gerade beim Überschreiten eines Tobels ein.

Nicht selten löst sich auch die Trombe ganz auf, statt sich nur abzuheben, um dann, offenbar aus derselben Wurzel, aufs neue herabzuwachsen. Ein Beispiel dafür ist die folgende Beobachtung:

241. „Die Erscheinung dauerte ungefähr 20 Sekunden, um sich nach Zusammenbruch des ersten Wirbels gleich wieder, aber mit verminderter Kraft, neuerdings auszubilden.“

Zur Ergänzung des Bildes sei auch noch eine andere Beobachtung angeführt, bei welcher die Trombe, offenbar durch An- und Abschwellen der Rotationsgeschwindigkeit, zeitweise blind wird:

118. Nach Beschreibung der ersten Erscheinung heißt es: „Und dann war es vorbei, und das weiter gehende kochende Wasser [d. i. der immer noch bestehende Fuß der jetzt blinden Trombe] empfing wieder einen schwarzen Faden aus den Wolken, und dieser trieb rasch über die See ... Und es war wieder vorüber. Aber das kochende Wasser darunter zog wieder ein Band, ein ganz, ganz dünnes zu den Wolken, das sich dann losriß, in Weiß überging, dahinging und verging. Und noch ein viertes Mal bildete sich dann ein solches.“

Ist der Zeitunterschied zwischen beiden Erscheinungen erheblicher (wie z. B. bei Nr. 194, wo er 25 Minuten beträgt), so wird die Entscheidung, ob es sich um dieselbe Trombe oder um eine neue handelt, natürlich sehr unsicher. Ganz besonders ist dies der Fall, wenn die **Spuren gestaffelt** liegen, was häufig vorkommt. Dann hat man die Wahl zwischen der Annahme, daß die Trombe nach dem Abheben einen Seitensprung gemacht hat, oder daß es sich um eine Reihe von Tromben handelt, die dann nicht gleichzeitig, sondern nach einander in Erscheinung getreten sind. Die Annahme von Seitensprüngen wird von Hess bei Nr. 238 vertreten (vgl. Fig. 32, S. 152).

Die ganz ähnlich gestaffelten Spuren bei Nr. 178 (vgl. Fig. 9, S. 52) müssen dagegen wohl von Schwestertromben oder gar von Doppelgängern abgeleitet werden.

Die Staffelung der Spur in den beiden angeführten Fällen ist auch noch insofern interessant, als die spätere Trombe beide Male mehr rechts liegt. Vielleicht hängt dies mit dem früher besprochenen Umstande zusammen, daß die Tromben mit dem unteren Winde mehr links wandern als das Gewitter; die Neubildung, die natürlich an das letztere gebunden ist, setzt möglicherweise aus diesem Grunde rechts von der früheren Trombenspur ein.

Achtes Kapitel.

Die Spur der Trombe.

Der Asgardsweg. Aus dem Zerstörungsstreifen, den die wandernde Trombe hinterläßt, kann man eine Reihe von Schlüssen ziehen, was gerade deshalb große Bedeutung hat, weil diese Beobachtungen vom Fachmann angestellt werden können. Im Hochwald bricht die Trombe meist eine scharf begrenzte Gasse, die durch ihre Regelmäßigkeit und ihren Gegensatz zu den unversehrten Beständen dicht daneben die auffälligste Form bildet, die ein Windbruch annehmen kann. In den meisten Fällen wird eine vollkommene Allee von wenig über 100 m Breite fast geradlinig durch den Wald gelegt. In Schweden, wo durch die relativ große Trombenhäufigkeit, den Waldreichtum und die Zusammensetzung der Wälder aus den weniger widerstandsfähigen Fichten besonders günstige Bedingungen für das Zustandekommen solcher Waldgassen gegeben sind, werden diese von den Bauern als „Asgardswege" bezeichnet; die Asen von Asgard haben hier ihren Weg genommen.

Die verfügbaren Angaben über die Breite dieses Asgardsweges sind in der folgenden Tabelle zusammengestellt.

Spurbreite auf Land[1]).

Nr.	Spurbreite m	Bemerkungen	Nr.	Spurbreite m	Bemerkungen
185 II	2300		15	82	73—91 m.
185 I	1000	800—1200 m.	78	81	72—90 m.
6	692	465—930 m.	151	80	
207	600	450 u. 500—1000 m.	144	78	100 u. 50—60 m.
180	500	400—600 m.	234	60	
128	400	50—750 m.	110	60	Einige Male kleiner,
65	300				beim Verschwin-
201	300				den viel größer.
228	300		225	55	
189	274		229	50	
196	225	150—300 m.	231 II	50	
108	214	Im einzelnen: 30	172	49	
		bis 40, 60, 220,	54	48	
		307, 400—500 m.	176	45	40—50 m.
80	184		115	44	40—48 m.
17	180		104	40	
126	151		175	40	
81	150	Feld 50, Dorf 250 m.	231 I	40	
168	136	112—160 m.	5	30	
140	100		158	30	
243	100		232	30	
204	91		233	30	
208	91	Im einzelnen: 90,	74	24	
		108, 95, 81, 60 m.	129 I	24	
178	87	Im einzelnen: 74,	173	16	
		80, 88, kaum 40,	85	11	8—14 m.
		$<$ 30, 160, 120 bis	97	9	8—10 m.
		160 m.	129 II	6	
165	85		107	6	

Die Extreme sind 6 m und 2300 m, das Gesamtmittel 192 m. Diese Zahlen sind wesentlich kleiner als die von Finley (a. a. O.) für die Tornados in Nordamerika gefundenen. Die Extreme für letztere sind nämlich 3 und 3200 m, und das Mittel beträgt 418 m, ist also mehr als doppelt so groß wie das für Europa.

[1]) Hierzu kämen noch folgende Werte aus dem Anhang:
A 1. Im Walde 40—60 m. „Wo die Wirkung des Meteors eine schwächere gewesen, da erscheint seine Ausdehnung größer."
A 3. 1500, 1000, 1000, 1000, 850, 800, 650, 550, 200, 200 m.
A 13. 160 m (am Anfang nur 12 m, am Ende nur 50 m).
A 14. 104, 48, 160, 240, 80, 280, 750, 360, 230, 800 m.

Der Unterschied würde noch auffallender sein, wenn in Europa die Windhose von Novska (Nr. 185) nicht beobachtet worden wäre; denn dann würde sich nur 131 m ergeben, also noch nicht ein Drittel des amerikanischen Mittelwertes.

Besonders häufig kommen in Europa Werte zwischen 30 und 50 m (13 Fälle) vor, ferner solche zwischen 78 und 91 m (8 Fälle) und vielleicht solche von etwa 300 m. Die erstgenannte Häufung könnte zwar auf eine Abrundung auf 100 Fuß zurückgehen, allein eine ähnliche Gruppierung ist bisweilen auch in den Einzelwerten ein und derselben Trombe zu erkennen, so z. B. bei Nr. 81 und bei 178. Die Werte der letzteren lassen sich z. B. in folgende drei Gruppen teilen:

A. 30, 40 m, B. 74, 80, 88 m, C. 120—160, 160 m.

Wie weiter unten zu zeigen ist, zerfällt die Spur der Trombe in eine Mittel- und zwei Randzonen, die sich durch die Fallrichtung der Bäume unterscheiden. Es liegt nahe, die Stufen der Spurbreite damit in Zusammenhang zu bringen, daß die Randzonen zuweilen aussetzen oder ganz ausbleiben.

Einige Beobachtungen legen diese Auffassung in der Tat nahe, z. B. Nr. 108, wo der Mittelstreifen schon etwa 150 bis 200 m früher begann als die Randzonen. Bei Nr. 231 I, wo die Spurbreite nur 40 m betrug, wird ausdrücklich hervorgehoben, daß alle Bäume in der Zugrichtung gefallen waren, was dem Mittelstreifen entspricht. Die weiter unten mitgeteilten Abbildungen der verschiedenen Trombenspuren im Walde dürften gleichfalls diese Ansicht stützen, daß durch Ausbleiben der Randzonen mitunter die Spurbreite in drei Stufen variiert.

Spurbreite auf Wasser.

Nr.	Spurbreite m	Bemerkungen
117	928	
91	98	75—120 m.
73	50	
115	40	
53	39	
198	4	3—6 m.
Mittel	193	

Es ist von großem Interesse, der Spurbreite auf dem Lande diejenige auf dem Wasser gegenüberzustellen. Leider ist man hier auf Schätzungen angewiesen, die noch dazu meist aus größerer Entfernung erhalten sind. Nur in den sechs angeführten Fällen ist bei Wasserhosen der Durchmesser der erregten Wasserfläche angegeben. Die Extreme sind etwas kleiner als diejenigen für Windhosen auf dem Lande, aber der Mittelwert ist zufällig genau der gleiche.

Der geringe Durchmesser der Zerstörungsspur und damit auch des Luftwirbels kennzeichnet die Tromben als bloße Begleiterscheinungen des Cumulo-Nimbus. Insbesondere würde schon aus diesen Dimensionen zu schließen sein, daß die Tromben nicht den aufsteigenden Luftstrom der Hagelturmwolke darstellen; denn die Breite der Hagelbahnen beträgt z. B. nach Beobachtungen in Steiermark und Kärnten 4 bis 27 km; am häufigsten kommen 9 bis 10 km vor. Auch ein einzelnes Beispiel, die Trombe von St. Claude (Nr. A 3) gibt nach der im elften Kapitel (Fig. 77) dargestellten Kartenskizze als Breite der Hagelbahn etwa 10 km bei nur 0,78 km mittlerer Spurbreite der Trombe. Diese Dimensionen lassen sich nicht in Übereinstimmung bringen. Dagegen stellt die Breite der Hagelspur eine ähnliche Größe dar wie die Entfernung, bis zu welcher leichte Gegenstände von der Trombe entführt werden, und wird hierdurch vergleichbar mit der Länge der horizontalen Tromben, worauf später zurückgekommen werden wird. Auch diese Beziehung charakterisiert die Trombe aber als Randwirbel.

Die Fallrichtung der Bäume, welche durch die Trombe zu Boden gestreckt werden, gestattet es, die Richtung des Windstoßes zu bestimmen, und wenn man auch bei einem einzelnen Baum vielleicht großen Fehlern ausgesetzt ist, so leuchtet doch ein, daß bei einem „Asgardsweg" durch eine Aufnahme der Fallrichtung ein leidliches Bild von der Bewegung im untersten Teil der Trombe gewonnen werden kann. Das beste Material hierfür liefern die schwedischen Tromben; Thure Wigert sagt mit Recht: „Nirgends werden die Spuren der Tromben so regelmäßig und typisch, als in den nordischen Tannen- oder Fichtenwäldern". Der Grund ist wohl in der geringeren Biegsamkeit des Fichtenholzes, vielleicht auch in ihrer flachen Wurzelanlage zu suchen, welche bewirkt, daß diese Bäume leichter entwurzelt werden als Laubholz.

Indessen sind ähnliche Beobachtungen auch hier und da in anderen Ländern gemacht worden und haben dann merkwürdigerweise meist Verwirrung gestiftet. Die Fallrichtung der Bäume läßt nämlich, wie wir vorwegnehmen wollen, fast gar keine Rotation, sondern hauptsächlich nur ein Hinzuströmen zur Achse erkennen, und dies hatte zur Folge, daß gerade in Fällen mit besonders schönen Trombenspuren im Walde die Rotation überhaupt bezweifelt oder geleugnet wurde.

Dies war z. B. im Jahre 1845 der Fall bei der Trombe Nr. 108, deren Spur 14 Tage nach dem Ereignis von Pouillet untersucht wurde. Es zeigte sich dabei eine Mittelzone mit größter Windstärke, in welcher die Bäume in der Richtung des Fortschreitens gefallen waren, und zwei Randzonen, wo sie senkrecht dazu nach innen gefallen waren, und die Windstärke etwas geringer gewesen war. Dabei war die rechte Randzone doppelt so breit wie die linke (und letztere nach einer Angabe ebenso breit, nach einer anderen dreimal so breit wie der Mittelstreifen). Obwohl nun Augenzeugen ausdrücklich von einem rotierenden Wolkentrichter berichteten („Dann bildete sich ein riesenhafter [umgekehrter] Kegel, dessen Spitze zur Erde herabstieg, und der sich mit fürchterlicher Geschwindigkeit um sich selbst drehte."), schließt Pouillet aus diesen Fallrichtungen der Bäume, es könne keine Trombe gewesen sein, da in der Spur keine Rotation erkennbar sei, und nennt die Erscheinung deshalb „das Meteor von Malaunay."

Obwohl in neuerer Zeit die zahlreichen schwedischen Trombenberichte gezeigt haben, daß alle Trombenspuren im Walde dieselbe Eigentümlichkeit zeigen, hat Heß im Jahre 1913 bei der nachträglichen Untersuchung der Spur der Trombe Nr. 238 wiederum auf Fehlen der Rotation geschlossen, wobei er sich der auch von Peltier gebrauchten Bezeichnung „nichtrotierende Trombe" bedient.

Es wird später gezeigt werden, daß bei richtiger Fragestellung und genügender Vorsicht sich der Rotationssinn sehr wohl aus der Trombenspur ableiten läßt, wenn diese auch auf den ersten Blick nur ein Hinzuströmen zur Achse zeigt. Bevor wir aber hierauf eingehen, mögen die wichtigsten **Beobachtungen** der Reihe nach besprochen werden.

126. Trombe von Hallsberg in Schweden. Die in Fig. 34 abgebildete Spur bei Lilla Hesselberg wird von Hildebrandsson folgendermaßen beschrieben:

„Auf einem rechteckigen Raum, der sich sehr regelmäßig von SSW nach NNE erstreckte, waren alle Bäume umgeworfen. Dieser Raum hatte 510 schwedische Fuß (151 m) Breite und ungefähr 1000 Fuß Länge. Die Zahl der gefallenen Bäume betrug mehr als 1000. Die Mehrzahl von ihnen war mit den Wurzeln umgelegt; indessen fanden sich an den beiden Seiten des verwüsteten Raumes mehrere, die in der Mitte abgebrochen waren. Die nächsten Bäume, die stehen blieben, hatten sichelförmig gekrümmte Spitzen, die nach einwärts gegen die Mittellinie des verwüsteten Raumes gebogen waren. Im Innern des Waldes, wo die Bewegung begonnen hatte, lagen die Bäume alle im Sinne der Bahnrichtung, also von SSW nach NNE, und diese Richtung wurde auf einem Streifen von 60 Fuß (18 m) Breite bewahrt. Diese Mittellinie, oder Projektion des Zentrums, lag dem linken Rande näher als dem rechten, und zwar im Verhältnis 70 : 135. Beiderseits dieses Streifens, von einem Punkt 100 Fuß (29 m) vom Anfange bis zum Waldende, waren die Bäume nach innen umgelegt. Am äußeren rechten Rande fand ich mit dem Kompaß eine mittlere Richtung von SE nach NW, und am linken Rand von WSW nach ENE. Der rechte Rand war sehr scharf begrenzt, der linke dagegen unregelmäßiger, und ich fand hier einzelne Bäume, die senkrecht auf die Bahn des Zentrums gefallen waren.“

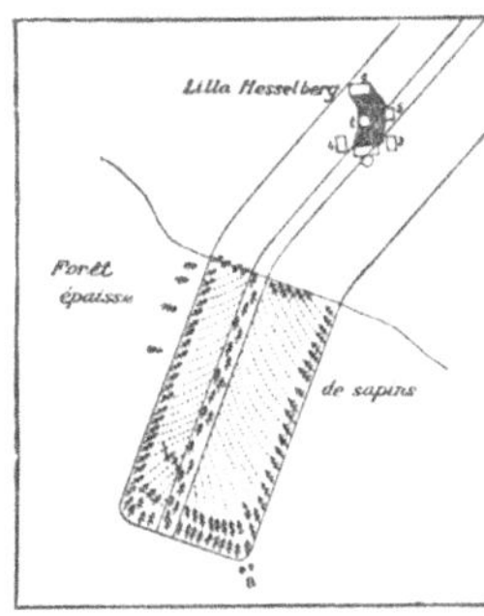

Fig. 34. Spur der Trombe von Hallsberg [126] im Walde, und Abbiegen nach rechts beim Austritt aus demselben.

Hildebrandsson hebt selbst hervor, daß diese Spur hauptsächlich nur von einem Hinströmen zur Achse zeugt. Wie hier vorweggenommen sei, ist aber die ungleiche Ausbildung der beiden Randzonen auf eine, wenn auch kleine rotatorische Zusatzgeschwindigkeit zurückzuführen, die auf der rechten Seite im Sinne des Fortschreitens, auf der linken im entgegengesetzten Sinne wirkt, also cyklonaler Rotation entspricht. Letztere wurde in der Tat an dem Wolkentrichter von mehreren Augenzeugen beobachtet.

139. Bei der Trombe von Strömsberg wurden die in Fig. 35 wiedergegebenen Fallrichtungen beobachtet. Davon gibt die Darstellung oben links fast das gleiche Bild, wie das vorangehende Beispiel. Die Fallrichtung auf den beiden Seiten ist hier sogar senkrecht zur Zugrichtung. Außer der schwächeren Ausbildung der linken Seite ist noch eine besondere Eigentümlichkeit zum Ausdruck gebracht: Während auf der linken Seite schon unmittelbar neben dem Mittelstreifen die Bäume im rechten Winkel zur Zugrichtung gefallen sind, haben sie auf der rechten Seite zunächst eine schräge Lage. Auch dies entspricht, wie später zu zeigen ist, einer geringen cyklonalen Drehung. Die andere Hälfte der Figur zeigt fast nur die rechte Seite und veranschaulicht so die größere Sturmstärke

rechts. Außerdem scheinen am Punkte *a* die links liegenden Bäume anzudeuten, daß die Trombe hier eine zeitlang still gestanden hat, denn die Fallrichtungen entsprechen hier einem fast geschlossenen Wirbel.

165. Die Trombe von Upsala zeigt wieder fast das gleiche Bild. Es genügt, einen Teil der Originalfiguren hier wiederzugeben (Fig. 36). Die Bäume der linken Randzone sind aus NW, die in der Mitte aus W, d. h. übereinstimmend mit der Zugrichtung, und diejenigen der rechten Randzone zunächst aus SW, und weiter nach dem Rande zu aus SSW gefallen. Der in der unteren Figur dargestellte Schadenraum hatte 450 m

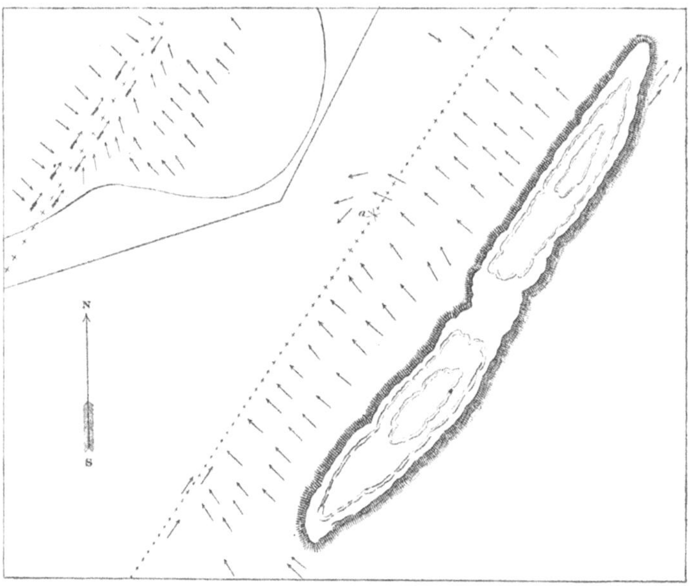

Fig. 35. Fallrichtungen der Bäume in der Spur der Trombe von Strömsberg [139]; die Trombe zog aus SW.

Länge und 85 m Breite. Die Regelmäßigkeit in der Lage der gestürzten Bäume war eine ganz auffallende.

129. Etwas anders sind die Fallrichtungen bei der Trombe von Nöttja, deren ausführliche Beschreibung bereits im zweiten Kapitel mitgeteilt wurde. Die dort auf S. 37 wiedergegebene Fig. 4 erläutert Pastor Rydeman mit den Worten: „Die abgebrochenen Stämme standen in der Regel an den Seiten der Gasse, welche durch die entwurzelten Bäume gebildet wurde. Die Gipfel der nächststehenden Bäume waren teils geknickt, teils geköpft. Die entwurzelten Bäume lagen in der Mitte in der Richtung, in welcher sich die Trombe bewegte, auf der linken Seite

teilweise in entgegengesetzter Richtung [nach der Figur doch nur schräg von vorn. W.], doch meist nach innen zu, quer über die in der Mitte liegenden Stämme. Auf der rechten Seite lagen fast alle quer über den in der Gasse liegenden.“ In diesem Fall ist die rechte Seite nicht breiter als die linke; es besteht aber doch eine systematische Unsymmetrie der beiden Randzonen, und das Auftreten eines schräg von vorn kommenden Stoßes auf der linken Seite entspricht wieder der cyklonalen Rotation. Unerklärt ist, daß die Bäume der linken Randzone später als die der Mittelzone fielen.

207. Bei der Trombe von Borås, wo die Fallrichtungen die gleiche Regelmäßigkeit zeigten, war der Zentralstreifen 40 m breit, der rechte Randstreifen mit Fallrichtungen schräg von rechts hinten 260 m, der linke mit solchen schräg von links hinten 150 m breit; bei letzterem

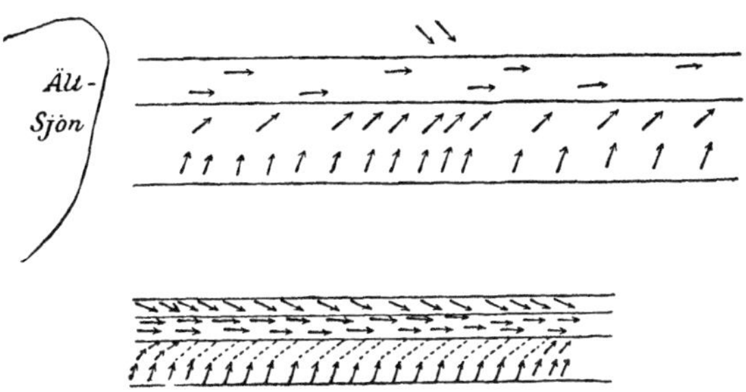

Fig. 36. Fallrichtung der Bäume an zwei Stellen der Trombenspur von Upsala [165].
Die Trombe zog in der Figur von links nach rechts.

„war die Verwüstung nicht vollständig, indem die kleineren Bäume stehen blieben und nur die großen fielen“.

176. Die Bäume liegen in der Zugrichtung.

208. Bei dieser aus SSW ziehenden Trombe fiel die Mehrzahl der Bäume aus SSE oder SE; auf der Karte, die hier nicht wiedergegeben werden kann, läßt sich erkennen, daß sie fast alle der rechten Randzone angehören, die hier mehrmals für sich allein in Erscheinung getreten ist.

144. Bei dieser aus SSE ziehenden Trombe sind die Bäume im Mittelstreifen vielfach aus SSE, im linken Randstreifen ganz überwiegend aus SW, im rechten ausnahmslos aus E oder ENE gefallen, also ganz entsprechend den früheren Beobachtungen. Abweichend ist nur die Bemerkung, daß die linke Grenze der Spur „wunderbar scharf“, die rechte „weniger scharf“ war; in den früheren Fällen war es umgekehrt. Beachtung verdient auch die Notiz, daß im Mittelstreifen außer den schon erwähnten, aus SSE gefallenen Stämmen, noch zahlreiche gekreuzte zu sehen waren, von denen die unteren aus ESE, die oberen aus SW gefallen waren. Die Randstreifen greifen hier sozusagen über den Mittel-

streifen und sogar über sich selbst hinüber, und dabei ist charakteristisch, daß der rechte Randstreifen früher erzeugt wird als der linke. Wie unten gezeigt werden wird, ist dies wiederum ein Zeichen für cyklonale Rotation.

138. Bei der Trombe Nr. 138 ist wieder nur oder fast nur die rechte Randzone entwickelt, denn es heißt von 285 umgebrochenen Bäumen: „Sie liegen alle von rechts her in der Sturmbahn und annähernd rechtwinklig gegen diese... Auf der linken Seite der Sturmbahn sind aber auch an einigen Stellen zahlreiche Äste von Kiefern abgerissen und in die Sturmbahn hineingeweht worden."

238. Der schon oben erwähnten Beschreibung Nr. 238 ist ein etwas undeutlich reproduzierter Plan beigegeben, auf dem man elf gefallene Bäume erkennen kann (nach dem Text sollen zehn große entwurzelt und fünf mittelstarke oder kleine entkront worden sein). Die fünf mittelsten liegen in der Zugrichtung, vier linke senkrecht dazu oder schräg von links hinten, und zwei rechte schräg von rechts hinten. Hess selbst sagt: „Nach meiner Aufnahme sind drei Bäume senkrecht zur Bahn gelegt worden, zwei auf der linken, einer auf der rechten Seite... Ich bin deshalb zu der Überzeugung gekommen, daß die Trombe von Schönenbaumgarten keine Wirbeltrombe war." Es war schon oben gesagt, daß wir dem Autor hierin nicht folgen können. Im nächsten Kapitel wird übrigens auf die Frage der Rotation zurückgekommen werden.

178. Die graphischen Eintragungen in den Plan durch übersichtliche Zahlentabellen zu ersetzen, die auf der Reise wohl bequemer und genauer zu erhalten sind als die ersteren, hat Köppen bei der Windhose von Oldenburg zum erstenmal unternommen. Seine Originaltabellen sind im zweiten Kapitel mitgeteilt; zusammengezogen ergeben sie:

Anzahl der aus den verschiedenen Richtungen gefallenen Bäume.

	N	NNE	NE	ENE	E	ESE	SE	SSE	S
Westl. Rand	2	—	1	—	—	1	—	—	1
Mitte . . .	—	—	—	—	—	3	6	1	7
Östl. Rand .	—	—	—	—	—	7	9	9	14

	SSW	SW	WSW	W	WNW	NW	NNW	N
Westl. Rand	—	6	4	4	1	5	1	2
Mitte . . .	2	2	1	—	—	—	—	—
Östl. Rand .	4	—	1'	—	—	—	—	—

Da diese Windhose aus SSW zog, besagen die Zahlen, daß im Mittelstreifen Fall- und Zugrichtung ungefähr übereinstimmen; in der rechten

Randzone sind die Bäume von rechts hinten oder von rechts gefallen, in der linken von links hinten und von links, ja sogar von links vorn. Die beiden Randzonen sind also nicht symmetrisch gebaut.

Methodisch interessant ist weiter die Tabelle der übereinander gefallenen Stämme, die gleichfalls bereits im zweiten Kapitel mitgeteilt wurde und hier nicht wiederholt werden soll. Köppen stellt fest: „Es liegen also vom rechten Rande oder der Mitte acht Fälle einer Drehung mit der Uhr und ein entgegengesetzter, vom linken überhaupt nur ein Fall vor, und zwar einer gegen die Uhr.“

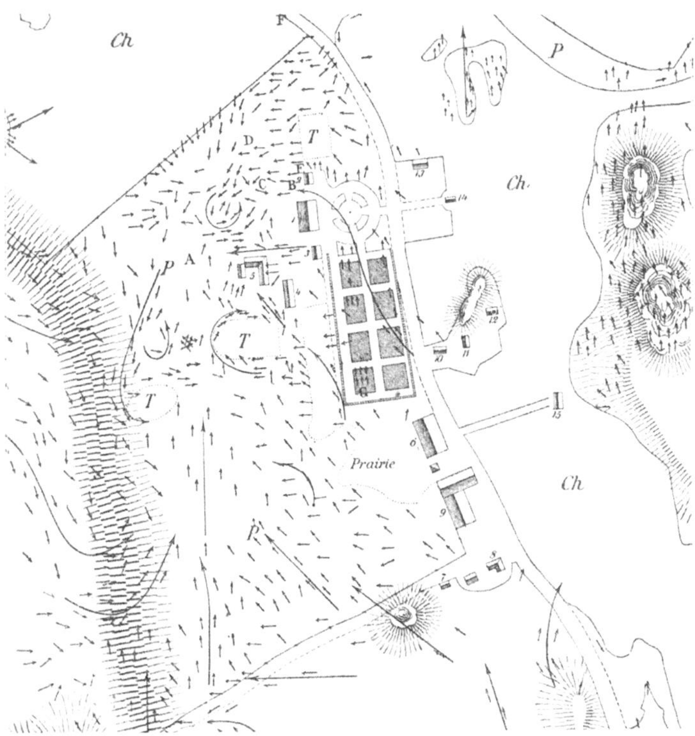

Fig. 37. Komplizierte Fallrichtung der Bäume bei der Trombe von Säby [128]; die Trombe zog aus SW, in der Figur ist Norden oben.

Bei den bisherigen Beobachtungen waren die Fallrichtungen sehr regelmäßig. Wir lassen jetzt einige andere folgen, bei denen sie unregelmäßiger und deshalb schwerer zu deuten sind.

128. Bei der Trombe von Säby in Schweden, die aus SW zog, läßt sich zwar soviel erkennen, daß die Bäume links des Mittelstreifens aus westlicher, die des rechten Randstreifens aus südöstlicher Richtung stürzten, aber im einzelnen ergibt sich ein äußerst kompliziertes Bild, wie Fig. 37 zeigt. Diese wechselnden Richtungen aus einer einheitlichen Trombenbewegung zu erklären, dürfte schwer sein. Vielleicht hatte sich die Trombe hier in eine größere Zahl von Einzelwirbeln geteilt, oder auch die einzelnen Teile dieses Windbruches sind nacheinander entstanden, indem die Trombe zögernd und in Schleifen einherschritt.

177. Bei der Trombe von Vimmerby treten ähnlich komplizierte Fallrichtungen auf, wie bereits Fig. 33 auf S. 153 zeigt. Auch hier ist man versucht, an Teilungen oder Schleifen zu denken. Eine Stelle, an der viele übereinandergefallene Bäume liegen, ist in Fig. 38 noch einmal in größerem Maßstabe wiedergegeben. An dieser Stelle soll die Trombe stillgestanden haben, um sich dann vom Boden abzuheben. „Man sieht sofort, daß überall die untersten mehr aus E, die oberen mehr aus S gefallen sind.“ Die Annahme des Autors, daß diese Rechtsdrehung bereits beweisend für eine cyklonale Rotation sei, wird zwar im folgenden widerlegt werden; aber das Fehlen der Linksdrehung, welche der linken Randzone entsprechen würde, zeigt wieder, daß die rechte Seite allein ausgebildet oder doch stark betont ist, und dies ist in der Tat ein Anzeichen cyklonaler Rotation.

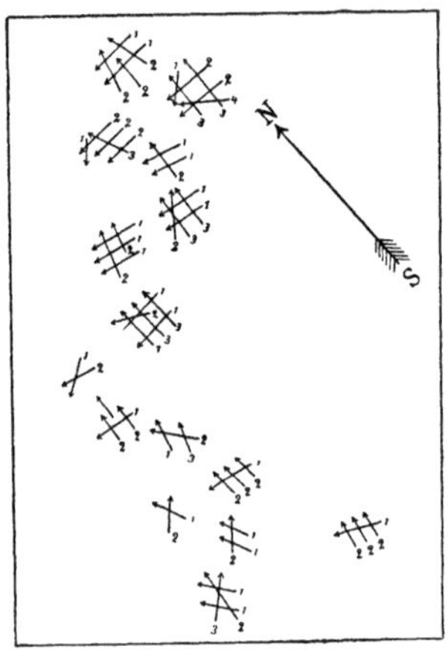

Fig. 38. Über einander gefallene Bäume bei der aus SW ziehenden Trombe von Vimmerby [177].

185. Bei der Trombe von Novska sagt Mohorovičič: „Über 150000 im Mittel 1 m dicke Eichen- und Buchenstämme liegen so schön cyklonal um das Zentrum auf der Erde, wie die Pfeile auf den synoptischen Karten um ein barometrisches Minimum.“ Indessen dürfte diese Angabe schwerlich eine allgemeine Gültigkeit haben; es liegt in der Natur der Sache, daß eine solche geschlossene Anordnung der Fallrichtungen nur bei stillstehender Trombe erhalten werden kann. Der von Mohorovičič veröffentlichte Plan zeigt denn auch keineswegs eine so einfache Ordnung, die Fallrichtungen sind hier vielmehr ebenso verworren wie in den vorangehenden Beispielen[1]).

---

1) Die umgeworfenen Wagen eines Eisenbahnzuges entsprachen allerdings auch gut einem stillstehenden Wirbel; die ersten acht Wagen litten nicht, die folgenden zehn wurden beschädigt und teilweise nach NE aus den Schienen geworfen. Die nächsten fünf blieben auf den

Nachdem wir uns so einen Überblick über die wichtigsten Beobachtungen verschafft haben, mögen nun die für eine **Erklärung der Fallrichtungen** in Betracht kommenden Momente im Zusammenhange an der Hand zweier graphischer Konstruktionen (Fig. 39 und 40) besprochen werden.

Fig. 39 stellt das Windsystem eines fortschreitenden Trombenfußes dar unter der Annahme, daß sich das Rotieren der Trombe in diesem untersten Teile überhaupt nicht mehr geltend macht,

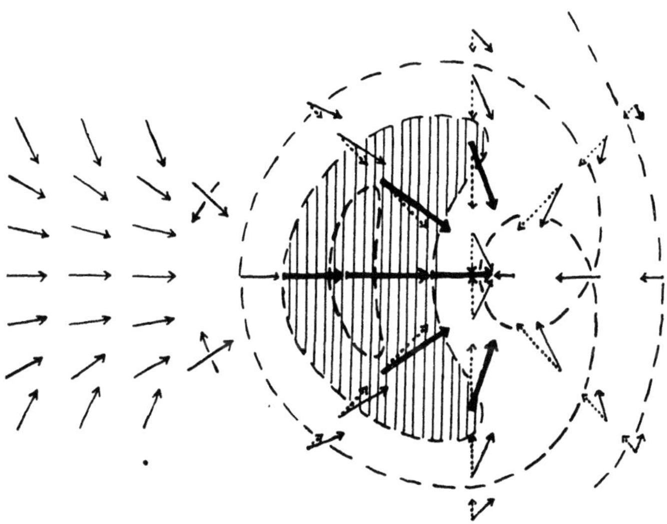

Fig. 39. Windsystem eines fortschreitenden Trombenfußes bei bloßem Zuströmen ohne Rotation. Im schraffierten Raume verheerende Windstärke. Links Fallrichtung der Bäume.

sondern nur noch ein allseitiges Hinzuströmen zu dem luftverdünnten Raum um die Achse stattfindet. Da die Luftbewegung um so steiler nach oben führt, je näher sie der Achse kommt, erreicht die in der Figur allein gezeichnete horizontale Komponente ihren größten Betrag bereits in einigem Abstande von der Achse, um dann wieder abzunehmen und in der Achse selbst

Schienen, der mittelste von ihnen sogar unversehrt. Die letzten fünf Wagen endlich wurden nach SW geworfen, der letzte 30 m weit. Die Trombe zog aus SW, der Eisenbahnzug von WNW nach ESE.

Null zu werden. Richtung und Stärke dieser Horizontalkomponente ist durch die gestrichelten Pfeile angedeutet, und zwar zunächst unter der Annahme, daß die Trombe nicht wandert. Sodann wird angenommen, daß sich dieses Windsystem mit einer Geschwindigkeit fortbewege, die gleich einem Drittel der größten Zuströmungsgeschwindigkeit ist; die gestrichelten Pfeile sind demgemäß überall mit dieser Zuggeschwindigkeit zusammengesetzt und ergeben mit ihr die ausgezogenen Pfeile als endgültige Windrichtungen und Stärken. Um die Verteilung der letzteren noch deutlicher zu machen, sind dann noch die Linien gleicher Windstärken gezogen; das schraffierte Gebiet würde etwa den zerstörenden Geschwindigkeiten entsprechen. Setzt man beispielsweise die fortschreitende Bewegung gleich 15 m p. s., so würde die größte auftretende Geschwindigkeit 60 m p. s. betragen, und die Grenzkurve des schraffierten Raumes würde 45 m p. s. entsprechen.

Links neben dieser Konstruktion ist weiter die daraus abzuleitende Fallrichtung der Bäume in der Trombenspur dargestellt. Auch die zeitliche Rechtsdrehung des Windes auf der rechten und die Linksdrehung auf der linken Seite ist durch je zwei über einander liegende Pfeile veranschaulicht, wobei allerdings angenommen ist, daß der zu unterst liegende Baum bereits außerhalb des schraffierten Zerstörungsgebietes gefallen ist. Gleichsinnige Drehungen, wenn auch von geringerem Betrage, würde aber schon das schraffierte Gebiet selber liefern.

Fig. 40 zeigt nun eine entsprechende Konstruktion unter der Annahme, daß das Zuströmen zur Mitte nicht genau radial, sondern in Spiralen mit cyklonalem Drehungssinn erfolgt. Die auch hier allein in Betracht gezogene horizontale Komponente muß auch in diesem Falle ihren größten Betrag bereits in einem gewissen Abstande von der Achse erreichen und ist in der Figur wieder durch die gestrichelten Pfeile dargestellt. Durch Zusammensetzung mit einer überall gleichen translatorischen Bewegung, welche hier gleich einem Viertel der größten Bewegung in den Spiralen gesetzt ist, werden dann als endgültige Geschwindigkeiten die ausgezogenen Pfeile erhalten. Die Linien gleicher Windstärke, die sich hieraus ergeben, haben dieselbe Sichelform wie in der vorigen Figur, nur sind sie aus ihrer bisherigen, zur Zugrichtung symmetrischen Lage herausgedreht, und zwar im Sinne der Rotation. Die Zone größter Windgeschwindigkeit, in welcher die Bäume ungefähr in der Zugrichtung fallen, kommt hierdurch rechts von der Spur der Wirbelachse zu liegen. Im ganzen zeigen die aus der Figur abgeleiteten Fallrichtungen nur einen sehr geringen Unterschied gegen diejenigen der vorigen Figur. Aber gerade diese Unterschiede sind es, welche die Rotation erkennen lassen. Sie bestehen in folgenden Punkten:

1. Die Spur der Wirbelachse liegt bei cyklonaler Rotation links von dem sogenannten Mittelstreifen, in welchem die Bäume

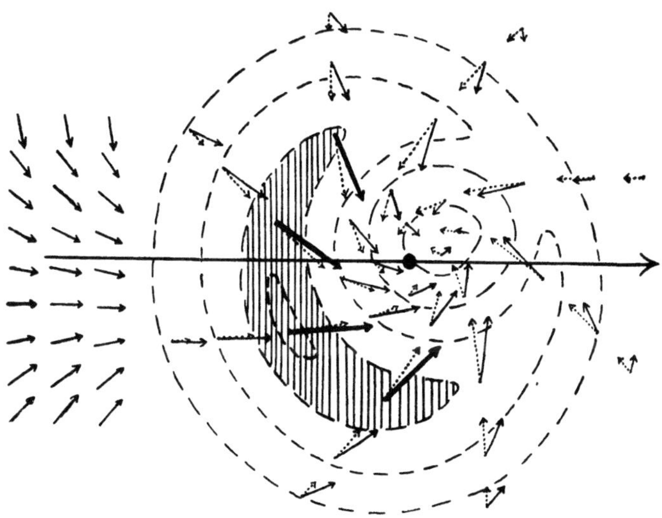

Fig. 40. Windsystem eines schwach rotierenden Trombenfußes. Im schraffierten Raum verheerende Windstärke. Links Fallrichtung der Bäume.

in der Zugrichtung fallen. Diese Spurlinie bildet aber die Grenze für die zeitliche Rechts- und Linksdrehung des Windes; also herrscht Rechtsdrehung außer in der rechten Randzone auch noch im Mittelstreifen, Linksdrehung dagegen nur im linken Randstreifen.

2. Die rechte Seite geht der Mitte und der linken Seite voran. Zwischen Mitte und linker Seite dagegen herrscht kein wesentlicher Zeitunterschied.

3. Am linken Außenrande der Bahn liegen die Bäume mehr rechtwinklig zur Zugrichtung als am rechten, wo sie mehr schräg

von hinten fallen. Fälle, in denen die Stämme sogar schräg von vorn nach innen zu umgestürzt werden, müssen häufiger am linken als am rechten Rande auftreten.

4. Die Abnahme der Windstärke nach außen erfolgt links langsamer als rechts. Der linke Rand wird deshalb weniger scharf sein als der rechte.

Man wird unschwer die meisten dieser Beziehungen in den oben angeführten Beispielen wiederfinden. Es kommen aber auch Widersprüche vor, welche zeigen, daß die zugrunde gelegte Annahme über die Spiralform oder irgend eine andere Voraussetzung noch zu korrigieren ist. Man wird ja auch von vornherein nicht erwarten, daß das Windsystem stets durch ein und dasselbe Schema darstellbar ist. Es wird später gezeigt werden, daß das Aufsteigen der Luft in der Trombe oft, ja vielleicht meist, nicht in der Achse, sondern auf einer sie umgebenden Zylinderfläche am stärksten ist; schon hierdurch würden die Verhältnisse geändert werden. Aus gewissen Tornadozeichnungen, die hier nicht reproduziert werden sollen, scheint auch hervorzugehen, daß sich bisweilen das unterste Stück des Trombenwirbels horizontal auf den Boden legt, wodurch sich vielleicht solche Fälle erklären lassen, in denen überhaupt nur die „rechte Randzone" der Spur in Erscheinung tritt. Ferner ist noch gar nicht berücksichtigt, welche Veränderung durch eine etwas schräge Stellung der Trombenachse hervorgerufen würde.

Indessen reicht auch unser obiges Schema wohl aus, um zu zeigen, daß die beobachteten Trombenspuren in erster Näherung nur einem Einströmen der Luft zur Trombenachse entsprechen, daß aber die Rotation doch häufig in einer gewissen Unsymmetrie der beiden Randzonen angedeutet ist.

Zum Schluß dieses Kapitels haben wir noch eine Erscheinung zu besprechen, welche noch immer recht dunkel ist, nämlich die **Ablenkungen der Trombenbahn** von ihrer geradlinigen Zugrichtung. Nicht selten wird die Bahn, wie bei Nr. 105, als zickzackförmig bezeichnet. Leider ist das gesicherte Tatsachenmaterial noch nicht groß, und obendrein scheint es sich um eine kompliziertere Erscheinung zu handeln, so daß man im wesentlichen noch auf Vermutungen angewiesen ist. Bezeichnend sind die folgenden Worte bei der Beschreibung Nr. 228: „Täler und Schluchten, die in der Richtung des Weges lagen, sind zeitweilig benutzt worden, doch ist auf der anderen Seite eine gewisse Unabhängigkeit vom Terrain zu bemerken. Dem Beobachter des Zerstörungswerkes mußte es auffallen, daß gerade die geschützt liegenden Orte im Tale sehr stark gelitten haben, sowie diejenigen, die jenseits einer Anhöhe, also sozusagen im Windschatten derselben liegen."

Einige Beobachtungen scheinen dafür zu sprechen, daß die Spur schwach cykloidisch ist. Ein Kennzeichen solcher cykloidischen Bewegung ist es, daß die Trombe immer an den Punkten starker Richtungsänderung still steht oder sich wenigstens langsamer bewegt als in den zwischenliegenden Stücken. Dies ist z. B. der Fall bei Nr. 95, wo die Trombe aus WNW oder NW über die Mosel aufs Deutsche Eck hinübertrat. „Hier schien das ganze Meteor einen Augenblick still zu stehen, nahm aber gleich

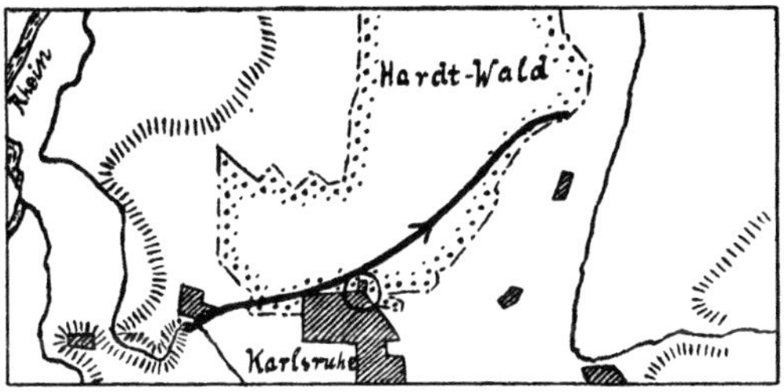

Fig. 41. Spur der Windhose von Karlsruhe [138].

seine Richtung in gerader Linie quer über den Rhein gegen den Ehrenbreitenstein hin", d. h. die Zugrichtung war jetzt aus WSW. Möglicherweise ist auch die in Fig. 32 auf S. 152 dargestellte Spur der Trombe von Schönenbaumgarten (Nr. 238) als cykloidisch aufzufassen, wofür hier besonders die regelmäßige Lage und Länge der drei Spurstücke spricht. Bei der nebenstehenden Kartenskizze der Trombe von Karlsruhe (Nr. 138) bildet die Spur eine Art Wellenlinie, die gleichfalls als Cykloide gedeutet werden kann. Auch bei der Trombe von Königswinter (Nr. 115), deren Bahn auf S. 31 (Fig. 2) abgebildet ist, kommt wenigstens an einer Stelle auf dem Rhein eine cykloidische Schleife vor, wenn auch der Rest der Spur nicht ohne weiteres in diesem Sinne zu deuten ist. Weiter sei hier auch noch die Kartenskizze der Trombe von Säby (Nr. 128) wiedergegeben (Fig. 42), wo die Spur gleichfalls an eine Cykloide erinnert. Hier wurde auch von Augenzeugen mehrmals der „Zickzacklauf“ der Trombe hervorgehoben, und ihre Bewegung als ruckartig bezeichnet. Ähnliches gilt auch für die Trombe von Borås (Nr. 207), wie das Kärtchen Fig. 43 zeigt.

Auch bei einer Wasserhose, nämlich bei Nr. 117, wurde eine Cykloidenbewegung beobachtet, und zwar hier direkt mit dem Auge: „Dabei machte das Rüsselende eine unzweifelhafte Kreisbewegung über der weißen Meeresstelle, so daß es ungefähr alle 10 bis 20 Minuten auf denselben Punkt zurückkehrte[1]).“

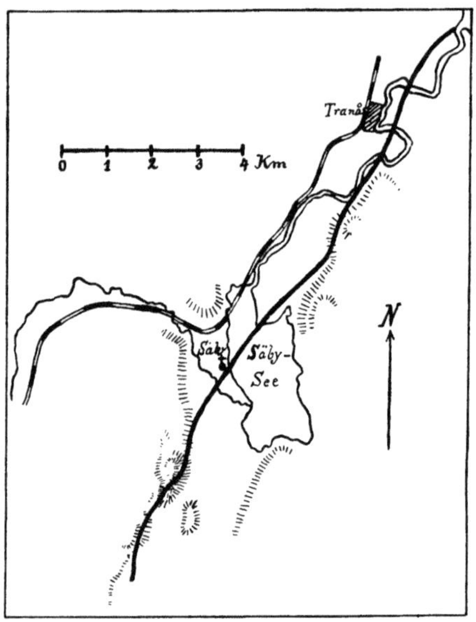

Fig. 42. Spur der Trombe von Säby [128] (Zugrichtung aus SW).

Auf eine andere Gesetzmäßigkeit dieser Richtungsänderungen hat Hildebrandsson auf Grund der schwedischen Trombenbeobachtungen hingewiesen. So sagt er bei der Trombe von Nöttja (Nr. 129) nach Wiedergabe von Pastor Rydemans Bericht: „Merkwürdig ist, daß in diesem Falle, ebenso wie bei Hallsberg, die Bahn plötzlich in dem Augenblick zur Rechten abbiegt, wo die Trombe von einem Wald auf das offene Feld hinausgeht. Es ist dies eine Entfernung von der Normalen, genau als wenn ein Lichtstrahl aus einem dichteren in ein dünneres Medium übertritt.“ In Rydemans Bericht selber ist

[1]) Für die Tornados der Vereinigten Staaten unterscheidet Finley außer der Rotation, der Translation und dem „Steigen und Fallen“ noch eine vierte Bewegung, nämlich die Zickzackbewegung oder die schwingende Bewegung zu beiden Seiten der mittleren Bahn, welche mit unserer Cykloidenbewegung identisch sein dürfte. „Sie tritt meist dann ein, wenn die Tornadowolke die Erde berührt, also die herabsteigende Bewegung ausführt. Zuerst schwingt sie stets nach links und

allerdings nur von wunderlichen Ausbuchtungen die Rede, von denen die Karte nur die größeren zeigt; und da auf der Karte die Waldgrenzen nicht verzeichnet sind, ist Hildebrandssons Angabe nicht zu kontrollieren. Dagegen ist das Abbiegen bei der Trombe von Hallsberg (Nr. 126) sehr deutlich in der auf S. 161 (Fig. 34) wiedergegebenen Karte zu sehen. Bei der Trombe von Borås (Nr. 207), deren Spur (Fig. 43), wie oben erwähnt, als Cykloide gedeutet werden kann, sagt der Verfasser Jansson ebenfalls, die Trombe sei jedesmal nach rechts abgebogen, wenn sie vom

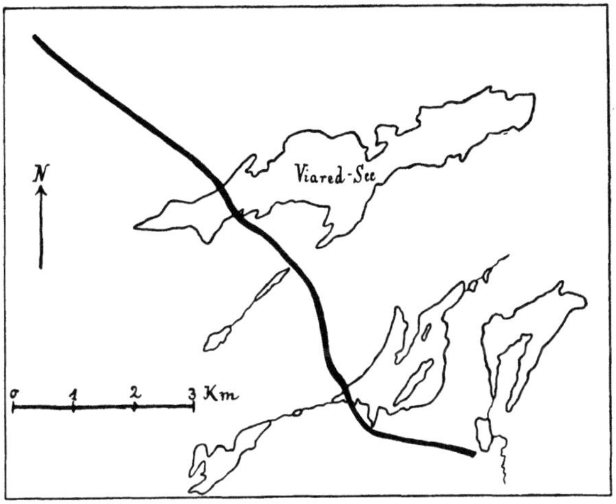

Fig. 43. Spur der Trombe von Borås [207] (Zugrichtung aus SE).

Wald auf freies Feld kam. Auf der Karte läßt sich dies schlecht erkennen, dagegen sieht man hier unmittelbar, daß die Bahn jedesmal nach rechts biegt, wenn die Trombe vom Lande auf das Wasser übertritt, und umgekehrt nach links beim Übertritt auf das Land. Die beiden von Sven Landin beschriebenen schwe-

---

dann nach rechts und bildet einen stumpfen Winkel auf der Nordseite der großen Achse der Bewegung, und dann ebenso auf der Südseite. Diese Bewegung kann auf mehrere (englische) Meilen hin fortdauern, zuweilen aber hört sie schon nach den ersten Schwingungen wieder auf. Die Schwingungsweite, d. i. die Abweichung von der mittleren Bahnlinie nach N oder S hin, unterliegt beträchtlichen Verschiedenheiten, sie kann von 40—50 m bis zu 200—250 m betragen" (v. Hann).

dischen Tromben Nr. 231 zogen im Walde aus WNW, beim Austritt bogen sie nach rechts ab und bewegten sich nach NW. In sehr auffälliger Weise tritt die Erscheinung auch in der Kartenskizze (Fig. 31 , S. 151) der Windhose von Mangschütz (A. 1) hervor, ohne im Text der Beschreibung Erwähnung zu finden. Der Sachverhalt ist hier allerdings der, daß die Trombe zunächst im Walde, 120 m vom Rande entfernt, nach links abbiegt, und durch die scharfe Rechtsbiegung am Waldrande selbst wird dann die ursprüngliche Richtung wieder hergestellt.

Fig. 44. Gesamtspur der böhmischen Trombe [234], nach v. Wahlburg.

Daß dieselbe Erscheinung auch beim Überschreiten eines Gebirgskammes eintritt, hat Schiefer Edler v. Wahlburg bei der böhmischen Trombe Nr. 234 entdeckt. Eine Übersichtskarte dieser Trombenspur, welche übrigens auch die im vorhergehenden besprochenen Krümmungen aufweist, zeigt Fig. 44. Das Kärtchen Fig. 45 zeigt dann das Abbiegen beim Überschreiten eines Gebirgskammes. „Mit dem Moment als der Wirbel diesen Wald [am Südabhange] von SE erreichte, senkte sich der Wirbeltrichter zu der Erdoberfläche herab und rasierte in einem etwa 60 m breiten Streifen den Wald bis zum Kamm des Bergrückens vollständig ab ... Am Kamme angelangt, bog die Windhose unter einem rechten Winkel ab, um sich gleich darauf vom Erdboden zu heben und ihr Vernichtungswerk aufzugeben.“ Eigentlich handelt es sich hierbei um eine

Doppelschwankung, erst schwach nach links, dann stark nach rechts, denn die mittlere Zugrichtung war nicht aus SE, sondern aus SSE.

Obwohl diese Beobachtungen verhältnismäßig klar sind, so ist ihre Deutung doch schwierig. Der oben von Hildebrandsson gebrauchte Vergleich mit der Brechung des Lichtstrahles an der Grenze zweier verschieden dichter Medien würde voraussetzen, daß keine Ablenkung bei rechtwinklig zum Waldrand oder zum Gebirgskamm gelegener Zugrichtung eintritt, was aber den Beobachtungen zu widersprechen scheint. Auch die Annahme, welche sich durch verschiedene dieser Beobachtungen stützen ließe, daß nämlich Bodenerhebungen oder Wald eine gewisse Anziehungskraft auf den Fuß der Trombe ausübten, würde von der gleichen, schwer aufrecht zu erhaltenden Voraussetzung ausgehen [1]). Dagegen würde die Ablenkung auch bei senkrechtem Schnitt des Waldrandes eintreten müssen, wenn sie mit der Rotation zusammenhängt; man würde dann erwarten, daß der Knick der Bahnlinie bei anticyklonischer Rotation und bei cyklonischer nach entgegengesetzten Richtungen ginge. Darüber liegen noch keine Beobachtungen vor. Auch ist nicht ohne weiteres einzusehen, wie die Ablenkung in diesem Falle erzeugt werden sollte, wenn auch die Möglichkeit zugegeben werden darf [2]). Die Erscheinung muß also einstweilen noch als ungeklärt gelten.

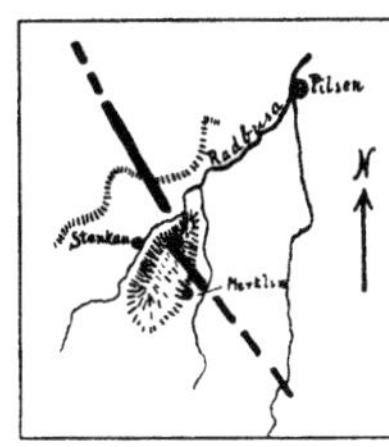

Fig. 45. Spur der böhmischen Trombe beim Überschreiten eines Bergkammes; Abbiegen im rechten Winkel nach rechts, dann Abheben.

[1]) In der Beschreibung Nr. 81 findet sich diese Idee sogar ausgesprochen: „Auf dem Wesselinger Felde schien sich, nach dem Wege der Zerstörung, die Fortbewegung des Meteors von der geradlinigen Richtung abgewendet zu haben; es kam von WSW gerade auf das Dorf Nieder-Wesseling zu, gleich als wäre es von den Häusern angezogen worden." (Die allgemeine Zugrichtung war aus SSW.)

[2]) Man ist versucht, an das bekannte Ausweichen der Kreiselachse im rechten Winkel zur wirkenden Kraft zu denken. Die Kraft würde dabei durch die Reibung am Boden bzw. deren plötzliche Änderung dargestellt. Leider müßte aber hiernach eine cyklonal rotierende Trombe nach links statt nach rechts ausweichen, wenn sie vom Walde aufs Feld übertritt.

Neuntes Kapitel.

Die Rotation.

Im vorangegangenen ist überall vorausgesetzt, daß **die Tromben Luftwirbel** sind. Die Frage, ob dies stets der Fall ist, oder ob es auch Wolkenschläuche gibt, die nicht rotieren, darf indessen nicht übergangen werden, da sowohl in älterer Zeit als auch in der Gegenwart von einzelnen Forschern immer wieder die Existenz solcher nichtrotierenden Tromben verfochten wird. Und man kann in der Tat geltend machen, daß z. B. auch der aufsteigende Rauch einer Zigarre zunächst einen scharf begrenzten Schlot mit geradliniger Bewegung von etwa $^1/_2$ m Länge bildet, dessen oberes Ende, ähnlich wie die Tromben, eine trompetenförmige Erweiterung zeigt, und zunächst in rhythmisch sich neubildende Wirbelringe und später in Turbulenz übergeht. Die Anhänger solcher und ähnlicher Vorstellungen führen hauptsächlich zwei Gründe aus den Beobachtungen an, zu denen wir Stellung nehmen müssen.

Das eine, z. B. von Pouillet und Hess angeführte Argument besteht in der Fallrichtung der Bäume. Man ging davon aus, daß die Rotation, wenn sie vorhanden war, sich auch in der Fallrichtung der Bäume mit Deutlichkeit zeigen müsse, und da diese im wesentlichen nur ein Zuströmen der Luft zur Trombenachse erkennen ließen, glaubte man die Rotationsfrage für diese Fälle verneinen zu müssen. Im vorigen Kapitel ist nun dargelegt worden, daß alle genauer untersuchten Trombenspuren das gleiche Bild bieten, nämlich in erster Linie nur ein Zuströmen zeigen. Insbesondere ist dies auch bei solchen Tromben der Fall, bei denen die Rotation der Wolkensäule direkt zu beobachten war. Der wahre Sachverhalt ist also der, daß es nicht zwei verschiedene Arten von Tromben, rotierende und nichtrotierende, gibt, sondern nur eine Art, welche zwar lebhaft rotiert, deren Rotationssystem aber so beschaffen ist, daß unmittelbar am Erdboden fast nur ein Einströmen stattfindet, die tangentiale Komponente hier also fast verschwindet. Daß die Rotationsbewegung mit der Höhe wächst, ist auch schon direkt beobachtet worden, z. B. bei Nr. 128, wo es heißt: „Die Drehung ging in einer Spirale, von unten nach oben und ein wenig nach innen. Im Anfang war sie ziemlich langsam, aber je höher die Luft stieg, um so größer wurde ihre Geschwindigkeit." Im übrigen sei auf das Kapitel 12 über den Fuß der Trombe verwiesen [1]).

Auch das andere, namentlich von Peltier angeführte Argument hält der Kritik nicht Stand. Er beruft sich auf das Zeugnis von Beobachtern, welche angeben, eine Rotation nicht bemerkt zu haben. Solche Angaben finden sich in der Tat in einer Reihe von Fällen, die gleich besprochen werden sollen. Indessen ist Peltiers Behauptung, unter seinen 116 Tromben seien 22 ohne Rotation, auch dann noch stark übertrieben, wenn man sie dahin korrigiert, daß in 22 Fällen eine Rotation nicht bemerkt werden konnte. Wie schon früher gesagt wurde, sind Peltiers Angaben nur mit großer Vorsicht zu benutzen, und besonders ist solche hier am Platze, da durch den Nachweis nichtrotierender Tromben die mechanische Wirbeltheorie als unzulänglich gestempelt, und damit die von Peltier blind vertretene elektrische Theorie wesentlich gestützt werden konnte. Eine etwas kritische Betrachtung der Fälle, für welche Peltier die Rotation leugnet, führt denn auch zu dem Resultat, daß bei der Mehrzahl seitens des Beobachters gar keine Zweifel an der Rotation geäußert sind. Die Voreingenommenheit, mit der Peltier diese Beschreibungen ausgelegt hat, ist bei den sonstigen Verdiensten dieses bekannten Physikers so auffallend, daß wir auf einige Fälle eingehen müssen, um nicht selbst in den Verdacht eines ungerechten Urteils zu geraten.

Die Beschreibung der Trombe Nr. 11 überschreibt Peltier: sans giration. Das englische Original, das mir leider nicht zugänglich ist, übersetzt er folgendermaßen: „Au dessous, la mer était très-agitée, l'eau écumait et s'élevait en jets d'eau, ou bien cette eau, en s'élevant, avait l'apparence d'une fumée qui monte dans une cheminée dans un temps calme ..." Der letztere Ausdruck genügt Peltier offenbar, um auf Fehlen der Rotation zu schließen, obwohl es an einer anderen Stelle heißt: „s'agitant avec fureur dans cet espace rond." Wenn es auch nachher von der vollständigen Wolkensäule heißt: „elle parut calme du commencement à la fin", so ist doch in alledem nicht ausgesprochen, daß die Rotation fehlte, sondern nur, daß die Säule als Ganzes glatt war

[1]) Bei der Trombe Nr. 238, welche Hess zu den genannten Zweifeln Anlaß gab, liegt um so weniger Grund zu solchen vor, als in einem der Augenzeugenberichte von einem „beständigen Umdrehen" des Staubfußes die Rede ist. Auch bei Pouillets Trombe wurde, wie schon auf S. 160 erwähnt, Wolkentrichter und Rotation direkt gesehen. Beide Autoren haben selber nur die Spuren nachträglich besucht.

und ruhig stand. Daß der Beobachter gemeint habe, es sei keine Rotation vorhanden, ist mindestens zweifelhaft. Will man aber überhaupt zu einer Beurteilung des Falles kommen, so muß man offenbar auch berücksichtigen, ob der Beobachter in der Lage war, eine Rotation zu erkennen. Nun wird gesagt, daß die Trombe so dick wie ein Schiffsmast „in etwa $1^1/_2$ Lieues" (etwa $7^1/_2$ km, wenn Peltiers Übersetzung richtig ist) erschien, und es wird hinzugefügt: „sie war also viel dicker", woraus man schließen müßte, daß sie auch weiter entfernt war. Daß auf derartige Entfernungen die Rotation einer Wasserhose erkennbar ist, wird wohl niemand erwarten. — Auch die Trombe Nr. 84 überschreibt Peltier „pas de rotation", obwohl in der Beschreibung weder von Rotation noch von ihrem Fehlen die Rede ist. — Auch Nr. 76 überschreibt er: „pas de mouvement giratoire". In der Originalbeschreibung steht aber kein Wort davon, sondern nur, daß die „ziemlich" nahe Trombe (woraus Peltier „sehr nahe" macht) einen Fuß aus Wasserstaub oder Sand hatte, der die Form einer Garbe (gerbe) besaß. Dies genügt Peltier, er schließt einfach: „wenn der untere Conus ... eine Rotation gehabt hätte, hätte der Autor sicher nicht das Wort Garbe angewendet".

Bei Trombe Nr. 1 schreibt Peltier: „Die Wolken senkten sich bis auf 20 Faden zum Boden herab, mit dem sie durch einen Wirbel verbunden waren ... Kleine, parasitische Wolken, die ... mitunter mit großer Geschwindigkeit um sich selbst rotierten ... Rasende Winde gingen von diesem Wirbel aus und wehten in alle Richtungen ... Eine Mauer wurde umgeworfen, die eine Hälfte nach S, die andere nach N" usw. Zu dieser, von ihm bereits umredigierten Beschreibung fügt Peltier die Bemerkung hinzu: „Die Bezeichnung Wirbel, die dem Meteor gegeben wird, bedeutet nicht eine Rotation der ganzen Säule. Denn die erzeugten Wirkungen und die Erzählung selbst zeigen zur Genüge, daß in diesem Transport der Gegenstände keine rotatorische Bewegung statthatte; das Wort ist lediglich ein Synonym von Sturm (tempête) und Aufruhr (tourmente)."

Unter den 255 Beobachtungen, die in diesem Buche beschrieben werden, finden sich aber doch sechs, bei denen wirklich von Augenzeugen berichtet wird, sie hätten eine Rotation nicht bemerken können, nämlich Nr. 39, 87, 200, 209, 214, 237. Will man aber hieraus den Schluß ziehen, daß die Rotation nicht nur nicht wahrgenommen werden konnte, sondern auch nicht existierte, so müßte erst wahrscheinlich gemacht werden, daß sie, wenn vorhanden, stets auch sichtbar wird. Da aber der Wolkenkörper der Trombe meist ein glattes Rotationsgebilde ist, dürfte es gerade in den Fällen, wo die Wirbelbewegung am ungestörtesten ist, sehr schwer sein, die Rotation zu erkennen, zumal der Laie meist viel zu kleine Umlaufszeiten erwartet. Für die Beurteilung der sechs Fälle kommt weiter die Entfernung des Beobachters von der Trombe in Betracht. Wenn z. B. bei Nr. 214 „eine Rotation der ganzen Masse um die Kegelachse nicht mit Sicherheit konstatiert werden konnte“, so verliert dies Zeugnis sehr an Bedeutung, wenn wir hören, daß diese Entfernung 11 km betrug. Bei Nr. 87 und 209 ist sie nicht genau mitgeteilt, war aber in beiden Fällen groß. Bei Nr. 237 betrug sie immer noch 2, bei Nr. 200 1,6 km. Wenn auch in letzterem Falle ein schwaches Fernrohr zur Beobachtung benutzt wurde, wird man doch nicht die Forderung stellen können, daß die Rotation auf solche Entfernungen erkennbar sei. Bei Nr. 237 scheinen mir sogar die Aufzeichnungen des Beobachters die Rotation zu beweisen; er sagt zwar zuerst ausdrücklich: „Es ließen sich absolut keine Merkmale intensiver Wirbelbewegungen konstatieren; weder die Wasserbewegung noch die am Fuße aufsteigenden Schwaden ließen eine Drehbewegung erkennen“, allein er fährt fort: „Ein mit ganz mäßiger Geschwindigkeit nach abwärts sinkender dunkler Fleck der Erscheinung bewegte sich allerdings scheinbar in einer Schraubenlinie, doch war die Tangentialgeschwindigkeit so gering, daß auf Wirbelbewegung von irgend merkbarem Effekt nicht geschlossen werden konnte“. Die Beschreibung enthält aber keine Andeutung, daß der Verfasser sich über die zu erwartende Langsamkeit der Drehung im klaren wäre. Bei 75 m p. s. Rotationsgeschwindigkeit braucht ein Luftteilchen, das 50 m von der Wirbelachse entfernt ist, mehr als vier Sekunden zum Umlauf; aus der Ferne gesehen, erscheint eine solche Drehung aber sehr langsam.

Es bleibt noch Nr. 39; hier kann die Entfernung der Trombe nicht groß gewesen sein, da ihr oberster Teil anscheinend über den Beobachter fortzog. Die Beschreibung lautet: „Dieser Raum (von kochendem Wasser) war umgeben von einem Gürtel oder einer Atmosphäre von weißlichen, durchscheinenden Dämpfen, die der Form nach einem Ballon glichen, der sich nur soweit erhob, wie nötig war, um die kochende Luft einzuhüllen, und dabei einen Zustand der Ruhe ohne Rotation bewahrte, während das Ganze dem Wind gehorchend fortschritt“. Es handelt sich also hier nicht um den Wolkenschlauch, sondern um den Fuß aus Wasserstaub; der Vergleich mit dem Ballon zeigt, daß derselbe hier die im zwölften Kapitel genauer zu beschreibende regelmäßige Form des Endwirbelringes hatte, dessen vollkommen glatte Mantelfläche dem

Auge keinen Halt bieten dürfte, um die Bewegung eines Teilchens verfolgen zu können. Es liegt sehr nahe, anzunehmen, daß der Beobachter durch die Unveränderlichkeit der Form des Fußes zu dem irrigen Schluß verleitet wurde, daß die Luft darin in Ruhe sei.

Man wird zugeben müssen, daß die Annahme zweier verschiedener Arten von Tromben, von denen die eine rotiert und die andere nicht rotiert, an sich schon so unbefriedigend ist, daß man nicht ohne Not dazu greifen wird. Eine solche Notwendigkeit ist aber in den Beobachtungen keinesfalls zu finden. Darum stehe ich nicht an auszusprechen, daß auch die nichtrotierenden Tromben meines Erachtens in das Reich der Fabel gehören, ebenso wie einige andere teilweise schon besprochene Vorstellungen, deren Ursprung gleichfalls in kritikloser Verwendung des naturgemäß ungleichwertigen Beobachtungsmaterials zu suchen ist.

Gehen wir zu den positiven Beobachtungen, die Rotation betreffend, über, so ergibt sich als erste Frage: **Ist die Drehung cyklonisch oder anticyklonisch?** Leider ist nur bei 25 Tromben der Drehungssinn direkt angegeben oder aus den sonstigen Angaben mit hinreichender Sicherheit zu entnehmen. Von ihnen zeigen 18 (72 Proz.) cyklonische und 7 (28 Proz.) anticyklonische Drehung [1].

Cyklonische Drehung zeigen: 113 — 126 — 128 — 129 — 139 — 144 — 177 — 178 — 180 — 181 — 185 — 196 — 207 — 208 — 218 — 226 — 232 — 233. Die Beweisführung für den Drehungssinn läßt zwar auch hier bisweilen zu wünschen übrig, allein es gibt doch für cyklonische Drehung so viele gut beglaubigte Fälle, daß ein besonderer Nachweis der Richtigkeit nicht nötig erscheint. Dagegen verdienen die sieben Fälle mit anticyklonischer Drehung nähere Beleuchtung, um sie gegen den Verdacht, daß es sich bei ihnen um Irrtümer handeln könne, und es Tromben mit anticyklonischer Drehung überhaupt nicht gebe, sicherzustellen. Die Stichworte oder in Frage kommenden Sätze sind folgende:

163. (Auf dem Genfer See.) „Der Steuermann eines Dampfbootes sah das Wasser emporsteigen aus einem 2 bis 3 m breiten, rauchähnlichen Fuße. Die Säule zeigte eine drehende Bewegung in der Richtung des Uhrzeigers."

176. (Frankfurt.) „Rechts drehend".

---

[1]) Für die nordamerikanischen Tornados findet Finley (Tornadoes, New York, 1887) 520 Fälle (95 Proz.) mit cyklonischer und 29 Fälle (5 Proz.) mit „wahrscheinlich anticyklonischer" Drehung.

182. (Bendeleben) ... „in solcher Nähe, daß deutlich eine anfänglich drehende, mit der Uhr gehende Bewegung bemerkt wurde."

198. (Auf der Themse, nur Wasserkrone), „sich mit der Sonne um sich selbst drehend". Die kürzeste Entfernung des Beobachters von der Trombe betrug etwa 182 m (200 Yards).

205. (Bodensee.) „Man hatte eine etwa 15 m dicke Wasserhose vor sich, welche 5 bis 6 m hoch Staub aus dem See aufwirbelte und eine Drehung mit dem Uhrzeiger erkennen ließ."

219. (Stendsitz.) „Die Bewegung war eine rechtsherumgehende, vom Boden aufsteigende in der Trombe selbst."

241. (Achensee.) „Die Rotation des Wirbels war deutlich im Sinne des Uhrzeigers."

Bei vier dieser Tromben, nämlich bei Nr. 176, 219, 198 u. 205 kennen wir die Zugrichtung; die ersten beiden zogen aus SW, die letzten beiden aus W. Da dies die häufigsten Zugrichtungen der Tromben überhaupt sind, besteht offenbar kein Grund, anzunehmen, daß anticyklonisch drehende Tromben etwa bestimmte Zugrichtungen bevorzugten.

Meines Erachtens lassen diese sieben Fälle, wenn auch der eine oder andere vielleicht unsicher erscheinen mag, keinen Zweifel daran zu, daß Tromben mit anticyklonischer Rotation in Europa vorkommen. Ebenso sicher scheint aber zu sein, daß der cyklonische Rotationssinn erheblich häufiger ist. Daß bei dieser Bevorzugung letzter Hand die Erdrotation im Spiele ist, dürfte sehr wahrscheinlich sein; der Beweis wird freilich erst durch entsprechende Untersuchungen von der Südhalbkugel und aus den Äquatorialgebieten erbracht werden können [1]). W. M. Davis hat dem Gedanken dieser Abhängigkeit die folgende geistvolle Form gegeben: „Diese Wirbelbewegung hat sich erhalten durch Ringe, Planeten,

---

[1]) Drei Beobachtungen über den Rotationssinn von Tromben auf der südlichen Halbkugel, die mir zufällig in die Hände fielen, mögen hier angeführt werden; die beiden ersten geben süd-cyklonische Drehung (mit dem Uhrzeiger), die dritte süd-anticyklonische Drehung:

Niejahr, Met. Zeitschr. 1886, S. 358, Trombe in 21° 25′ Südbreite und 38° 40′ w. L. („Mit dem Zeiger der Uhr".)

Balderston, Quart. Journ. of the Roy. Met. Soc. Jan. 1888, S. 78: „The rotation of the whirl was to the right hand". Die Breite war nur 3° Süd.

Martyr, Quart. Journ. of the Roy. Met. Soc. July 1884, S. 205. Diese Trombe spielte sich in der Kapkolonie zwischen East-London und Port Elisabeth ab. („Ascending in spiral curves revolving from right to left to the cloud".)

die allgemeine Zirkulation, Cyklonen und Tornados; und so ist es die Vererbung des ursprünglichen Zustandes, durch welche auch unsere Tornados ihre Wirbelbewegung erhalten haben" [1]). Freilich kann diese Vorstellung, wie namentlich v. Hann betont hat, nicht für richtig gelten, wenn man sie so auslegt, als sei die Erdrotation eine notwendige Vorbedingung für die Entstehung der Tromben, ähnlich wie sie eine unerläßliche Bedingung für die Cyklonen zu sein scheint. Denn am Äquator, wo der Einfluß der Erdrotation verschwindet, sind Tromben sehr häufig. Allein dies schließt natürlich nicht aus, daß eine indirekte Abhängigkeit besteht, welche die größere Häufigkeit cyklonischen Drehungssinnes in unseren Breiten verursacht; es könnte beispielsweise sein, daß cyklonische Drehung bei einer Windschichtung entsteht, die einer Rechtsdrehung mit der Höhe entspricht, und diese Rechtsdrehung ist infolge der Erdrotation häufiger als Linksdrehung. Vermutlich werden sich auch diese Fragen von selbst lösen, sobald diejenige nach der Entstehung der Tromben überhaupt endgültig beantwortet sein wird.

Windgeschwindigkeit in der Trombe. Über die in den Tromben auftretenden Windgeschwindigkeiten besitzen wir nur wenige und meist recht unvollständige Beobachtungen exakter Art; die zahlreicheren Schätzungen der Geschwindigkeit entbehren aber in vielen Fällen so sehr einer begründeten Unterlage, daß bei ihrer Beurteilung größte Vorsicht am Platze ist. Soweit ich sehen kann, lassen sich durch Geschwindigkeiten von etwa 50 bis 100 m p. s. alle beobachteten Wirkungen erklären, und da der Winddruck mit dem Quadrat der Geschwindigkeit wächst, jeder Zuwachs des Windes sich also um so mehr bemerkbar macht, je höher seine Geschwindigkeit bereits ist, so ist schon deshalb zu erwarten, daß es eine obere Grenze gibt, die selten und nur geringfügig überschritten wird, und diese Grenze dürfte viel tiefer liegen, als bei den zum Teil recht zügellosen Schätzungen angenommen wird. Ein Beweis dafür, daß jemals der Wert von 100 m p. s. wesentlich überschritten worden sei, ist jedenfalls bisher noch nicht erbracht.

Bei Nr. 233, einer blinden Trombe, wurde die Geschwindigkeit im Staubfuß zu nur 35 m p. s. geschätzt. Nun dürften blinde

[1]) Met. Zeitschr. 1891, S. 358.

Tromben im allgemeinen geringere Rotationsgeschwindigkeiten haben als kondensierende. In der Tat führen die meisten sonstigen Angaben auf größere Geschwindigkeiten. Bei Nr. 201 wurde eine Registrierung des Windes erhalten, da die Trombe gerade über ein Observatorium fortzog; „der Wind ging plötzlich von SSW nach WNW über E. Die Windgeschwindigkeit hielt sich [zuerst] fast konstant auf 7 bis 8 m p. s., vor dem Vorübergang des Wirbels herrschte an der Erdoberfläche während 4 bis 5 Minuten eine fast absolute Windstille, hierauf trat ein plötzlicher Windstoß ein mit einem Maximum von 30 m p. s., d. i. der größte Wert, den der Apparat überhaupt registrieren konnte; in Wirklichkeit muß die Windstärke sehr beträchtlich größer gewesen sein ... Die [lokale] Dauer des Phänomens scheint 6 bis 8 Sekunden nicht überschritten zu haben“ (vgl. auch das Barogramm im folgenden Kapitel). — Bei der Trombe von Chatenay (Nr. 102) wurden Windgeschwindigkeiten bis zu 45 m p. s. beobachtet. Bei Nr. 196 wurde die Geschwindigkeit aus der Umlaufszeit einzelner Wolkenteile bestimmt: „Indeß konnten einzelne [Wolken] während einer ganzen Umdrehung verfolgt werden ... [Die Entfernung wurde nachträglich mit Hilfe der Zerstörungsspur bestimmt.] Daraus folgt ... eine Rotationsbewegung von 40 bis 50 m in der Sekunde bei einem Durchmesser des Wirbels von etwa 150 m ... Dauer der Rotation 3 bis 4 Sekunden“. Um diese Zahlenangaben zum Stimmen zu bringen, muß man annehmen, daß die Breite von 150 m nicht der Wolkensäule, sondern der Zerstörungsspur entspricht; da das beobachtete Wolkenstück sich vermutlich auf der Außenwand der kondensierenden Säule befand, so folgt für diese ein Durchmesser von 40 bis 60 m, also etwa ein Drittel der Spurbreite, was mit unseren späteren Zusammenstellungen gut stimmen würde.

Diese in den bisherigen Beispielen enthaltenen Werte:

Nr. 233	35 m p. s. (blinde Trombe)
„ 102	>30 „
„ 201	45 „
„ 196 . . .	40 bis 50 „

sind indessen offenbar nicht ausreichend, um die großen Verheerungen zu erklären, welche die Tromben gewöhnlich anrichten. In der Tat legen auch die Beschreibungen selber die Annahme nahe, daß es sich in den genannten Fällen um ziemlich schwache

Tromben handelte. Für die starken dürfte man etwa auf das Doppelte dieser Zahlen kommen. Damit stimmen auch die folgenden indirekten Bestimmungen überein.

Lalanne hat eine Methode ausgearbeitet, um aus dem Umwerfen von Mauern auf den Winddruck und damit auf die Windgeschwindigkeit zu schließen. Da dies Umwerfen von Mauern relativ oft berichtet wird, andererseits aber ungefähr dem Maximum der Kraftleistung einer Trombe zu entsprechen scheint und dabei eine relativ zuverlässige mathematische Behandlung gestattet, sei die Methode hier kurz auseinandergesetzt [1]). Natürlich eignen sich für die Berechnung nur freistehende Gartenmauern.

Aus dem Umwerfen einer Mauer von der Dicke d und der Höhe h berechnete Lalanne den Winddruck pro Quadratmeter auf folgende Weise.

Zunächst ist ein Druck

$$p_1 = \alpha \cdot \frac{d^2}{h}$$

nötig, um eine schon von ihrer Unterlage gelöste Mauer zu kanten; α ist dabei das Gewicht eines Kubikmeters Mauerwerk und wird von Lalanne gleich 2400 kg gesetzt.

Zweitens ist noch ein weiterer Druck

$$p_2 = \beta \cdot \frac{d^2}{3h^2}$$

nötig, um den Zusammenhang des Mauerwerkes zu zerbrechen. Die Konstante β drückt dabei die Arbeit des Zuges aus, der nötig ist, um ein Prisma dieses Mauerwerkes von einem Quadratmeter Querschnitt zu zerbrechen, und wird von Lalanne gleich 7500 kg gesetzt, womit der Winddruck

$$p = p_1 + p_2 = \alpha \frac{d^2}{h} + \beta \frac{d^2}{3h^2}$$

wird.

Lalanne berechnet für die Trombe von Chatenay (102) aus $d = 1/2$ m, $h = 2$ m die Werte $p_1 = 300\ \text{kg/m}^2$, $p_2 = 156{,}25\ \text{kg/m}^2$, woraus der Winddruck $p = 456\ \text{kg/m}^2$ folgt. Dieser wird mit Hilfe der Fresnelschen Formel in die Windgeschwindigkeit $v = 72{,}5$ mps. umgewandelt.

Da es sich nur um Überschlagsrechnungen handelt, lassen sich meines Erachtens ohne Nachteil noch Vereinfachungen bei der Rechnung einführen. Setzen wir nämlich β nicht gleich 75000, sondern gleich 72000 kg, so wird α gerade gleich $1/3\,\beta$, und die Formel für den Winddruck lautet

$$p = 2400\,(1 + h)\left(\frac{d}{h}\right)^2 \quad \cdots\cdots\cdots \quad (1)$$

[1]) Lalanne, Sur l'évaluation numérique de la force qui a produit certeins effets de rupture à Chatenay. Compt. Rend. **9**, 219—223, 1839.

Ferner können wir statt der umständlichen Fresnelschen Formel für die Umsetzung in Windgeschwindigkeit die empirische Formel

$$p = 0{,}08\, v^2$$

verwenden [1]) oder

$$v = 5 \sqrt{\frac{p}{2}} \quad \ldots\ldots\ldots\ldots \quad (2)$$

Nach diesen gekürzten Formeln (1) und (2), die sich auch noch zusammenziehen lassen in

$$\dot{v} = \frac{100\, d}{h} \sqrt{3\,(1 + h)} \quad \ldots\ldots\ldots\ldots \quad (3)$$

würde sich für die Trombe von Chatenay ergeben

$$v = 75 \text{ m p. s.},$$

also praktisch dasselbe, was Lalanne erhielt.

Mohorovičič hat bei dem „Tornado" von Novska (Nr. 185) eine ähnliche Schätzung der Windgeschwindigkeit erhalten. Dort wurde ein 13140 kg schwerer Eisenbahnwagen, dessen Seitenfläche 32 m^2 betrug, vom Winde über einen Zaun fortgetragen. Bei dieser Fläche sind 410 kg/m^2 Winddruck von unten nötig, um den Wagen schwebend in der Luft zu halten. Nach unserer Formel (2) gäbe dies 72 m p. s.; nimmt man an, daß dies nur die vertikale Komponente des Windes war, der in Wirklichkeit unter 45^0 anstieg, so würde man als Gesamtgeschwindigkeit $v = 100$ m p. s. erhalten, d. h. fast genau den gleichen Wert, welchen Mohorovičič auf anderem Wege aus denselben Zahlen ableitete [2]).

---

[1]) Der Koeffizient dieser Formel ist von Lilienthal zu 0,125, von Langley zu 0,07 bis 0,09, von Eiffel zu 0,07 bis 0,08 empirisch ermittelt worden. Eiffels Messungen gelten für Geschwindigkeiten zwischen 20 und 40 m p. s. Vgl. O. Martienssen, Die Gesetze des Wasser- und Luftwiderstandes und ihre Anwendung in der Flugtechnik, Berlin 1913, S. 72 ff.

[2]) Mohorovičič selbst berechnet (nach unzulänglicher Formel?) nur 46 m p. s., hält dies aber für eine untere Grenze. Um andererseits eine obere Grenze zu erhalten, stellt er folgende Betrachtung an: „Hätte der Wind auf den Waggon nur einen Augenblick gewirkt [?], so hätte der Waggon eine Anfangsgeschwindigkeit von 20 m p. s. erhalten müssen, wozu ein Druck von 4100 kgr per m^2 Fläche nötig wäre. Die Windgeschwindigkeit, welche nötig ist, um einen solchen Druck zu verursachen, beträgt 158 m p. s." Auch wenn man von der anscheinend nicht richtigen Verwandlung von Druck in Geschwindkeit absieht, wird man dem Autor kaum in der Annahme folgen können, daß ein solches momentanes „Abschießen" des Wagens auch nur als Grenzwert

Eine ganz entsprechende Rechnung ist weiter von Abbé Bourgeat bei der Trombe von St. Claude (A 3) ausgeführt worden. Dort wurde ein Krahn von 25 000 kg Gewicht hochgehoben; da die Angriffsfläche (die obere Plattform) eine Größe von 5 m^2 hatte, kann der Winddruck, der zur Hebung nötig war, zu 500 kg/m^2 geschätzt werden, was nach Formel (2) die Geschwindigkeit $v = 83$ m p. s. ergeben würde (Bourgeat kommt zu 95). Diese Rechnung ist zwar sehr anfechtbar wegen der komplizierten Form des Gegenstandes; wahrscheinlich ist die Angriffsfläche zu klein angesetzt, so daß eine zu hohe Geschwindigkeit berechnet ist. Dafür handelt es sich andererseits auch hier nur um die vertikale Komponente, so daß die Gesamtgeschwindigkeit vielleicht doch diesen Wert erreicht oder überschritten hat.

Wie man sieht, stimmen diese Berechnungen untereinander recht gut überein. Der „Tornado“ von Novska war wohl die heftigste in Betracht kommende europäische Trombe (vgl. z. B. die Spurbreite). Wenn wir für ihn nur etwa 100 m p. s. erhalten, so stimmt damit überein, daß in normalen Fällen, in denen die Tromben die üblichen zerstörenden Wirkungen äußern, etwa 70 bis 80 m p. s. vorkommen, während schwächere, insbesondere blinde Tromben, nur etwa 30 bis 50 m p. s. aufweisen. Weitere Übereinstimmungen mit diesen Resultaten werden im nächsten Kapitel gefunden werden.

Zehntes Kapitel.

Die Luftverdünnung im Innern der Trombe.

Daß im Innern der Trombe infolge der Zentrifugalkraft eine starke Luftverdünnung herrschen müsse, ist bereits von den Autoren des 18. und 19. Jahrhunderts klar ausgesprochen worden. Indessen blieb dies im wesentlichen das Ergebnis theoretischer

---

in Betracht kommt. Als wahrscheinlichen Wert nimmt Mohorovičič 2000 kg pro Quadratmeter an, woraus er 103 m p. s. ableitet; hierbei setzt er voraus, daß diese Geschwindigkeit etwa 45° gegen den Horizont geneigt ist, woraus für horizontale und vertikale Komponente der gleiche Wert, nämlich 73 m p. s., folgt.

Erwägungen; höchstens hätte man die eigentümlichen, durch den schnellen Druckwechsel verursachten Sprengungserscheinungen, von denen noch die Rede sein wird, als Beleg anführen können, allein über die Entstehung dieser Wirkungen waren die Meinungen früher sehr geteilt, und selbst in den Kreisen, welche die elektrische Trombentheorie an sich ablehnten, neigte man dazu, zur Erklärung dieser Erscheinungen die Elektrizität zu Hilfe zu nehmen. Eine exakte Beziehung zur Beobachtung erhielt die Theorie der axialen Luftverdünnung erst nach Einführung und Verbreitung der Barographen. Naturgemäß ist das bisher auf diese Weise erhaltene Material an Registrierungen noch sehr gering; leider ist es auch nicht vollständig ausgenutzt, indem die genaue Lage des Barographen innerhalb der Trombenspur nicht immer ermittelt und angegeben ist.

Zur besseren Beurteilung der Beobachtungen seien einige **theoretische Betrachtungen** vorausgeschickt, die indessen nicht den Anspruch erheben, eine abgeschlossene Theorie des Trombenwirbels darzustellen.

Die Bewegungsform eines natürlichen Wirbels kann sich mehr oder weniger an zwei Idealformen anschließen, welche experimentell durch ein rotierendes Glas Wasser und andererseits durch den Wirbeltrichter über der Öffnung am Boden eines Wassergefäßes veranschaulicht werden können. Im ersteren Falle rotiert der Inhalt des Wasserglases wie ein fester Körper, d. h. das Verhältnis von Geschwindigkeit zum Achsenabstand ist für alle Teile dasselbe:

$$\frac{v}{r} = \text{konst.} \quad \ldots \ldots \ldots \quad (1)$$

Die Wasseroberfläche, welche die Druckfläche Null darstellt, nimmt dabei die Gestalt eines Rotations-Paraboloids an.

Im zweiten Falle ändern alle Teilchen fortwährend ihren Achsenabstand, wobei nach bekannten mechanischen Regeln ihr Rotationsmoment ωr^2 (ω Winkelgeschwindigkeit, r Achsenabstand) unverändert bleibt, was wir auch, da $\omega = \frac{v}{r}$, schreiben können:

$$v \,.\, r = \text{konst.} \quad \ldots \ldots \ldots \quad (2)$$

Die Wasseroberfläche, welche auch hier als die Fläche des Druckes Null ein unmittelbares Bild von der Druckverteilung im

Innern des Wirbels gibt, ist jetzt ein Rotations-Hyperboloid, es bildet sich also längs der Achse eine leere Röhre. Da die lineare Geschwindigkeit nach Gleichung (2) in der Achse unendlich wird, läßt sich für jeden endlichen Druck in der Umgebung des Wirbels angeben, in welcher Entfernung von der Achse der Druck Null erreicht wird, der Wirbel also leer läuft [1]).

Diese beiden Wirbelarten mit ihrer Druckverteilung sind in Fig. 46 und 47 dargestellt.

Es ist nun leicht einzusehen, daß der natürliche Trombenwirbel aus zwei Teilen bestehen muß, die jedenfalls insofern den

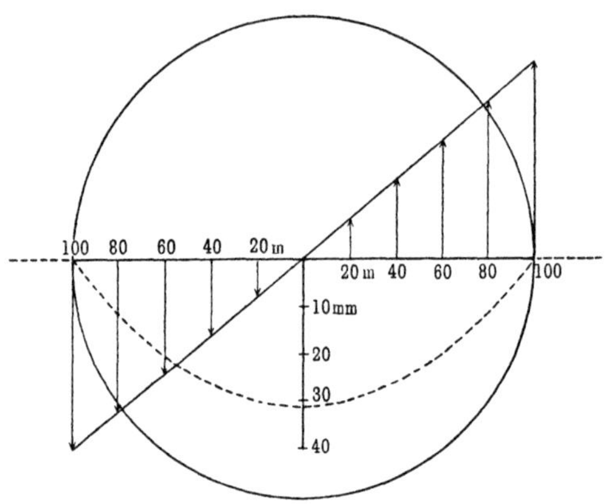

Fig. 46. Querschnitt eines Wirbels von dem Rotationsgesetz $\frac{v}{r} = \text{konst.}$
Die gestrichelte Linie gibt die Druckerniedrigung längs eines Durchmessers, wenn die periphere Geschwindigkeit 80 m p. s. beträgt.

im vorangehenden genannten Idealformen entsprechen müssen, als im inneren Teile v mit wachsendem r zunimmt, während es im äußeren abnimmt. Auch in den angeführten Beispielen des rotierenden Wasserglases und des Ausflußtrichters ist dies der Fall; denn das erstere ist von mitrotierender Luft umgeben, deren

[1]) Nach Muncke (a. a. O. S. 1686) kann man dieses Leerlaufen in folgender Weise besonders anschaulich machen: Man senke einen Trichter bis zum Rande ins Wasser und lasse ihn voll laufen. Versetzt man dann seinen Inhalt durch Umrühren in Rotation und hebt ihn etwas an, so bildet sich augenblicklich in dem unten heraustretenden Wirbel die axiale Leere.

Geschwindigkeit nach außen zu abnimmt, und der wasserleere Kanal im zweiten Falle ist mit Luft gefüllt, welche natürlich mitrotiert, und zwar in der Weise, daß die Geschwindigkeit von der Achse nach außen zu wächst. Es sind also auch in diesen Fällen immer zwei Teile des Wirbels, ein Kern und ein Mantel, vorhanden, nur daß in dem einen Falle der Kern, im anderen der Mantel aus Wasser besteht und dadurch sichtbar gemacht ist. Daß die Grenze zwischen Kern und Mantel, auch wenn beide aus gleichem

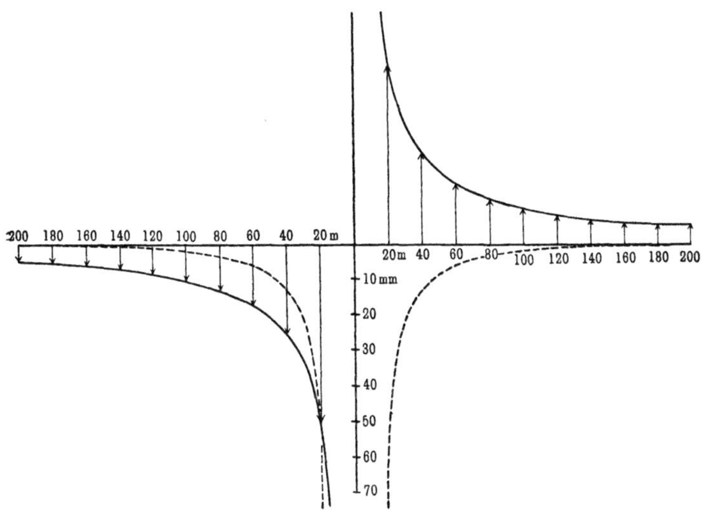

Fig. 47. Querschnitt eines Wirbels von dem Rotationsgesetz $v \cdot r =$ konst. Die gestrichelte Linie gibt die Druckerniedrigung an, wenn in 40 m Achsenabstand die Geschwindigkeit 50 m p. s. herrscht.

Material bestehen, dennoch meist ziemlich scharf ist, erscheint deshalb nicht unwahrscheinlich, weil die Bewegungsform des Kerns der „geradlinigen“, diejenige des Mantels der „turbulenten“ Bewegung ähnlich ist, zwischen denen es auch keine Übergänge gibt. Freilich kann der Mantel wohl zu einem Gleitwirbel zusammenschrumpfen, welcher dann, wie das Öl um eine rotierende Stahlachse, als Zylinderfläche den Kern umhüllt und den Übergang zur ruhenden Luft der Umgebung vermittelt. Man kann sich vorstellen, daß bei einer schnell aus der Wolkenhöhe herabwachsenden Trombe, oder bei einer solchen, die mit großer Geschwindigkeit durch die untere Luftschicht fortwandert, der Mantel nahezu auf einen solchen Gleitwirbel zusammengeschrumpft ist. Bleibt die Trombe aber, ohne ihren Ort in der unteren Luftschicht zu verändern, hinreichend lange in Rotation, so wird die Entfernung, bis zu welcher die umgebende Luft in Mitleidenschaft gezogen wird, immer größer werden, und der Abfall der Geschwindigkeit nach außen wird sich mehr und mehr dem in Fig. 47 dargestellten Schema nähern. Erreicht werden könnte dies Schema allerdings erst nach unendlich langer Zeit, weil darin der Einfluß der Trombe unendlich weit reicht.

Mit Hinblick auf diese Verhältnisse kann man vielleicht den Gleitwirbel als die Jugendform, das Schema der Fig. 47 als die Altersform des Trombenmantels bezeichnen; keine von beiden dürfte je erreicht werden, die wirklichen Formen liegen immer zwischen diesen beiden Extremen. Für den Kern der Trombe dürfen wir wohl das Schema der Fig. 46 als nahezu richtig annehmen.

Nach dem vorangehenden können wir das Rotationsgesetz der Tromben offenbar in die allgemeine Form kleiden:

$$v \cdot r^{\lambda} = \text{konst.} \qquad \qquad (3)$$

wobei λ für den Kern den Wert -1 hat. Für den Mantel dagegen muß λ einen anderen, jedenfalls positiven Wert haben, der bei „jugendlichen“ Tromben nur wenig größer als $+1$ ist, für „alternde“ sich aber dem Wert $+\infty$ nähert.

Daß die Geschwindigkeitsabnahme nach außen oft sehr rasch, also die Dicke des Mantels sehr klein ist, dafür sprechen mancherlei **Beobachtungen**, von denen einige hier angeführt werden sollen:

Bei Nr. 178 war 130 m links von der „Bahnmitte“ noch starker Wind, 300 m links von derselben „regte sich kein Lüftchen“. Bei Nr. 21 herrschte 240 m von der Säule Windstille. Bei Nr. 54 wurde am Wohnhaus kein Wind gespürt, während die Scheune daneben zusammenstürzte. Bei Nr. 196 registrierte der Turm St. Jacques, der jedenfalls in der Zerstörungsspur, vielleicht in ihrer Mitte lag, 6 mm Druckerniedrigung, während 160 m nach außen nur noch 2 mm registriert wurden. Bei der sehr schwachen Trombe Nr. 107, die nur 6 m Spurbreite hatte, bemerkte der Beobachter den Wind erst, als er sich ihm bis auf 5 m genähert hatte. Bei der zweiten der Tromben Nr. 231 heißt es: „Die Grenzen der Trombe waren außerordentlich scharf, wie die folgende Tatsache zeigt. Ein Baum, der sich gerade am Rande der Trombe befand, war auf der der Trombe ausgesetzten Seite vollkommen entlaubt, während die entgegengesetzte Seite unversehrt blieb". Dies sind freilich extreme Fälle, denen andere gegenüberstehen, in welchen die Windabnahme nach außen eine langsamere war. Ein Extrem nach dieser Richtung stellt Nr. 177 dar, wo 2 km seitwärts der Zerstörungsspur noch so starker Wind herrschte, daß man glaubte, er würde die Bäume entwurzeln. Allerdings ist es wohl fraglich, ob es sich dabei nicht um die Gewitterböe handelte, die ja bisweilen neben der Trombe zur Ausbildung gelangt.

Nach dem vorangegangenen ist es nicht schwer, die **theoretische Druckverteilung** im Innern der Trombe zu berechnen, wenn man annimmt, daß ihr Geschwindigkeitssystem durch die Gleichung

$$v \cdot r^{\lambda} = \text{konst.} = c$$

dargestellt ist, und daß λ für den inneren Teil, d. h. für $r = 0$ bis $r = R$, den konstanten, negativen Wert λ_i, im äußeren Teile dagegen, d. h. von $r = R$ bis $r = \infty$, den konstanten positiven Wert λ_a hat. R ist dann der Radius der beide Teile trennenden Zylinderfläche, in welcher die Geschwindigkeit v den größten Wert erreicht, den wir mit V bezeichnen wollen.

Die Differentialgleichung der Druckverteilung ist sofort dadurch gegeben, daß das Druckgefälle in der Richtung auf die Achse, also $\frac{dp}{dr}$, der Zentrifugalkraft $\frac{v^2}{r}$ das Gleichgewicht halten muß. Wir haben daher anzusetzen:

$$\frac{dp}{dr} = \frac{v^2}{r},$$

oder wenn wir mit Hinblick auf die praktische Verwendung den Druck in Millimetern Quecksilber, den Achsenabstand in Metern und die Geschwindigkeit in m p. s. ausdrücken:

$$\frac{db}{dr} = a \frac{v^2}{r} \quad . \quad . \quad . \quad . \quad . \quad . \quad . \quad . \quad . \quad . \quad (4)$$

wo $a = 0{,}0097$ ist.

Zusammen mit der obigen Gleichung der Geschwindigkeitsverteilung, die sich schreiben läßt:

$$v = \frac{c}{r^{\lambda}}$$

ergibt dies:

$$\frac{db}{dr} = \frac{ac^2}{r^{2\lambda+1}}$$

und

$$\int db = ac^2 \int r^{-(2\lambda+1)} dr.$$

Solange λ als konstant betrachtet werden kann, d. h. innerhalb eines jeden der beiden Teile des Wirbels, läßt sich die Integration ohne weiteres ausführen, und wir erhalten:

$$b = -\frac{ac^2}{2\lambda} \cdot r^{-2\lambda} + \text{Konst.} \quad \ldots \ldots \quad (5)$$

Die weitere Diskussion müssen wir getrennt für den inneren und äußeren Teil ausführen.

1. Innerer Teil der Trombe. Wenn wir in der letzten Gleichung $r = 0$ setzen, so wird b gleich der Integrationskonstante, d. h. letztere ist gleich dem in der Trombenachse herrschenden Druck. Bezeichnen wir diesen mit β, so schreibt sich die Gleichung:

$$b - \beta = -\frac{a}{2\lambda_i} \cdot \frac{c^2}{r^{2\lambda_i}} \cdot$$

Dies ist, wie die linke Seite besagt, der Drucküberschuß eines beliebigen Punktes gegen die Achse.

Wird $\lambda_i = -1$ gesetzt, was dem rotierenden Glas Wasser entspricht, so ergibt sich die Gleichung einer Parabel (die gestrichelte Linie in Fig. 46).

Wir können noch die Konstante c eliminieren, die ja gleich $v \cdot r^\lambda$ ist, und erhalten:

$$b - \beta = -\frac{a}{2\lambda_i} \cdot v^2.$$

Um die totale Druckverminderung im inneren Teil der Trombe zu erhalten, müssen wir diese Gleichung auf dessen Außenrand anwenden, wo $r = R$, $v = V$ und $b = B$ ist:

$$B - \beta = -\frac{a}{2\lambda_i} \cdot V^2 \quad \ldots \ldots \quad (6)$$

Es ist sehr bemerkenswert, daß diese totale Druckverminderung nur vom Rotationsgesetz (λ_i) und der maximalen Geschwindigkeit (V) abhängt. Sofern also ersteres als bekannt (nämlich gleich -1) betrachtet werden darf, genügt es, die maximale Windgeschwindigkeit zu kennen, um die totale Druckverminderung berechnen zu können, gleichgültig, welchen Durchmesser die Trombe hat.

2. Äußerer Teil der Trombe. Wenn wir in der allgemeinen Gleichung (5) $r = \infty$ setzen, so wird b gleich der Integrationskonstante, d. h. letztere muß gleich dem Luftdruck außerhalb der Trombe sein. Wir setzen also jetzt die Integrationskonstante gleich 760 und schreiben λ_a statt λ:

$$760 - b = \frac{a}{2\lambda_a} \cdot \frac{c^2}{r^{2\lambda_a}}.$$

Dies ist, wie die linke Seite besagt, die Druckverminderung in einem beliebigen Punkte des Mantels gegenüber der äußeren Luft.

Wird $\lambda_a = +1$ gesetzt, was dem Trichter in ausfließendem Wasser und der Altersform der Trombe entspricht, so ergibt sich die Gleichung einer Hyperbel. (Die gestrichelte Linie in Fig. 47.)

Ersetzen wir wieder c durch $v \,.\, r^\lambda$, so wird

$$760 - b = \frac{a}{2\lambda_a} \cdot v^2.$$

Die totale Druckerniedrigung im äußeren Trombenteil erhalten wir, wenn wir diese Gleichung auf den Innenrand desselben anwenden, wo $r = R$, $v = V$ und $b = B$ ist:

$$760 - B = \frac{a}{2\lambda_a} \cdot V^2 \quad \ldots\ldots\ldots \quad (7)$$

Auch hier ist die Unabhängigkeit von den Dimensionen der Trombe bemerkenswert.

3. Ganze Trombe. Die totale Druckerniedrigung der ganzen Trombe setzt sich aus derjenigen des Mantels und der des Kernes zusammen. Wir brauchen also nur die Gleichungen (6) und (7) zu addieren:

$$760 - \beta = \frac{a V^2}{2} \left(\frac{1}{\lambda_a} - \frac{1}{\lambda_i} \right) \quad \ldots\ldots \quad (8)$$

Um **Zahlenwerte** zu erhalten, die sich zum Vergleich mit den Beobachtungen eignen, ist zunächst in der umstehenden Fig. 48 ein Beispiel für die aus einer gegebenen Windverteilung folgende Druckverteilung dargestellt. Bei der Windverteilung, die im oberen Teile dargestellt ist, ist $\lambda_i = -1$, $\lambda_a = +3$ gesetzt. Ferner ist angenommen, daß die größte Geschwindigkeit $V = 80$ m p. s. beträgt und in einem Abstande $R = 100$ m von der Achse erreicht wird. Die untere Kurve gibt dann die zugehörige Druckverteilung.

Sehen wir von der Verteilung des Druckes ab, und beschränken wir uns auf die Betrachtung der totalen Druckverminderung, so können wir diese für jede beliebige Maximalgeschwindigkeit angeben, vorausgesetzt, daß das Rotationssystem λ_i und λ_a der Trombe bekannt ist. Daß $\lambda_i = -1$ gesetzt werden kann, ist schon wiederholt gesagt worden; λ_a wird zwar in der Natur sehr

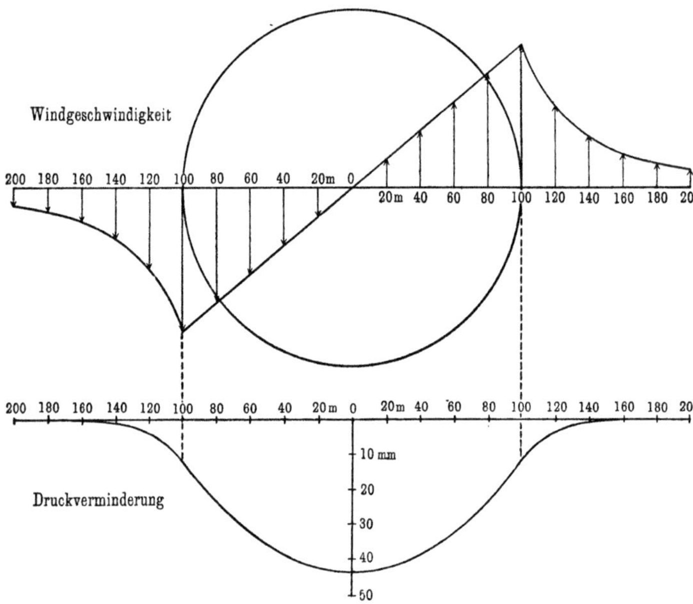

Fig. 48. Windgeschwindigkeit und Druckverminderung für $\frac{v}{r} =$ konst. im inneren und $v \cdot r^3 =$ konst. im äußeren Teil der Trombe. Die maximale Geschwindigkeit ist in 100 m Achsenabstand und zu 80 m p. s. angenommen.

veränderlich sein; führen wir die Rechnung aber sowohl für $\lambda_a = +1$ (alte Tromben) als für $\lambda_a = +\infty$ (junge Tromben) aus, so erhalten wir Grenzwerte, zwischen denen die natürlichen Werte liegen müssen. Die Gleichung (8) vereinfacht sich dann außerordentlich; es wird nämlich

$$\text{für junge Tromben } 760 - \beta = \frac{a}{2} V^2$$

$$\text{„ alte „ } 760 - \beta = a V^2.$$

Für die Altersform der Trombe ergibt sich also immer eine doppelt so große Druckerniedrigung wie für die Jugendform.

Da diese einfache Beziehung zwischen Druckerniedrigung und maximaler Geschwindigkeit sich vorzüglich zum Vergleich von Theorie und Beobachtung eignet, sei sie auch zahlenmäßig in Gestalt der folgenden Tabelle wiedergegeben:

Theoretische Druckverminderung in Tromben.

Maximale Geschwindigkeit . . . m p. s.	10	20	30	40	50	60
Druckverm. in jungen Tromben mm	0,5	1,9	4,4	7,8	12,1	17,5
Druckverm. in alten „ „	1,0	3,8	8,8	15,6	24,2	35,0
Maximale Geschwindigkeit . . . m p. s.	70	80	90	100	200	400
Druckverm. in jungen Tromben mm	23,8	31,0	39,3	48,5	194	776
Druckverm. in alten „ „	47,6	62,0	78,6	97,0	388	—

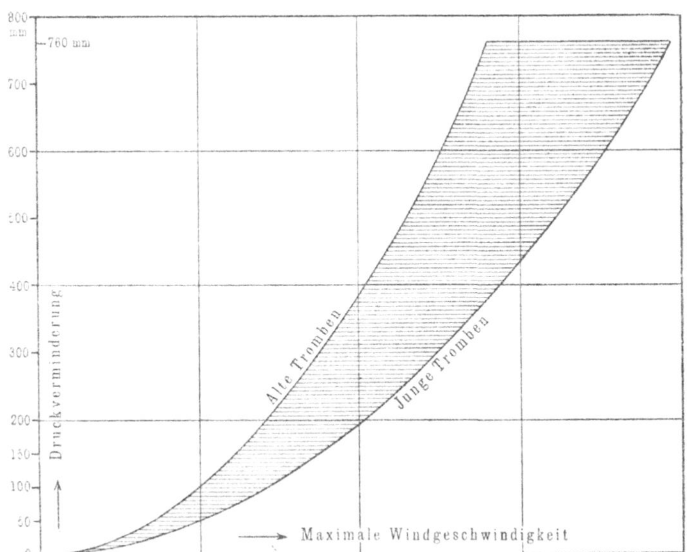

Fig. 49. Theoretische Druckverminderung in Tromben als Funktion der maximalen Rotationsgeschwindigkeit.

Noch bequemer für eine schnelle Orientierung ist die graphische Tabelle Fig. 49.

Im folgenden seien nun die **Beobachtungen über Druckerniedrigung** in den Tromben angeführt, welche nach dem Vorhergegangenen dazu verwertet werden können, die maximale Windgeschwindigkeit zu berechnen:

196. Diese Pariser Trombe war blind, hinterließ aber doch einen Schadenstreifen von 150 bis 300 m in der Stadt. „Auf dem Turm St. Jacques ging der Wirbel um 2^{42}p vorüber. Der Barograph, der 748 mm angab, fiel plötzlich auf 742 mm, um sofort wieder zu steigen (Fig. 50, links). Nur 160 m vom Turm St. Jacques, auf der äußeren Seite des Wirbels, notierte ein Barograph nur einen plötzlichen Fall von 2 mm.“ Im bureau central zeichnete der dortige Barograph die gewöhnliche Gewitternase auf. Der Druckdifferenz von 6 mm würde nach unserer Tabelle eine Geschwindigkeit von 25 bis 35 m p. s. entsprechen; wenn aus den kreisenden Wolken, wie schon früher berichtet, auf eine Geschwindigkeit von 40 bis 50 m p. s. geschlossen wurde, so ist wohl anzunehmen, daß auch der Turm St. Jacques noch nicht in der Spur der Trombenachse lag, da hier nach unserer obigen Tabelle eine Druckdifferenz von 10 bis 20 mm hätte registriert werden müssen.

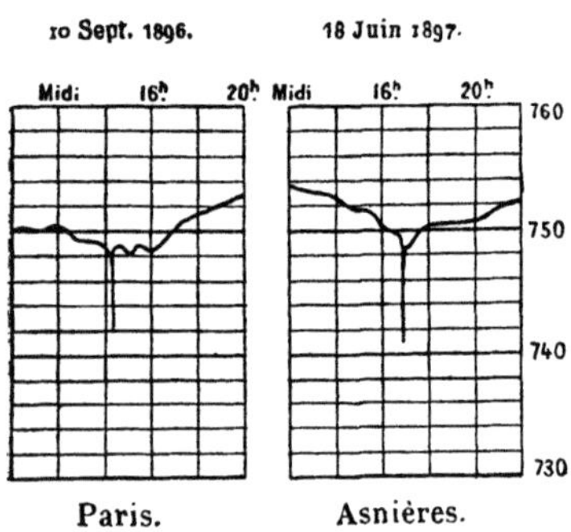

Fig. 50.
Barogramme, erhalten in den Spuren der Tromben von Paris und Asnières.

201. Auch die Trombe von Asnières bei Paris, deren Windgeschwindigkeit gleichfalls schon oben erwähnt wurde, ist von besonderem Interesse: „Das Observatorium der Gemeinde von Paris besitzt in Asnières eine korrespondierende Station ... Der Luftdruck, der in 32 m Höhe 750 mm betrug, fiel plötzlich auf 740,5 mm, um sogleich wieder zu steigen [Fig. 50, rechts]. Dieser Barometersturz im Moment der Passage des Zentrums genau 4^{54}p erstreckte sich nicht weit, denn am rechten Ufer der Seine, in einer Distanz von etwa 600 m, senkrecht auf dem äußeren Rand des Scheitels [gemeint ist wohl: der Trombenspur] genommen, zeigte ein anderer Barograph keinen plötzlichen Sturz, er markierte bloß die gewöhnliche Störung beim Vorübergang von Gewitter.“ — Einem Luftdruckfall von 9,5 mm entspricht etwa eine maximale Windgeschwindigkeit von 35 bis 45 m p. s., was mit der Registrierung (> 30 m p. s.) gut vereinbar ist.

145. Bei der Trombe von Bukarest, die über den Südteil der Stadt fortzog, hier zahlreiche Bäume entwurzelte, Dächer abdeckte, Schornsteine umstürzte und Fensterscheiben eindrückte, wurde an dem im Norden der Stadt gelegenen Observatorium in einer nicht näher angegebenen Entfernung vom Zentrum der Bahn das nebenstehende

Barogramm erhalten; der Wind erreichte hier nur noch 15 m p. s. und ging von E nach NW um. Die Druckschwankungen betragen hier etwa 5 mm und lassen sich vielleicht als Kombination einer kräftigen Gewitternase mit einer Tromben-Druckschwankung von der Art der oben besprochenen deuten. Von einem Wolkenschlauch wird bei dieser Trombe nichts berichtet.

206. Die größte Druckabnahme, die überhaupt bisher beobachtet worden ist, wird von der Trombe Nr. 206 berichtet: „Die Trombe,

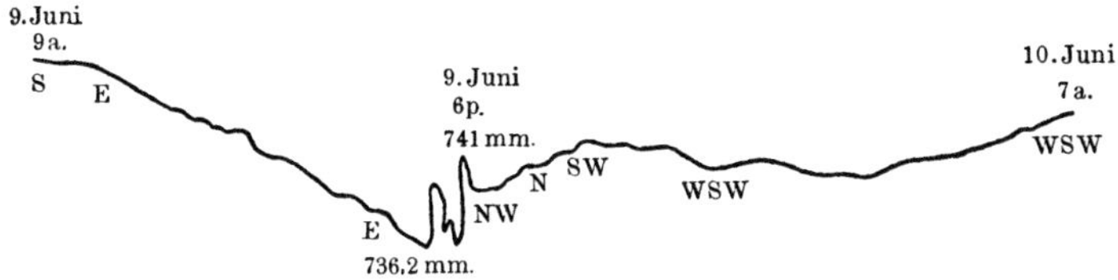

Fig. 51. Barogramm der Trombe von Bukarest.

welche 8—900 m im Durchmesser hatte, ging gerade mit ihrem Zentrum über unsere Schiffe hinweg, wobei die Registrierbarometer einen plötzlichen Fall von 35 mm anzeigten, dem ein ebenso rasches Steigen folgte.“ Aus dieser leider nirgends reproduzierten Registrierung würde eine maximale Windgeschwindigkeit von 60 bis 85 m p. s. folgen.

A 3. Bei dieser Trombe wird von einer plötzlichen Druckverminderung um mehrere Zentimeter berichtet. [Die Registrierung soll von Tardy im „Kosmos“ veröffentlicht sein[1])].

---

[1]) Von ausländischen Beobachtungen seien noch die beiden nebenstehenden Registrierungen von Little Rock, Ark., vom 2. Oktober 1894, und die vom 27. Mai 1896 von St. Louis, Mo., genannt. In Little Rock ging die Zerstörungsspur mitten über die Station fort, in St. Louis aber war der Barograph angeblich mehr als 1 km von der Zentrallinie der Zerstörungen entfernt, wenngleich auch noch an seinem Orte orkanähnlicher Sturm auftrat. Ein Wolkentrichter war hier nicht vorhanden; dieser Tornado war ein Glied einer ganzen Gruppe, die sich im Verlauf von 6 Stunden auf einem Raume von 400 km Länge und 50 km Breite abspielte und zu einem großen Gewitter gehörte. Einige von ihnen, aber nicht der registrierte, zeigten den Wolkenschlauch. In

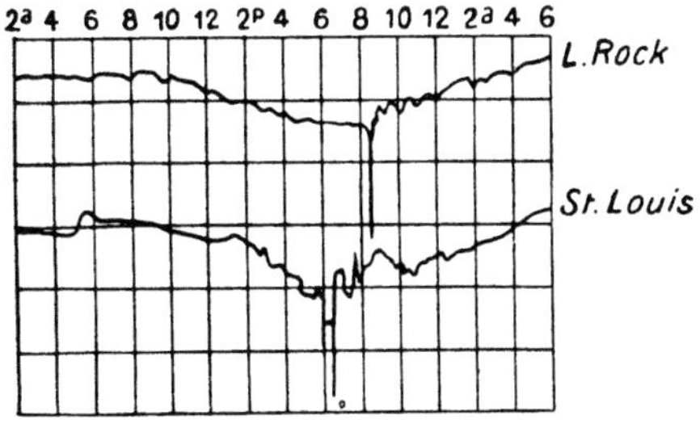

Fig. 52. Barogramme der Tornados von Little Rock und St. Louis. Skalenintervall 5 mm.

Diese Beobachtungen, die freilich noch sehr der Ergänzung durch neue bedürfen, scheinen doch so viel zu zeigen, daß Druckerniedrigungen von mehr als 20 mm nur in heftigen Tromben vorkommen. Hiermit stimmt jedenfalls unser früheres Resultat gut überein, daß bei blinden Tromben Windgeschwindigkeiten unter 50 m p. s., bei kräftigen solche zwischen 50 und 100 m p. s. vorkommen. Die von Finley mitgeteilten Schätzungen der Windgeschwindigkeiten für die nordamerikanischen Tornados sind erheblich höher [1]). Er gibt nämlich an, daß diese Schätzungen zwischen 31 und 358 m p. s. liegen und als Mittel 175 m p. s. ergeben. Aber da die Grundlage dieser Schätzungen nicht mitgeteilt ist, kann wohl auch für die heftigeren Tornados noch immer nicht als erwiesen gelten, daß der Wert von 100 m p. s. jemals wesentlich überschritten worden sei. Es sei insbesondere daran erinnert, daß Werte von 350 m p. s. nach der obigen Tabelle bereits einer Druckerniedrigung um eine ganze Atmosphäre entsprechen würden, was nach den bisher erhaltenen Barogrammen offenbar nicht vorkommt.

Die starke, beim Vorübergang der Trombe plötzlich einsetzende Druckerniedrigung erzeugt bei Gegenständen, die Luft enthalten, **explosionsartige Wirkungen.** Für die amerikanischen Tornados hat Ferrel dies besonders klar hervorgehoben [2]). Nach ihm ist die Zerstörung der Gebäude weit mehr dieser Explosivkraft als dem Winddruck zuzuschreiben. Köppen hat hiergegen geltend gemacht, daß Häuser meist zu undicht seien, um den ruhigen Aus-

---

Little Rock ließ die Dunkelheit keine Beobachtung über den Wolkenschlauch zu. — In Ciel et Terre 7, 21, 1886/87 wird von der Trombe von Shanghai (21. Aug. 1885), deren 100 m breiter Fuß 450 m von dem betreffenden Schiff entfernt vorbeiging, berichtet, daß der Luftdruck an Bord des letzteren um 1,5 mm fiel. — Ferrel (Recent advances in Meteorology, Washington 1886, S. 303) sagt: „Der Luftdruck in einem Tornado ist nach den Beobachtungen nahezu 3 Zoll [75 mm] tiefer als der außen herrschende Druck"; die Beobachtungen, auf welche sich dies Urteil stützt, werden aber nicht genannt.

[1]) Finley, On the charakter of Six Hundred Tornados, Prof. Papers of the Signal Service, Nr. 7, Washington 1882.

[2]) Ferrel, Recent Advances in Meteorology, Washington 1886, S. 304. — Für die von Ferrel ohne genauere Angaben erwähnte Erscheinung, daß leere, verschlossene Flaschen durch den Tornado entkorkt werden, habe ich in den europäischen Trombenbeschreibungen kein einziges Beispiel gefunden.

gleich des Luftdruckes zu verhindern, und warnt vor übertriebenen Vorstellungen hinsichtlich dieser Explosivkraft[1]). In der Tat läßt sich aus unserer Fig. 48 (S. 194) ableiten, daß auch in der Zone stärksten Druckabfalles in der Trombe, wenn diese mit 10 m p. s. fortschreitet, für eine Druckerniedrigung um 25 mm immer noch 6 Sekunden erforderlich sind, und diese dürften in der Tat meist genügen, um der eingesperrten Luft Auswege zu gestatten.

Indessen ist zu beachten, daß die in Fig. 48 dargestellte Druckverteilung sich unmittelbar am Erdboden durch die Reibung leicht verändern kann. Denn die durch letztere erzeugte Turbulenz in dem Wirbel wird bestrebt sein, dessen Rotations- und Drucksystem nach der Richtung des in Fig. 47 (S. 189) dargestellten Schemas zu verändern. Damit ist die Möglichkeit gegeben, daß auf einem engeren Raume eine größere Druckerniedrigung erzeugt wird, und damit wieder wachsen die Chancen für Explosionswirkungen außerordentlich. Wir dürfen hiernach wohl annehmen, daß nicht selten solche Wirkungen auftreten, daß sie aber auf einen schmalen Streifen innerhalb der Trombenspur beschränkt sind. Hierdurch erklären sich die folgenden Beobachtungen.

A 10. Schon die alte Beschreibung der Windhose von Öls in Schlesien vom 1. September 1535 enthält einige solche charakteristische Beobachtungen. So wurde die Decke eines Zimmers gesprengt, offenbar eine Druckwirkung der Zimmerluft bei der plötzlichen äußeren Druckverminderung. Ferner wurde ein Kachelofen zertrümmert in einem Zimmer, dessen kleines Fenster herausgedrückt wurde. Hier wird man annehmen dürfen, daß die Sprengung erfolgte, als das Fenster im Bereich tiefen, der Schornstein im Bereich hohen Druckes war. Die wörtliche Wiedergabe dieser Stellen findet man im zweiten Kapitel.

Sehr gewöhnlich sind Beschreibungen wie die folgenden:

81. „Thore und Thüren, Laden und Fenster, so fest und vorsichtig sie auch durch starke eiserne Riegel verschlossen sein mochten, wurden aufgesprengt und zerstört.“

Auch bei Nr. 82 sprangen die Schränke auf, bei Nr. 126 rissen die Tapeten von den Wänden, wohl infolge der Ausdehnung der in den Wänden enthaltenen Luft.

221. „Die Fenster und Türen geschlossener Lokale flogen nach auswärts, die ganzen Dächer [= diejenigen, welche ganz waren] wurden in toto in die Höhe gehoben, während die schadhaften keine schweren Beschädigungen erlitten haben.“

---

[1]) Köppen, Die Windhose vom 5. Juli 1890 bei Oldenburg usw. Ann. d. Hydrogr. 1896, Heft 12.

129. Das Kirchendach von Nöttja wurde gelüftet, ohne sonst beschädigt zu werden, was deshalb Verwunderung erregte, weil keine Öffnung in der Kirche war, durch die der Wind hätte hineinblasen können. (Wortlaut S. 38.)

152. „In geschlossenen Räumlichkeiten eines Hauses am Markt wurden infolge des Luftdrucks einige Fenster zertrümmert.“

185. „Beide wollten ins Zimmer, konnten aber mit vereinten Kräften drückend, nicht mehr die Thür aufmachen, obgleich man die Thür gegen das Innere des Zimmers öffnet. Sie hörten im selben Moment als wenn tausend Raketen auf einmal platzten, hörten aber nicht wie das ganze Dach über ihren Häupten wegflog. Sobald es zu dämmern anfieng [d. h. die durch die Trombe auf kurze Zeit verursachte Finsternis nachließ], öffneten sich plötzlich alle Thüren von selbst, und die Fenster flogen sammt den Fensterstöcken ins Zimmer hinein.“

Noch überzeugender ist das Sprengen der Fußböden, wovon in den folgenden Beobachtungen berichtet wird:

27. „Was wir nicht übergehen wollen, ist daß sie [die Trombe] in gewissen Häusern den aus Fliesen bestehenden Fußboden aufspringen ließ ebenso wie die Dielen ... In einem Speicher, wo Getreide in der Mitte lag, waren alle Dielenplatten, die nicht mit Getreide bedeckt waren, hochgehoben und durcheinandergebracht, während keine der mit Getreide bedeckten herausgerissen wurde.“

Ebenso bei Nr. 40: „Der Fußboden der Wohnräume wurde gefurcht (silonné) und aufgehoben; in einem anderen Zimmer fand diese Wirkung nur in der Mitte statt, und eine Menge Faience-Stücke, die rings herumstanden, blieben verschont.“

Dasselbe Aufplatzen des Fußbodens wird auch noch in den Beschreibungen Nr. 6, 82 und 24 berichtet, die hier nicht mitgeteilt werden können.

108. In einer Spinnerei, über welche die Trombe hinwegzog, blieben die drei untersten Stockwerke unversehrt, „der Fußboden des vierten wurde mit den Maschinen und Arbeitern gehoben, als ob er emporgezogen worden wäre; das ganze Dach wurde auf der einen Seite gleichsam durch dieselbe Kraft abgehoben, welche zuerst den Fußboden durchbrach und hob, um das Dach zu zerreißen“. — Eine andere, charakteristische Einzelheit bei dieser Trombe ist die folgende: „In der Fabrik des Herrn Mare zu Montville hingen ein Rock und ein Leibrock an einem Kleiderrechen vor einem Schornsteine, der durch eine Dachstube ging. Nach der Trombe fand man einen Schooß des einen und einen Theil des Schooßes des anderen Rockes in einer wagerechten Spalte eingeklemmt und gefangen, die an dem Schornstein entstanden war.“

Besonders deutlich ist aber die folgende Beobachtung, wo eine Erklärung durch Windstau offenbar ausgeschlossen ist:

31. „Schließlich riß dieser Wirbel an zwei Stellen die Steine auf, die das Pflaster einer Bastion des Forts Saint-Elme bildeten, und ließ zwei offene Stellen zurück, deren eine eine Quadrattoise betrug, während die andere 3 Toisen lang und 2 breit war. Die Steine aber hatten 8

bis 9 Zoll Dicke, $1^1/_2$ Fuß im Quadrat und waren besonders gut cementiert, weil sie ein Kornmagazin bedeckten, das im Innern dieser Bastion lag."

Schwieriger ist die Deutung in dem folgenden Falle, wo die Entstehung des Staubfußes beim Herabgreifen der Trombe mit folgenden Worten geschildert wird:

74. „Er erhob sich, indem er ein Geräusch machte wie eine großkalibrige Bombe, welche platzt, wobei er auf der Erde eine Aushöhlung in Form eines kreisrunden Bassins von 20—25 Fuß Umfang und von 3—4 Fuß Tiefe in der Mitte hinterließ." Die Losreißung einer solchen Erdmasse kann wohl nicht durch den Wind erklärt werden, wohl aber durch die Saugwirkung des luftverdünnten Innern der Trombe; besonders wenn etwa unter einer dichteren (vielleicht feuchten) Oberfläche eine porösere (vielleicht trockene) Bodenschicht mit großem Luftgehalt gelegen hätte, könnte durch die Ausdehnung der in ihr enthaltenen Luft wohl eine solche Sprengwirkung entstehen.

Die angeführten Beobachtungen lassen sich meines Erachtens ohne die Annahme einer Explosivkraft nicht erklären, und die nach den Wirkungen zu schätzende Größe dieser Kraft stimmt durchaus mit den früher entwickelten Vorstellungen vom Bau des Trombenwirbels überein. Beachtenswert ist, daß nach den theoretischen Überlegungen die Spurbreite der Explosionswirkungen viel geringer sein muß als die Breite der zerstörenden Winde, wie sie im Walde durch die niedergelegten Bäume in Erscheinung tritt; da die Explosivwirkungen an die Wirbelachse gebunden sind, geht ferner aus den Erörterungen S. 169 hervor, daß sie nicht in der Mitte der Trombenspur auftreten, sondern — bei cyklonischem Rotationssinn — links davon. Die vorliegenden Beobachtungen widersprechen nicht der Annahme einer sehr geringen Breite der Explosionsspur, über ihre Lage geben sie aber keinen Anhalt. Hierauf wäre bei künftigen Untersuchungen zu achten.

Die starke Druckerniedrigung im Innern des Trombenwirbels ist auch die Hauptursache für die

Kondensation der Wolkensäule. Es wird allerdings später gezeigt werden, daß der kondensierende Zylindermantel der Trombe einer aufsteigenden Bewegung entspricht, und es ist klar, daß dieses Aufsteigen die Kondensation stark unterstützt. Dies ist ja auch der Grund, weshalb die Kondensation in der Höhe früher beginnt und später aufhört als unten. Allein bei den meisten Wasserhosen reicht doch der Wolkenschlauch bis zur Meeresfläche herab; daraus geht aber hervor, daß hier bereits die axiale Druckerniedrigung genügt, um die Luft zur Kondensation zu bringen, da sie im untersten Teil der Trombe horizontal aus der Umgebung einströmt. Nachdem in den genannten Fällen also die Luft noch vor dem Aufsteigen zur Kondensation gebracht wird, können wir, wenn Temperatur und Feuchtigkeit in der Umgebung bekannt sind, die Druckerniedrigung berechnen, welche mindestens in einer solchen bis zum Meere herab kondensierenden Trombe vorhanden sein muß.

Wir benutzen dazu am einfachsten die von Ferrel und Hennig zur Berechnung der Cumulus-Basis aufgestellte Näherungsformel

$$H = 122\,(t - \tau),$$

wo H die Höhe ist, in welcher die Kondensation beginnt, t die Temperatur und τ der Taupunkt der Luft vor dem Aufsteigen. Um diese Formel auf das horizontale Druckgefälle der Trombe anwenden zu können, ersetzen wir H durch $11{,}9\,db$, was für unsere Zwecke völlig ausreicht, und erhalten

$$db = 10{,}6\,(t - \tau).$$

Sind also Temperatur und Taupunkt (oder relative Feuchtigkeit) in der Umgebung der Wasserhose gegeben, so muß die letztere, um bis zum Meere herab zu kondensieren, mindestens die in der folgenden Tabelle angegebene Druckerniedrigung aufweisen:

Kleinste Druckerniedrigung für bis zum Meere herab kondensierende Wasserhosen für $t = 20^0$.

Relative Feuchtigkeit . . .	90	80	70	60	50 Proz.
Kleinste Druckerniedrigung . .	18	36	60	85	113 mm

Diese Zahlen sind um so interessanter, als die relative Feuchtigkeit auf dem Meere außerordentlich gleichförmig, sowohl zeitlich wie räumlich, ist. v. Hann [1]) sagt von ihr: „Sie ist über den Ozeanen vom Äquator bis gegen die Pole hin nahe dieselbe, und dürfte sich da bei 80 % halten; in den Passatgebieten kann sie auf 75 % (in einzelnen seltenen Fällen selbst auf 50 %)

[1]) Lehrb. d. Meteorol., 3. Aufl., S. 234.

herabsinken.“ Man kommt also zu dem Schluß, daß die Wasserhosen, da sie in der Regel bis zum Meere herab kondensieren, mindestens eine Druckverminderung um 36 mm aufweisen müssen, ein Resultat, das mit den direkten Messungen durchaus übereinstimmt. Und damit wäre nach den früheren Ausführungen auch gesagt, daß solche Wasserhosen mindestens eine Windgeschwindigkeit von 70 m p. s. besitzen.

Elftes Kapitel.

Der Bau des Trombenwirbels.

Nachdem schon im vorigen Kapitel gewisse Hauptzüge des Trombenbaues, insbesondere ihre Zweiteilung in Kern und Mantel und die Druckverteilung, besprochen worden sind, soll nunmehr versucht werden, ein vollständiges Bild dieses Baues zu gewinnen, und zwar auf Grund der Beobachtungen.

Die erste Beobachtungstatsache, auf die wir das Augenmerk richten müssen, ist die, daß der **Durchmesser der Wolkensäule** nur einen Bruchteil der Breite der Zerstörungsspur beträgt. Daß die Wolkensäule außen noch von einem unsichtbaren Wirbel umgeben ist, wußte schon Lucretius [1]). Besonders betont hat es im Jahre 1838 Oersted, wobei er berichtete, daß Friedrich Rabe bei einer Windhose auf Laland Stroh, Blätter und andere leichte Gegenstände in Windungen außerhalb der Wettersäule aufsteigen sah. In der Tat zeigen auch alle Photographien von Wasserhosen, daß der Wolkenschlauch unten von einem breiten Fuß aus emporgerissenem Wasserstaub umgeben ist, und ein entsprechender, aus Staub und Trümmern bestehender Fuß bildet sich auch auf dem Lande. Die wechselnden Formen und den Bau dieses Fußes übergehen wir zunächst, um sie im nächsten Kapitel ausführlich zu besprechen. Die Breite dieses Fußes, nicht die der Wolkensäule, entspricht der Verwüstungsspur.

Für den Durchmesser der Säule an ihrem unteren Ende finden wir die folgenden Angaben:

---

1) Vgl. das Zitat im letzten Kapitel.

Durchmesser der Wolkensäule.

Nr.	Durchmesser m	Bemerkungen
51	96,5	Geschätzt.
218	20	„
91	17,5	15—20 m geschätzt.
72	15	Geschätzt.
205	15	„
95	10,5	9—12 m geschätzt.
43a	10,8	Geschätzt.
200	9	Trigonometrisch gemessen.
74	7,5	Ellipse mit 9 und 6 m Durchmesser geschätzt, aus unmittelbarer Nähe.
53	7,5	Geschätzt.
61	7,5	Geschätzt. „In der Mitte“.
43b	3,3	Geschätzt.
Mittel . .	18,3	

Während wir im achten Kapitel als mittlere Breite der Zerstörungsspur 192 m gefunden hatten, ergeben die vorstehenden Zahlen für den Durchmesser der Wolkensäule nur 18,3 m, also nur etwa ein Zehntel der ersteren. Freilich beruhen die Zahlen unserer Tabelle mit wenigen Ausnahmen auf Schätzungen, die meist aus größerer Entfernung ausgeführt sind; und diese Schätzungen fallen fast immer zu klein aus. Um nur ein Beispiel zu nennen, gibt Horner in seinen um die Mitte des 19. Jahrhunderts viel zitierten „Erfahrungstatsachen“ (die aber in Wirklichkeit den Erfahrungen so widersprechen, daß wir in diesem Buche keinen Gebrauch davon machen können) an, die Höhe der Tromben variiere zwischen 10 und 500 m; selbst wenn man erstere Zahl als Höhe des Fußes oder Wasserturms auffaßt, so ist mit der zweiten doch sicherlich die Höhe der Wolkensäule bis zu ihrem Verschwinden im cu-ni gemeint. Es dürfte aber gewiß nur selten vorkommen, daß diese Basis schon in 500 m über dem Boden zu finden ist. Man könnte zahllose Beispiele für solche offenkundigen starken Unterschätzungen der Trombendimensionen anführen, während Überschätzungen selten oder nie vorkommen. Deshalb ist auch anzunehmen, daß der Mittelwert von 18,3 m für den Durchmesser der Wolkensäule erheblich zu klein ist. Wir können aber auf einem Umwege zu einem richtigeren Resultat gelangen.

In einigen Fällen ist nämlich gleichzeitig der Durchmesser der Wolkensäule und der der Spur oder des Staubfußes geschätzt. Wenn dann auch beides unterschätzt wird, so wird doch das Verhältnis dieser beiden Angaben von dem Schätzungsfehler frei sein. Es sind die auf der nächsten Seite zusammengestellten Fälle.

Nach ihnen beträgt der Durchmesser der Wolkensäule im Durchschnitt nur 0,22 der Spurbreite; nehmen wir also für letztere den im achten Kapitel abgeleiteten Wert von 192 m an, so würde der Durchmesser der Wolkensäule etwa 40 m werden, wodurch die vorangehenden Ausführungen über die Unterschätzung der Trombendimensionen bestätigt werden. In unserer Tabelle schwankt das Verhältnis $\frac{a}{b}$ zwischen $\frac{1}{3}$ und $\frac{1}{10}$. Es ist in der Tat nicht anzunehmen, daß dies Verhältnis konstant ist, wie schon aus den Fällen hervorgeht, in denen die Wolkensäule immer breiter wird, schließlich in mittleren Höhen verschwindet und eine innere, dünnere Röhre erkennen läßt, welche dann wieder an Breite zunimmt, während die äußere sich ganz auflöst[1]).

Fig. 53. Photographie der Wasserhose von Cottage City (Nordamerika). Photographiert von L. N. Chamberlain.

[1]) Dieser Vorgang wurde z. B. bei der von Bigelow beschriebenen Wasserhose von Cottage City (Nordamerika) beobachtet. Durch Ausmessung der Photographie (Fig. 53) konnte dort der Durchmesser der Wolkensäule zu 72 m, der der Wasserstaubwolke des Fußes zu 220 m (Verhältnis also 1 : 3) exakt gemessen werden. Die zur Ausmessung benutzte Aufnahme wurde kurz vor der Erweiterung erhalten, welche zur Auflösung der äußeren und Bildung der inneren Röhre führte. Die Höhe der Wolkensäule war 1100 m, die des Wasserstaubfußes 128 m. (Bigelow, Studies on the thermodynamics of the Atmosphere, Monthly Weather Review 1906, JOuly, S. 37.)

Nr.	Durchmesser der Säule (a) m	Durchmesser des Fußes (b) m	$\frac{a}{b}$	Bemerkungen
53	7,5	39	0,19	
74	7,5	24	0.31	
91	15—20	75—120	0,18	
218	20	200	0.10	a und b einzeln geschätzt.
218	—	—	0,20	$\frac{a}{b}$ direkt nach Photographie.
102	40—60	150	0,33	
		Mittel . .	0,22	

Eine zweite Erscheinung, welche Aufmerksamkeit verdient, ist die **Röhrengestalt** der kondensierenden Säule. Die Kondensation ist auf einen mehr oder minder breiten Röhrenmantel beschränkt, welcher einen nicht kondensierenden Kern birgt. Diese Erscheinung ist bereits sehr lange bekannt, vermutlich solange man genauere Beobachtungen besitzt. Sie wird z. B. bei den Wasserhosen vom 28. August 1701 auf dem Golfe du Lion (Nr. 11) von Alexander Stewart erwähnt: „Bei allen, besonders aber bei der großen Säule bemerkte man, daß sie gegen das Ende anfingen auszusehen wie ein hohler Kanal, bloß an den Rändern schwarz, in der Mitte aber weiß; und obgleich sie anfangs überall schwarz und undurchsichtig war, so konnte man doch sehr deutlich das Meerwasser in der Mitte dieses Kanals aufsteigen sehen.“ Je nach der Beleuchtung können die Ränder dieser Röhre heller oder dunkler aussehen als die Mitte, nämlich heller, wenn sie gegen dunklen, und dunkler, wenn sie gegen hellen Hintergrund gesehen werden. So heißt es z. B. bei Nr. 200: „Dort, wo sich der Schlauch auf hellem Hintergrund (gelbgrüner Abendhimmel mit fernen weißen Haufenwolken) abhob, ging eine helle Linie mitten durch das große Band, deren Breite den vierten Teil der Bandbreite betrug[1]).“ Und bei der gleichfalls hohlen horizontalen Trombe Nr. 159, die sich umgekehrt gegen dunklen Wolkenhimmel abhob, heißt es entsprechend: „Die Längsachse zeigte sich stellenweise als dunkler Kern.“ Die Erscheinung wird ins-

[1]) Es sei dahingestellt, ob nicht durch den kondensationsfreien axialen Raum in der Trombe Licht von oben herabdringen und die Beleuchtungsverhältnisse verändern kann. Die auffällig häufigen Berichte von einer eigentümlichen Helligkeit in der Trombe legen diesen Gedanken nahe. Siehe hierüber auch zwölftes Kapitel.

gesamt bei folgenden Beschreibungen erwähnt: Nr. 11—43—49—53 (vgl. Fig. 1, S. 18)—58—118—120—131—159—192—200—218 (vgl. Fig. 12, S. 57) —236—237. Bei Nr. 192 handelt es sich um einen hohlen Wolkentrichter.

Bei Nr. 200 wurde die lichte Öffnung der Röhre zu 2 m gemessen, während der äußere Durchmesser 9 m betrug; das Verhältnis der Durchmesser war also 0,22. Bei Nr. 218 war es 8 : 20 = 0,40, und bei Nr. 237, hier allerdings im oberen Teil der Trombe, 0,67, während es unten kleiner wurde. Es ist natürlich nicht anzunehmen, daß die Wandstärke der kondensierenden Röhre immer die gleiche sei; bei blinden Tromben ist sie ja Null, während andererseits bei sehr zahlreichen Tromben, nämlich bei allen heftigeren, die Säule jedenfalls so stark kondensiert, daß der axiale Hohlraum, wenngleich er auch wohl in diesen Fällen vorhanden sein dürfte, doch von außen nicht mehr wahrgenommen werden kann. So ist z. B. bei Nr. 55 die Rede von „Wolkensäulen, die so dicht waren, daß man in der Entfernung nicht unterscheiden konnte, ob es Dampf oder Wasser sey“. Eine dieser Tromben kam dem Schiff so nahe, daß man letzteres mit Hilfe eines Ruderbootes fortbugsierte, um einen Zusammenstoß zu vermeiden. Wenn also trotz einer sehr ins einzelne gehenden Beschreibung in diesem Falle nichts von dem Hohlraum erwähnt wird, so darf man annehmen, daß ein solcher nicht sichtbar war. Dem entspricht auch die schon weiter oben zitierte Erfahrung des Kapitäns Maxwell, daß die Wasserhosen, welche während ihrer vollen Tätigkeit undurchsichtig sind, vor ihrer Auflösung sich in ihrem unteren Teil in eine feine, durchscheinende Röhre verwandeln (vgl. die Fig. 24 auf S. 135). Daß die Röhrenform nur dann erkennbar ist, wenn die Wolkensäule durchscheinend ist, also nur schwache Kondensation herrscht, ist an sich einleuchtend und wird noch besonders bei Nr. 43 hervorgehoben, wo es heißt: „Die Materie, aus der die Trombe bestand, schien sich nicht von derjenigen der erzeugenden Wolke zu unterscheiden, ausgenommen, daß sie mehr durchscheinend war; so konnte man in den unteren Teilen die dahinterliegenden Gegenstände, d. h. das jenseitige Meer, hindurchsehen“, und später nochmals: „Die Materie der Trombe schien mir vollkommen ähnlich der der Wolke zu sein, und ihre Transparenz gestattete zu sehen, daß ihr Inneres vollständig leer war.“ Vgl. hierzu auch das Titelbild (Nr. 83).

Eine weitere, sehr wichtige Ergänzung unseres Bildes vom Bau der Trombe erhalten wir durch die Beobachtungen über **aufsteigende und absteigende Bewegung** in ihr. Den Sachverhalt hat Oersted bereits 1838 mit den kurzen Worten gekennzeichnet: „Man hat eine auf- und eine abwärts gehende Bewegung in der Wettersäule wahrgenommen, versteht sich die eine der Mittellinie näher als die andere.“ Wir wollen zunächst die Beobachtungen sprechen lassen.

Daß in den meisten Tromben eine starke aufsteigende Bewegung vorhanden ist, dafür gibt es so zahllose Belege, daß eine ausführliche Wiedergabe der betreffenden Beschreibungen einen zu großen Raum beanspruchen würde. Wir begnügen uns damit, festzustellen, daß in 21 Beschreibungen das Aufsteigen der Teilchen in der Wolkensäule selber gesehen wurde. Es sind dies die folgenden Nummern:

11—32—39—53—55—58—97—113—115—129—130
144—159—178—181—191—196—207—214—218—226.

Es ist aber von großem Interesse, den Wortlaut dieser Beschreibungen zu prüfen, da derselbe Anhaltspunkte darüber zu geben vermag, wo die Zylinderfläche stärksten Aufsteigens relativ zu der kondensierenden Röhre liegt. Bei Nr. 39, 129, 130, 144, 196, 207, 226 wird nur das Aufsteigen erwähnt, ohne daß die Beschreibung eine Andeutung darüber enthält, ob Verschiedenheiten in der Geschwindigkeit dieses Aufsteigens zu bemerken waren:

39. Bei dieser Trombe ließ Michaud sich durch 2 Zeugen folgende Erklärung bescheinigen: „Wir erklären, daß wir ganz deutlich und während des ganzen Vorüberganges der Trombe, ohne Furcht oder Verdacht einer optischen Illusion, ein dampfartiges Fluidum gesehen haben, welches in sehr schnellem Lauf mit stoßweisen aber niemals retrograden Bewegungen in die Wolke hinaufbefördert wurde; meist wogend, einigemale spiralig.“

129. „Auf der ganzen Länge der Säule schienen ihre Bestandteile eine rotierende, aufwärts gehende Bewegung zu haben.“

144. Bei dieser Trombe wird in ähnlicher Weise von einer „spiralförmig aufsteigenden Bewegung“ in der Sturmsäule gesprochen.

196. Die Worte „Endlich schien die Rotationsbewegung begleitet zu sein von einer aufsteigenden Bewegung“ scheinen anzudeuten, daß das Aufsteigen im Vergleich zur Rotation nur schwach war. An einer anderen Stelle der Beschreibung wird die Neigung der Luftbahnen gegen den Horizont, wenngleich in etwas unklarer Weise, zu 12—15^0 angegeben.

207. Bei dieser Trombe „zeigte sich eine intensive aufwärtsgerichtete Schraubenbewegung.“

Die aufsteigende Geschwindigkeit ist also recht verschieden; aber in keiner von diesen Beschreibungen ist davon die Rede, daß die verschiedenen Teile der Wolkensäule verschieden große vertikale Geschwindigkeiten besäßen. Dies ist bei den folgenden der Fall, und zwar läßt sich die nächste Gruppe nur so deuten, daß die vertikal nach oben gerichtete Bewegungskomponente für den Innenrand des Wolkenmantels größer war als für den Außenrand, die Fläche größter Vertikalgeschwindigkeit also ungefähr mit dem Innenrande zusammenfiel.

11. „Indessen unterschied man sehr gut, daß das Seewasser die Röhre hinaufstieg wie der Rauch in einem Schornstein, mit großer Geschwindigkeit und beträchtlicher Bewegung." — Was der Beobachter hier für Seewasser hielt, können natürlich nur wirbelringartige Verdichtungen an der Innenfläche des Wolkenmantels sein.

58. Bei dieser Trombe wird dasselbe Bild gebraucht und noch deutlicher ausgeführt:

„... ziemlich ähnlich einem langen biegsamen Schlauch, in welchem ich die Dünste in Wellen aufsteigen sah, wie man den Rauch aufsteigen sehen würde in einem Ofenrohr, das aus isoliertem [?] Glas wäre; besonders bemerkenswert war, daß das Aufsteigen der Dünste viel bestimmter, viel lebhafter ganz im erdnächsten Teil war, und daß in diesem selben Teil die Bewegung äußerst sichtbar war; dies untere Ende mochte etwa 3—400 Fuß über der Erde sein. Die Dämpfe stiegen in dieser Trombe auf, ohne daß es mir auf irgend eine Weise möglich war zu sehen, woher sie kamen, indem ich unter der Trombe nichts aufsteigen sah."

113. Auch bei der Beschreibung dieser Wasserhose finden wir dasselbe Bild von dem durchsichtigen Schornstein wieder: „... in ihrer Bewegung gleichend einem riesigen durchscheinenden Schornstein, in welchem das Wasser rauchartig, wirbelnd seinen Weg gen Himmel nahm. Ich hatte Zeit, dies anzuschauen und war sehr betroffen über den wirbelnden Dampf, welcher in dieser glasartigen Röhre hinaufrollte."

32. „Auf ihre Länge verteilt enthielt sie 5—6 Ausbuchtungen [wohl Verdickungen] und hatte auch durchscheinende Stellen, die das Aufsteigen des Wassers erkennen ließen."

In allen vier Fällen ist offenbar anzunehmen, daß nur der Innenrand des Wolkenmantels mit seinen rollenartigen Verdichtungen eine starke Bewegung nach oben hatte, welche vom Beobachter unwillkürlich auf das in Wirklichkeit vollkommen klare Innere der Röhre übertragen wird. Der äußere Teil des Wolkenmantels dagegen, das „gläserne Rohr", kann offenbar nicht die gleiche Bewegung nach oben gehabt haben, lag also bereits außerhalb der Zylinderfläche stärksten Aufsteigens.

Das Umgekehrte ist in den folgenden Beobachtungen der Fall:

214. „Für das unbewaffnete Auge verharrte dieser Wolkenkegel anscheinend in völliger Ruhe; ein Fernrohr mit 13-facher Vergrößerung ließ indessen, namentlich an den Rändern, eine sehr starke, fast kochende Bewegung aufwärts flatternder Wolkenschleier erkennen."

191. (Fig. 54.) „Sofort veränderte dann die Wolke ihr Aussehen, indem sie sich, von der Spitze ausgehend, von unten nach oben hin schnell auflöste, wobei zur Seite des Schlauches und des Trichters schwarze Wölkchen in rollender Bewegung nach oben stiegen, einem schwarzen, aufwirbelnden Rauche sehr ähnlich."

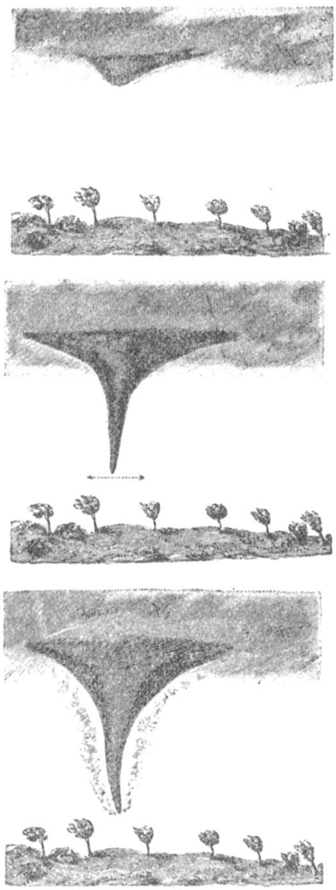

Fig. 54.
Die Trombe von Bühne [Böhne?] in der Altmark [191] in drei Entwickelungsstufen.

— Wenn auch der Beobachter bei der Beurteilung dieser Verhältnisse leicht optischen Täuschungen ausgesetzt ist, zumal es sich oft um schwer auffaßbare Bewegungsvorgänge handelt, scheint mir aus den angeführten Beobachtungen doch soviel hervorzugehen, daß der sichtbare Wolkenmantel meist mit der Zone größter Vertikalgeschwindigkeit zusammenfällt; bisweilen kann letztere aber auch mit dem Innenrande des Mantels, und andererseits auch, wenngleich seltener, mit seinem Außenrande zusammenfallen.

Als Gegenstück sollen nun diejenigen Beobachtungen besprochen werden, in denen von einer absteigenden Bewegung in der Trombe berichtet wird:

237. Bei dieser Trombe wird nur eine langsam absteigende Bewegung erwähnt, ohne daß daneben noch eine aufsteigende Bewegung geherrscht hätte.

244. Das gleiche gilt für die Wasserhose Nr. 244, welche über das Schiff des Beobachters fortging: „Er war ihr so nahe, daß er vollkommen erkennen konnte, wie das Wasser, aus welchem die Trombe bestand, herabstieg.“

224. Bei dieser Trombe hat der Beobachter in seiner Skizze (Fig. 74) Pfeile hineingesetzt, die absteigender Bewegung entsprechen; im Text wird diese Bewegung nicht erwähnt.

In den folgenden Fällen endlich wird auf- und absteigende Bewegung gleichzeitig neben einander beobachtet:

85. Hier heißt es von einem Arbeiter, der in den Fuß der Trombe hineingeriet: „Aber er behauptet, zwei Strömungen in demselben verspürt zu haben, wovon die eine schief nach oben gegangen sey, und Kornhalme mit Aehren und andere leichte Körper mitgenommen, die andere aber die entgegengesetzte Richtung gehabt habe.“

53. [Aus 100 Schritt Abstand.] „Es schien mir, daß die Tropfen, woraus der Cylinder bestand, nicht senkrecht herabfielen, sondern schraubengängig herabflossen und zum Theil in einer entgegengesetzten Richtung sich hinaufwanden“ (Fig. 1, S. 18). Nach Hinwegschreiten der Wasserhose über das Schiff heißt es weiter: „Es kam mir abermals so vor, als wenn das Wasser in dem Cylinder sich wie zwei Schrauben von einer Seite herab-, und von der anderen hinaufwand.“

55. „... kam es mir vor, als wenn bei jeder dieser Säulen das Wasser sich aus dem Meere in die Höhe erhöbe und zu den Wolken hinanstiege, und dagegen das Wasser der Wolken zum Meere herabströme. Wenigstens war eine außerordentlich schnelle Bewegung von oben nach unten und von unten nach oben hinauf sehr bemerklich. Indessen schien doch auch zugleich das Wasser in concentrischen horizontalen Kreisen, die sich stets veränderten, zu laufen, welches ich sehr deutlich durch ein gutes Fernrohr, das ich zur Hand nahm, beobachten konnte.“

Die folgenden Beobachtungen sind unklarer; anscheinend ist es den Beobachtern bei ihnen nicht gelungen, diese Bewegungsverhältnisse aufzufassen. Gemeinsam ist ihnen, daß die aufwärts gerichtete Bewegung gegenüber der abwärts gerichteten stark in den Vordergrund tritt:

218. „Man konnte genau sehen, wie das Wasser hinaufschoß; auf der hinteren Seite fielen vom oberen Teil der Säule ganze Fetzen herunter.“ Ein anderer Beobachter sagt, „daß — dem Auge ganz gut sichtbar — eine Dunstmasse gegen Süden an dem Riesenbaume hinauf und dann gegen Norden herunter flutete.“ Übrigens kann man die Verdichtungen, welche an der Außenseite der Säule nach oben wanderten, sehr gut auf den Photographien Fig. 11 und 12 (S. 56 und 57) erkennen.

181. „Deutlich und scharf war zu sehen, wie die Luft von unten nach oben in der Röhre strömte... Die aufsteigende Luft, einige Mal auch niederfliegende, ging außerordentlich schnell in Spiralform von rechts nach links.“

159. Bei dieser horizontalen Trombe, bei welcher interessanterweise gleichfalls eine Bewegung der Wolkenteilchen in Richtung der Achse bemerkt wurde, und zwar vom spitzen zum breiten Ende hin, kam es dem Beobachter zum Schluß vor, „als ob die in der Ferne herankommenden Dämpfe plötzlich in retrograde Bewegung kämen". Da die Wirbelbewegung kaum ihren Sinn umgekehrt haben kann, ist es vielleicht die Bewegung längs der Achse, welche sich umkehrte.

178. In einer besonderen Weise wird bei der Windhose von Oldenburg über absteigende Bewegung berichtet. Während sonst die „kreisend aufsteigende Bewegung" hervorgehoben, und erwähnt wird, daß am oberen Ende der Windhose die emporgerissenen Gegenstände „auf eine Weite von 200 m" hinausgeschleudert wurden, heißt es in der Erläuterung zu der auf S. 50 (Fig. 7) bereits mitgeteilten Skizze: „Die Bewegung war außen eine korkzieherförmig absteigende; im Innern der Hose wurden die Wolken anscheinend wieder mit großer Geschwindigkeit nach oben gezogen." Nach meiner Auffassung dieser Figur, die noch weiter unten erläutert werden wird, stellt sie bereits einen äußeren Mantel dar, und die eigentliche Säule, die hier unsichtbar geworden ist, entspricht nur dem mittelsten Teil des Ganzen. Übrigens ist zu beachten, daß es sich hier um den dicht unterhalb der Wolkendecke liegenden Teil des Wirbels handelt, in welchem die Bewegungsverhältnisse nicht dieselben zu sein brauchen wie im unteren Teil.

Die Gesamtheit dieser Beobachtungen über auf- und absteigende Bewegung in der Trombe liefert also etwa folgendes Bild: Die aufsteigende Bewegung überwiegt bei weitem, anscheinend besonders auf dem Lande, weniger bei Wasserhosen. Die Geschwindigkeit des Aufsteigens scheint von unten nach oben abzunehmen; ihr Maximum erreicht sie in einem Abstande von der Wirbelachse, welcher der kondensierenden Röhrenwand entspricht, mitunter aber auch deren Innen- oder Außenrand. Die häufig gleichzeitig beobachtete absteigende Bewegung erreicht ihr Maximum wahrscheinlich in der Achse, wo eine solche schon wegen der Auflösung der Wolken jedenfalls vorhanden sein muß.

Andererseits aber scheint, wie die letztgenannte Beobachtung zeigt, auch der aufsteigende Mantel noch wieder von einem absteigenden umgeben zu sein, der bei stärkerer Ausbildung wohl eine ringwulstartige Senkung der Wolkenbasis zur Folge hat und damit zu der noch zu besprechenden Erscheinung der Doppelröhre hinüberleitet. Die Nr. 7 der in Fig. 62 (S. 221) abgebildeten Tornadowolken kann diesen Vorgang ebenfalls veranschaulichen.

Dies Ergebnis stimmt schlecht zu der Ansicht, daß der auf- oder absteigenden Bewegung eine mehr als sekundäre Rolle in der

Mechanik der Tromben zukommt. Es ergibt sich vielmehr eine ungezwungene **Erklärung** für sie aus dem Einfluß, welchen die Bodenreibung auf den Trombenwirbel ausübt. Dies läßt sich mit wenigen Worten an der Hand der Fig. 55 erläutern. Darin stellt die ausgezogene Linie die Druckverteilung im Trombenwirbel dar, wie sie auf S. 194 berechnet wurde, und wie sie in größerer Höhe über dem Boden, wo die Reibung an letzterem keine Rolle mehr spielt, auch nahezu erreicht sein dürfte. Im untersten Teil des Wirbels bewirkt nun die Reibung, daß die Luftbewegung einen mehr turbulenten Charakter annimmt; die Luftteilchen be-

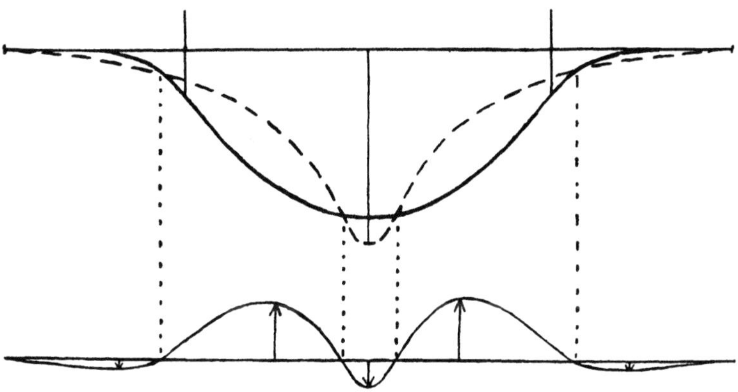

Fig. 55. Druckverteilung in einem Trombendurchmesser (ausgezogen) und ihre Veränderung durch die Reibung am Boden (gestrichelt). Unten: resultierende vertikale Gradienten.

halten hier nicht ihren Abstand von der Achse unverändert bei, und die Bewegungsform nähert sich deshalb dem auf S. 189 in Fig. 47 dargestellten Schema. Dadurch wird aber auch die Druckverteilung in diesem Teil der Trombe nach der gleichen Richtung hin verändert, so daß sich die ausgezogene Druckkurve in Fig. 55 in die gestrichelte Kurve verwandelt. Hieraus lassen sich aber folgende Schlüsse ziehen:

Im untersten Teil der Trombe muß ein eigentümliches System vertikaler Gradienten entstehen, welches in der unteren Hälfte der Figur dargestellt ist: in der Achse ein stark abwärts gerichteter Gradient, außen umgeben von einer Zone sehr starker aufwärts gerichteter Gradienten, die ihrerseits wieder umgeben ist von einer Zone schwacher nach unten gerichteter Gradienten. Hierdurch erklärt sich eine absteigende Luftbewegung in der Wirbelachse und eine mit der Reibung wachsende aufsteigende Bewegung in einem Zylindermantel, welche der kondensierenden Wand der Hohlröhre entspricht; außen ist diese Zone wieder von schwach absteigender Bewegung umgeben. Die aufsteigende Bewegung muß überwiegen, weil im ganzen die Reibung verzögernd wirkt und also die Druckverminderung schwächt, so daß die nach oben gerichteten Gradienten überwiegen. Da diese vertikalen Gradienten, und mit ihnen der Luft- und Energieaustausch in Richtung der Wirbelachse um so stärker werden, je größer die Reibung am Boden wird, so wird gerade bei großem Energieverbrauch am Boden die Herbeischaffung neuer Energiemengen aus den oberen Teilen der Trombe äußerst schnell von statten gehen; der Fuß der Trombe verfügt also sozusagen über die Energie der gesamten Trombe, auch wenn diese — wofür später Beispiele gegeben werden — eine Länge von 10 bis 20 km besitzt. Man kann den Fuß dieses Wirbels nicht bremsen, ohne ihn zugleich auf seiner ganzen Länge zu bremsen. Daher die scheinbar paradoxe Unerschöpflichkeit dieser Wirbelenergie, welche eine Stunde lang ohne Unterbrechung Bresche durch einen Wald schlagen kann, ohne Spuren des Nachlassens zu zeigen. An weiteren Einzelheiten zeigt unsere Figur noch, daß die Zylinderfläche des stärksten Aufsteigens einen viel kleineren Durchmesser hat als die Grenze zwischen „Kern" und „Mantel" der Trombe; die größte Rotationsgeschwindigkeit liegt also noch außerhalb der Wolkensäule. Auch bemerkt man, daß der Wirbel durch die Reibung am Boden verbreitert wird.

Stromlinien der Hohlröhre. Es ist am Platze, hier auf ein Ergebnis hinzuweisen, zu welchem Sandström bei der theoretischen Konstruktion der Stromlinien atmosphärischer Wirbel gelangte [1]). Danach lassen sich die Stromlinien als graphische Lösung einer Differentialgleichung darstellen, und zwar lautet diese, wenn als Form die arithmetische Spirale zugrunde gelegt wird:

$$\frac{dy}{dx} = \operatorname{tg}\left(\sqrt{x^2 + y^2} + \operatorname{arctg}\frac{y}{x} - a\right).$$

[1]) J. W. Sandström, Über die Bewegung der Flüssigkeiten. Ann. d. Hydr. u. Marit. Met. 1909, S. 243 ff.

Durch Variieren von a verändern sich nun die Stromlinien derart, daß sich vom Mittelpunkte eine kreisförmige „Trennungslinie“ ausscheidet, welche bei weiterer Änderung von a sich konzentrisch erweitert. In diese Trennungslinie strömt die Luft von beiden Seiten unter gleichsinniger Drehung hinein. In ihr selber muß die Luft also aufsteigen, in der Achse des Wirbels steigt sie ab. Die nebenstehende Fig. 56 zeigt diese Wirbelstromlinien.

Sandström selber wendete sie auf das „Auge“ der tropischen Cyklone an; sie gelten aber in genau gleicher Weise für die Tromben. Überhaupt verhalten sich die Tropencyklonen bezüglich des Bewegungssystems, wenigstens ihres inneren Teiles, ganz ähnlich wie die Tromben. In den Registrierungen der Cyklone von Manila vom 19. bis 20. Oktober 1882 z. B., welche v. Hann auf S. 608 der dritten Auflage seines Lehrbuches reproduziert, erkennt man im Bereich des starken Barometerfalles ein Sinken der Temperatur um etwa 1° und Steigen der Feuchtigkeit um 10 Proz. bei Annäherung an das Zentrum; bei Erreichung desselben wird ein plötzlicher Temperaturanstieg um 7° und ein Fall der relativen Feuchtigkeit von 100 auf 43 Proz. beobachtet, während $^1/_4$ Stunde lang Windstille, nur unterbrochen von einzelnen Stößen, herrschte. Hier läßt sich also die mit der Druckverminderung verbundene Temperaturerniedrigung, die bei den Tromben zur Kondensation der Wolkensäule führt, direkt verfolgen, und das Absteigen der Luft in der Wirbelachse läßt sich hier mit Thermometer und Hygrometer beweisen. Bei den Tromben liegen begreiflicherweise derartige Messungen bisher nicht vor. Doch sei eine — leider

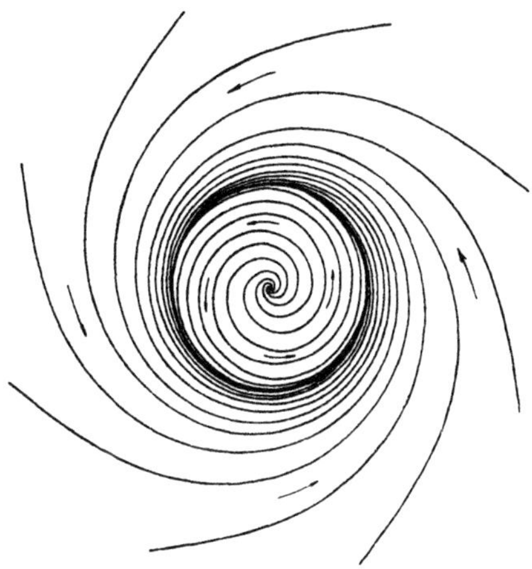

Fig. 56. Stromlinien eines atmosphärischen Wirbels bei Ausscheidung einer „Trennungslinie“, nach Sandström.
(Zur Erklärung der Röhrenform der Tromben.)

gänzlich vereinzelte — Beobachtung erwähnt, die vielleicht hierher gehört: Bei der Windhose von Oldenburg (Nr. 178) berichtete der Schäferjunge, der in sie hineingeriet, es sei heiß darin gewesen. Da die Luft in 1500 m meist etwa 7° höhere potentielle Temperatur besitzt als die am Erdboden, so müßte eine Trombe, in deren Achse die Luft aus dieser Höhe herabsteigt, trotz des Druckdefizits noch etwa 5° Temperaturüberschuß im Innern aufweisen, was immerhin für das Gefühl schon merklich sein dürfte. Damit soll freilich nicht gesagt sein, daß einer so vereinzelten Beobachtung schon größere Bedeutung beizumessen sei. Allein man darf aus dem Gesagten wohl die Mahnung entnehmen, bei künftigen Trombenpassagen über meteorologische Stationen nicht nur den Barographen, sondern auch die übrigen registrierenden Instrumente zu beachten.

Doppelröhren. Eine weitere Erscheinung, welche den bisher geschilderten Bau des Trombenwirbels nicht selten modifiziert, ist die Ausbildung von Doppelröhren. Statt der einen Wolkenröhre erscheinen dann zwei konzentrische, von denen die äußere meist unvollständig ist und so die innere erkennen läßt. Auch hier seien zunächst die **Beobachtungen** angeführt:

205. Auch wenn die äußere Röhre als solche nicht ausgebildet ist, so läßt doch die Form der Wolkenbasis in der unmittelbaren Umgebung der Trombe oft bereits die Tendenz dazu erkennen, indem in einigem Abstande von ihr ein ringförmiger Wulst an der Unterseite der Wolke erkennbar ist. Sehr deutlich ist dies z. B. geschildert bei Nr. 205: „... fanden sich solche [Wolkenzapfen] an anderen Stellen, von Wolkenwülsten ringförmig umgeben, die deutlich die wirbelnde Bewegung um den Zapfen erkennen ließen, aber augenscheinlich von bedeutend größerem Durchmesser waren wie die Wasserhose.“ Auch in der Originalphotographie der Wasserhose vom Zugersee (Nr. 218) kann man diesen Ringwulst leidlich erkennen. Sein Durchmesser ist hier etwa drei- bis viermal so groß wie der Durchmesser der Trombe in der gleichen Höhe. Zwischen Wulst und Trombe befindet sich eine kuppelartige Wölbung. In der Reproduktion (Fig. 11, S. 56) sind diese Einzelheiten leider verloren gegangen.

210. Ganz ähnlich ist die Beschreibung bei Nr. 210: „Um den oberen breiteren Rand desselben [des Wolkentrichters] befand sich ein hellgrauer Kreis, der den Trichter umkreiste und auf- und abwogte.“

142. Wenn ferner die Wasserhose Nr. 142 aussah „wie der Stiel eines Regenschirmes im Verhältnis zum Schirm, wenn die Wolke den Schirm repräsentiert“, so würde dies Bild doch recht gesucht sein, wenn der Autor damit nur den geringen Durchmesser der Trombe

bezeichnen und nicht zugleich die Wolkenkuppel mit der Wölbung des Regenschirmes vergleichen wollte.

115. Bei Nr. 115 hatte der Wolkenzapfen die Form eines schiefen umgekehrten Kegels, „dessen Basis wie ein Nagelkopf geformt war". Diese Bezeichnung ist zwar unklar, scheint sich aber doch auf die Kuppel und den umgebenden Ringwulst zu beziehen[1]).

Viel deutlicher wird die Doppelröhre aber in den folgenden Beispielen, in denen die äußere Röhre in ihrem oberen Teil vollkommen ausgebildet ist, so daß die sichtbare Trombe aus einem dickeren oberen Teil und einem dünneren unteren besteht, welche mehr oder weniger scharf gegeneinander abgegrenzt sind.

228. Bei der Trombe von Solingen wurden drei Skizzen erhalten (Fig. 58 auf folg. Seite), deren linke die angegebene Form zeigt. Als Rotationskörper gedacht, stellt dieselbe offenbar zwei in einander steckende Kegel dar, von denen der äußere größere abgestumpft ist.

127. Ein ganz ähnliches Bild scheint die Trombe Nr. 127 geboten zu haben: „... erschien in beträchtlicher Höhe über dem Horizonte ein ungeheurer Kegel, der rasch um seine Achse rotierte; die äußere Oberfläche des Kegels erschien grünlich, seine Basis grau. In Wahrheit

Fig. 57. Photographie der Wasserhose von Cottage City (Amerika) kurz vor ihrem Erlöschen; der Wolkenschlauch entspringt aus einer großen Kuppel, in die man schräg von unten hineinsieht.

[1]) Wegen der Objektivität der Photographie sei hier auch noch eine der von Bigelow veröffentlichten Aufnahmen der Wasserhose von Cottage City wiedergegeben (Fig. 57), welche dieselbe kurz vor ihrem Erlöschen zeigt, nachdem sie sich bereits vom Meere abgehoben hatte. Der weiße Fleck in der Wolkendecke an der Wurzel der Trombe ist offenbar die gegenüberliegende Innenwand der Kuppel, in deren Mitte der Zapfen in die Wolke eintritt.

waren es zwei Kegel, einer innerhalb des anderen. Die Basis des inneren senkte sich etwas tiefer als die des äußeren."

48. Bei der Wasserhose von Nizza, Nr. 48, beschreibt Michaud mit Wort und Bild (Fig. 59) dieselbe Erscheinung: „Die merkwürdigsten Umstände bei diesen Wasserhosen waren: 1. Der außerordentlich große

Fig. 58. Die Trombe von Solingen [228] in drei Erscheinungsformen. Links Doppelröhre.

Fig. 59. Michauds Zeichnung zweier Wasserhosen bei Nizza [48]: die rechte zeigt die Doppelröhre.

Umfang des Wolkenzipfels, von dessen Ende die wirkliche Hose, die ohne allen Vergleich dünner war, herabhing usw."

63. Auch bei Nr. 63 bestand die Trombe aus mehreren in einander geschachtelten Röhren, worauf schon früher gelegentlich hingewiesen war: „Es folgte ein zweiter und ein dritter [umgekehrter] Kegel, von denen der eine tiefer herabkam, mit einer bedeutenden perpendikulären Oszil-

lation, und endlich sich unten öffnete, und nun sah der Arbeiter von dem erweiterten Ende desselben eine gerade Säule, welche er mit einem Wurfspieße verglich, zur Erde herabgehen, die auch als dichterer Körper ziemlich weit aufwärts in der Wolke zu sehen war..."

55. Auch die folgende Beschreibung der Wasserhosen Nr. 55 dürfte hierher gehören: „Die Säulen waren alle sehr gleichförmig und in jeder Entfernung von der Oberfläche des Meeres gleich dick... Oben und unten allein, wo sich die Säulen in den Wolken und im Meere verloren, hatten sie eine weit beträchtlichere Peripherie, denn an diesen beiden Orten erblickte man unzählige Wirbel und Schneckengänge, die das hinauf- und herabrollende Wasser bildete, und die den Säulen das Aussehen gaben, als wären sie mit Kapitälern versehen." Da die kontinuierliche, trichterförmige Erweiterung, welche der Wolkenschlauch gewöhnlich in Höhe der Wolkenbasis erfährt, nicht zu der Vorstellung von Kapitälern passen würde, muß auch hier der charakteristische Absatz zwischen der äußeren und inneren Röhre vorhanden gewesen sein.

Fig. 60. Photographie der Wasserhose von Cottage City, nach Bigelow; Doppelröhre, die äußere Röhre zerfällt.

218. Es sei auch auf die Photographie der Wasserhose auf dem Zugersee (Fig. 11, S. 56) hingewiesen. Denn wenn hier auch nicht eine so breite äußere Röhre vorhanden ist wie in den früheren Fällen, so erkennt man doch, daß der obere Teil der Trombe die Struktur eines umgekehrten Schachtelhalmes zeigt, indem in mehreren Höhen sprungweise Verbreiterungen einsetzen. Es ist nicht unwahrscheinlich, daß es sich hier um prinzipiell dieselbe Erscheinung handelt, wie bei den mehrfachen in einander steckenden Röhren.

118. Endlich ist noch die Wasserhose Nr. 118 zu nennen. Zwar enthält das Tagebuch-Manuskript von Natalie Köppen nichts, was auf Doppelröhren schließen ließe; indessen hat Professor Köppen, der gleichfalls Augenzeuge war, nachträglich (1915) den Bericht dahin ergänzt, daß auf ihn am meisten Eindruck das Abfallen der wolkigen Hülle und das Erscheinen des dünnen Schlauches ganz nach Art einer Photographie der Wasserhose von Cottage City gemacht habe. Letztere ist in Fig. 60 wiedergegeben. Besonders interessant ist es, daß bei dieser

amerikanischen Wasserhose die Reihe von Photographien, welche Bigelow veröffentlicht hat, es gestattet, die Umbildung von der einfachen Röhre zur Doppelröhre zu verfolgen: Die Röhre nimmt immer größeren Durchmesser an, bis sie zerzaust wird und in der Mitte aufbricht, wodurch eine zweite, zunächst sehr dünne zentrale Röhre sichtbar wird. Während dann die Reste der äußeren Röhre sich mehr und mehr auflösen, nimmt die innere wiederum an Durchmesser zu, bis sie, gänzlich frei, wieder die normale Dicke hat.

83. Unter den im Titelbild dieses Buches abgebildeten Wasserhosen befindet sich eine (vielleicht zwei), die bei auffallender Breite durchscheinend sind und im Innern noch eine schmalere Wolkenröhre erkennen lassen [1]).

---

[1]) Diese noch fast gar nicht beachtete Eigentümlichkeit der Tromben, bisweilen Doppelröhren zu bilden, kommt auch in zahlreichen anderen außereuropäischen Beobachtungen zum Ausdruck. Wegen der Objektivität der Darstellung sei hier eine von Bates in Neuseeland erhaltene Photographie dreier gleichzeitiger Wasserhosen wiedergegeben (Fig. 61; nach v. Hann, Lehrb. d. Met., 3. Aufl., S. 727), von denen namentlich die

Fig. 61. Photographie dreier gleichzeitiger Wasserhosen in Neuseeland von Bates (nach v. Hann).

linke in ihrem oberen Teil eine Verbreiterung zeigt, die anscheinend nicht einer bloßen Trichterform, sondern wohl dem Übergang von der äußeren zur inneren Röhre entspricht. Ferner sei auf die in Fig. 62 wiedergegebene Auswahl von Tornadoskizzen von Finley hingewiesen, von denen Nr. 7 und 8 die Doppelröhre, Nr. 3 und 6 in ihrem obersten Teil immerhin einen Ansatz dazu zeigen. (Finley, Report of the Tornados of May 29 and 30, 1879, in Kansas, Nebraska, Missouri, and Jova, Professional Papers of the Signal Service Nr. 4, Washington 1881.)

Fig. 62. Auswahl der von Finley gesammelten Skizzen der Tornadowolken vom 29. und 30. Mai 1879. (Oberste Reihe von links nach rechts Nr. 1—3, mittelste Nr. 4—6, unterste Nr. 7—9.)

39. Endlich sei noch eine vereinzelte Beobachtung besonderer Art erwähnt, welche vielleicht eine Beziehung zu den Doppelröhren hat. Es handelt sich um die nebenstehend abgebildete Erscheinung der Wasserhose Nr. 39. Zuerst zeigte sie die gewöhnliche Form; als sie aber vor dem Hafen von Nizza anlangte, der am Ausgange eines Tales liegt, „wurde sie von einer sehr lebhaften, aus N kommenden Luftströmung getroffen (Fig. 63). Diese versuchte, den Körper der Trombe zu zerreißen, und es gelang ihr schließlich, sie am Punkt *a* [der Unterbrechungsstelle] anzuschneiden. Der untere Teil erschien darauf wie von großen Federbüschen begrenzt, die durch den Wind zurückgestoßen und sogar einige Male stark nach hinten umgekippt wurden und durch fortwährendes, aber vergebliches Aufschnellen unausgesetzt Anstrengungen machten, sich

Fig. 63. Wasserhose, von Michaud bei Nizza beobachtet [39], welche eine eigenartige Unterbrechungsstelle zeigt.

mit dem Stumpf wieder zu vereinigen; das sehr zugespitzte, um den Betrag der abgelösten Teile zusammengeschmolzene Ende des oberen Teiles hielt gleichwohl an dem unteren Teil fest und fuhr fort, Wasser zu pumpen, welches man wie vorher in die Wolken steigen sah, während der untere Teil der Trombe, der seine früheren Dimensionen behalten hatte, im Winde hin und her schwankte, sich verlängernd und verkürzend, aber ohne sich von der aufströmenden Stelle der Meeresoberfläche zu entfernen, die mit den Wolken von Ost nach West zog. Als die Trombe vor dem Schlosse angekommen war, und sich wieder in Windschutz befand, vereinigte sich das abgerissene Ende wieder mit dem Stumpf, und bald nahm das Ganze wieder seine anfängliche Form an." Hier scheint es sich um eine Röhre zu handeln, die nur im oberen breiteren Teile doppelt war, wo aber die äußere Röhre für einige Zeit durch die Luftströmung zerstört wurde. Übrigens hat hier auch der Wolkenwulst, aus dem die Trombe herauskommt, große Ähnlichkeit mit der Doppelröhre.

Die Abbildung und Beschreibung der eigenartigen Unterbrechungsstelle erinnert stark an ein von Vettin experimentell erhaltenes Gebilde, welches in der untenstehenden Fig. 64 wiedergegeben ist [1]).

Nach Vettins Beschreibung entsteht es dadurch, daß der im Innern des Wirbels absteigende Strom sich wie ein umgekehrter Pilz erweitert und einen Wirbelring bildet, der von dem Hauptwirbel mantelartig umhüllt wird. Ganz ähnliche Geschwülste des Wirbels konnte auch Weyher bei seinen Versuchen mit künstlichen Tromben willkürlich erzielen [2]).

Schließlich sei noch kurz darauf hingewiesen, daß die Doppelröhrenstruktur bisweilen auch im Bau des Fußes, insbesondere des Wasserturmes, zum Ausdruck kommt; hier hat man sogar schon drei in einander geschachtelte Röhren beobachten können. Doch sollen diese Beobachtungen erst im folgenden Kapitel besprochen werden.

Fig. 64. Versuch von Vettin.

Das Rotationssystem solcher Doppelröhren dürfte wohl in der Weise aufzufassen sein, daß sich im inneren Teil der Trombe, welcher mit überall gleicher Winkelgeschwindigkeit rotiert, nochmals ein Zylinder mit größerer Winkelgeschwindigkeit absondert. Diese Geschwindigkeitsverteilung und die daraus folgenden Druckverhältnisse sind in der nachstehenden Fig. 65 veranschaulicht; der äußere Teil der Trombe ist dabei fortgelassen, d. h. es ist angenommen, daß der gezeichnete Zylinder außen mit einem Gleitwirbel gegen die ruhende Luft endigt. Berücksichtigt man, auf welche Weise die einfache Wolkenröhre durch die Reibung der Trombe am Erdboden entsteht, so sieht man ohne weiteres, daß die umstehende Druckkurve Gelegenheit zur Ausbildung zweier konzentrischer Wolkenröhren geben muß [3]).

---

[1]) Vettin, Meteorologische Untersuchungen. Pogg. Ann. d. Phys. **102**, 246.

[2]) Weyher, Sur les tourbillons etc. Paris, 2. Éd. 1889, S. 31.

[3]) Coustes Annahme (Annuaire de la Soc. Met. de France 1875), daß die Tromben aus mehreren konzentrischen Röhren von entgegengesetzter Drehung bestehen, entbehrt wohl der Begründung. Vgl. Köppens Referat in Zeitschr. d. Österr. Ges. f. Met. 1883, S. 356, wo es heißt: „Die Grundlage für diese seltsame Annahme liegt darin, daß Hr. Couste bei den Tromben eine vollständige Analogie mit den Turbinen finden zu können glaubte.“

Die Frage nach der Ursache eines solchen Rotationszuwachses in der Achse der Trombe ist damit allerdings noch nicht berührt. Es liegt aber recht nahe, anzunehmen, daß die Erscheinung mit einer Verstärkung des Wirbels zusammenhängt, welche in höheren Schichten erzeugt wird und sich zunächst längs der Achse nach unten fortpflanzt. Damit würde auch insbesondere die Beobachtung Nr. 39 (vgl. oben S. 222) stimmen, wo die innere Röhre nur bis zur Mitte der Trombe herabreicht, die äußere aber bis zu dieser Höhe herab zerstört wird.

Wir wollen an dieser Stelle gleich eine Frage behandeln, welche von grundsätzlicher Bedeutung für die Erklärung der Tromben ist, nämlich **ob sich die Tromben noch weiter innerhalb der Wolke fortsetzen,** oder ob sie an der Wolkenbasis endigen. Die meisten Autoren haben wohl letzteres angenommen oder berühren die Frage gar nicht. Auch mit Oersteds Worten: „Weder in der Erde, noch im Meere oder auch an der Oberfläche der Erde sind die Bedingungen enthalten, welche diese Wirbel hervorbringen können, und sie müssen daher in den oberen Regionen ihren Ursprung haben," brauchen nur die Schichten dicht unterhalb der Wolkenbasis gemeint zu sein. In neuerer Zeit hat namentlich Sandström die Ansicht vertreten, daß die Tromben nur aus dem sichtbaren vertikalen Stück bestehen; er hält sie für Randwirbel einer vordringenden Zunge kalter Luft. Von dieser Voraussetzung ausgehend, hat er interessante theoretische Vorstellungen über die Wirbellinien entwickelt, auf welche hier im Anschluß an einige allgemeine Betrachtungen kurz eingegangen werden soll [1]).

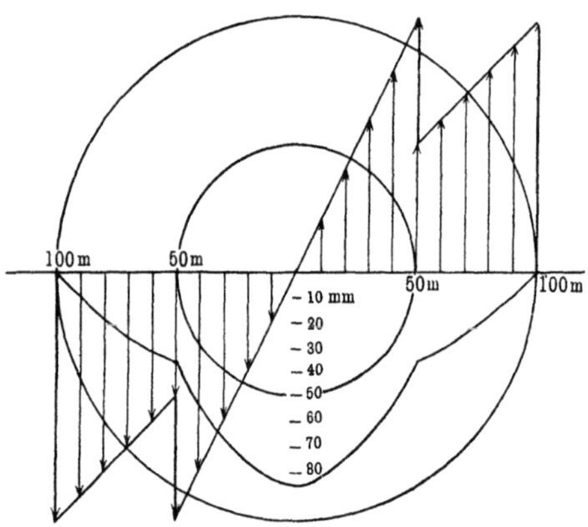

Fig. 65. Vermutliche Geschwindigkeitsverteilung und Druckverminderung in Doppelröhren.

[1]) J. W. Sandström, Über die Wirbelbewegungen in der Atmosphäre. (Arkiv för Matematik, Astronomi och Fysik 7, Nr. 30, 1912.)

Eine „Wirbellinie" erhält man, wenn man von einem wirbelnden Teilchen in Richtung seiner Wirbelachse zum nächsten Teilchen weitergeht und so fort von Teilchen zu Teilchen. Über diese Wirbellinien gibt es eine Reihe theoretischer Sätze; da aber die Theorie für reibungslose Flüssigkeiten gilt, müssen wir bei Anwendungen auf die Natur zwischen kinematischen und dynamischen Sätzen unterscheiden, denn in reibenden Flüssigkeiten brauchen nur noch die ersteren zu gelten, während die letzteren auch nicht annähernd erfüllt zu sein brauchen. Zu den kinematischen Sätzen gehört der, daß die Wirbellinien nicht frei enden können. Dies ist eben eine geometrische Notwendigkeit von derselben Art wie die, daß eine Isobare nicht frei enden kann. Dagegen gehört zu den dynamischen, in der Natur meist nicht erfüllten Sätzen der, daß ein gegebenes Flüssigkeitsteilchen stets auf derselben Wirbellinie bleiben muß, auf der es sich einmal befindet. In reibenden Flüssigkeiten können sich also die Wirbellinien in bezug auf die Teilchen verlagern.

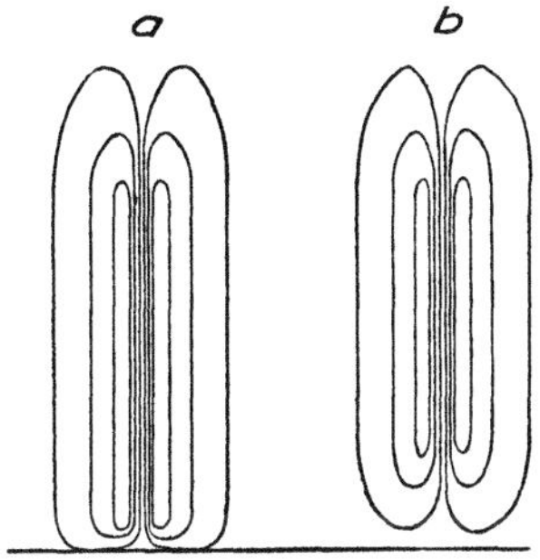

Fig. 66. Wirbellinien einer Trombe, a) wenn sie den Erdboden berührt, b) wenn sie sich vom Boden gelöst hat, nach Sandström.

Sandström gibt die nebenstehende Darstellung der Wirbellinien einer Trombe, unter der Voraussetzung, daß dieselbe nicht oben umbiegt, sondern endet. Er berechnet ferner die Anzahl der „Einheitswirbel" einer Trombe, die ein Maß für ihre Stärke gibt. Der Einheitswirbel wird dadurch definiert, daß er jeder geschlossenen Kurve, die ihn umschließt, die „Zirkulation" 1 cm^2/sec erteilt, und die „Zirkulation" einer solchen Kurve ist das Integral der Tangentialkomponente der Geschwindigkeit längs derselben. Besteht nun die Trombe aus einem äußeren und einem inneren Teil, deren letzterer mit überall gleicher Winkelgeschwindigkeit rotiert, so läßt sich die Anzahl der Einheitswirbel in diesem berechnen. Ist z. B. sein Radius 25 m (also die Peripherie 157) und die periphere Geschwindigkeit 50 m p. s., so beträgt die Zirkulation dieser Peripherie $50 \times 157 = 7850$ m^2/sec $= 78{,}5$ Millionen Einheitswirbel. Da nun die Wirbellinien in der Höhe umbiegen und im äußeren Teil der Trombe sämtlich wieder nach unten zurückkehren, so enthält dieser die gleiche Zahl von Einheitswirbeln, deren Drehungssinn aber entgegengesetzt ist, trotz des gleichsinnigen Kreisens der Luftmassen. Um den Drehungssinn der Einheitswirbel durch die Richtung der Wirbellinien bezeichnen zu können, setzt Sandström fest, daß in einer cyklonal rotierenden Trombe die Wirbellinien des inneren Teiles nach oben, die des äußeren nach unten gerichtet sind. Aus dem weiteren Inhalt der Arbeit sei nur noch auf die Einführung der „Gleitwirbel" hingewiesen. Jede mit Windsprung verbundene Schichtgrenze stellt einen solchen Gleitwirbel dar, dessen Wirbellinien alle parallel in der

Grenzfläche angeordnet sind. Die Intensität eines Gleitwirbels ist die Anzahl der Einheitswirbel auf jedem Zentimeter senkrecht zu den Wirbellinien.

Wenn der innere Teil der Trombe außen statt eines breiten Mantels nur mit einem Gleitwirbel umgeben ist, wie es dem Schema der Fig. 46 auf S. 188 entspricht, so laufen alle Wirbellinien aus dem inneren Teil, nachdem sie in der Höhe umgebogen sind, in dieser einen Zylinderfläche zum Erdboden zurück. Die Verhältnisse sind dann die gleichen, wie bei einer im Lager laufenden Stahlachse; das Öl repräsentiert dabei den umgebenden Gleitwirbel. Je langsamer dagegen im Mantel die Geschwindigkeit nach außen abnimmt, desto mehr treten die rückkehrenden Wirbellinien auseinander. Für den Fall, daß das Geschwindigkeitsgesetz $v . r =$ konst. erreicht ist, haben sie unendlich großen Abstand voneinander, oder mit anderen Worten, in diesem Falle kehren die Wirbellinien des inneren Teiles erst in unendlich großer Entfernung von der Trombe zur Erde zurück, die Umgebung der Trombe ist also ganz frei von Wirbellinien. Obwohl also auch in diesem Falle die Luft des Mantels um die Trombe kreist, bildet sie, theoretisch gesprochen, keinen Wirbel, sondern eine „wirbelfreie“ Strömung. Ein Teilchen, das zur Hälfte schwarz und zur anderen Hälfte weiß wäre, würde bei einem solchen Umlauf mit der schwarzen Seite immer nach derselben Himmelsrichtung zeigen. Wenn wir früher dies Bewegungssystem des Mantels als das Endergebnis einer unendlich langen Einwirkung der Trombe auf ihre Umgebung gekennzeichnet haben, so stimmt dies also damit überein, daß die Wirbellinien der Trombe erst in unendlicher Entfernung zurückkehren.

Diese theoretischen Betrachtungen enthalten natürlich keinen Beweis dafür, daß wirklich der Trombenwirbel bereits in der Höhe der untersten Wolkenetage sein Ende erreicht, sondern lassen sich insbesondere auch ohne weiteres auf die später zu besprechenden Formen der horizontalen Tromben anwenden.

Indessen sprechen manche Beobachtungen in der Tat für die erstgenannte Auffassung. Insbesondere scheinen die trichterartigen und vielleicht noch mehr die trompetenartigen Formen anzudeuten, daß die starke Erweiterung des oberen Teiles bereits das Ende des Wirbels darstellt. Eins der zahlreichen Beispiele solcher sich nach oben stark erweiternden Tromben ist diejenige von Augsburg vom Jahre 1587 (A 9), welche nach einem von Hellmann neu herausgegebenen Einblattdruck in Fig. 67 reproduziert ist; sie dürfte zugleich die älteste deutsche Trombenabbildung darstellen.

Ebenso wäre auch die Trombe Nr. 243 von Bergzabern (Fig. 68) zu nennen, doch sind diese Fälle so zahlreich, daß eine vollständige Aufzählung unmöglich ist.

Fig. 67.

Schröckliche newe Zeytung auß Augspurg, so man

an dem Himmel gesehen, vnd aygendtlich vernommen hat, Wie solliches mit etlich Hundert Menschen, zu Probieren vnd beweysen ist. 2. Julio Anno 1587.

Anno 1587, den 2. Julij, zwischen 12. vnd 1. Uhr, nach mittag, Hat sich inn der Lufft ein grosses vngehewres Gewülckh zusammen gehauffet, gleichsam als ob ein schweres Wetter, mit Hagel, Donner, vnd Plitz anziehen vnd sich herfür thon wolte, Inn sollichem begibt sich augenscheinlich, das sich gantz schewlich vnd schröcklich. gegen Mitternacht, ein grewlicher Wolckh, geformiert wie ein schwantz eines grossen Drachen, oder Lindwurms, (Wie er dann hie in diser Figur sichtbarlich abgemahlt, oder entworffen ist.) hat sehen lassen. Wellicher jetzt auff die Rechte, bald auff die Lincke seyten sich gekrümmet, vnd gewunden, Ja sich zu letzt, vnden herab verkleinert, gantz scharpff vnnd spitzig gemachet hat, Ist also nahend bey einer halben stund lang gestanden, vnd hernach allgemach verschwunden.

[Es folgt eine geistliche Ermahnung.]

zu Augspurg, bey Hanns Schulthes, dem Jüngern, Dockenmacher vor Barfüsser Thor.

Von früheren Autoren wurde diese Erweiterung des oberen Teiles meist aus der Zunahme der relativen Feuchtigkeit mit der Höhe bis zur Wolkenbasis erklärt. Daß aber diese Erklärung nicht ausreicht, geht schon aus denjenigen Fällen hervor, in denen die Verbreiterung fehlt, und die Trombe als eine in allen Höhen ganz oder doch fast gleich starke Säule erscheint. Berücksichtigen wir, daß im Innern der Trombe absteigende Bewegung herrscht, und die Kondensation der Röhre wesentlich, wenn auch nicht ausschließlich, durch die Fläche stärksten Aufsteigens bestimmt wird, so wird man mit größerem Recht die starke Verbreiterung im oberen Teil auf eine entsprechende Erweiterung dieser Fläche zurückführen. Diese Auffassung wird auch durch den Umstand gestützt, daß solche trichterartigen Formen bisweilen auch bei Kleintromben zu beobachten sind, die nur durch Staub sichtbar werden, so daß die relative Feuchtigkeit hier gar nicht in Frage kommt. Damit stimmt weiter überein, daß die horizontalen Tromben gleichfalls eine solche Verjüngung nach der einen Seite zeigen; auch hier kann die Trichterform nur durch das Rotationssystem der Trombe bedingt sein. Auch bei ihnen ist übrigens das spitze Ende dasjenige, welches sich verlängert, während die Wolkenteilchen sich umgekehrt vom spitzen zum dickeren Ende hin verschieben.

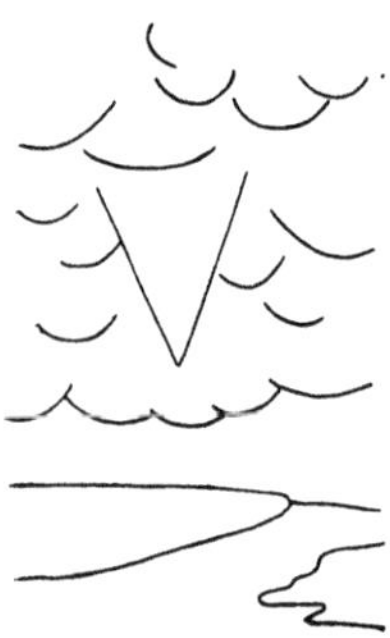

Fig. 68. Die Trombe von Bergzabern [243].

Wenn aber aus den angeführten Gründen die trompetenartige Erweiterung des oberen Teiles in erster Linie nicht auf die Feuchtigkeitszunahme zurückzuführen ist, sondern eine wirkliche Erweiterung des Wirbels darstellt, so sprechen diese Fälle offenbar dafür, daß der Wirbel hier wirklich endigt, ebenso wie bei den Kleintromben, wo diese Erweiterung gleichfalls am oberen Ende auftritt.

Es gibt auch einige Beobachtungen, in denen sogar das Endigen des Wirbels an der Wolkenbasis direkt wahrgenommen zu sein scheint. So hatte z. B. die Trombe von Sarajewo (Nr. 130), wie Fig. 69 zeigt, an der Wolkenbasis eigentümliche wurzelartige Ansätze, welche anscheinend so zu deuten sind, daß erst an dieser Stelle die Vereinigung einer Reihe (wohl horizontal liegender)

Wirbelrollen zu einem einheitlichen Wirbel stattfindet, wobei wir an die früher besprochene Vereinigung von Zapfen erinnert werden. Es widerspricht nicht der Rotation der Trombe, daß solche Wurzelansätze stationär bleiben können [1]).

Noch deutlicher ist das folgende, freilich ausländische Beispiel der von Buchanan am 8. Januar 1789 auf 3° 38′ N. B. und 135° 26′ östl. Länge beobachteten Wasserhose [2]). Wie Fig. 70 zeigt, teilte sich hier der Wolkenschlauch in drei von einander getrennte Wurzeln. Die Wasserhose wurde aus einer Entfernung von 4 bis 6 engl. Meilen ($6^1/_2$ bis $9^1/_2$ km) gesehen.

Diese letzteren Fälle scheinen also dafür zu sprechen, daß hier wenigstens der einheitliche Wirbel der Trombe in Höhe der Wolke aufhörte; aber es steht nichts im Wege, anzunehmen, daß die Teilwirbel, vielleicht in Form paralleler, neben einander

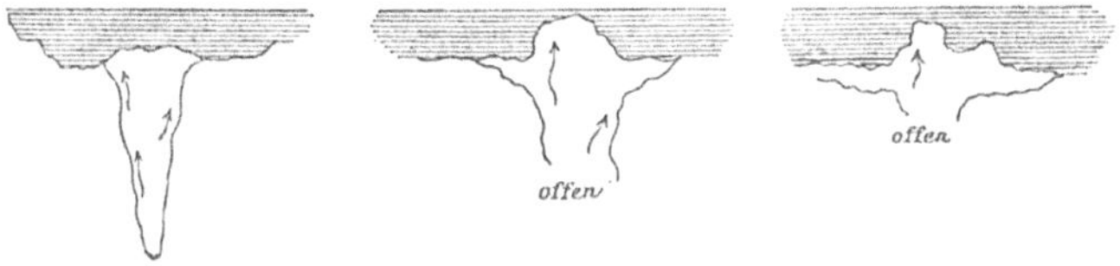

Fig. 69. Die Trombe von Sarajewo [130] mit wurzelförmigen Ansätzen des Wolkentrichters.

liegender Rollen, umbiegen und horizontal um den Wolkenturm des cu-ni herumlaufen.

Horizontale Tromben. Auf der anderen Seite verfügen wir aber über eine Anzahl von Beobachtungen, welche teils direkt beweisen, teils sehr wahrscheinlich machen, daß der Trombenwirbel geschlossen in der Höhe umbiegt und sich in der untersten Wolkenschicht als einheitlicher Wirbel meilenweit horizontal erstreckt. Daß die sichtbare Trombe überhaupt nur die passive Verlängerung eines uns durch die Wolken verborgenen Wirbels

1) Wenn man z. B. in einer Kaffeetasse, deren Wandung etwas gewellt ist, durch Umrühren einen Wirbel erzeugt, so bildet sich auf der Flüssigkeitsoberfläche eine entsprechende Anzahl spiralförmig verlaufender Rinnen, welche vollkommen stationär bleiben, während die Flüssigkeit durch die zwischen ihnen liegenden Wülste hindurchströmt.

2) Edinburgh philos. Journ. **5**, S. 275, 1821; nach Gilberts Ann. d. Phys. **70**, 104, 1822, und Peltier, a. a. O., S. 251.

sei, hat v. Hann besonders deutlich ausgesprochen [1]): „Die Tornados sind heftige Luftwirbel, die in der Wolkenregion entstehen, wahrscheinlich unter dem Cirrusniveau und oberhalb der Region der unteren mächtigen Haufenwolkenbildungen, und dann allmählich zur Erde herabsteigen". Freilich hält die durch diese Worte nahegelegte Vorstellung, daß der aktive Teil des Wirbels in der geraden Verlängerung der sichtbaren Trombe nach oben zu suchen sei, der Kritik wohl nicht stand. Denn eine solche Fortsetzung ist auch in den Fällen nie gesehen worden, wo die Trombe von einer relativ flachen, vorgeschobenen Wolkenetage des cu-ni herabhing, über welche der Beobachter hinwegsehen konnte. Die Ansicht, daß der Wirbel innerhalb dieser Wolkenetage umbiegt und horizontal wird, ist unter anderen von mir im Jahre 1911 vertreten worden [2]). Von großer Bedeutung für diese Auffassung ist der von Weyher und anderen erbrachte experimentelle Nachweis, daß derartige Wirbel freiwillig in Richtung ihrer Achse weiterwachsen [3]).

Fig. 70. Wasserhose, welche oben aus drei Wurzeln entspringt, beobachtet von Buchanan (nach Peltier). Links Regen.

In einigen Fällen ist nun dieser horizontale Teil der Trombe, der sonst meist in der Wolke verborgen ist, direkt gesehen worden:

159. Das beste Beispiel ist die Teplitzer Trombe Nr. 159, deren Beschreibung und Abbildung im zweiten Kapitel (S. 39—43) ausführlich wiedergegeben ist. Diese horizontale Trombe war anfangs kurz und dick,

---

[1]) v. Hann, Lehrbuch d. Meteor., 3. Aufl., Leipzig 1915, S. 730.

[2]) Über den Ursprung der Tromben, Meteor. Zeitschr. 1911, S. 201. Die dort ausgesprochene Vermutung, daß die Trombe das Ende eines durch den fallenden Niederschlag erzeugten Luftwirbels (des Gewittersturms) sei — wofür W. Krebs, ebendort 1912, S. 41, die Priorität in Anspruch nimmt —, kann ich heute nicht mehr aufrecht erhalten.

[3]) C. L. Weyher, Sur les tourbillons, trombes, tempêtes et sphères tournantes. Études et Expériences. 2. Édition, Paris 1889. Weyher erzeugte die Trombe in einem gläsernen Luftkasten durch ein oben

verlängerte sich aber schnell in Richtung des spitzeren Endes, während sich die Wolkenteilchen in ihr in umgekehrter Richtung verschoben und gleichzeitig lebhaft um die Längsachse rotierten. Am dicken Ende traten sie „wie Rauchwolken aus einem Schlot“ in die umgebenden Wolken über. Die Länge dieses horizontalen Wirbels wurde zu $1^1/_2$ bis 2 Wegstunden (7 bis 10 km) geschätzt. Auf der einen Figur sieht man das spitze Ende dieses Wirbels in einem großen Bogen sich zur Erde herabsenken; andere Beobachter haben nur eine vertikale Trombe gesehen. Daß beide identisch sind, ist wohl kaum zu bezweifeln.

203. Ein zweites klares Beispiel einer horizontalen Trombe ist Nr. 203: „Die Gewitterwolken hatten sich auf etwa $^1/_2$ km Waldau genähert ... Da wurde ich von meinem Söhnchen, mit dem ich das herannahende Wetter betrachtete, auf eine scharfe Linie unter der Wolkenwand aufmerksam gemacht, die ganz plötzlich entstanden zu sein schien, da ich sie vorher nicht beobachtet hatte. Es war, wie sich bei näherer Betrachtung herausstellte, eine Windhose, die eine fast wagerechte Lage hatte und sich in einer Länge von mindestens 1 km [1]) ausdehnte. In N stark und trichterförmig, verlor sich das Ende wie eine lange gewundene Spindel (schlangenförmig) nach S. Der Durchmesser der Spindel schien nicht über $^1/_2$ m [1]) gewesen zu sein, aber die ganze Bildung war scharf abgegrenzt und drehte sich in furchtbar schnellem Wirbel um die Achse. Anfangs schien es, als wollte sich das Ende auf die Erde senken, doch hob es sich bald wieder, und nachdem eine vorliegende Wolkenwand erreicht war, löste sich die ganze Bildung auf“ [2]).

---

angebrachtes Windrädchen mit vertikaler Achse (Fig. 71). Der Boden des Gefäßes wurde durch eine Schale mit Wasser gebildet, das von unten durch eine Lampe erwärmt wurde. Durch den Dampf wurde dann eine röhrenförmige Trombe sichtbar, die vom Windrädchen bis zur Wasserschale hinabreichte. Weyher variierte den Versuch in mannigfaltiger Weise und machte dabei viele interessante Beobachtungen.

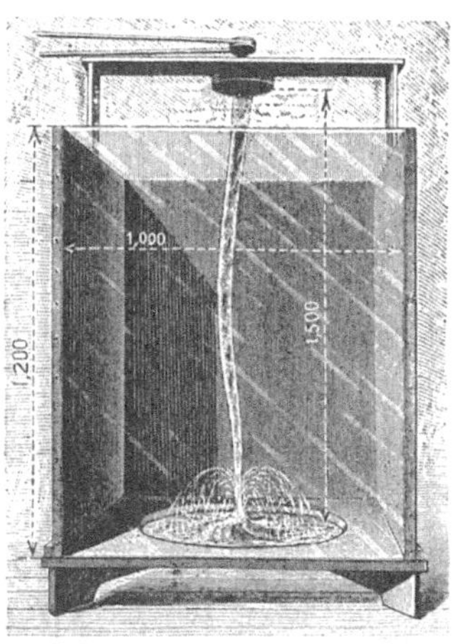

Fig. 71. Weyhers Versuch einer künstlichen Trombe.

[1]) Man erinnere sich an die häufige Unterschätzung der Dimensionen.

[2]) Eine ähnliche, nur weniger ausgeprägte Bildung sah ich im März 1916 in Mülhausen i. E. am vorderen Unterrand einer nicht regnenden Böenbank. Die Länge dieses nur wenige Minuten bestehenden dünnen Wirbels mochte etwa 4 km betragen. An dem Tage herrschte starke Winddrehung mit der Höhe.

Unmittelbar darauf fielen beim Beobachter Hagelkörner von Taubenei- bis Hühnereigröße. Der Wirbel lag hier also am Vorderrande des Hagelsturzes.

163. Mir scheint nach diesen Beispielen auch die folgende Beschreibung Nr. 163 (Genfersee), die an Klarheit zu wünschen übrig läßt, sich auf eine horizontale Trombe zu beziehen. Der Wortlaut bei Früh ist: „Bei bedecktem aber nicht gewitterhaftem Himmel und leichtem SW Wasserhose Cully-Rivaz während 8 Minuten auf eine Länge von 6100 m! ... Höhe 106 m ± 20 m". Cully und Rivaz liegen am Nordufer des Sees, $4^1/_2$ km von einander entfernt, und ihre Verbindungslinie weist von WNW nach ESE. Es handelt sich also wohl um eine 6 km lange horizontale Trombe.

173. Ebenso scheint auch die Trombe Nr. 173 eine horizontale gewesen zu sein, wenn auch hier die Unklarheit des Ausdruckes besonders groß ist. Es heißt dort: ... „bemerkte man ... ein Auftauchen [sic!] der Wolken, hervorgerufen durch Luftströmungen aus verschiedenen Richtungen. Es bildete sich rasch eine sehr finstere Wolke, in der Mitte einen langen, schlangenartigen, weißen Nebelstreif in sich schließend. Dies geschah unter langsamem Fortschwimmen der Wolke von Osten nach Westen, wobei der erwähnte Streifen immer heftigere wellenförmige Bewegungen machte. Nach einigen Minuten näherte sich die Spitze des Schlauches der Erde und strich, ungeheure Staubwolken in sich aufziehend ... darüber hin."

85. Leider noch unklarer ist die Beschreibung bei Nr. 95, bei welcher der Beobachter nach meiner Auffassung eine Trombe gesehen hat, deren Hauptteil horizontal an der Wolkenbasis lag, während das Ende als „Zapfen" herabhing, ohne mit dem am Erdboden fortschreitenden Staubfuß sichtbar verbunden zu sein [1]). Der Wortlaut ist folgender: „Das erste Meteor [der Zapfen] stand über diesem [Staubfuß] in der Höhe, und war inzwischen fast parallel mit dem unteren gegen Norden fortgerückt, hatte während ungefähr 18 Minuten eine große Masse graulichweißen und oft feurigen [2]) Dampfes ausgeströmt, der hierauf die Gestalt einer Schlange von 140 Schritten (aus einer Entfernung von beiläufig einer halben Stunde gesehen) annahm [3]), deren Kopf nach Nordnordosten und deren Schweif [4]) nach Südsüdwesten gerichtet war. In Zeit von 8—10 Minuten hatte sich der Schweif dieser Gestalt nach unten herum gewunden; und im Augenblick, als dieser den Kopf derselben berührte [perspektivisch?], war das ganze obere Schauspiel zu

---

1) Die Beschreibung ist dem Brief eines gewissen Großmann entnommen, der aber die Trombe nicht selbst sah, sondern nur Erkundigungen über sie einzog, welche er dann wahrscheinlich unverstanden wiedergegeben hat.

2) Die schnellen Bewegungen verleiten oft zur Annahme von Flammen; vgl. zwölftes Kapitel.

3) Man berücksichtige die übliche Unterschätzung!

4) Der herabhängende spitze Zapfen.

Ende und mit diesem zugleich das untere [der Staubfuß], ohne daß weder aus der Höhe noch wie ein daneben gestandener Beobachter versichert, vom letztern eine Explosion wahrgenommen wäre."

Zur weiteren Erläuterung des Zusammenhanges dieses horizontalen Teils der Tromben mit dem sogenannten Böenkragen, sei hier noch eine am Meteorologischen Observatorium in Potsdam erhaltene Aufnahme eines Wolkenwirbels wiedergegeben (Fig. 72), welcher anscheinend eine Mittelform zwischem dem gewöhnlichen Böenkragen und einer horizontalen Trombe darstellt; mit letzterer hat er die glatte Begrenzung gemein, welche auf eine gleichmäßige Rotation hindeutet, und

Fig. 72. Photographie eines horizontalen Wolkenwirbels, welcher eine Mittelform zwischen Böenkragen und horizontaler Trombe zu sein scheint.

die Verjüngung nach der einen Seite. Der große Durchmesser dieses Wirbels, der zur Folge hat, daß nur seine obere Hälfte kondensiert, entspricht dagegen wieder dem Böenkragen [1]).

[1]) Bei der Seltenheit von Beobachtungen über horizontale Tromben seien hier noch zwei außereuropäische angeführt:

A. Tyerman's und Bennet's Bemerkungen auf einer ... Reise um die Welt, zusammengestellt von Kastner. Kastners Archiv f. d. gesamte Naturlehre **25** (= Archiv f. Chemie u. Meteorologie **7**) 1833, S. 1. Darin S. 72 Beschreibung einer seltsamen Wasserhose: Als Tyerman und Bennet am 16. April 1823 von der Insel Borabora zu der Insel Rajatea zurückkehrten, beobachteten sie zuerst eine gewöhnliche (verti-

Die angeführten Beobachtungen zeigen jedenfalls nicht nur, daß überhaupt Fälle vorkommen, in denen die vertikale Trombensäule in Höhe der Wolken umbiegt und horizontal wird, sondern

---

kale) Wasserhose, die nach drei Minuten wieder verschwand. „Bald darauf wurde unsere Aufmerksamkeit auf eine andere, viel seltenere Naturerscheinung hingelenkt. Eine leicht gekrümmte Wasserhose streckte sich nämlich wagrecht am Himmel aus, und verband zwei Wolken, während ein Wasserstrom von einer zu der andern mit Schnelligkeit sich ergoß, wie er sich sonst gewöhnlich senkrecht über das Meer auszuleeren pflegt. Die Wasserröhre war cylindrisch, halb durchsichtig und völlig ausgebildet, nur daß sie an ihren Enden mit dem schwarzen Gewölke zusammenfloß. Die Länge der Röhre mochte eine starke Viertelstunde Weges betragen, und hatte einen verhältnismäßig großen Durchmesser. Der obere Rand dieses mächtigen Wassertrichters schwebte gerade über uns, so daß wir ganz klar, mit großem Erstaunen den Wasserstrom in

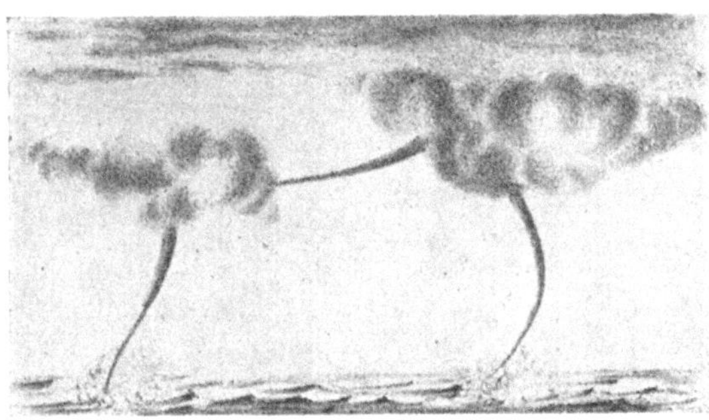

Fig. 73. Horizontale Trombe, beobachtet von Des Marchais, nach Peltier.

denselben beobachten konnten. Wäre er auf uns herabgesunken, so würde er unser kleines Schiff augenblicklich ersäuft haben. Es war keine Bewegung auf dem Wasserspiegel (Meeresspiegel), und nur aus der Entfernung von einer Stunde her wurde ein Donner gehört. Der ganze Prozeß geschah in der Luft, und dauerte etwa fünf Minuten lang.“

B. Voyage du chevalier Des Marchais, en Guinée et à Caïenne, en 1725—1727, par le P. Labat, éd. 12c, 1730, t 1er, p. 82. Nach Peltier, Météorologie, Observations et recherches expérimentales sur les causes qui concourent à la formation des trombes, Paris 1840, S. 215:

„Am 13. November 1724 [NB. Die ganze Reise ist aber datiert 1725—1727], eine Viertelstunde nach Mittag, kamen zwei Tromben von zu außergewöhnlicher Gestalt, als daß ich sie hier nicht beschreiben sollte. Die dickere und ansehnlichere [die rechte in Fig. 73], steckte mit ihrem Kopf in einer dicken, sehr schwarzen und hochreichenden diese Fälle müssen sogar recht häufig sein, weil, wie schon erwähnt, bei den meisten von ihnen der horizontale Teil innerhalb der Wolken liegen wird und also nicht zu sehen ist. Wir können aber auch diese Fälle auf ihre Wahrscheinlichkeit prüfen, indem wir die **Neigung der Tromben** untersuchen. Schreibt doch Dampier: „Ihre Achse steht in der Regel schräg; ich habe niemals eine gesehen, die vollkommen vertikal stand“ [1]).

In 25 Fällen ist ausdrücklich gesagt oder durch bildliche Darstellung erwiesen, daß die Trombe schräg stand. In der Regel geben die Beobachter gleich die Erklärung dafür in den Windverhältnissen.

So heißt es bei Nr. 11: „Ich vergaß zu sagen, daß die schrägen Tromben dies im Sinne des Windes sind, d. h. da der Wind NE war, daß das obere Ende der Trombe nach SW wies, und zwar, während gleichzeitig andere Tromben genau vertikal standen. Ebenso verhält es sich mit der Krümmung: Die konvexe Seite folgt dem Wind, die konkave sieht ihm entgegen. Da also der Wind NE war, ist die konkave Seite nach NE, die konvexe nach SW gerichtet.“ Die Voraussetzung ist natürlich, daß der Wind mit der Höhe zunimmt, und zwar in den unteren Schichten schnell, in den höheren langsamer.

Besonders plausibel wird diese Deutung, wenn die Trombe sich zuerst annähernd vertikal bildet, durch Zurückbleiben des Fußes allmählich immer schräger wird und dann zerreißt. So heißt es z. B. bei Nr. 142: „Der Faden folgte, indem die Wolke weiter zog, auf dem Wasser nach, jedoch mit geringerer Geschwindigkeit, so daß er allmählich sich immer schräger zur Wasseroberfläche stellte. Schließlich zerriß er ungefähr in der Mitte.“ In ähnlicher Weise wird die Neigung der Trombe entweder schon vom Beobachter auf die Windverhältnisse zurückgeführt oder ist doch offenbar auf sie zurückzuführen bei: 11—58

Wolke und war gebogen; obgleich gar kein Wind war, ließ sie das Meer da, wo sie es berührte, auf mehr als Hundert Schritt im Umkreise aufwallen; eine andere Trombe, die von dem oberen Teil derselben Wolke ausging, verlor sich weiterhin in einer anderen Wolke, die etwas weniger dicht und schwarz als die erste, und viel niedriger war. Nachdem diese Erscheinung einige Minuten gedauert hatte, entsprang von dieser Wolke eine Trombe, die zu der mehr als 200 Toisen entfernten Meeresoberfläche herabstieg, die sie fast so wie die erste aufschäumen ließ. Nachdem diese beiden Tromben sich fast anderthalb Stunden in der Luft hin und her gewiegt hatten, beladen mit Wasser, zerplatzten sie endlich, und lieferten einen solchen Regen, daß alle Öffnungen des Schiffes nicht ausreichten, um ihn ablaufen zu lassen, und man ihn mit Eimern ausschöpfen mußte. Das Schiff war von diesen Tromben kaum eine halbe Meile entfernt.“

[1]) Peltier, a. a. O. S. 205.

(schließlich nur noch 20⁰ von der Horizontalen entfernt!) —91—95—115 —123—142—144 [schließlich „fast horizontal“ ![1])] —200.

Mitunter tritt dabei auch eine S-Form auf, bei der das Mittelstück horizontal ist. Fig. 74, welche die Trombe Nr. 224 darstellt, gibt ein Beispiel dafür, wobei durch die Perspektive eine Schlinge vorgetäuscht wird; eine ganz ähnliche Form ist auf dem Titelbild dieses Buches zu erkennen. ... Vgl. dazu auch Nr. 5 der Figur 6 (S. 46) sowie die gebogene Trombe auf Figur 61 (S. 220). Die gleichzeitige Anwesenheit nicht gebogener Tromben legt indessen die Annahme nahe, daß es sich in diesen Fällen nicht um Windverwehung, sondern um die unterste Windung einer großen Schraubenform handelt, deren Entstehungsbedingungen noch unbekannt sind.

Diese Fälle von Windverwehung entsprechen der früher abgeleiteten Beziehung, daß die Geschwindigkeit der Tromben auch im Mittel geringer ist als die der Gewitter, und sind insofern nicht ohne Interesse; für die Frage der horizontalen Tromben kommen sie aber natürlich nicht in Betracht.

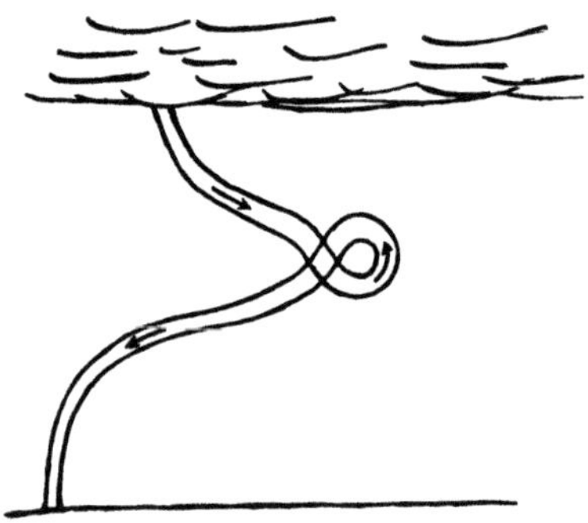

Fig. 74. Wirkung der Perspektive auf eine S-förmig gebogene Trombe mit horizontalem Mittelstück.
(Trombe von Neudek, Nr. 224.)

Indessen gibt es viele Fälle schräger Tromben, in denen die Erklärung durch die Windverhältnisse nicht auszureichen scheint, nämlich diejenigen, bei welchen erst im obersten Teile kurz vor dem Eintritt in die Wolke ein Umbiegen zur Horizontalen beginnt.

In den Beschreibungen selber ist dies allerdings nur selten erwähnt, wie bei Nr. 201, wo die Trombe „mit dem oberen Teil um etwa 65⁰ nach vorne geneigt“ war. Um so häufiger ist dies aber auf den Abbildungen zu erkennen, und zwar zeigt sich überall, wo eine Kontrolle möglich ist, daß das Umbiegen nach der Seite des Cumulus-Turmes zu stattfindet. So nimmt auf der in Fig. 12 (S. 57) mitgeteilten Abbildung der Wasserhose vom Zugersee die Neigung nach oben bis auf etwa 45⁰ zu, und zwar nach der angegebenen Seite; dasselbe ist auch auf der dritten, hier nicht wiedergegebenen Photographie derselben Wasserhose erkennbar; auch bei der ersten Photographie (Fig. 11, S. 56), bei der die Neigung der Säule freilich in allen Höhen fast die gleiche ist, hat sie diese Richtung.

[1]) Auch Nr. 183 war „sehr schräg“.

Auch bei Nr. 51 ist eine Abbildung (Fig. 75) gegeben, bei der die Trombe mit ihrem untersten Teil fast vertikal steht, im obersten Teil aber eine Neigung von etwa 45° hat.

Bei Nr. 39 war die Trombe „von Süden nach Norden geneigt", d. h. ihr Fuß befand sich südlich des oberen Teiles. Da sie sich nach Westen bewegte und sich auf der linken Seite des Regengusses befand, war also ihr oberer Teil auf diesen zu gerichtet.

Ähnlich scheinen die Verhältnisse bei Nr. 43 gewesen zu sein. Bei Nr. 178 wird ausdrücklich hervorgehoben, daß die Neigung nicht einem Nachschleppen entsprach; der Fuß zog hier links vom oberen Teil, wie auch daraus hervorzugehen scheint, daß ein 2 km weit mitgeführter Espenzweig 400 m rechts von der Spur herabfiel. Leider ist hier die Stellung relativ zum Gewitter unsicher.

Das Titelbild dieses Buches [Nr. 83] zeigt links im Vordergrunde eine Wasserhose, deren Neigung mit der Höhe immer mehr zunimmt, bis sie an der Wolkenbasis fast horizontal geworden ist.

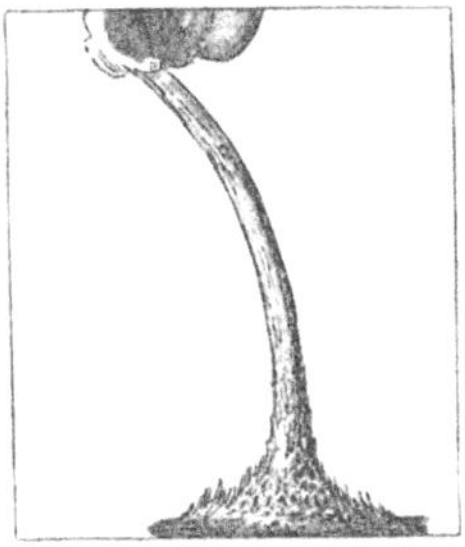

Fig. 75. Wasserhose auf dem Genfer See [51].

Auch bei Nr. 234 ist, wie Fig. 76 zeigt, die Neigung des herabhängenden Wolkenzipfels derart, daß man unmittelbar den Eindruck erhält, die Wirbelachse biege in der Wolke nach rechts um [1]).

Die Wasserhose A 6 wird mit den Luftsaugern verglichen, die auf dem Schiff die Erneuerung der Luft in den Räumen bewirken; darin liegt wohl ausgesprochen, daß auch diese Trombe am oberen Ende nicht nur breiter wurde, sondern auch umbog, etwa nach Art der Fig. 53 (S. 205).

Eine andere Erscheinung, welche gleichfalls auf ein Umbiegen des Trombenwirbels zur Horizontalen hindeutet, welche aber auch schon an sich von größtem Interesse ist, bilden die **Streufelder der Windhosen.** Leider sind sich die Beobachter meist nicht klar darüber gewesen, daß eine genaue Untersuchung des Fallortes der emporgehobenen Gegenstände sowohl relativ zu ihrem Ursprungsort wie auch relativ zur Trombenbahn von größter Bedeutung für

---

[1]) Gleiches gilt für die in Fig. 57, S. 217 abgebildete Wasserhose von Cottage City. Auch in der anderen Abbildung derselben Wasserhose (Fig. 53, S. 205) sieht man das Umbiegen an der Wolkenbasis, wodurch der Wolkenschlauch erst dem Elefantenrüssel ähnlich wird, mit dem er so häufig in den Beschreibungen verglichen wird. Der in der Originalaufnahme erkennbare Regenguß, der in der Abbildung aus Platzmangel fortgelassen wurde, liegt rechts von der Trombe in einer scheinbaren Entfernung, die etwa das Anderthalbfache der Trombenlänge beträgt.

das Verständnis der Trombe ist. Wir finden deshalb zwar häufig Angaben über die große Entfernung, bis zu welcher solche aufgenommenen Gegenstände transportiert wurden, aber nur selten ist auch die Richtung angegeben, und untersucht, wie weit seitlich der Trombenbahn die Fallorte liegen. Schon bei der Windhose von Öls vom Jahre 1535 (A 10) wird berichtet, daß Wolle 10 bis 12 km weit, Bücher etwa 8 km weit getragen wurden. Bei Nr. 80 wurden Wasserkannen, Stühle, Kleider, Betten und anderer Hausrat von Voigtsbach zwei Stunden (etwa 10 km) weit fortgeblasen und in einem Gebirgswald wiedergefunden. Bei Nr. 126 wurden Kleider,

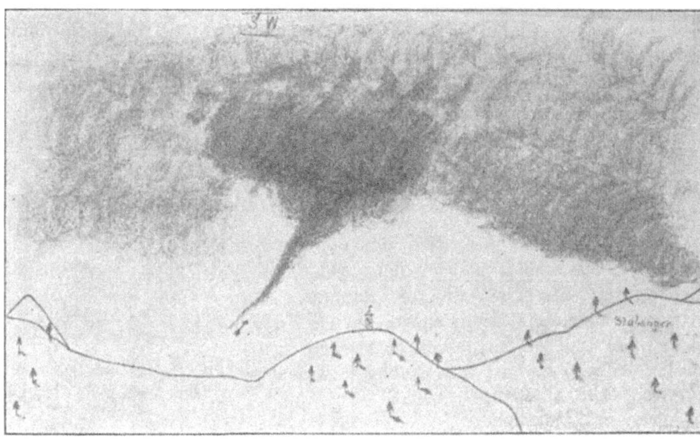

Fig. 76. Trombe im Mürztal [234].

Wäsche und Bettdecken 15 km, Stroh und Heu sogar doppelt so weit getragen, woraus hervorzugehen scheint, daß innerhalb des Streufeldes eine Ordnung der Gegenstände nach Gewicht und Größe eintritt, ähnlich wie bei den Meteoriten-Streufeldern [1]). Bei der Windhose Nr. 108 war offenbar ein sehr gut ausgebildetes Streufeld vorhanden; die von Monville entführten zahlreichen Gegenstände wurden 24 bis 38 km von Monville entfernt ausgestreut. „Der Chausseewärter von Magloire benachrichtigt mich

[1]) Vgl. Brezina, Die Meteoriten vor und nach ihrer Ankunft auf die Erde; Vorträge d. Ver. z. Verbreit. naturw. Kenntn. in Wien **33**, Heft 15, Wien 1893.

soeben, daß noch viel größere und dickere Bretter in großer Menge zwischen Torcy und Saint-Nicolas (34 km von Monville) zu finden sind; ebenso Blätter Papier, welche die Liste der Fabrikarbeiter zu sein scheinen; ein neues Taschentuch, gesponnene und nicht gesponnene Baumwolle, eine Fensterscheibe von 14 Zoll Seitenlänge, welche auf Getreide herabfiel und nur ein ganz kleines Stück an der einen Ecke verlor.“ Leider sind diese Angaben, wie gewöhnlich, mehr als Kuriosum betrachtet und nicht in die Karte eingetragen. Bei Nr. 178 wird ein Espenzweig 2 km weit mitgeführt und 400 m rechts der Spur fallen gelassen, woraus man vielleicht schließen darf, daß die Trombe oben nach rechts umbog oder jedenfalls schräg stand.

Hierher gehört auch die merkwürdige Erscheinung des Fischregens. Schon 1817 hat Tilloch[1]) gelegentlich einer Beschreibung der Windhose von Kentish-Town die Tromben allgemein als Ursache dieses Fischregens bezeichnet. Nach Peltier schreibt er: „Weiter verstreut sie [die Trombe im allgemeinen] auf ihrem Wege das, was sie anderwärts emporgehoben hat, und dieser Umstand führt die seltsamen Erscheinungen wie Fischregen, Froschregen usw. herbei.“ Auch Muncke hat dies nicht übergangen[2]): „Zugleich ist aber kaum zweifelhaft, daß manche von der See und großen Flüssen kommende oder über Flüsse und Teiche hinstreichende Tromben Fische, Frösche und sonstige Wassertiere aufheben, bis auf bedeutende Entfernungen fortführen und dann fallen lassen. Unter andern erzählt Wolke nach Aussage eines glaubhaften Augenzeugen, daß einst ein solches Meteor die Fische aus einem Weiher auf dem umgebenden Lande umherstreute.“ Wir können noch eine andere Beobachtung dafür anführen; bei der Trombe Nr. 99 heißt es nämlich: „In der letzten Gemeinde [Champagné-St. Hilaire] hat sie das ganze Wasser eines Tümpels emporgehoben und alle Fische, welche er enthielt; anderthalb Wegstunden [etwa $7^1/_2$ km] von dort hat sie sie wieder fallen lassen zum großen Erstaunen der Personen, welche Zeugen dieses Fischregens waren.“

In einem einzigen Falle, nämlich bei der Trombe von St. Claude (A 3), ist das Streufeld in die Karte eingetragen, wofür

---

[1]) Philos. Magazine **50**, S. 146.

[2]) a. a. O. S. 1674.

wir den Bearbeitern Gauthier und namentlich Bourgeat zu besonderem Dank verpflichtet sind. Aus ihren Karten, für deren unveränderte Reproduktion hier nicht Platz ist, habe ich die Kartenskizze Fig. 77 zusammengestellt, welche die vollständige Spur der Trombe mit ihren kleinen Abzweigungen, ferner den Beginn der Hagelspur, welche erst da anfängt, wo die Trombenspur aufhört, und das Streufeld zeigt. Die Kreuze stellen dabei Gegenstände

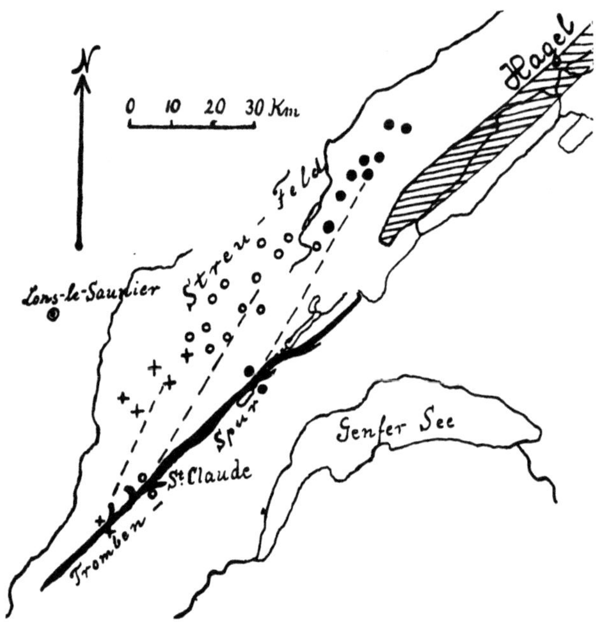

Fig. 77. Das Streufeld der Trombe von St. Claude [A 3].

dar, welche von St. Georges stammen, was auf der Trombenbahn durch zwei ebensolche Kreuze gekennzeichnet ist. Die kleinen leeren Kreise stammen dagegen aus St. Claude und die ausgefüllten aus Bois d'Amont. Das Streufeld beginnt erst etwa 6 bis 7 km links von der Trombenspur — in diesem Zwischenraum ist nirgends etwas herabgefallen —, und reicht bis etwa 25 km von der Spur. Die absoluten, von den Gegenständen zurückgelegten Entfernungen betragen aber erheblich mehr, nämlich meist über 50 km. Da die Zeitdifferenz zwischen dem Aufheben und Fallenlassen nicht bekannt ist, bleibt unbestimmt, ob diese Versetzung nach vorn durch das allgemeine Fortschreiten des Gewitters zu erklären ist oder durch eine entsprechende Schräglage des Trombenwirbels. Im ersteren Falle müßten die Gegenstände etwa $^3/_4$ Stunde für ihre Luftreise gebraucht haben.

In der Umgebung der Trombe herrschte kein nennenswerter Wind; wenn trotzdem die Gegenstände so weit von der Spur der Trombe fortgeblasen werden konnten, so zwingt dies offenbar zu der Annahme, daß der Trombenwirbel in der Höhe horizontal wurde; sein weitaus größter Teil, der etwa 20 km lang gewesen sein muß, verlief offenbar ähnlich wie bei der Teplitzer Trombe horizontal.

Besonders interessant ist auch der Vergleich mit der Hagelspur. Der vertikale Teil der Trombe befand sich rechts von dem aufstrebenden Cumulus-Turm, das Streufeld liegt links davon, also reichte der horizontale Teil der Trombe bis zur anderen Seite des Turmes herum, und die Gegenstände wurden von der einen Seite desselben auf die andere geschafft.

Wie schon im fünften Kapitel hervorgehoben wurde, ist auch das Aufhören der Trombenspur bei Beginn der Hagelspur von großem Interesse; denn es zeigt, daß die Trombe nicht etwa durch den fallenden Hagel erzeugt wurde — sie wurde im Gegenteil anscheinend durch ihn vernichtet —, sondern durch das starke Aufstreben der Luftmassen in dem Cumulus-Turm, der späterhin den Hagel lieferte. Starker Regen herrschte allerdings schon während der Lebensdauer der Trombe, links in 50 km Breite bis Lons-le-Saunier, rechts nur in einem 10 km breiten Streifen, an den sich weiter (am NW-Ufer des Genfer Sees) eine Zone mit heftigen Windstößen anschloß.

Ein zweites Beispiel, in welchem wir das Streufeld der Trombe jedenfalls aus den Angaben rekonstruieren können, wenn es auch vom Beobachter selbst nicht in die Karte eingetragen ist, bildet die Woldegker Windhose (A 14) vom 29. Juni 1764. Diese Rekonstruktion ist in der umstehenden Fig. 78 ausgeführt. Der zugehörige Text, der sich auf das Streufeld bezieht, lautet:

A 14. „Die von den Buchen und Eichen abgebrochenen Blätter und Zweige hat der Wirbelwind hoch in die Luft gehoben, und sehr weit umher, und ungemein entfernt von seinem Striche, zum Theil mit vieler daran sitzenden Mast, zerstreuet und fallen laßen. Zu Käwelich, Neetzke,

Koblanck, Golen [Golm], Schömbeck, Brome [?], Jahzke etc. sind dergleichen, und manche von unglaublicher Größe, niedergefallen, und an einigen Orten, z. E. auf dem Neetzker Felde so häufig, daß nicht leicht ein Platz von vier Quadratruthen (einer mittelmäßigen Stube groß, wie man sich davon ausdrücket,) zu finden gewesen, wo nicht dergleichen gelegen. Einige dieser Zweige sind über eines Mannesarms dick, und zehn bis zwölf Fuß und darüber lang gewesen. Zu Anklam hat der Küster von Lichtenberg, der eben da gewesen, an diesem Tage gegen Abend dergleichen häufig auf dem Damme vor der Stadt liegen gesehen, worüber sich jedermann verwundert, weil viele Meilen umher keine Eichbäume sich finden. Auch in Friedland sind dergleichen viele, doch nicht von sonderlicher Größe, auf den Straßen gelegen . . . Zu Butzow [wohl Gr.-Bunzow] nahe bei Anklam . . . hat man als etwas besonderes angemerket, daß die Zweige bey ganz stillem Wetter häufig niedergefallen, und folglich weit eher angekommen sein, als sich der Sturm in der niedern Luft geäußert." — Wohl auf eine westliche Paralleltrombe sind folgende Angaben zurückzuführen: „Im schwedischen Pommern sind dergleichen weit gegen Norden hin, ja bis gegen Stralsund, hin und wieder herumgestreuet worden" und: „Ja es sollen sogar bis auf die Insel Rügen einige hingeführet worden seyn[1])."

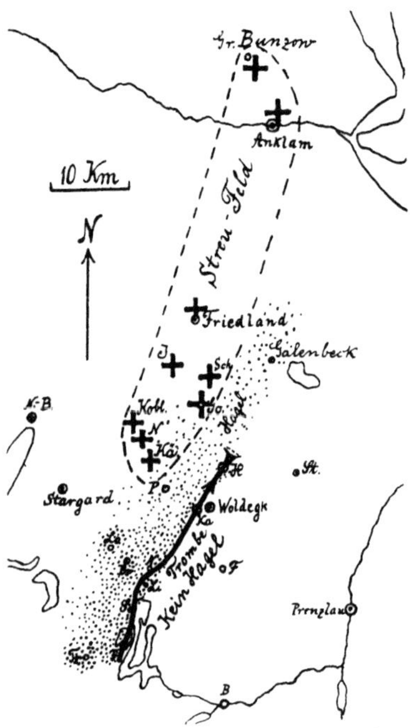

Fig. 78. Streufeld der Windhose von Woldegk in Mecklenburg [A 14].

Das Streufeld liegt hier also um einen ganz ähnlichen Betrag (nämlich etwa gleich der mittleren Breite eines Hagelzuges) links der Trombenspur, und zwar ebenfalls erheblich in Richtung des Fortschreitens

[1]) Auch eine östliche Paralleltrombe scheint es gegeben zu haben, denn es heißt S. 17: „Wiewohl ein gewisser mecklenburgischer Cavallier versichern will, daß ihm eben dieser Wirbelwind um halb drey Uhr eine halbe Meile diesseits Stettin begegnet sey, und seinen Wagen beynahe umgeworfen habe."

verschoben. Die Ähnlichkeit geht aber noch weiter, denn auch in diesem Falle wird die Zone zwischen der (verlängerten) Trombenspur und dem Streufeld durch den Hagelzug ausgefüllt. Zwar lassen die Feststellungen über die Ausdehnung des Hagelfalles zu wünschen übrig; aber aus den verschiedenen Stellen des Textes geht hervor, daß Hagel an folgenden Orten fiel: Triependorf [Tr., im Süden links des Anfanges der Trombenspur], Feldberg [F., am Anfang der Trombenspur], Schlicht [S.], Lichtenberg [Li.], Neugarten [N.], Bredenfelde [Br.], Loitz [Lo.], dicht westlich von Kantzow [Ka], Helpte [H], Galenbeck. Daß die Trombenspur selber gerade mit dem rechten Rande der Hagelspur zusammenfiel und nur bei ihrer westlichen Ausbuchtung von jener überlagert wird, geht daraus hervor, daß in Schlicht und Helpte nur einzelne große Eisstücken fielen [1]), und daß noch in Feldberg starker Hagel beobachtet wurde, während auf dem nur wenig östlicher gelegenen Kanal zwischen dem Feldberger Haus-See und dem größeren, langgestreckten Lucin-See kein Hagel mehr fiel; ebenso wurde in Kantzow selber kein Hagel beobachtet, während dicht westlich davon die Erde vom Hagel weiß war. Der linke Rand des Hagelzuges läßt sich dagegen nicht scharf abgrenzen. Der einzige Unterschied gegen das vorige Beispiel besteht darin, daß hier die Spuren des Hagels und der Trombe bereits nebeneinander auftreten, während dort die Hagelspur erst beginnt, wo die Trombenspur aufhört. Die mecklenburgische Trombe war also offenbar gleichzeitig mit dem Hagelfall in Tätigkeit.

Beachtung verdient bei dieser Trombe auch noch die folgende seltsame Beobachtung: „Zu Galenbeck ist vor des dortigen Jägers Hause ein büchener Zweig mit Mast, eines guten Armes dick niedergefallen, der über und über mit Eise eines Fingers dick bezogen, und gleichsam candiret gewesen.“ Da dies die einzige Beobachtung überhaupt ist, nach der ein von der Trombe hochgenommener Gegenstand vereist herabfällt, muß die allgemeine Gültigkeit dieser Erscheinung dahingestellt bleiben, und der hieraus

---

[1]) v. Hann (Lehrb., S. 711) erwähnt diese Erscheinung, daß am Seitenrande des Hagelzuges mitunter nur einzelne, aber besonders große Stücke fallen, und fügt hinzu, bisher sei dies nur am rechten Rande beobachtet. Der oben geschilderte Fall steht hiermit in Übereinstimmung.

nahegelegte Schluß, daß der Trombenwirbel über die Nullgrad-Isotherme emporreiche (die im Sommer wohl bei etwa 3000 m zu suchen ist), bedarf also vorläufig noch weiterer Bestätigung. Da Galenbeck mitten in der Hagelspur liegt, wäre es vielleicht denkbar, daß der Zweig bei etwa 2000 m Höhe aus dem hier horizontalen Trombenwirbel herausgeschleudert und von dem aufsteigenden Strom des Hagelturms noch erheblich weiter emporgeführt wurde; dadurch würde auch sein Niederfallen mitten in der Hagelspur und außerhalb des sonstigen Streufeldes erklärt.

Fassen wir die in den letzten Abschnitten angeführten Beobachtungen zusammen, so kommen wir zu dem Schluß, daß jedenfalls in vielen, vielleicht in den meisten Fällen der Trombenwirbel geschlossen umbiegt und in der untersten Wolkenetage horizontal um den Cumulus-Turm herumläuft; in manchen Fällen aber scheint er sich bei Erreichung dieser Wolkenschicht in eine Anzahl vermutlich parallel verlaufender Teilwirbel aufzulösen, vielleicht sogar überhaupt hier seine Grenze zu finden.

Zwölftes Kapitel.

Der Fuß der Trombe.

Um den Fuß der Trombe lagert meist ein kranzartiges Gebilde von wechselnder Form, welches bei Windhosen durch den Staub, bei Wasserhosen durch Wasserstaub sichtbar wird. Seine verschiedenen Formen sind lehrreich für die Mechanik des unteren Endes des Trombenwirbels.

Zunächst sei auf die mitunter buchstäblich täuschende **Ähnlichkeit des Staubfußes mit der Rauchsäule eines Feuerbrandes** hingewiesen, welche schon der alten griechischen Bezeichnung Prester (*Πρηστῆρ* = feuriger Wirbelwind) zugrunde liegt und die Erklärung für zahlreiche angebliche Beobachtungen über Feuererscheinungen gibt. In der Tat gibt es fast keine Windhose, die nicht von einigen der Augenzeugen mit einem Brande verwechselt worden wäre. Zunächst einige Beispiele, in denen dies Bild nur als Vergleich gewählt wird:

115. „Anfangs hatte der Anblick eine gewisse Ähnlichkeit mit einem großen Brande, dessen Kohlenqualm von heftigem Winde bewegt wird."

178. „Der Fuß sah wie rotierende Rauchmassen aus."

208. Der Staubfuß war „eine rauchähnliche Masse, die über den Berg rollte."

15. Die Trombe erschien als „eine Art von Rauch, der in verschiedene Kugeln geteilt war, deren jede von einer rotatorischen Bewegung bewegt wurde."

97. „Die Wolke glich einem dicken Rauch."

14. „Es war wie ein Wirbel aus Feuer, der über die Erde rollte, mit einem schrecklichen Geräusch. Es ging daraus eine Art gelbroter Rauch hervor, der in der Mitte am klarsten war [Hohlröhre!], und der immer heller wurde in dem Maße wie er emporstieg. Die Säule, die er bildete, konnte $1^1/_2$ Fuß Breite haben [wohl die übliche Unterschätzung], und stieg kochend mit einer unglaublichen Geschwindigkeit empor bis zu einer schwarzen Wolke, die darüber lag."

105. „Die Staubwolken, die daraus hervorgingen, glichen dem Rauch eines Brandes."

A 13. „Gleich darauf sahen wir in der Richtung nach den südlichsten Häusern von Süsel zwei lange Schichtwolken von N nach S gegeneinander ziehen, sich verwickeln und einen bis auf die Erde reichenden Wirbel bilden, der wie eine dunkle Rauchwolke rasch durch Süsel zog."

Bei den folgenden Beispielen wurde der Irrtum tatsächlich begangen, aber als solcher von anderer Seite oder nachträglich erkannt:

177. Der Beobachter sah „eine Art Pfeiler, der wie Rauch aussah. Zuerst glaubte ich, die Färberei von Åbro stände in Brand".

73. „Die Dichtigkeit des Schlauches war so groß, daß einige Personen ihn für eine Rauchsäule hielten."

194. „Die treibenden Massen von dunklen Wolken wurden von manchen als durch ein nahes Großfeuer verursacht aufgefaßt."

219. „Anfänglich beobachtete ich diese wie den Rauch eines entstehenden Waldfeuers, sich dann aber in einen senkrechten Trichter nach oben formend und weitergehend."

36. „... lief sie bald quer durch ein Kornfeld von 300 bis 400 Ackern; zehn Zeugen glaubten das Getreide brennend zu sehen, angesichts des dichten Rauches, der sich überall bei ihrem Durchgang von der Erde erhob. Welche Überraschung für die Zeugen, als sie das Kornfeld einige Augenblicke darauf durchschritten, hier keinerlei Schaden vorzufinden, als daß das Getreide ein wenig zerzaust war, ohne geknickt oder niedergelegt zu sein!"

108. „Alle sagen übereinstimmend aus, daß die von der Trombe eingehüllten Spinnereien mit Flammen und Rauch bedeckt erschienen. Man eilte von allen Seiten mit Pumpen herbei, um den vermeintlichen Brand zu löschen."

A 1. „Während bis nach Mangschütz [das in der Trombenbahn lag] nur eine auf der Erde aufstehende, wirbelnde schwarze Wolkensäule beobachtet wurde, erschien es den Bewohnern der etwa 550 Ruthen [2 km] unterhalb liegenden Kolonie Neuewelt, als ob das Dorf Mangschütz in Flammen stände."

Bei der nun folgenden Gruppe von Beobachtungen ist die Täuschung vom Berichterstatter nicht mehr klar erkannt:

6. Die Trombe wird als „feuriger Rauch" geschildert.

180. Hier ist „nach den Angaben aus dem Fuß der Trombe in Dreux eine Art Flammen hervorgegangen."

24. „In diesem Augenblick sah man am Horizont eine Art großer Pyramide, bestehend aus Feuer und Rauch und verschiedene Farben zeigend."

79. Die Trombe war „ein schrecklicher Wirbel von schwarzem Rauch und Feuer."

92. „Eine Säule von Flammen... Die Flamme erlosch sogleich und verwandelte sich in einen Rauchwirbel, der die Atmosphäre verdunkelte."

45. Der „korbähnliche" Staubfuß „schleuderte Feuer in Gestalt von Spiralen aus, von denen die einen nach oben und die anderen nach unten gerichtet waren."

5. „Da bemerkte er eine Art großen Ofens [fournaise], von dem eine orangefarbene Feuerpyramide ausging... Die Flammen der Pyramide erschienen stark mit Rauch gemischt, waren aber doch sehr glänzend. Der Glanz der Säule [wohl aus Wolkenteilchen] war lebhafter als der der Pyramide" [aus Staub; beide waren von der Sonne beschienen und etwa 5 km entfernt].

20. „Henning und andere Personen sahen beim Rübenstechen dies Meteor wie eine große Lichterscheinung [éclair] oder eine Kugel von Feuer... Eins seiner Kinder, im Alter von sechs Jahren, rief: Der Hof Ferrybust steht in Flammen! Der Vater ging hinaus, um zu sehen, was das Kind sagte; er sah kein Feuer mehr, aber einen schrecklichen Rauch, und er hörte ein Geräusch, als ob das Feuer eine Scheune verzehrte... Sie fürchteten, daß er mit seiner Familie und seinem ganzen Haus verbrannt wäre, da sie das Feuer auf diese Stelle zu wandern sahen und ein Geräusch hörten, als ob das Haus eingestürzt wäre [1])."

85. „Andere [Weiber] liefen angstvoll davon und schrieen zu Hause: Die ganze Flur stehe in Brand!... Seine [des Staubfußes] Ge-

---

[1]) Am Schlusse dieser Beschreibung hebt Peltier hervor, „daß die entfernteren Personen das Meteor ganz in Feuer sahen, während diejenigen Personen, die mitten darin waren, nichts davon bemerkten". Diese auch in den folgenden Beobachtungen wiederkehrende Eigentümlichkeit, durch die auch Peltier wohl hätte stutzig werden können, ist für den Irrtum bezeichnend.

stalt war ziemlich kegelförmig, seine Farbe bald graulich weiß, gelblich, bald dunkelbraun und mehrmals feuerig. Das erste Meteor [der Zapfen] ... hatte während ungefähr 18 Minuten eine große Masse graulichweißen und oft feurigen Dampfes ausgeströmt."

Dem Verfasser Nöggerath, der diese Angaben gesammelt hat, scheinen bei dem Ausdruck „feurig" gar keine Bedenken gekommen zu sein, obwohl ein Arbeiter in den Staubfuß hineingeriet, ohne etwas von Feuer zu merken; denn im Geleitwort hebt er ausdrücklich die „merkwürdige Eigentümlichkeit" hervor, „die in gleicher Art wohl kaum irgend vorgekommen oder beobachtet seyn mag, nämlich, daß der sogenannte Rauch oder Dampf in der Trombe zum Theil leuchtend oder feuerig erschien."

106. „Solche, die weiter entfernt waren, behaupteten, nur eine Art dicken Rauch gesehen zu haben, der sie glauben machte, die Meierei stände in Flammen." Zwei Personen, die in der Trombe waren, sagten aus, sie hätten Feuer gesehen; die Aussagen der anderen gehen auseinander, „indessen es scheint, als ob die, welche Feuer gesehen zu haben versichern, in der Mehrzahl sind." Interessant ist auch, daß die Versicherungsgesellschaft „La France" bei der Beschädigung eines Hauses gegen ihren Vorteil auf Blitzschaden erkannte.

105. „Einige Personen behaupten, Feuer oder einen Lichtschein an den beiden Enden [der Trombe] gesehen zu haben; aber man ist sich nicht einig über diesen Umstand, und man sollte auch meinen, daß es am hellen Tage schwierig sein müßte, diesen Lichtschein wahrzunehmen."

Gerade der Wortlaut dieser letzteren Beobachtung legt eine schon früher geäußerte Vermutung nahe, nämlich, daß durch den Hohlraum der Trombe hindurch Licht von oben herabdringt, welches bei der durch die Gewitterwolke meist verursachten großen Dunkelheit wohl imstande sein könnte, dem Trombenkörper das Aussehen zu geben, als sei er selbstleuchtend.

Dies gilt z. B. auch für die Trombe Nr. 107, wo es heißt: „Eine Erscheinung von sehr blassem Feuer zeigte sich ohne irgend eine Detonation überall wo die Trombe über den Boden hinzog." Und ähnlich heißt es bei Nr. 108: „Alle Arbeiter, welche diese Katastrophe erlebten [nämlich den Einsturz der Fabrik], haben leuchtende Partien [des parties lumineuses] um sich herum gesehen."

Ein solcher Lichteffekt ist aber gewiß das einzige, was wir als tatsächlich zugestehen können. Die Berichte von Flammen und Feuer dürften dagegen auf dem Mißverständnis beruhen, dessen Entstehen im vorangehenden darzulegen versucht wurde. Es gibt indessen, namentlich in der französischen Trombenliteratur, die von solchen Feuerberichten am meisten durchsetzt ist, noch viel krassere Fälle als die angeführten; wir wollen von diesen Beschreibungen, bei denen Voreingenommenheit und Kritiklosigkeit die Hauptrolle spielen, nur eine einzige herausgreifen, nämlich die Trombe von Chatenay, welche Peltier untersucht hat:

102. Das Laub verdorrte „wie die Blätter, die man starker elektrischer Strahlung ausgesetzt hat.“ Ein Schäfer, der in die Trombe geriet, merkte nichts von dem Feuer, welches ein entfernter Beobachter zu sehen meinte. Damit findet sich Peltier in folgender Weise ab: „Aber was er [der entferntere] sah, und was der Schäfer Olivier nicht gesehen hatte, der durch die Staubwolke geblendet war, in deren Mitte er sich befand, das war das untere Ende des Wolkentrichters, welches nach seiner Ausdrucksweise eine rote Feuerkalotte war, die anscheinend bis 8 m über dem Boden reichte.“ Diese Feuerkalotte läßt sich wohl als kugelförmigen Staubfuß auffassen. Schwieriger ist aber die Deutung bei folgenden Berichten: „Sie [Frau Bulot] sah auch Flammen auf die Bäume oder neben sie herabfallen. Frau Ferrière und ihr Dienstmädchen sahen das feurige Ende des Trichters; sie verglichen die daraus hervorgehende Flamme mit einer Hufschmiede. ... [Die Trombe senkt sich auf den See von Chatenay:] Zuerst gab es eine Entladung aus der Entfernung, welche eine große Flamme erzeugte, die von dem Trichter in den Weiher zu fallen schien. Diese feurige Kugel wurde gesehen von Frau Louvet und ihrer Tochter, welche sich in diesem Augenblick neben dem Weiher befanden.“ — Ein Kommentar ist wohl unnötig.

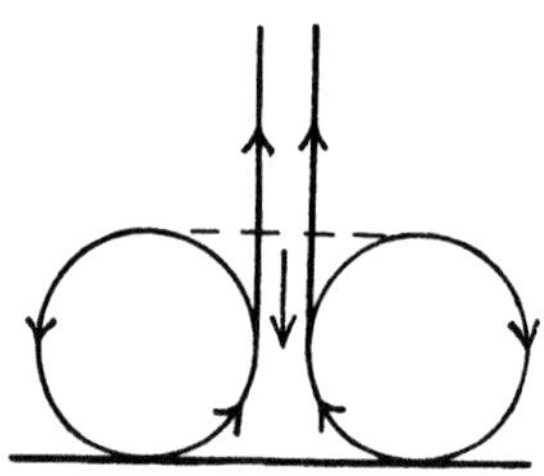

Fig. 79. Der Endwirbelring des Trombenfußes (schematisch).

Die Formen des Staubfußes auf dem Lande sind die gleichen wie die des Wasserstaubfußes auf See und sollen deshalb gleich zusammen mit diesen besprochen werden. Sie lassen sich mehr oder weniger auf eine Grundform zurückführen, welche einen um den Fuß der Wolkensäule herumliegenden Wirbelring darstellt [vgl. Fig. 79 [1])]. Diese Form war offenbar bei Nr. 45 vorhanden, wo der Staubfuß als „korbähnlich“ bezeichnet wird, und es weiter heißt: „sich um sich selbst drehend, schleuderte sie Feuer in Gestalt von Spiralen aus, von denen die einen nach oben und die

[1]) Diesen Wirbelring hat auch Weyher bei seinen früher erwähnten Versuchen gefunden. Die Bewegung in ihm wird durch eine Versuchsanordnung sichtbar gemacht, welche Fig. 80 links zeigt. Durch das über der Schale befindliche Windrädchen wird eine vertikale Trombe erzeugt, und die Bewegung in dem großen Wirbelring, dessen Höhe sich durch Variieren der Geschwindigkeit verändern läßt, wird sichtbar durch

anderen nach unten gerichtet waren." Ist dieser Wirbelring im Verhältnis zur Höhe etwas schmaler, so daß das ganze Gebilde mehr kugelförmig ist, so erweckt es bei vielen Beschauern den Eindruck eines dicht über dem Boden hintreibenden Ballons. So erschien bei Nr. 238 „vor dem Walde eine eigentümlich grauschwarze Erscheinung, in welcher man zuerst einen ganz nahe am Boden sich vorwärts bewegenden Ballon vermutete. Aber schon nach einigen Sekunden sah man, wie diese kugelförmige Erscheinung, die einen Durchmesser von etwa 5 m zu haben schien [wohl die übliche Unterschätzung], allmählich verjüngend sich säulenförmig nach oben verlängerte... Unter beständigem Um-

kleine luftgefüllte Gummiballone von 4 bis 5 cm Durchmesser. Die Eigentümlichkeit der Luftbahnen besteht darin, daß ihr unterer, nach innen gerichteter Teil nur wenig, ihr oberer, nach außen gerichteter erheblich mehr von der radialen Richtung abweicht; am Boden des Gefäßes ist also die Rotation um die vertikale Wirbelachse noch sehr gering,

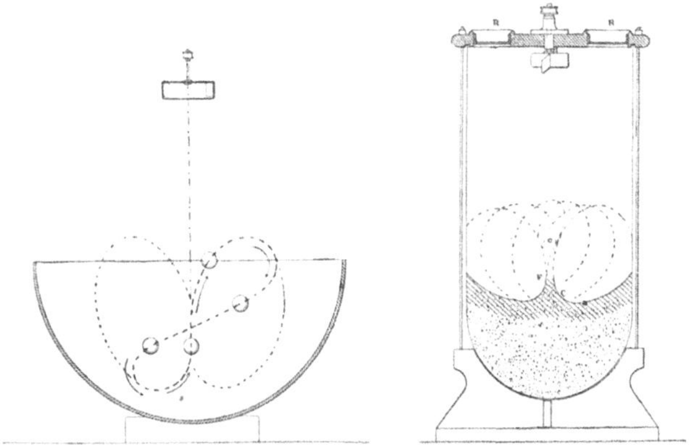

Fig. 80. Zwei Versuche von Weyher, welche den Endwirbelring der Trombe veranschaulichen.

am Oberrand des Wirbelringes aber viel stärker. Der Wirbelring wirkt also wie eine Art Kugellager für die schnell rotierende, auf ihm stehende Trombe.

Die in derselben Figur rechts dargestellte Versuchsanordnung zeigt die Form des ganzen Endwirbels und kann als getreue Nachbildung des ballonförmigen Fußes der Tromben gelten. Der Boden des Gefäßes ist hier mit einer Mehlschicht bedeckt.

drehen bewegte sich die Naturerscheinung von NW nach SE, nach und nach zu einer Höhe von mindestens 30 m [wohl immer noch unterschätzt!] ansteigend." Dasselbe Bild vom Ballon wird beim Wasserstaubfuß der Wasserhose Nr. 39 gebraucht: „Dieser Raum [ein Kreis voll „kochenden" Wassers] war umgeben von einem Gürtel oder einer Atmosphäre weißlicher, durchscheinender Dämpfe, welche der Figur nach einem Ballon ähnelte, der sich nur soweit erhob, wie nötig war, um die kochende Luft einzuhüllen, und dabei einen Zustand der Ruhe ohne Bewegung bewahrte [daß dies offenbar nur die stationäre Form bezeichnet, wurde schon auf S. 179—180 gesagt], während das Ganze dem Winde folgend fortschritt" [1]). Dieselbe Erklärung muß wohl auch für den Fuß der einen unter Nr. 47 beschriebenen Wasserhose gelten, der durch die etwas stilisierte Zeichnung (Fig. 81) dargestellt wird. Dort erschien „ein runder Fleck auf der See, von 10 oder 12 Toisen im Durchmesser [wohl wieder unterschätzt], wo das Wasser zwar noch nicht wirklich kochte, aber doch im Begriff zu seyn schien, aufzukochen... Denn rings herum, und zuweilen auch innerhalb jenes Kreises, zeigten sich acht Toisen hoch [s. o.] und höher Dünste in Nebelgestalt, denen (nur nach einem unvergleichlich größern Maßstabe) völlig ähnlich, die sich auf der Oberfläche des Wassers erheben, wenn es anfängt zu sieden... Zu meiner großen Verwunderung erhielten sich stets dabei die rings umher befindlichen Dünste gleich aufgespannten Segeln, ungeachtet der außerordentlichen Gewalt des Windstoßes, der sie dem Ufer zutrieb." Wenn der Staubfuß bei Nr. 14 geschildert wird „wie ein Wirbel aus Feuer, der über

Fig. 81. Kugelförmiger Wasserstaubfuß einer blinden Wasserhose bei Nizza [47] nach Michaud.

[1]) In Finleys Liste der Formbezeichnungen von Tornados (Tornadoes, New York 1887, S. 114) kommt 20 mal die Bezeichnung „Balloon" vor. Vermutlich handelt es sich auch hier um den Ring- oder Kugelwirbel des Staubfußes.

die Erde rollte", so scheint in letzterem Wort gleichfalls eine Andeutung der Kugelform zu liegen. Auch bei Nr. 208 „rollte eine rauchähnliche Masse über den Berg". Vielleicht gehört auch die unklare Beschreibung Nr. 15 hierher: „...sah ich von Weitem her auf mich zukommen eine Art von Rauch, der in verschiedene Kugeln geteilt war, deren jede von einer rotatorischen Bewegung bewegt wurde." Bei Nr. 116 scheint die äußere Begrenzung des Wirbelringes nicht mehr so glatt gewesen zu sein; hier erzeugte der herabsteigende Wolkenschlauch „ein ungeheures Gebüsch [buisson], das sich etwa 15 bis 20 m über dem Meerespiegel erhob" [wohl stark unterschätzt]. Bei Nr. 237 bestand der Wasserstaubfuß nur aus „mächtigen Schwaden, welche neben der Säule auf etwa $^1/_6$ der gesamten Länge in die Höhe stiegen und sich dann verloren". Ganz gewaltige Dimensionen scheint dieser Wirbelring bei der zweiten unter Nr. 47 beschriebenen Wasserhose gehabt zu haben; nach der hier nicht wiedergegebenen Zeichnung muß die Wasserstaubwolke fast bis an die Wolken gereicht haben. „Ihr kreisförmiger Fuß allein hatte einen solchen Umfang, daß ein Kriegsschiff von 100 Kanonen mit allen seinen Segeln darein gänzlich hätte können eingehüllt und versteckt werden [1]), woraus man auf die Größe der Dunst- und Nebelwolken schließen mag, deren Theile in ihrem richtigen Verhältnisse in der Zeichnung dargestellt sind." Die Bewegung in dieser Wasserstaubwolke fand „vom Mittelpunkt aus nach dem Umkreise in parabolischen Strömen" statt. Bei der Wasserhose Nr. 48, die von demselben Beobachter an gleicher Stelle beobachtet wurde, war der Kranz von Wasserstaub viel niedriger (vgl. Fig. 59 auf S. 218): „Ebenso auffallend war das Unvermögen in den Füßen dieser beiden Wasserhosen, ihr sie umgebendes Wassergefieder aufzurichten. Man sieht es ihnen an, daß es mit Gewalt niedergehalten und verhindert wurde, so senkrecht in die Höhe zu steigen, wie dies bei den vorher beschriebenen geschah."

Die Angaben über die Dimensionen beruhen offenbar so gut wie alle auf Unterschätzung; die Höhe variiert nach der Schätzung zwischen 5 und 30 m; einmal ist angegeben: $^1/_6$ der Wolkenhöhe. Nehmen wir letztere zu 1200 m an, so ergibt sich 200 m Höhe für

[1]) Das wäre nicht viel; man muß aber die übliche Unterschätzung berücksichtigen. Die Beobachtung fand aus 2 bis 3 franz. Meilen statt.

den Staubkranz. Selbst bei nur 600 m Wolkenhöhe müßte letzterer noch 100 m hoch gewesen sein. Das Verhältnis von Höhe zur Breite des Staubkranzes, welches natürlich dem Schätzungsfehler weniger stark unterworfen ist, gibt bei Nr. 81 (80 bzw. 300 Fuß geschätzt) 3,8; bei Nr. 205 (5 bis 6 bzw. 15 m geschätzt) 2,1. Nehmen wir hiernach an, die Höhe betrage in Wirklichkeit $^1/_3$ der Spurbreite der Trombe und setzen letztere gleich 200 m, so folgt für die Höhe des Staubkranzes etwa 70 m [1]). Die ungewöhnlich starken Fehlschätzungen dürften daher rühren, daß der Wasserstaub zu wenig dicht ist, um aus der Nähe ein Urteil über seine Grenzen zu gestatten.

In vielen Fällen gelangt nur der innere Teil des Wirbelringes, der meist dichter ist, zur Beobachtung. Dann werden garben- oder bukettartige Formen beschrieben, und je nachdem der obere oder untere Teil eines solchen Gebildes besser entwickelt ist, wird daraus ein aufrechter oder ein umgekehrter Trichter. Diese letztere Form bildet zusammen mit dem aufrechten Wolkentrichter die auf Fig. 6, Nr. 7 (S. 46), Fig. 29 (S. 147), Fig. 58 rechts (S. 218) und Fig. 62, Nr. 9 (S. 221) abgebildete Sanduhr. Es ist natürlich zweifelhaft, ob man in diesem Falle noch berechtigt ist, von einem Wirbelring zu sprechen; seine Achse müßte hier mitten zwischen Wolke und Erde liegen. Aber es gibt jedenfalls einen kontinuierlichen Übergang von dem einen zum anderen Extrem.

Bei Nr. 76 glich der Fuß einer Garbe. Bei Nr. 131 war er „ein bouquetartiger dampfender Strudel, ähnlich wie ein Segnersches Wasserrad“, bei Nr. 218 ein „Wirbel von auseinander geschleudertem Wasser ähnlich einem Spray zum Besprengen des Rasens in Gartenanlagen“.

Die aufrechte Trichterform wird in folgenden Fällen beschrieben:

174. „Das untere Stück einer solchen Säule [Wasserhose] bildete ein Kegel, der mit der Spitze nach unten in rotierender Bewegung wie ein Kreisel auf der Oberfläche der See hinzugleiten schien.“ Der Wortlaut schließt hier den naheliegenden Verdacht aus, daß der Wolkentrichter gemeint sei.

241. „Das Wasser spritzte nach allen Seiten auseinander, während im Innern des haushohen Wirbels, der die deutliche Form eines Trich-

---

[1]) Bei der Ausmessung der Wasserhose von Cottage City fand Bigelow als Höhe des Staubkranzes 128 m, bei 220 m Breite. (Verhältnis 1,7.) Die Höhe betrug hier $^1/_8$ der Wolkenhöhe (1097 m).

ters annahm, das Wasser immer höher stieg.“ Auch hier ist jedes Mißverständnis ausgeschlossen. Auch die folgende Beobachtung ist wohl so zu verstehen:

186. Die Erscheinung, vermutlich nur der Wasserstaubfuß, „zog bei Windstille langsam von der Nehrung herauf und blieb über der Mitte des Haffes vollständig stille stehen. Nur im Innern zeigte die etwa 20 m hohe trichterförmige Wasserhose eine gewaltige Bewegung, es ging ein feiner Sprühregen von ihr aus, der, von den Sonnenstrahlen beschienen, in Myriaden blitzender Fünkchen herniederfiel“.

95. „Die Staubwolke, welche wirbelnd über die Erde fortzog, war ganz grau von Farbe und undurchsichtig... Sie hatte die scheinbare Form eines Trichters, dessen Spitze, nach unten gekehrt, einen Durchmesser von 30—40 Fuß hatte, dessen oberer Durchmesser aber drei bis vier Mal so groß war. Die Höhe hatte bald alle nahe gelegene Häuser weit überstiegen.“ Hier ist allerdings eine Verwechselung mit dem Wolkentrichter denkbar.

Auch bei Nr. 170 wurde eine 20 bis 25 Fuß hohe „trichterartige Wassersäule“ auf der Oder beobachtet.

Während diese Beobachtungen eines aufrechten Trichters selten sind, ist die Form des umgekehrten Trichters oder des aufrechten Kegels für den Fuß der Trombe sehr häufig. Man findet diese Form auf den Bildern Fig. 6 (S. 46), Fig. 25 (S. 137), Fig. 27 (S. 145), Fig. 29 (S. 147), Fig. 58 (S. 218) und Fig. 62 (S. 221). Ausdrücklich hervorgehoben wird sie z. B. bei den Beschreibungen Nr. 5, 105, 142, 178, 210 und vielen anderen. Ein Eingehen auf diese Form, welche wenigstens bei Landtromben wohl die gewöhnlichste sein dürfte, erübrigt sich[1]).

Außer diesem Staubkranz, welcher den Fuß der Trombe umlagert, treten bei Wasserhosen auch noch sehr interessante und charakteristische

Deformationen der Wasseroberfläche unter der Trombe auf. Die Art dieser Deformation scheint zu wechseln, jedenfalls geben die Beobachtungen kein eindeutiges Bild davon; bald wird von einer Vertiefung des Wasserspiegels, bald von einer Erhöhung gesprochen, und mitunter scheinen beide gleichzeitig vorhanden zu

---

[1]) Finley (Tornadoes, New York 1887, S. 114) gibt eine Tabelle der verschiedenen Formbezeichnungen, die in den Tornadobeschreibungen auftreten. Mehr als einmal vorkommende Formen sind: „Funnel“ 981 mal, „Inverted cone“ 24 mal, „Balloon“ 20 mal, „Whirlwind“ 14 mal, „Hourglass“ 11 mal, „Cone“ 10 mal, „Waterspout“ 6 mal, „Inverted funnel“ 5 mal, „Basket“ 4 mal, „Serpent“ 4 mal, „Cylindrical“ 3 mal, „Elephant's trunk“ 2 mal.

sein, nämlich eine zentrale Vertiefung, die von einer Aufwölbung umgeben wird, wobei wahrscheinlich letztere bald als geschlossener Ring, bald nur in Sichelform ausgebildet ist. Außerdem wird aber das Wasser in der Zylinderfläche stärksten Aufsteigens in hüpfenden, spitzen Wellen emporgerissen, welche eine zackige Krone bilden können; es kann aber auch weiter mitgerissen werden und einen hohlen Wasserturm bilden, ja in Form von Gischt bis zu den Wolken emporgetragen werden. Wir wollen diese Erscheinungen der Reihe nach in den Beschreibungen verfolgen.

Eine schalenförmige Vertiefung der Wasseroberfläche, die unter dem inneren Teil der Trombe liegt und außen von der Zone mit Spitzwellen umgeben ist, wurde in folgenden Fällen beobachtet:

53. „Der Fuß der Säule schien auf einer großen kugelförmig hohlen Schale zu ruhen und mit ihr förtzugleiten. Des Schiffes Höhe, von der ich herabsah, erleichterte es mir, dieses zu bemerken. Um den Rand der Schale kochte die See mit Heftigkeit empor.“ Da die Wasserhose gleich darauf über das Schiff selber fortging, muß die Beobachtung als zuverlässig gelten.

218. Die Form des Fußes glich nach einem Beobachter „einem hübschen Becken mit unebenem Rande, ähnlich wie eine große weiße Muschel“.

51. „Der See darunter schien ausgehöhlt; wiewohl das eine Täuschung seyn konnte“ [Entfernung $5^1/_2$ km].

32. „Sie hatte im Fluß eine Vertiefung ausgehöhlt.“

43. „Da nun diese Lamelle [die Spitzwellen an der Peripherie] an mehreren Stellen zerrissen war, ließ sie sehr deutlich eine Vertiefung in ihrem Inneren erkennen, die aber nicht in der Mitte lag, und die mehr als 2 Fuß tief in das Meer eindrang ...“ [Bei der zweiten und dritten Trombe, die noch näher waren:] „Man hörte aufs Deutlichste das Geräusch der Luft, welche, vom oberen Teil der Trombe senkrecht herabfallend, mit Gewalt auf das Meer schlug, es zwang sich auszuhöhlen, und um die Höhlung herum einen schäumenden Vorhang von mehreren Fuß Höhe emporhob; und die Oberfläche der Höhlung kochte und schäumte und wurde in einer kreisenden Bewegung herumgeführt.“

81. „Es war ein prachtvoller Anblick: die ungeheure Kraft des wirbelnden Windes durchbohrte etwa 24 Fuß tief das Wasser, so daß man vom Lande aus sogar den Boden in der Mitte des Stromes unterscheiden konnte, während daneben die Wellen sich 40 bis 50 Fuß hoch über den Spiegel erhoben.“ Die Behauptung, daß man vom Lande aus in dieser doch nur schmalen Vertiefung, die noch hinter einer 40 bis 50 Fuß hohen Erhebung lag, den Boden erkennen konnte, erscheint wenig wahrscheinlich, selbst wenn die hohen Rheinufer berücksichtigt

werden. Wegen des Hin- und Herpendelns des Stromstriches ist das Flußbett oft gerade in der Mitte sehr flach. Vermutlich wurde der Grund an einer solchen Stelle bloßgelegt, und der Berichterstatter hat nachträglich dafür die maximale Tiefe des Rheins gesetzt.

128. Ein Beobachter gibt an, die Trombe hätte das Wasser des Sees so aufgesogen, daß er noch ziemlich weit drinnen den Grund hätte sehen können.

42. „... und erzeugte zuletzt eine Vertiefung im Wasser, daß man fast bis auf den Grund des Flusses sehen konnte."

Es ist unmöglich, diese Beobachtungen als Täuschungen zu deuten. Die Vertiefung unter dem mittelsten Teil der Trombe existiert also. Übrigens ist sie leicht zu erklären; freilich nicht durch den Druck des in der Achse senkrecht herabfallenden Windes. Dieser wird ja höchst wahrscheinlich erst durch die an der Wasseroberfläche herrschende Luftverdünnung erzeugt und unterhalten; dann können wir ihn aber nicht umgekehrt als Ursache eines ebendort herrschenden Überdruckes, der das Wasser niederdrückt, verantwortlich machen. Dies ist aber auch gar nicht nötig; die Wasserfläche kann trotz des Unterdruckes vertieft werden, wenn das Wasser durch die Trombe mit in Rotation versetzt wird. Und hierfür spricht sehr entschieden die Beobachtung Nr. 43, wo ausdrücklich die kreisende Bewegung des Wassers erwähnt wird. Auch die Bemerkung, daß die tiefste Stelle nicht in der Mitte lag, bestätigt diese Vorstellung. Denn der einmal erzeugte Wasserwirbel besitzt eine gewisse Selbständigkeit und bleibt hinter der fortschreitenden Bewegung der Trombe naturgemäß etwas zurück. Da die Übertragung der Wirbelbewegung auf das Wasser immer einige Zeit erfordert, muß hiernach erwartet werden, daß bei den schneller fortschreitenden Tromben diese Vertiefung der Wasserfläche geringer ist und gleichzeitig zurückbleibt; dann muß aber die Luftverdünnung um so mehr zur Geltung kommen, welche eine Aufwölbung des Wassers verursacht. Als statische Erscheinung muß diese Wirkung nämlich momentan eintreten, also auch bei schnellen Tromben unvermindert in Erscheinung treten. Ein Beispiel hierfür ist die auf S. 137 in Fig. 25 wiedergegebene Abbildung einer amerikanischen Wasserhose, welche diese Aufwölbung sehr deutlich zeigt. Aber auch unter den europäischen Beschreibungen finden sich Beispiele:

115. „Die schöne Erscheinung glich einer sich drehenden Krone, deren weiße Schaumstrahlen 20 bis 30 Fuß aufschossen. Die innere

Kreisfläche [Durchmesser etwa 50 Schritt geschätzt] zeigte sich dabei zu einem Schilde aufgewölbt (was deutlich von der Mehlemer Au, aus halbstündiger Entfernung zu erkennen war) und mit Schaum bedeckt. Man hätte wähnen können, es habe sich im Rheine eine flache Insel erhoben, um welche im Kreise das Wasser aufspritzte."

A 14. [Gleichzeitig Vertiefung und Erhebung] „. . . [Die Fischer wurden gewahr,] daß in dem See und dessen Wasser, nicht weit vom Ufer, eine merkliche Vertiefung . . . wohl über Mann tief entstanden (es habe geschienen, so drücken sie sich hievon aus, als ob die Hälfte des Wassers aus dem See hinweggenommen wäre); daß zugleich das Wasser aus dem See bey zwanzig bis dreyßig Schritte weit schnell über das hier seichtere Ufer ausgetreten, die Kähne mit sich fortgerissen, und solche, nebst einigen Fischen, bey seinem baldigen Zurückflusse auf dem trockenen Lande liegen lassen (Ja ein Paar Kähne wären von den aufschwellenden Wellen über den drey Fuß hohen Bohlen- oder Schlietenzaun geworfen worden, der sich zwischen dem See und den Fischerhäusern befindet)." Das Ansteigen des Wassers am Ufer, welches dann von einem Fallen abgelöst wird, ist auch von dem Pastor beobachtet worden, dessen Kahn sich wohl etwa in der Peripherie der Trombe befand, als er das Ufer erreichte: „Das Wasser war hoch am Ufer, und mein Knecht mußte den Kahn halten, daß er nicht wegtriebe ... [der Knecht schöpft das Wasser aus] ... zu unserer Verwunderung aber war das Wasser verlaufen, und der ledige Kahn lag nunmehr auf trockenem Lande". (Anmerkung Genzmers: „Man verstehe recht: mit dem einen Ende, so daß das andere noch im Wasser war.")

Man wird hiernach zugeben müssen, daß die Wassererhebung jedenfalls zweifellos vorhanden ist, aber ihr Verhältnis zu der zentralen Vertiefung noch nicht vollkommen klargestellt ist. Zu erwarten wäre, daß bei stillstehenden Tromben sich die Erhebung ringförmig um die zentrale Vertiefung herumzieht, während sie bei fortschreitenden auf der Rückseite durch die jetzt zurückbleibende Vertiefung teilweise aufgehoben wird und sich daher hauptsächlich an der Vorderseite geltend macht. Es ist übrigens theoretisch einleuchtend, daß die Aufwölbung nicht so große Beträge erreichen kann wie die Vertiefung. Denn wenn die Druckerniedrigung in der Trombe z. B. 50 mm beträgt, so wird der Wasserspiegel statisch nur um $^1/_2$ m gehoben, eine Größe, die zu den angeführten Beispielen gut zu passen scheint.

Dagegen scheint die zentrale Vertiefung in dieser uhrglasförmigen schwachen Erhebung, wenn man den Beobachtungen trauen darf, oft erstaunlich tief hinabzugreifen.

Die Vertiefung ist umgeben von einer Zone tanzender Spitzwellen. Ist diese Zone sehr breit, so zeigt sich aus der

Entfernung nur ein runder Fleck mit starker Schaumbildung. Mehrmals, z. B. bei Nr. 39 und 198, wird das Bild eines versenkten Kessels mit kochendem Wasser gebraucht. Die Erscheinung kann sich aber mehr nach der Peripherie des inneren Kreises zu konzentrieren. Z. B. heißt es bei Nr. 53:

53. „Um den Rand der Schale kochte die See mit Heftigkeit empor. Eine Menge kleiner und größerer Wassermassen *bb* (Fig. 1, S. 18) tanzte um sie herum. Sie erhoben sich zugespitzt zu einer Höhe von 12 bis 16 Fuß, und sanken, während andere wieder stiegen, herunter . . . [Nach Hinweggehen der Wasserhose über das Schiff] Es kam mir so vor, als wenn unser Schiff den Tanz der Spitzsäulen unterbrochen und den Umfang ihres Springplatzes verringert hatte. Sie erhoben sich nicht gleich wieder zu der Höbe, die ich in gleicher Weise bei ihrem Anzuge wahrnahm."

Die Erklärung dieser Spitzsäulen, die in ihrer Form von gewöhnlichen Wellen so stark abweichen, ist wohl teilweise durch Kreuzung der verschieden gerichteten Wellensysteme möglich. Aber die auf diese Weise erzeugten Wellenspitzen werden durch lokale Druckunterschiede höher gesogen und von der aufsteigenden Komponente der Luftbewegung erfaßt und mitgerissen. Gerade die letztere dürfte die Hauptursache der auffälligen Form sein, weil sie eben nur auf die Erhöhungen wirkt.

Wenn sich die aufsteigende Bewegung und damit die Spitzwellen noch mehr auf eine bestimmte Zylinderfläche konzentrieren, so entsteht die Wasserkrone, wie sie besonders in der Beschreibung Nr. 115 vorkommt:

115. „Da erhob sich das Wasser, indem auf der Peripherie eines Kreises, dessen Durchmesser 50 Schritte betragen mochte, Kämme und Strahlen von Wasser und Schaum emporsprangen. Die schöne Erscheinung glich einer sich drehenden Krone, deren weiße Schaumstrahlen 20 bis 30 Fuß aufschossen ... Anfangs sah man das gegenüberliegende Rheinufer durch die Wasserkrone, was später nicht mehr möglich war ... Dem linken Ufer nahe war die Krone schon in eine 40 bis 50 Fuß hohe Wassersäule verwandelt."

43. Ganz ähnlich ist die schon mehrfach zitierte Beschreibung Nr. 43. Dort war es „eine Wasserlamelle, welche sich einige Fuß hoch über den Wasserspiegel erhob", so daß man die Vertiefung im Inneren erkennen konnte.

Die weitere Entwickelung der Wasserkrone, wie sie bereits in dem vorstehenden Beispiel Nr. 115 geschildert ist, führt zur Entstehung eines hohlen Wasserturms.

115. In derselben Beschreibung wird dieser Turm noch eingehender beim zweiten Übergang der Trombe über den Rhein geschildert: „Mit einem Male erhob sich aus dem wogenden Schaume eine Masse von Wasser und Wasserdunst fast senkrecht, ein wenig nach rechts geneigt.“ Sehr interessant ist, daß auch der Wasserturm aus mehreren konzentrischen Röhren bestand, die dadurch sichtbar wurden, daß die inneren

Fig. 82. Wasserturm der Trombe von Königswinter [115].

höher emporragten: „Sie theilte sich alsbald in drei Strahlen, welche mit einander parallel und einander nahe aufwärts streckten [strebten?] ... Die beiden seitlichen Strahlen schienen sich nun in je zwei zu zertheilen, so daß nun fünf erblickt wurden. Der mittelste stieg immer höher, der sich herabsenkenden Wolkenspitze zu. Beide vereinigten sich ... Einige Minuten lang hatte die Wassersäule die auffallendste Ähnlichkeit mit einem gothischen Thurme.“ Die zugehörigen Figuren der Originalabhandlung in Pogg. Ann. sind bereits auf S. 31 mitgeteilt worden. Fig. 82 zeigt eine andere Abbildung des Wasserturms angeblich derselben Trombe, welche sich in Müller-Pouillets Lehrbuch der Experimentalphysik findet. Ihre Herkunft habe ich nicht ermitteln können [1]).

73. Bei dieser Trombe „trieb der Wirbelwind den Schaum des Wassers bis zu den Spitzen der höchsten Masten empor".

2. Die Erscheinung kommt auch schon in Scheuchzers Trombenbeschreibung vor: „... hat eine Windsbraut nächst bey Meilen das Wasser also in die Höhe getrieben, daß es einem ziemlich hohen Thurn gleich gesehen".

177. Bei dieser Trombe war es ein „Pfeiler aus Wasser".

207. „... erhob die Wolke das Wasser in einer Säule höher als die Bäume".

10. Bei dieser Trombe heißt es: „Bis einige Yards [= einige Meter] über der Meeresoberfläche erhob sich das Wasser wie eine Säule oder ein Pfeiler, und dann zerstäubte es und löste sich in Wolken auf."

218. „Zuerst auf dunklem See ein lichter [Schaum-]Kreis und darüber Wolke mit trichterförmiger Spitze. Plötzlich steigt aus dem Kreis ein Stalagmit empor ..."

123. „Ein unten spitzer, oben breiter Wolkensack sank pfeilschnell herunter, dem dann ebenso schnell vom Seespiegel aus ein Wasserkegel entgegen schoß, und so stand plötzlich auf weiß aufschäumender Basis eine tanzende Wassersäule da, welche Wolke und See vollständig mit einander verband." Hier ist also der Wasserturm, wohl nach oben allmählich aus immer lufthaltigerem Gischt und schließlich wolkenähnlichen Tröpfchen bestehend, bis zur Wolke hinauf verlängert, wie es ja auch bei Nr. 115 in einer bestimmten Entwickelungsphase der Fall war.

216. Auch bei dieser Beobachtung heißt es: „Blitzschnell zog sich dieser Rüssel in ein rauchgefärbtes, peitschendes, schnurähnliches Band aus, um sich mit jenem weißen Fleck zu vereinigen. Dann stieg das Seewasser mit einem Schlage wie ein Hydrant von unglaublichem Drucke in die Höhe, scheinbar im Vergleich zu den Bergen 1 Kilometer hoch."

Es entspricht durchaus den früher erläuterten Vorstellungen von dem um den Trombenfuß herumliegenden Ringwirbel, wenn dieser Wasserturm bisweilen am oberen Ende sich trichterförmig erweitert und das Wasser dort in einem Sprühregen nach außen schleudert. Diese Beobachtungen sind bereits oben besprochen worden, so daß ein Hinweis darauf genügt. Es sind hauptsächlich die Nummern 170, 174, 186.

---

[1]) Noch eine dritte Abbildung dieser Trombe, welche in der Ausführung etwa in der Mitte zwischen den beiden anderen steht, findet sich in Müllers Lehrb. d. Kosmischen Physik, 5. Aufl., herausgegeben von Peters, Braunschweig 1894, S. 715.

Aus dem Angeführten geht hervor, daß die Höhe des Wasserturms sehr variieren kann. An dem einen Ende dieser Formenfolge steht die Wasserkrone, am anderen die bis zur Wolke reichende Säule, die unten vielleicht noch aus einer zusammenhängenden Wasserlamelle oder wenigstens grobem Gischt, oben aber aus feinstem Wasserstaub besteht. Die Zahlen seien noch einmal zusammengestellt:

	Nr.	Höhe
Krone . . .	43	Etwa 1 m (einige Fuß)
	10	Einige Meter
	170	6—7$^1/_2$ m
	115	6—9 m
Turm . . .	115	12—15 m
	207	Höher als die Bäume
	30	20 m
	186	20 m
	92	21—24 m
	73	Bis zu den höchsten Mastspitzen (etwa 30 m)
	98	33 m
Säule . . .	115	Bis zur Wolke
	216	Bis zur Wolke
	123	Bis zur Wolke

Auch bei diesen Zahlen darf man wohl Unterschätzungen annehmen, so daß die Lücke zwischen 33 m und der doch mindestens 500—1000 m betragenden Wolkenhöhe nicht reell zu sein braucht.

Zur Erklärung des Wasserturms kann die statische Wirkung der Druckverminderung in den Tromben kaum einen Beitrag liefern. Denn einmal müßten dann die Erhebungen stets unterhalb 10 m bleiben, da schon hierzu eine völlige Leere im Trombeninneren nötig wäre. Es war schon oben hervorgehoben, daß auf diese Weise nur eine schildförmige Erhebung um etwa $^1/_2$ m unter der Trombe entsteht. Vor allem wäre aber hierdurch auch die Form des Turmes auf keine Weise zu erklären. Daß der Turm hohl ist und sogar eine Vertiefung der Wasseroberfläche enthält, ist aus Analogie zur Wasserkrone zu schließen. Die richtige Erklärung ist offenbar die, daß die dünne Wasserlamelle, welche die Wandung des Turmes darstellt, durch Reibung an der mit großer Schnelligkeit aufstrebenden Luft schwebend gehalten wird.

Die Entstehung des Turmes ist also an die Ausbildung einer Zylinderfläche schnellsten Aufsteigens gebunden. Daher kann der unterste Teil des Turmes fortgenommen werden, ohne daß letzterer zusammenfällt:

115. „Darauf verengte sich die Wassersäule an ihrem Fuße, wo sie auf der wirbelnden und kochenden Wasserstaubmasse ruhte (Fig. 2, Nr. 5, S. 31). An der Stelle, wo diese Zusammenziehung stattfand, befindet sich im Rhein eine Untiefe, welche zur Zeit des Ereignisses nur 1 bis 2 Fuß Wasser besaß. Es war also nicht Wasser genug im Strome, um die Wassersäule zu unterhalten.".

Der Wasserturm enthält also viel weniger Wasser, als seiner Größe entspricht, weil er hohl ist. Immerhin sind es beträchtliche Massen, und wenn eine solche Wasserhose auf das Land übertritt, wo durch die Reibung die Bewegungsverhältnisse in ihrem unteren Teile plötzlich geändert werden, und das Wasser infolgedessen herabfällt, so gibt letzteres dem Beobachter meist Anlaß zu einer besonderen Erwähnung[1]).

115. So wird bei Nr. 115 berichtet, daß die Trombe, am rechten Rheinufer angelangt, „das Wasser 8 bis 10 Fuß hoch auf das Ufer" warf.

15. Bei dieser Trombe heißt es, „daß bald darauf, als der Wirbel sich auf den See geworfen hatte, er eine große Menge Wasser emporhob ... Ohne jeden Zweifel stammte das Wasser, mit dem das Dorf überschwemmt wurde, aus dem See" ...

172. Die Trombe zog über ein „Wasserloch" fort: „Das Wasser wurde aufgehoben und auf die 60 Klafter weit entfernte Dampfmühle geworfen; die Leute drinnen meinten, es sei ein Wolkenbruch."

52. Die Wasserhose traf das Schiff, welches dabei einen starken Stoß erhielt. „Auch wurde durch die Gewalt der Wasserhose die Thür der Kajüte eingeschlagen, worauf ein großer Schwall von Wasser eindrang."

73. Die Wasserhose füllte auf ähnliche Weise einige Leichterschiffe mit Wasser.

117. Bei dieser nächtlichen, von W. v. Siemens beobachteten Wasserhose, die das Schiff überschritt, „ergossen sich über das Schiff gewaltige Fluthen, die von allen Seiten heranzustürmen schienen, mit einer Kraft, der ich nur durch krampfhaftes Festhalten an dem eisernen Geländer des oberen Decks widerstehen konnte ... Ob man sich über oder unter Wasser befand, war kaum zu unterscheiden. Es schien

---

[1]) Natürlich haben Beobachtungen dieser Art gelegentlich auch das Mißverständnis verursacht, als bestehe eine Wasserhose stets und wesentlich aus einem herabstürzenden Wasserschwall, während doch z. B. Nr. 53 beim Fortgang über das Schiff nur einige große Tropfen gab, die offenbar von den Spitzwellen stammten.

Schaum zu sein, den man mühsam athmete ... Auch die in der Kajüte gebliebenen ... waren zu Tode erschreckt durch das prasselnde Geräusch der auf das Deck niederfallenden Wassermassen."

Da die Wassermassen dann herabstürzen müssen, wenn eine plötzliche Änderung des Bewegungszustandes der Trombe eintritt, so ist klar, daß die früher (vgl. S. 141) als „Platzen" bezeichnete Erscheinung hierzu stets Anlaß geben wird.

Nur kurz sei schließlich erwähnt, daß der Wasserturm offenbar auch diejenige Erscheinung darstellt, durch welche die Trombe imstande ist, flache Gewässer gänzlich leer zu pumpen und den oben besprochenen Fischregen herbeizuführen.

Dreizehntes Kapitel.

Geräusch, Geruch, elektrische Erscheinungen.

Die Tromben sind stets mit einem Geräusch verbunden, welches bei Windhosen auf dem Lande sehr stark, aber auch bei Wasserhosen noch recht vernehmlich ist und bisweilen die Beobachter überhaupt erst auf die Erscheinung aufmerksam macht.

Geräusch der Windhosen. Die Art des Geräusches, welches die Windhosen verursachen, wird am besten durch den immer wiederkehrenden Vergleich mit einem Lastwagen gekennzeichnet, der über steiniges Pflaster fährt; die Stichworte, welche in den verschiedenen Beschreibungen dafür gebraucht werden, sind folgende:

81. Gerassel von schwer beladenen, über felsige Wege fahrenden Frachtwagen. 178. Eigentümliches knatterndes Geräusch, dem Rasseln vorbeifahrender Wagen zu vergleichen. 201. Lärm mehrerer Artilleriewagen, die mit voller Geschwindigkeit auf einem schlecht gepflasterten Wege fahren. 73. Getöse gleich dem von fahrenden, schwer beladenen Wagen. 13. [aus nur 9 m Entfernung] Getöse wie schwere Lastwagen auf einem Steinpflaster. 14. Rollen eines Wagens, der unter wiederholten Stößen über das Pflaster fährt [$^3/_4$ Stunden lang hörbar]. 17. Schreckliches Geräusch wie über das Pflaster rollende Artilleriekolonnen. 36. Geräusch wie von einem mit Brettern beladenen Wagen, der einen steilen und steinigen Abhang hinunterrollt. 74. Geräusch ähnlich dem eines schweren Wagens, der im Galopp über einen Pflasterweg fährt. 107. Geräusch ähnlich dem mehrerer Wagen, die schnell auf einem steinigen Wege fahren.

Die ständige Wiederkehr dieses Vergleiches ist ein Beweis dafür, daß die Ähnlichkeit des Geräusches eine sehr große ist. Natürlich kommen aber auch andere Vergleiche und Bezeichnungen vor:

Bei Nr. 155, 154 und 146 wird das Geräusch mit dem eines fahrenden Eisenbahnzuges verglichen, bei Nr. 180 mit einem solchen, wenn er durch einen Tunnel fährt. Sonst sind meist allgemeinere Ausdrücke gebraucht, wie „donnerartiges Getöse" (132), „fürchterliches Getöse" (im Wald, 138), „dumpfes Getöse" (72), „Getöse" (238), „dumpfes und schreckliches, kontinuierliches Getöse" (106), „Krachen" (82), „Prasseln" (177), „Rollen" (126), „sehr starkes Rauschen" (29), „Brausen wie Hagelwetter" (167 und A 1), „fernes Rauschen oder Heulen" (175). Bei Nr. 28 ist es wie das Geräusch einer „Schafherde, die über ein trockenes und hartes Gelände galoppiert", und bei A 14 hörte man es „als einen Wirbel, der in eins weg auf der Trommel geschlagen, und von Ferne gehöret wird".

In allen diesen Fällen scheint aber die Entfernung des Beobachters von der Trombe größer gewesen zu sein als in denen der vorigen Gruppe.

Endlich ist auch mehrmals von einer Explosion die Rede:

185. „Alle, die in der Nähe oder in den Tornados selbst waren, erzählen von einem heftigen Geräusch wie bei einer starken Explosion."

126. „Man hat [aus 2—3 km von der Bahn] ein fortgesetztes Rollen gehört, und schließlich eine starke Explosion ähnlich einem Kanonenschuß. Dann hat sich der Wolkenkegel plötzlich zerstreut."

Ob ein solcher Knall etwa durch eine plötzliche Veränderung in der Trombe, z. B. bei dem früher erwähnten „Platzen", entstehen kann, muß dahingestellt bleiben. Wahrscheinlicher ist wohl, daß es sich in diesen Fällen entweder um das Krachen umbrechender Bäume oder auch um Donner handelt.

Einer besonderen Erklärung bedarf die folgende Beobachtung:

74. [Geräusch sonst wie schwerer Wagen im Galopp auf Pflasterweg] „Von Zeit zu Zeit gingen von ihrer [des Staubfußes] Mitte Dampfkugeln aus, die wie schweflige aussahen; manche von ihnen warfen nach verschiedenen Richtungen Baumzweige aus, welche das Meteor von weither mitgeschleppt hatte ... Bei jedem Heraustreten einer Kugel von Feuer oder Dampf hörte man eine Explosion ähnlich einem Gewehrschuß ... Der Wind, welcher stürmisch war, fügte zu diesem Geräusch ein schreckliches Zischen."

Da die herumgewirbelten Baumzweige in Schichten verschiedener Bewegung hineinreichen, müssen sie das Rotationssystem der Trombe stören, wodurch wohl die „Dampfkugeln" ihre Erklärung finden. Daß hieraus sofort Kugeln aus „Feuer" werden, entspricht nur dem oben über Feuererscheinungen gesagten. Ob der Knall aber durch das plötzliche Verschwinden der Luftstauung oder nur durch das Zerbrechen der Äste entsteht, läßt sich wohl nicht entscheiden.

Interessant ist an der letzten Beschreibung auch die Erwähnung eines doppelten Geräusches; dasselbe ist bei Nr. 29 der Fall, wo neben einem starken stoßweisen Geräusch noch ein Zischen gehört wird.

In zwei Fällen, nämlich bei Nr. 15 und 232, wurde der Beobachter erst durch das Geräusch auf die Erscheinung aufmerksam.

Das Geräusch der Wasserhosen ist viel schwächer und besteht meist in einem Zischen. Trotzdem ist es mitunter weit zu hören, vermutlich wegen des Fehlens der auf dem Lande stets starken Allgemeingeräusche. Der Unterschied der Lautstärke auf dem Lande und auf dem Wasser ist besonders bei folgender Beobachtung zum Ausdruck gebracht:

72. „Sie hörten zuerst nur ein dumpfes Getöse; aber bald darauf sah man den Wirbel ... Als die Trombe einen kleinen Bach überschritt, der sich auf ihrer Bahn befand, hörte das Geräusch, welches sie erzeugte, ganz auf ... Das Geräusch begann darauf von neuem, und schließlich ließ sich nichts mehr vernehmen, nachdem der Wirbel das Meer erreicht hatte."

Die Entfernung, bis zu der das Geräusch der Wasserhosen gehört wird, ist je nach ihrer Stärke verschieden. Bei der Wasserhose Nr. 53, die auf das Schiff zukam und schließlich über dasselbe fortging, wurde das Geräusch erst aus 80 m Entfernung gehört. Es heißt dann, sie „rauschte" schnell über das Schiff fort. Bei Nr. 46 wird ebenfalls hervorgehoben, daß das „zischende Geräusch" nur in der Nähe des Fußes der Wasserhose zu hören war. Allerdings waren dies nur schwache Tromben. Bei A 5 war das Geräuch aus 1 Lieue (5 km) Entfernung noch sehr deutlich, und auch A 4 wurde gehört, von der es heißt, sie sei weniger als 6 km entfernt gewesen [1]).

---

[1]) Buchanan berichtet (Gilberts Ann. d. Phys. **70**, 104, 1822) von drei außereuropäischen Wasserhosen, von denen er die eine aus 1,6 km Entfernung noch wie einen Wasserfall hören konnte, während die beiden anderen, die etwa 5 und 10 km entfernt waren, kein Geräusch mehr gaben.

Nach den gebrauchten Bezeichnungen und Vergleichen ist das Geräusch der Wasserhosen kein stoßweises, sondern ein kontinuierliches:

Bei Nr. 186 ist es ein „Brausen", bei Nr. 117 ein „eigentümlich brausendes Geräusch" [1]), bei Nr. 43 ein konfuses ununterbrochenes Geräusch, wie das Rauschen der Bäume in heftigem Winde, bei Nr. 84 wie das Geräusch eines Raddampfers, bei Nr. 218 wie schwacher Dampf, der einem Ventil entströmt, bei Nr. 55 wie das Herausströmen des Wasserdampfes aus einem Papinianischen Topf. Sonst sind allgemeinere Ausdrücke gebraucht, wie „dumpfes Geräusch" (87), „großes Geräusch" (2), „großes Getöse" (3).

Bei Nr. 84 und 186 wurde man erst durch das Geräusch auf die Wasserhose aufmerksam.

Geruch. Es findet sich eine ganze Anzahl von Beobachtungen, in welchen angegeben wird, daß sich in der Spur der Trombe ein eigenartiger Geruch verbreitete. Die Streitfrage, ob dies auf Sinnestäuschung beruht, kann wohl noch nicht als gelöst gelten. Die Beobachtungen seien zunächst der Reihe nach aufgezählt:

6. Hinterher ein „schwefliger Geruch".

15. „Ich muß hinzufügen, daß man zuerst eine Wolke oder einen dichten Rauch sah, der einen unangenehmen Geruch verbreitete, und sich bald auf das Moor herabsenkte."

17. „Herr Serres, président de la Cour des comptes, und Herr Serane, Doktor der Medizin, die das Meteor beobachteten, sagten ... daß sie nach Passieren der Wolke einen Schwefelgeruch ähnlich dem, welchen der Blitz erzeugt, wahrgenommen hätten."

20. „R. May hatte einen sehr starken Schwefelgeruch vor [!] und nach dem Passieren des Meteors wahrgenommen."

27. „Der Schwefelgeruch machte sich fast überall bemerkbar."

31. „Der Kapitän und die Mannschaft eines englischen Schiffes, welches entmastet wurde, sagten daß in dem Augenblick als die Trombe ankam, man starken Schwefelgeruch wahrnahm, obwohl an den Maststümpfen keinerlei Zeichen von Feuer zu sehen war."

34. „Unerträglicher Schwefelgeruch."

53. „Ließ einen Schwefel- und Salpetergeruch nach, als, nach alter Sage, der Teufel" [beim Passieren des Schiffes].

---

[1]) Diese nächtliche Wasserhose wird von Siemens als leuchtend geschildert. Wahrscheinlich enthielt sie den Wasserturm, der durch die mitgerissenen Seetiere leuchtete. Es wird nämlich berichtet, daß dies Leuchten der Tiere in der Spur der Trombe auf dem Wasser außerordentlich prachtvoll war.

54. „Auch wollten mehrere Personen nach Endigung des Phänomens einen schwefelartigen Geruch bemerkt haben."

82. [Nach Vorübergang] „Die Luft war mit einem starken Schwefelgeruch durchsetzt."

85. Ein Arbeiter, der in den Staubfuß hineingeriet, „erinnert sich gar keines besonderen Eindruckes, den es auf seinen Geruch oder Geschmack gemacht hätte, und bemerkte nur das betäubende Gerassel". Als sich aber die Trombe aufgelöst hatte, heißt es: „Aber nun verbreitete sich fast über die ganze Flur ein sehr stinkender, schwefelartiger Geruch."

95. [Die Trombe zog über eine Safian-Fabrik fort] „Ein Arbeiter in der Werkstätte, welcher gerade an der Glättmaschine arbeitete, als das Fenster hinter ihm zertrümmert wurde, behauptete, einen eigenthümlichen fremden Geruch dabei bemerkt zu haben, den ein anderer mit dem schwefligen Geruch bei Gewitterschlägen vergleichen wollte. Dieser Geruch war noch $1/2$ Stunde nachher bemerkbar ... Ein Arbeiter im Garten, welcher die Thür eben schließen wollte, wurde von dem Strome ergriffen, und nur mit der äußersten Anstrengung und Anklammern an die Thür hat er der Gewalt widerstanden, um nicht fortgerissen zu werden. Er glaubte nach mehreren Stunden noch das Geräusch von einem hohen Wasserfalle in den Ohren zu haben [Trommelfell geplatzt?], und wollte auch deutlich den oben erwähnten fremden Geruch bemerkt haben, der ihm das Athmen beschwerlich machte."

102. „Endlich bewahrten alle diese Lokalitäten langezeit einen Geruch nach verbranntem Schwefel."

128. Nur einer der Beobachter, über welche die Trombe hinwegging, sagt aus, er habe dabei einen fremdartigen Geruch gespürt, „scharf wie Schwefel".

166. „Den in der Nähe befindlichen Beobachtern ist ein starker Schwefelgeruch aufgefallen."

178. „Mehrere Leute haben versichert, daß sie in der Umgebung der Windhose einen eigenthümlichen, widerlichen Geruch wahrgenommen hätten."

219. „Die Betroffenen teilten mir mit, daß sich nach diesem Naturereignis, das etwa fünf Minuten dauerte, ein starker Schwefelgeruch bemerkbar machte."

238. „Aus dem kaminartigen Phänomen entstieg immer mehr Rauch und Schwefelgeruch."

108. „Die Arbeiter, welche sich [beim Zusammensturz der Spinnerei] retten konnten, berichten auch, daß sich ein abscheulicher Geruch, den sie Schwefelgeruch nennen, während der Katastrophe bemerkbar machte."

A 1. „Gleichzeitig will ein Zeuge, der sich im Freien beobachtend befand, einen starken Schwefelgeruch verspürt haben."

Auch bei Nr. 231 ist von einem Geruch die Rede, doch scheint es sich dabei um den Brandgeruch versengten Tuches zu handeln.

Im ganzen ist also in 20 Fällen von einem Geruch die Rede. Die Natur desselben erscheint noch vollkommen rätselhaft. Ich kann Finley, welcher derselben Erscheinung bei den nordamerikanischen Tornados begegnet ist, nicht beipflichten, wenn er sagt: „Was als Schwefelgeruch bezeichnet wird, ist lediglich Ozon in der Luft, welches fast immer nach einem Gewitter zu beobachten ist[1].“ Daß der Blitz in der Nähe seiner Einschlagstelle häufig einen intensiven Geruch hinterläßt, ist zwar richtig, doch rührt dieser wohl wesentlich von den Verbrennungs- oder Verdampfungsprodukten her. Dagegen erscheint es höchst zweifelhaft, ob man allgemein bei Gewittern einen Ozongeruch als vorhanden annehmen darf. Keinesfalls würden aber dazu die obigen Beschreibungen passen, nach welchen der Geruch sehr intensiv gewesen ist, ohne daß Blitze in der Nähe eingeschlagen haben.

Man hat wohl nur die Wahl zwischen zwei Möglichkeiten: entweder es handelt sich um eine Sinnestäuschung, die dann sehr allgemein auftreten müßte und ein gewisses psychologisches Interesse hätte, oder aber um einen wirklich auftretenden, der Trombe eigentümlichen Geruch von bisher unbekannter Entstehung. Für beide Annahmen lassen sich Argumente anführen.

Für eine Sinnestäuschung spricht z. B., daß bei Nr. 20 und anscheinend auch bei Nr. 15 der Geruch bereits vor Passieren der Trombe wahrgenommen sein soll. Eine solche Täuschung würde in vielen Fällen durch die andere, optische Täuschung unterstützt, nach welcher die Trombe als rauchendes Feuer erscheint. Der „Schwefelgeruch“ kann der religiösen Mystik entlehnt und identisch mit jenem sein, den der Teufel hinterläßt, wenn er, entdeckt, sich unter Rauchentwickelung entfernt. Es muß auch daran erinnert werden, daß der Geruchssinn der unzuverlässigste Sinn des Menschen ist, und daß bei außergewöhnlichen Naturerscheinungen, auch wenn eine Beeinflussung des Geruchssinnes gänzlich ausgeschlossen ist, stets einige Leute Schwefelgeruch verspüren. Beim Halleyschen Kometen im Jahre 1910 konnte ich derartige Erfahrungen machen. Unter unseren Beobachtungen gibt es auch mehrere Fälle (u. a. A 7 und A 11), in denen der Geruch ausdrücklich abgestritten wird, obwohl mehrere Menschen in der Trombe selber gewesen sind. Die Möglichkeit läßt sich also nicht von der Hand weisen, daß es sich um eine rein psychologische Erscheinung handelt.

---

[1]) Tornadoes. New York 1887, S. 150.

Andererseits ist es doch schwer, bei so ausführlichen und sorgfältigen Berichten, wie dem des Professor Wolke (Nr. 53, ausführlich im zweiten Kapitel), der selber den Geruch wahrgenommen haben will, an Sinnestäuschung zu denken; da es sich hier um eine Wasserhose handelt, konnte dem Beobachter auch nicht durch die Vorstellung von Rauch der Geruch suggeriert werden.

Es ist vielleicht denkbar, daß durch die plötzliche Luftverdünnung beim Passieren der Trombe wirklich ein starker Geruch dadurch entsteht, daß die Bodenluft aus der Erde gesaugt wird; in Häusern und an Bord eines Schiffes macht sich vielleicht der Umstand bemerkbar, daß aus allen geschlossenen Behältern, aus Schränken, dem Keller, aus der Ladung des Schiffes usw. etwas Luft heraustritt, die ja meist mit starken Gerüchen geschwängert sein wird. — Es muß aber wohl dahingestellt bleiben, welche dieser beiden Erklärungsmöglichkeiten den Vorzug verdient, und ob etwa noch andere in Frage kommen.

In einigen Beschreibungen wird von **Blitzen** und auch **Kugelblitzen** berichtet, die vom Beobachter in unmittelbaren Zusammenhang mit der Trombe gebracht werden. Die großen Erwartungen, welche die Anhänger der elektrischen Trombentheorie nach dieser Richtung hegten, haben sich zwar nicht bewahrheitet. Keinerlei Anzeichen liegen dafür vor, daß etwa der luftverdünnte Kern der Trombe ähnlich wie die Geißlerröhren zu einem kontinuierlichen Elektrizitätsausgleich benutzt würde. Von der Trombe gehen auch keine Blitze aus, wie etwa bei den vulkanischen Rauchsäulen, was ja auch deswegen nicht verwunderlich ist, weil auch bei letzteren Blitze nur dann aufzutreten scheinen, wenn die Säule mehr als 4000 m hoch ist, was bei Tromben nie vorkommt. Auch Finley kommt für die amerikanischen Tornados zu dem Schluß, daß in den wenigen Fällen, wo der Beobachter einen Blitz aus der Trombe kommen sah, sich bei näherer Untersuchung ergibt, daß der Blitz weit hinter der Trombe lag und zu dem Gewitter gehörte, dessen Randgebilde die Trombe war.

Unter unseren Beobachtungen sind nur sechs, bei denen elektrische Entladungen unter Umständen beobachtet werden, die einen Zusammenhang mit der Trombe denkbar erscheinen lassen:

126. Der Blitz schlug in die Nähe der Trombe ein.

101. „Blitze leuchteten von Zeit zu Zeit mitten in den Wolken auf und ließen keinen Zweifel, daß das elektrische Fluidum im Verein mit

dem Wind die Hauptursache der Erscheinung ist" [nach Peltiers Darstellung].

128. Ein Beobachter sagt aus: „Während die Trombe sich in dieser Weise hüpfend vorwärts bewegte, schlug der Blitz fortgesetzt in sie hinein." Nach einem anderen Beobachter schlug aber nur im Augenblick des Entstehens der Trombe ein Blitz zur Erde herab.

191. Unmittelbar nachdem ein Blitz im oberen Teil des Wolkentrichters sichtbar geworden war, trat mit diesem eine Veränderung ein, nämlich es erschienen jetzt an seinem Außenrande aufwärts rollende Wölkchen.

155. „Entsprechend der Richtung, welche die Windhose nahm, wurden am Himmel zwischen den Wolken zwei sehr helle in rötlichem Licht schimmernde Bahnen bemerkt, aus denen sich elektrische Funken auf die Erde nieder zu stürzen schienen." Die Trombe fand nachmittags um 3 Uhr, also bei hellem Tage statt, wodurch der Sinn dieser Worte sehr unklar wird.

129. „Während eines heftigen Gewitters mit dunklen Wolken, welche die Gegend in fast nächtliches Dunkel hüllten [um 2 Uhr nachmittags], gewahrte ich nach oben gehende feurige Funken [»eldgnistor«] aus einer einzeln liegenden hellgrauen Wolke [Staubfuß] etwa eine Meile abseits von hier. Die aufwärts gehenden feurigen Funken waren keine gewöhnlichen Blitze, sondern elektrische Funken, die einem grade nach oben gehenden Feuerregen glichen, 6 bis 10 in der Sekunde, die wie es schien, nur 3—4 Klafter [6—8 m] weit unter schneller Bewegung leuchteten. Gleich darauf schien ein ungewöhnlich starker Blitz aus der darüber liegenden dunklen Wolkenschicht gerade durch die kleine hellgraue Wolke zur Erde zu gehen. Im selben Augenblick schien die hellgraue Wolke sich zu einem groben Seil auszuspinnen." Hildebrandsson, der diesen Bericht veröffentlicht, hält diese Funken für Kugelblitze, die aus großer Entfernung gesehen werden.

Wie man sieht, ist irgend etwas Gemeinsames in diesen Beobachtungen nicht zu finden. Es dürfte deshalb am wahrscheinlichsten sein, daß das Zusammentreffen der Trombe mit elektrischen Erscheinungen da, wo es nicht überhaupt auf Täuschung beruhte, nur ein zufälliges war.

Vierzehntes Kapitel.

Schadenwirkungen der Trombe.

Wirkung auf Menschen. Die Zahl der Menschenleben, die durch Tromben in Europa vernichtet worden sind, ist erstaunlich gering. Nur in 12 Beschreibungen, d. h. bei 5 Proz., wird von Todesfällen berichtet. Die Zahl der Toten läßt sich deshalb nicht genau angeben, weil gerade in demjenigen Falle, der die größten Verluste an Menschenleben mit sich brachte, nämlich bei der Trombe von Monville, die notwendigen Angaben fehlen, doch dürfte die Gesamtzahl 100 kaum überschritten werden; die sicheren Zahlenangaben allein geben nur 22. Rechnen wir mit 100 Todesfällen, so kämen auf jede Trombe durchschnittlich 0,4 Todesfälle [1]).

Zum Vergleich seien einige Zahlen für amerikanische Tornados genannt. Der St. Louis-Tornado vom 27. Mai 1896 verursachte 306 Todesfälle, übertrifft also allein schon das Gesamtergebnis der europäischen Tromben. Für Kansas, den tornadoreichsten Staat der Union, hat Flora [2]) 14 Todesfälle pro Jahr im Mittel aus den 10 Jahren 1889 bis 1896 und 1914 bis 1915 berechnet — eine Zahl, die beinahe der der Todesfälle durch Blitzschlag gleichkommt. Es ergaben sich insgesamt 143 Todesfälle bei 64 Tornados. Auf jeden Tornado kommen also durchschnittlich 2,2 Todesfälle, d. h. die dortigen Tornados sind fünf- bis sechsmal tödlicher als die europäischen Tromben. In Amerika werden die Schäden oft vervielfacht durch das gleichzeitige Auftreten einer größeren Zahl von Tornados; so sollen am 19. Februar 1884 von 7^a bis Mitternacht über 50 Tornados tätig gewesen sein, die nach rohen Schätzungen etwa 1000 Menschenleben, 10000 Wohnungen und Werte von 3 bis 4 Millionen Dollars vernichteten [3]). — Auch in diesem Unterschied äußert sich die größere Heftigkeit der amerikanischen Tromben gegenüber den europäischen.

Da die Art, wie die genannten Unfälle zustande kommen, und überhaupt die Frage, wie es dem Menschen bei Begegnung mit einer Trombe ergeht, ein allgemeines Interesse beanspruchen darf, seien diese Berichte, und zwar zunächst die der Todesfälle, im folgenden angeführt:

1. „Ein Maultiertreiber und seine Maultiere wurden emporgehoben und auf ein benachbartes Feld getragen, der Treiber wurde tot aufgefunden."

---

[1]) Während der Fertigstellung des Manuskripts erfahre ich durch die Zeitung, daß eine am 10. Juli 1916 über Wiener Neustadt fortgezogene Windhose den Verlust von 30 Menschenleben zur Folge hatte. (Eine Beschreibung dieser Trombe soll bei der Met. Zeitschr. in Vorbereitung sein.)

[2]) Monthly Weather Review **43**, 615, Dez. 1915.

[3]) Nach „Science" vom 28. März 1884 in Zeitschr. d. Österr. Ges. f. Meteorol. **19**, 302, 1884.

6. „In Este, sagt Spoleti, sind vier Männer mehr als eine Meile [italienische, 1,8 km] weit transportiert worden; von diesen vier Männern wurden drei getötet, und der vierte kam erst nach einer Ohnmacht von zwei Stunden zu sich. Viele andere Männer und Frauen wurden in dieser Weise weit forttransportiert und durch den Stoß beim Zusammenprall mit Bäumen oder Häusern schwer verletzt. In Urbana wurde ein kleines Kind von fünf Jahren vor den Augen seiner Mutter emporgehoben und unter den Ruinen in der Umgebung der Stadt wiedergefunden."

78. In Marchefroid wurde ein Kind getötet.

82. „Ein junger Mann von 17 Jahren, der sich in der Bahn des Meteors befand, wurde herumgewirbelt, in die Luft gehoben, und sein Kopf an einem Felsen zerschmettert."

105. „An der Front dieses Hauses wurde ein alter Mann namens Grangeon umgeworfen und so heftig gegen die Mauer geschleudert, daß er sich einen Schädelbruch zuzog; er starb eine Viertelstunde später."

108. „... und schritt auf eine der schönsten Spinnereien des Tales zu. Dies riesige Gebäude ... wurde in einem einzigen Augenblick völlig zerschmettert; 200 Arbeiter wurden unter den Trümmern begraben." Bei einer anderen Fabrik wurde der Fußboden der obersten (vierten) Etage mit den Maschinen und den Arbeitern emporgehoben. Ein Arbeiter erzählte von seiner Tochter: „Ich eilte sie zu retten, und fand sie verwundet zwischen drei Leichen ..." „Dies kleine Haus wurde nicht verschont, die Trombe warf es um und tötete eine Arbeiterin, die unter dem Dach in ihrem Bett lag ..." „Ein Schäfer ist nebst seiner Hütte durch die Windhose von Monville in die Lüfte geführt worden; er ist zu Boden gefallen, aber die Hütte hat sich nie wiedergefunden." — Die Zahl der Toten ist bei dieser Trombe nicht genannt.

114. ... „und soll ein Weib getötet haben, daß dort beim Kornschneiden beschäftigt war."

145. „In einer Seifenfabrik wurde ein Mann getötet."

185. „Am Bahnhof wurden viele Passagiere leicht verwundet, schwer verwundet waren nur drei, von denen zwei sich im letzten Waggon befanden und der dritte im vorletzten." Ein Bremser saß im Bremshäuschen oberhalb des Waggons; das Häuschen wurde abgerissen und fortgeschleudert, dem Bremser geschah nichts. Ein 17jähriges Mädchen erzählte, „daß sie in die Luft gehoben wurde, daß der Wind ihr die Haare auflöste, alle Haarnadeln aus dem Kopfe wegtrug, und sie endlich zur Erde herabließ und gegen die Erde preßte. Wie hoch sie gehoben wurde und wie weit getragen, weiß sie nicht anzugeben, obgleich sie nicht verwundet, sondern nur an einer Hand etwas geritzt wurde ... Als sie zur Erde fiel, war sie halb betäubt, ist sich jedoch bewußt, daß sie gleich aufstand und zum Wächterhaus gieng, wo sie unter Dach aufgenommen wurde." Ein Bauer aus Novska, der in der Nähe war, „sah das Mädchen in der Luft, daß sie der Wind dreimal emporhob und wieder zur Erde senkte, um sie dann fortzutragen". Im Walde, wo einige Hirten mit ihren Ochsen waren, wurde ein Hirt erschlagen.

228. „Personen, die sich im Sturm befanden, wurden hochgehoben und eine Strecke weit fortgeschleudert. Ein 13jähriger Knabe wurde unter den Trümmern eines Hauses begraben und später tot hervorgeholt. Außerdem gab es etwa 25 schwer oder leicht verletzte Personen.“

A 3. 5 Tote und etwa 30 Verletzte.

A 6. Ein Fischerboot wird mit seinen Insassen vernichtet. Wortlaut siehe weiter unten.

A 10. Durch einen einstürzenden Giebel werden fünf Personen erschlagen. Wortlaut siehe zweites Kapitel.

Auch diejenigen Fälle, in denen nur von Verletzungen, nicht von Todesfällen berichtet wird, bieten manches Interessante:

19. „Der Mast eines großen Fahrzeuges wurde mit solcher Kraft gegen dies Haus geschleudert, daß eine gute Ziegelsteinmauer von mindestens vier Spannen Dicke durchstoßen wurde, als ob sie von einem sehr kräftigen Sturmbock getroffen wäre. Er drang drei Spannen tief in das Haus ein und blieb dort stecken ... Das Fahrzeug wurde in tausend Stücke zerbrochen, ein einziger [oder einzelner?] der Matrosen wurde durch den größten Zufall gerettet. Den Mast fest umklammert haltend, wurde er mit ihm hochgehoben, und als dieser sich in die Mauer des Hauses einpflanzte, wurde er durch den Stoß zu Boden geschleudert, ebenso wie die Windfahne, die an seinem Ende saß. Er fiel ganz zerschunden, aber ohne schwere Verletzungen auf die Straße.“

54. Durch einstürzende Gebäude wurden auf dem Philippischen Gut zwei Personen verletzt, ebenso mehrere in Etzdorf. Außerdem „wurde ein Knecht nebst zwey Pferden gegen 60 Schritte (50 m) weit in den Hohlweg geschleudert. Er liegt einige Minuten ohne Bewußtseyn, und erstaunt bey dem Erwachen über die Spuren der Verwüstung um ihn her, sowie über seine Pferde, welche keuchend in einiger Entfernung von ihm in dem Strauchwerk verwickelt liegen“.

59. „Der Besitzer [eines Hauses] befand sich gerade im zweiten Stockwerk ... Bei dem anhaltenden fürchterlichen Blitzen und Donnern geht er zu einem offenstehenden Fenster, um es zuzumachen, und in demselben Augenblicke wird er nebst der größten Hälfte des Hauses zu Boden geworfen, und erhält viele Wunden und gefährliche Quetschungen.“

74. Ein Mann wird am Arm verletzt.

126. „Einige Personen, welche in den Häusern waren, wurden wie durch ein Wunder gerettet. Der Besitzer, Herr Larsson, und eine Magd waren im Augenblick der Katastrophe in der Scheune. Herr Larsson wurde ins Freie geschleudert, kam aber mit einigen kleinen Verletzungen davon. Die Magd wurde mit Blut bedeckt unter den Trümmern herausgezogen, aber ihre Verletzungen waren nicht gefährlich. — In dem kleinen Haus befanden sich eine alte Frau und ein junges Mädchen. Sie waren umgeworfen und gegen den Schornstein gestoßen worden [der allein stehen blieb], und zugleich war das ganze Haus über ihre Köpfe weg in die Höhe getragen worden.“

144. Es wurden „mehrere Weichensteller- und Aufseherbuden völlig fortgeweht, eine derselben mitsamt ihrem Insassen ist aus nordnordöstlicher Richtung 35 m weit fortgetragen und völlig zertrümmert worden. Der mitgeführte Weichensteller Abel wurde hierbei ziemlich schwer verletzt".

147. „Die Windhose erschien zuerst in dem $1^1/_2$ Stunden von Marczali gelegenen Dorfe Gadany, wo sie 22 Häuser zerstörte und zwei Kinder mit sich riß, die später blutüberströmt aufgefunden wurden."

162. In La Redorte „wurden viele Bewohner unter den Trümmern ihrer Häuser begraben. Bis jetzt wurden 15 Verwundete aus denselben hervorgeholt".

178. „In Sicht des Schulhauses Tweelbäke weidende Kühe wurden merkbar in die Höhe gehoben, eine von ihnen in den Graben geworfen, und der sie hütende Knabe, Emil Suhr, eine Strecke von gut 25 Schritt halb gerollt, halb getragen. Als ihn die Windhose am Chausseedamm liegen ließ, ist der Junge niedergekniet und hat ein geistliches Lied angestimmt. In der Windhose war es, nach seiner Angabe, heiß; er ist darin bei vollem Bewußtsein geblieben, hat aber keinen Laut von sich geben können." — Von der Windhose in Marne: „Ein Knecht, welcher vor der unheimlichen Erscheinung sich ins Haus retten wollte, wurde ergriffen und in die Höhe gehoben, kam aber doch ohne Verletzungen davon." — Von der Windhose in Esterwegen: „Verletzungen sind mehrfach vorgekommen."

180. „Die Trümmer einer Zwischenwand, welche gleichfalls umgestürzt wurde, fielen auf das Bett des Herrn Parent, welcher verwundet wurde."

195. „In St. Peter wurde eine Frau von der Windhose erfaßt und in ein Gestrüpp geschleudert, wo sie unsanft gebettet und zerschunden liegen blieb."

208. „Nahe dabei suchte ein Schäfer, John Harroway, hinter einem Busche Schutz, aber der Wind zerrte ihn heraus und schleuderte ihn mit beträchtlicher Kraft herum und in einen anderen Busch hinein, seinen Arm verletzend, ihm aber, soweit ihm erinnerlich, nicht den Atem behindernd."

Schon bei diesen Beobachtungen wird nicht selten die eigentümliche Erscheinung hervorgehoben, daß Menschen bisweilen hochgehoben, aber ohne Verletzungen wieder niedergesetzt werden. Die folgenden Beobachtungen, bei denen von Verletzungen nichts mehr berichtet wird, geben noch mehr Beispiele dafür und enthalten auch in anderer Hinsicht noch manches Interessante.

A 1. „In Mangschütz stand auf dem Zuge der Trombe ein Ehepaar. Die Frau wurde vom Wirbel erfaßt und etwa fünf Fuß in die Höhe gehoben. Der Mann faßte sie bei den Kleidern und wurde dann mit ihr etwa 15 Schritt fortgeschleudert. Ob dabei ein Heben oder nur ein Stoßen stattgefunden, vermögen die betheiligten Personen nicht anzugeben, da sie fast besinnungslos waren, ohne daß sie jedoch irgend Schaden gelitten haben. Der Mann will jedoch ein Gefühl in der Erinnerung haben, als ob in seinem Körper eine Drehung, namentlich in den Armen und Füßen, fühlbar gewesen sei."

15. „Sobald der Sturm ein wenig nachgelassen hatte, ging ich hinaus, um die Zerstörungen anzusehen, die er verursacht hatte, als ich von einem der Dienstmädchen angeredet wurde, die mit einer Besorgung ausgeschickt gewesen war. Sie sagte mir, als sie den Torweg erreicht hätte und eintreten wollte, und zwar in diesen Torweg, welcher umgeworfen wurde, hätte der Wirbel sie ergriffen, in die Luft gehoben, 15 bis 20 Faden weit fortgeführt und wieder auf einer Anhöhe abgesetzt, wo sie kaum der Gewalt des Windes widerstehen konnte, obwohl sie sich an einen großen Stein anklammerte."

22. Fünf Personen wurden aus einer Bark emporgehoben.

26. „Zwei junge Schäfer, die sich unter einen dieser Bäume geflüchtet hatten, wurden mit ihm einen Pistolenschuß weit in die Höhe gehoben und ohne schwere Verletzung wieder auf die Erde gesetzt."

69. 13 Menschen wurden ins Meer geschleudert.

81. „Am Flusse wurden ein Paar dort spielende Knaben von acht bis zehn Jahren ins Wasser geschleudert und nur durch schnelle Hülfe noch gerettet."

85. „Dieses [Meteor, nämlich der Staubfuß] warf die ... Steinkohlenmassen auseinander, und einen Arbeiter von dem daneben befindlichen Kalkofen herunter ... Mehrere Weiber, an denen das Meteor vorbeistreifte, fielen ohnmächtig hin."

... „Ein anderer [Arbeiter] hatte sogar den Muth, demselben [Meteor] zu folgen (und das konnte man in fast gewöhnlichem Schritte), befand sich aber bei dessen zickzackförmiger Bewegung plötzlich mitten in demselben, wo er spürte, daß es ihn bald mit sich fortziehen, bald gewaltsam in die Höhe heben wollte. Er bückte sich etwas zur Erde, sich auf ein Werkzeug stützend, wurde aber rückwärts zu Boden geworfen, und somit hatte es ihn verlassen und war weiter gezogen."

95. „Eine Frauensperson, welche mit einem Korbe voll Kraut auf dem Kopfe aus dem Felde kam, wurde davon zu Boden geworfen, der Korb mit dem Kraute aber hoch durch die Luft auf die andere Rheinseite fortgeführt. Ein Mann, welcher im Felde mit Kartoffelsetzen beschäftigt war, wurde ebenso zu Boden geworfen, sein Korb mit Kartoffeln aber auf einige Hundert Schritte weit in die Mosel geschleudert. Ein Knabe rettete sich durch Festhalten an einem Weidenstrauche, und andere Leute im Felde, welche von dem Meteor überfallen wurden, riefen einander zu und ließen sich zu Boden fallen."

[Über das Erlebnis eines Arbeiters, der sich nur mit Mühe an einer Gartentür festhalten konnte, wurde schon oben auf S. 266 berichtet.]

124. „Das Badehäuschen von der Akademie wurde zusammengerissen und fortgeschwemmt, zwei Matrosen, welche daselbst Nachtwache hielten, flogen ins Wasser, retteten aber ihr Leben."

128. „Ein Kind, das vom Sturm ergriffen wurde, wurde eine große Strecke in der Richtung von S nach N fortgeschleudert.“ Einige Arbeiter warfen sich zu Boden und wurden nicht aufgehoben. Andere „wurden in Sprüngen in die Luft geworfen, obwohl auch sie sich auf den Boden geworfen hatten und versucht hatten, sich an Erdschollen und anderen Gegenständen festzuhalten.“

154. „Eine Frau, welche die Matzkircher Straße des Weges kam, wurde ebenfalls von dem Sturme eine ganze Strecke fortgetragen.“

165. Der einzige, der vom Unwetter im freien Felde ergriffen wurde, ein Arbeiter, verlor vor Schreck das Bewußtsein.

231 II. Ein Mann wurde auf seinem Fahrrad von der Trombe ergriffen, „welche nach seinem eigenen Bericht ihn einen oder zwei Dezimeter hoch in die Luft hob“.

A 11. „Als die Arbeiter von der Trombe erreicht wurden, warfen sie sich voller Entsetzen platt auf den Boden, wodurch sie selber unversehrt blieben. Aber die über die Schulter gehängten Röcke und Hüte wurden auf Nimmerwiedersehen entführt, ihre Sensen wurden gleichfalls fortgeschleudert und von ihnen, da sie in ihrem Todesschrecken nicht die Ruhe zum Suchen fanden, erst am nächsten Tage wiedergefunden.“

A 13. Ein kleines Mädchen wurde von der Seite der Mutter in der Haustür vom Winde ergriffen, und kopfüber durch die Luft, etwa 200 Schritte weit, über einen Zaun und einen Busch fortgeschleudert.

Berücksichtigt man die große Gewalt, welche die Tromben bei ihren Zerstörungen an Häusern und in Wäldern offenbaren, so wird man zugeben müssen, daß die meisten Fälle direkter Begegnung mit dem Menschen erstaunlich harmlos für diesen verlaufen.

Wirkung auf Schiffe. Von besonderem Interesse sind namentlich für den Seemann die Fälle, in denen die Trombe mit einem Schiff zusammenstieß. In neuerer Zeit sind solche Ereignisse außerordentlich selten geworden, da die Dampfschiffe selbst aus großer Nähe noch ohne Schwierigkeit der Wasserhose ausweichen können. Leider werden damit auch die genauen Beschreibungen der Wasserhosen selten, da die Kapitäne nicht freiwillig in die Nähe dieser Erscheinungen gehen. Die alten Beobachtungen werden daher gerade bei Wasserhosen einen dauernden Wert behalten. Unter den europäischen Beobachtungen befinden sich folgende Fälle solcher Zusammenstöße.

31. Im Hafen von Malta. „Die königliche Bark »l'Hirondelle« verlor ihren Ladebaum, wobei der Umstand merkwürdig war, daß weder ihr Großmast, noch selbst ihre Fahnenstange beschädigt wurde.“

52. Kleines, einmastiges Schiff. „Während eines Gewitters trifft eine Wasserhose, die sie wegen des Regens und der trüben Witterung nicht eher gesehen hatten, als bis sie ganz nahe und kein Ausweichen mehr möglich war, von der Seite gegen das Hintertheil des Schiffes, und gibt einen so fürchterlichen Stoß, daß die in der Kajüte befindlichen Reisenden, wie auch zwei Matrosen, welche an dem Tische eine Erbssuppe aßen, der Tisch selbst (welcher gewöhnlich, um fester zu stehen, unterwärts mit mancherlei Sachen beschwert wird) u. s. w. alles über einen Haufen fiel. Auch wurde durch die Gewalt der Wasserhose die Thür der Kajüte eingeschlagen, worauf ein großer Schwall von Wasser eindrang, der die Erbsensuppe wieder von ihnen abwusch. Außer dem Schrecken, der Durchnässung, einer kleinen Kontusion am Kopfe, die leicht hätte können gefährlicher werden, und einiger leicht auszubessernder Unordnung an Segeln, Tauwerk u. s. w. ist aber dadurch weiter kein Schade geschehen."

53. Die Segel waren alle geborgen. „Bald hernach stieß es [das Ungeheuer] so auf das Vordertheil des Schiffes, daß die Angst, die meine Gefährten erfüllte, sie nicht hinderte, es zu fühlen ... Die Wasserhose rauschte schnell von vorn nach hinten über uns und unser Schiff hinweg, bespritzte uns nur mit einzelnen Regentropfen von der Größe einer Kirsche, und ließ einen Schwefel- und Salpetergeruch nach ... Die Segel wurden aufgezogen und wir fuhren weiter. [Die ausführliche Beschreibung siehe im zweiten Kapitel, S. 19.]

73. „Der Wirbelsturm stürzte sich hierauf zwischen die Hafendämme, trieb den Schaum des Wassers bis zu den Spitzen der höchsten Masten empor, warf die Lichterschiffe durcheinander, deren eins 8 bis 10 Fuß in die Höhe gehoben wurde, füllte einige derselben mit Wasser, riß einige Briggs von ihren Hafenankern, drang dann in den Hafen ein, drehte einen großen Krahn mit beträchtlicher Geschwindigkeit um ..."

89. Segel bis auf die vier großen geborgen. „Plötzlich wurden wir durch dichte Wolken überrascht, welche zwischen den Segeln und Masten hindurchgingen. Dies war der Beginn und die Ankunft der Trombe. Die Segel wurden so schnell wie möglich geborgen. Aber da ist die Trombe auch schon über uns da. Sie vereinigt sich mit dem Meer und läßt das arme Schiff wie einen Kreisel herumtanzen. Der Bug zeigte in einem Augenblick nach allen 32 Strichen der Windrose[1]). Man fühlte dann gleichsam ein Zittern von oben nach unten. Bald preßte der Wind das Schiff gegen das Meer, bald hob er es, wenigstens soweit sein Gewicht dies zuließ. Nachdem der Wind das Fahrzeug beständig gedreht hatte, begann er es fest auf den Kiel und aufs Meer zu drücken. Dann fühlten wir, wie das Schiff am Bug gehoben und am Heck herabgedrückt wurde ... Die Erschütterung hörte endlich auf, ebenso unvermutet wie die Heftigkeit des Windes, und die Trombe ließ uns nach einem fürchterlichen Abschiedsstoß in Ruhe zurück."

[1]) Offenbar ist auch hier das Wasser unter der Trombe gleichfalls in Rotation gewesen. Der Wind allein könnte eine so schnelle Drehung des Schiffes wohl kaum verursachen.

105. Bei dieser Trombe wurde ein Kahn von 7 m Länge und $2^1/_2$ m Breite aus der Rhone gehoben und auf dem Lande zerschmettert.

113. „Um 7^a ... unter einer Wasserhose durchgefahren ... Alle Leesegel waren in der Nacht gesetzt worden. Um 6^{30} Leesegel und alle leichten Segel geborgen, Untersegel gesetzt; standen bei den Topsegelraaen und am Klüverfall. Wasserhose jetzt nahe, direkt über uns, und schnell auf uns zu kommend. Ließ fallen Topsegelraaen, und hatte den Klüver etwa halb herab bekommen, als sie uns am Backbordbug packte, Stagsegel und Klüver nach Steuerbord füllte, aber die Fockraae weit nach hinten preßte. Im nächsten Augenblick füllte sie die Fockraaen und preßte die Großraaen zurück, und warf wieder Groß- und Kreuzraaen im selben Augenblick die einen voll und die anderen zurück, wirbelte an der Backbordseite mit heftigem Windstoß entlang und rundete mit lautem Geräusch das Achterschiff, dabei im Vorübergehen Wasser in die Ochsenaugen desselben schleudernd. Einen Augenblick später trat Windstille ein, dann schwere Böen ... Ich habe versichern hören, daß ein Gegenstand, der die Wasserhose durchdringt, sie zum Bersten bringt; diese hatte ihre halbe Basis auf meinem Schiff in Thätigkeit, blieb aber nach Form und Bewegung vollkommen unversehrt.“

117. Nachts. „Ich erkannte im Halbdunkel den Kapitän, der auf meinen Zuruf nur nach dem Hinterdeck zeigte mit dem Rufe: »Voilà la terre!« In der Tat schien eine hohe, in der Dunkelheit schwach leuchtende [Seetiere im Wasserturm; vgl. den Schluß der Beschreibung] Felswand hinter dem Schiffe zu stehen. Der Kapitän hatte, als er sie gesehen, das Schiff ganz plötzlich gewendet, und dadurch waren die gewaltigen Schwankungen hervorgerufen [ein englischer Küstendampfer, der früher Kohlenschiffe nach London schleppte, war notdürftig als Kabeldampfer hergerichtet und wegen ungünstiger Stauung des großen Kabelgewichts sehr rank beim Wenden]. Er meinte, wir müßten abgetrieben sein und befänden uns dicht vor den Felsen des Cap des lions. Plötzlich rief eine Stimme im Dunkeln »La terre avance!«, und wirklich stand die hohe, unheimlich leuchtende Wand jetzt dicht hinter dem Schiff und rückte mit einem eigenthümlichen, brausenden Geräusche heran. Dann kam ein Moment so schrecklich und überwältigend, daß er nicht zu schildern ist. Es ergossen sich über das Schiff gewaltige Fluthen, die von allen Seiten heranzustürmen schienen, mit einer Kraft, der ich nur durch krampfhaftes Festhalten an dem eisernen Geländer des oberen Decks widerstehen konnte. Dabei fühlte ich, wie das ganze Schiff durch heftige, kurze Wellenschläge gewaltsam hin und her geworfen wurde. Ob man sich über oder unter Wasser befand, war kaum zu unterscheiden. Es schien Schaum zu sein, den man mühsam atmete. Wie lange dieser Zustand dauerte, darüber konnte sich später niemand Rechenschaft geben. Auch die in der Kajüte gebliebenen hatten mit den heftigen Stößen zu kämpfen, die sie hin und her warfen, und waren zu Tode erschreckt durch das prasselnde Geräusch der auf das Deck niederfallenden Wassermassen. Die Zeitangaben

schwankten zwischen zwei und fünf Minuten. Dann war ebenso plötzlich, wie es begonnen hatte, alles vorüber, aber die leuchtende Wand stand jetzt vor dem Schiffe und entfernte sich langsam von ihm ... Daß wir mit unserem so wenig seetüchtigen und so unzweckmäßig belasteten Schiffe dies gefährliche Experiment glücklich bestanden, ist mir ganz unbegreiflich. Als die Wasserhose über uns fortgegangen, blieb das Meer noch einige Zeit in wilder Bewegung und war, soweit man beobachten konnte, mit schäumenden Wellenköpfen bedeckt. Da sahen wir eine Naturerscheinung von einer Pracht und Großartigkeit, wie sie die kühnste Phantasie sich kaum ausmalen kann. Soweit das Auge reichte, erglühte das ganze Meer in dunkelrothem Lichte ... Die wilde, strudelnde Bewegung, in die das Wasser durch die Wasserhose versetzt war, hatte die sämtlichen Leuchtthierchen ... in Aufregung versetzt."

119. ... „kam uns auf dem schwarzen Meere eine Trombe entgegen. Große Aufregung auf dem Schiff, namentlich darüber, daß der Kapitän ihr direkt entgegengehe. Da deckte Alles — auch uns mit — ein dichter Nebel, da dachte man erst recht an den Untergang, ans Verschlungenwerden! Der Nebel zog sich zurück und muß die Trombe geradezu verschluckt haben. Von der Wasserhose war nichts mehr zu sehen."

206. Im Hafen von Bizerte. Die Trombe ging gerade über das Schiff hinweg, wobei die auf S. 197 mitgeteilte Beobachtung über die Druckabnahme im Innern gemacht wurde. Von den Wirkungen der Trombe auf das Schiff wird nichts mitgeteilt.

244. „Der Capitän Wakefield aus Boston befand sich in der Meerenge von Gibraltar, als eine Trombe mit großem Lärm über sein Schiff fortschritt; er war gerade in seiner Kajüte, als die Matrosen ihn mit lauten Rufen herbeiriefen. Er ging sogleich auf die Brücke und sah sie vor dem Schiff davon wandern."

A 6. Die Fischerflotille von Stora (Algier) wird von einer Wasserhose überrascht, wobei ein Schiff hineingerät. „Es schien uns [aus etwa 10 km Entfernung] sogar, als könnten wir die vergeblichen Anstrengungen sehen, welche sie machten, um gegen diese Anziehungskraft anzukämpfen. Vergeblich wandte es [das Schiff] alle Energie auf; es lief mit großer Geschwindigkeit in seinen Untergang hinein. In der Tat genügten einige Augenblicke; das unglückliche Schiff verschwand vollständig; es verschwand, sich um sich selbst drehend, in dem Strudel, und die Trombe setzte ihren Lauf fort ... Gegen Abend kehrte ein einzelnes Fahrzeug in den Hafen zurück. Es wurde von dem Bruder dessen geführt, der das Opfer der Trombe geworden war. Er bezeugte, daß alle in dem berichteten Unglück umgekommen seien."

Wie man sieht, haben diese Zusammenstöße mit Wasserhosen doch relativ selten zu ernsten Havarien der Schiffe geführt. Da die europäischen Tromben aber den amerikanischen so sehr an Stärke nachstehen, so wäre es offenbar vorschnell, hieraus auf Unschädlichkeit von Wasserhosen überhaupt zu schließen [1]).

Sonstige charakteristische Wirkungen. Es würde ermüdend und zwecklos sein, alle Zerstörungen aufzuführen, welche in den verschiedenen Berichten erwähnt werden. Nur einiges sei herausgegriffen.

Die gewöhnliche Beschädigung der Häuser besteht darin, daß der ganze Dachstuhl abgehoben und bisweilen nach einer kleinen Drehung auf das Haus selber, häufiger jedoch neben demselben oder sogar in größerer Entfernung fallen gelassen wird. Um nur ein Beispiel zu erwähnen, nahm bei Nr. 75 die Windhose „das Dach von einem Hause, wie einen Hut vom Kopfe des Menschen, und ließ es $1^1/_2$ Meilen [engl. = 2,4 km] davon in tausend Trümmern wieder auf die Erde fallen". Kleinere Holzhäuser gehen meist ganz in die Luft, wie bei Nr. 116, wo nur der Schornstein und die beiden Insassen des Hauses am Orte blieben, während ihnen das Haus selber über den Kopf fortflog. Fachwerkbauten werden gewöhnlich von ihrem Fundament gelüftet und etwas gedreht niedergesetzt. Die Zahl der zerstörten Häuser ist natürlich vom Zufall abhängig; in Witernestre (Nr. 74) wurden von 40 Häusern 32 mit ihren Scheunen zerstört, und im nächsten Dorf, Lambre, noch weitere 18. In Marchefroid (Nr. 78) wurden 53 Wohnhäuser zerstört. Interessant ist, daß die Zer-

---

[1]) Außereuropäische Beobachtungen dieser Art zu sammeln, ist hier nicht Platz. Doch seien diejenigen zitiert, die mir zufällig in die Hände kamen:

Gilbert, Von Wasserhosen und Erdtromben und ihrer verwüstenden Kraft, neuere Bemerkungen, Gilberts Ann. d. Phys. **73**, 95, 1823 (nach Zeitungsmeldung: Schiff „Yeoman" mit 400 Negersklaven und 16 Matrosen durch Wasserhose untergegangen. Nur sieben Matrosen gerettet).

Raspe, Einige Nachrichten über Wasserhosen, Met. Zeitschr. 1886, S. 360 ff. (Bark „Ceylon" verlor Groß- und Besanmast, der Steuermann wurde erschlagen; siehe hierüber auch Met. Zeitschr. 1906, S. 371, wo berichtet wird, daß während der Erscheinung Elmsfeuer auf allen Eisenteilen sich zeigte.)

Wasserhosen (namenloses Sammelreferat), Met. Zeitschr. 1906, S. 371. (Dampfer „Santiago"; nur im Außenrand des Wirbels. Kein Schaden. — Bark „Reindeer", entmastet. — Schiff „Columbus", Klüverbaum, Groß- und Vorbramstänge heruntergerissen. — Bark „Elisabeth Rickmers", kein Schaden.)

störungen oft nicht ganz bis zum Erdboden herabreichen, sondern in einer bestimmten Höhe endigen; der Trombenwirbel reicht dann also nicht ganz bis zum Boden herab. So heißt es bei Nr. 27: „Die hohen Häuser litten mehr als die niedrigen, man beobachtete sogar, daß niedrige Häuser, die neben hohen Gebäuden lagen, ganz verschont blieben.“ Diese Erscheinung ist eine unmittelbare Folge des früher besprochenen gelegentlichen Abhebens der Trombe vom Boden.

Relativ häufig wird berichtet, daß massive Gartenmauern umgestürzt werden. Bei Nr. 1 fiel von einer solchen Mauer die eine Hälfte nach der einen, die andere nach der anderen Seite; bei Nr. 27 fielen von vier parallelen Mauern, die gerade in der Trombenspur und zu ihr parallel lagen, nur die beiden äußeren um, und zwar beide nach innen. Dagegen fielen bei Nr. 78 die vier Mauern eines Gartens alle nach außen.

In mehreren Fällen wurden Eisenbahnzüge von der Trombe ergriffen. Bei Nr. 185 heißt es: „Die ersten acht Wagen zeigten keine Spur des Tornados, die folgenden 10 wurden stark beschädigt und theilweise nach NE aus den Schienen geworfen, die nächsten fünf blieben wiederum in den Schienen, der mittlere von ihnen blieb sogar unversehrt. Die letzten fünf Wagen wurden nach SW geworfen, der letzte von diesen wurde 30 m weit und etwa 8 m hoch geschleudert.“ Auch bei Hamm (A 2) wurden „drei Gepäckwagen von den Schienen gehoben und mehrere Fuß hoch forttransportiert“. Bei A 3 wurde ein beladener Eisenbahnwagen im rechten Winkel herumgedreht, ein zweiter umgeworfen, und ein dritter auf den Abhang geschleudert. Die nicht im Verzeichnis enthaltene Oldenburgische Windhose vom 4. Juni 1910, welche in der Anmerkung S. 88 erwähnt ist, warf zwei Güterwagen eines fahrenden Zuges um.

Bei der Kopenhagener Wasserhose Nr. 62 wurde auf dem Fort Trekoner „eine 30pfündige Kanone 1,5 Fuß weit verrückt“, und ebenso auf Malta (Nr. 31) mehrere Kanonen und Mörser, die auf einer Plattform des Forts Saint-Elme standen.

Während Pferde und Kühe meist nur wenig angehoben und zur Seite geschleudert werden, heißt es bei Nr. 82: „14 Schafe wurden emporgetragen und fielen erstickt herab.“ Bei Nr. 24 verschwanden 50 Hühner, „ohne daß man etwas von ihnen wiedergefunden hätte“. Bei Nr. 178 wird berichtet: „Den Vögeln waren die Flügel theilweise abgerissen, auch waren einigen die Federn ausgerissen, aber nur theilweise.“ Auch bei Nr. 54 wurden die Hühner „in der Luft umhergeworfen und dadurch getötet“. Bei Nr. 106 wurde „das ganze Federvieh der Meierei, das in die Strömung hineingeriet, durch den Stoß der Ziegel, Röhren, Planken und Sparren, welche die Trombe emporgezogen hatte, vielleicht auch durch elektrische Entladungen, getötet.“

Auch die Erde bleibt nicht verschont. Lockerer Boden wird „bis auf ein Schuh Tiefe“ fortgetragen (Nr. 172). Große Felsblöcke werden nachher um mehrere Fuß von ihrem Platze entfernt und in geänderter Lage aufgefunden (Nr. 80 und 82), Feldsteine von einem Kubikfuß Größe „aus ihren Lagern gehoben und zuweilen etliche Schritte weit fortgewälzt“ (A 14), oder es werden „tiefe Furchen auf dem Boden hinterlassen“ (Nr. 82).

Wirkung auf die Vegetation. Sehr charakteristisch sind auch die Schäden, welche die Trombe an der Vegetation verursacht. Bei Nr. 238 wurde das Gras so niedergelegt, daß es nachher aussah wie gewalzt. In einem anderen Falle (Nr. 221) wurden von einem Kornfeld die Ähren abgerupft, während die Halme stehen blieben. Der Windschlag im Walde ist oft sehr bedeutend. Daß 6000 Stämme umgelegt werden (Nr. 80) ist gewiß nicht selten. Bei Nr. 185 wird von 150 000 berichtet. Bei den schwedischen Tromben, die gerade immer große Verwüstungen im Walde angerichtet haben, ist die Zahl nicht angegeben. Von großem Interesse ist dabei die Art und Weise, auf welche diese Waldbestände vernichtet werden. Daß die Trombe sich eine vollständige Gasse (Asgardsweg) durch den Wald bahnt, ist im achten Kapitel bereits ausführlich geschildert worden. Aber die Art der Beschädigungen an den Bäumen ist verschieden. Martins unterscheidet sechs verschiedene typische Arten, nämlich [1]):

1. Umgestürzte Bäume; die eine Seite des Wurzelwerkes haftet noch am Boden. Dies entspricht der gewöhnlichen Wirkung eines starken Sturmes.

---

[1]) Martins, Anweisung zur Beobachtung der Windhosen oder Tromben, Pogg. Ann. **81**, S. 444. — Bei der Trombe Nr. 124 werden „zum Teil entwurzelte oder abgebrochene, zum Teil buchstäblich gedrehte Baumstämme angetroffen“; auf diese drei Hauptformen lassen sich auch die von Martins angegebenen Formen leicht zurückführen, wenn man von Nr. 6, die nicht den Stamm betrifft, absieht.

2. Ganz ausgerissene und fortgeschleuderte Bäume. Hier hat die aufsteigende Luftbewegung einen starken Anteil an der Wirkung.

3. Abgebrochene Bäume; oft ist auch nur die Krone abgebrochen. Die Trombe hatte dann nach Martins nur in Höhe der Krone verheerende Stärke, ohne ganz zum Boden herabzureichen.

4. u. 5. Verdrehte und durch Zerdrehen aufgesplitterte („gespällte") Bäume; offenbar eine Wirkung gewaltsamer Drehung.

6. Bäume mit verdorrten Blättern; eine Folge des Zerreißens der Blätter.

Für die erste Gruppe bedarf es keiner Erläuterungen; sie wird durch horizontalen Wind erzeugt. Für die zweite kann u. a. die Beschreibung Nr. 80 als Beispiel dienen; hier fand man „auch mehrere [Bäume], die von ihrem vorigen Standorte samt Wurzeln und den darin verwachsenen großen Steinen und Erdreich mehrere Schritte entfernt niedergestürzt lagen". Ähnlich heißt es bei Nr. 24: „Bäume herausgerissen und mit Gipfel, Stamm und Wurzel 60 bis 100 Toisen weit transportiert und durch andere stehengebliebene Bäume aufgefangen." Mehrmals wird hervorgehoben, daß die verschiedenen Baumarten sich dabei verschieden verhalten in dem Sinne, daß Nadelhölzer leichter umgerissen werden als Laubhölzer; so heißt es bei Nr. 177: „Die Fichten waren mit Laubbäumen, besonders Birken gemischt, und diese blieben stehen und verhinderten die Aussicht. Nirgends werden die Spuren der Tromben so regelmäßig und typisch, als in den nordischen Tannen- oder Fichtenwäldern."

Auch für das Abbrechen der Bäume gibt die eben erwähnte Trombe Nr. 24 ein lehrreiches Beispiel: „Andere, die im Tal standen, wurden in 4, 6, 10, 15 und 20 Fuß Höhe abgebrochen, was die Annahme nahelegt, daß die Trombe in diesem kleinen Tal ihre Verheerungen nicht bis zur Erde ausdehnte."

Die nächste Beschädigungsart, nämlich die der „gespällten" oder zersplitterten Stämme, bietet ein besonderes Interesse; die Vertreter der elektrischen Trombentheorie waren nämlich der Ansicht, daß sich diese Erscheinung nicht durch Windwirkung erklären lasse, und glaubten daher, eine blitzähnliche elektrische Strömung habe den Saft momentan verdampft und das Holz gesprengt: „Der verdampfte Saft gleicht einem dicken Rauche; daher die Täuschung der Zeugen der Trombe von Montville, welche sämtlich glaubten, daß die Wälder, über die sie hinwegzog, in Brand ständen" (Martins). Daher sind uns von den Anhängern dieser Theorie so eingehende Beobachtungen über diese Erscheinung hinterlassen, wie sie später niemals wieder angestellt worden sind.

Verschiedentlich wird festgestellt, daß gespällte Stämme in der Mittellinie der Spur am häufigsten sind: „Es war auch recht interessant zu sehen, wie im Zentrum des Wirbels die Bäume, während sie in der Ebene blieben, zerdreht waren, und daß sie, später ausgerissen, sich mehrere Male in den Vertiefungen herumgedreht hatten, welche bei ihrem Ausreißen entstanden. Am Rande des Wirbels waren die Bäume glatt abgebrochen" (Nr. 128). Bei Nr. 177 waren sogar „die meisten nicht geknickt, sondern gegen die Sonne entzweigedreht". Auch bei der Trombe Nr. 102 wurden die Baumstämme zerdreht und in Lamellen aufgespalten. Bei Nr. 208 wurde an einem starken Baum der Beginn dieser Splitterung in Gestalt eines den ganzen Stamm durchsetzenden vertikalen Risses beobachtet, aus welchem noch ein Span des Innenholzes seitwärts heraussah, während bei einer Esche eine vollkommene „Desintegration (Zersplitterung sagt nicht genug)" beobachtet wurde. Oft springt auch nur die Rinde ab: „Mehrere Bäume waren fast ganz geschält, und zwar bis an ihre Spitzen" (Nr. 54). Bei Nr. 238 boten drei Bäume folgendes Bild: „Die Äste waren von oben nach unten abgerissen . . . Mit den Ästen wurde auch die Rinde nach unten gerissen, so daß zwei der Bäume kahl, wie geschält dastanden. Die Überreste waren Strünke mit nadelscharfen Splittern nach oben." Am weitaus sorgfältigsten sind aber die Untersuchungen, welche Martins über diese Spällung der Bäume bei der Trombe von Rouen-Monville machte [1]). Er faßte seine Beobachtungen hierüber in 11 Sätze zusammen, welche abgekürzt lauten:

1. Die gespällten Bäume befanden sich in der Mitte der Spur, wo sie etwa 90 m Breite einnahmen.

2. Die Spällung begann gewöhnlich $^1/_2$ m über dem Boden, selten am Boden selbst, noch seltener schon in den Wurzeln.

3. Die gespällte Strecke des Stammes maß zwischen 2,10 m und 7,50 m. Mittel 5 bis 6 m.

---

[1]) a. a. O.

4. Die Spällung erstreckte sich nie über die ganze Länge des Stammes und setzte sich nie in die Zweige fort, auch wenn diese aus einer vollkommen gespällten Strecke des Stammes entsprangen.

5. Meist waren nur $^3/_4$ oder $^1/_2$ des Stammquerschnittes gespällt. Der gespällte Teil lag bald auf der Seite, von der die Trombe kam, bald auf der anderen.

6. Mit Ausnahme von vier jungen Buchen waren alle gespällten Stämme außerdem noch gebrochen, und zwar in der Mitte der gespällten Strecke, etwa 3 m über dem Boden.

7. Der obere Teil hing stets noch mit dem unteren zusammen.

8. Ein gespällter Baum war nie zugleich entwurzelt oder an einer Stelle oberhalb oder unterhalb der Spällung gebrochen.

9. Die Holzsplitter und -leisten waren schon am folgenden Tage gänzlich ausgetrocknet.

10. Zwei Monate nach der Trombe zeigten Eichen und Buchen, deren Stämme nur zur Hälfte gespällt waren, auf der gespällten Seite dürre Zweige, auf der nicht gespällten aber grünes Laub.

11. An den gespällten Bäumen war die Rinde aufgerissen, aufgerollt oder ganz abgeworfen.

Die verschiedenen Laubholzarten verhalten sich verschieden. Am vollkommensten war die Spällung bei den Eichen, bei denen Martins drei Holzsplitter von 2,50 m, 2,27 m und 1,91 m Länge bei nur 8, 5 und 7 mm Breite messen konnte. Die Spällung der Buchen war etwas gröber, die Leisten hatten hier mindestens 2 bis 3 cm Breite. Die Spaltungsebenen waren wie bei den Eichen durch die Markstrahlen bestimmt. Bei den Buchen wurde die maximale Spällungslänge (7,50 m) beobachtet; außerdem wurden, wie schon erwähnt, vier Buchen von 6 bis 10 m Höhe gefunden, deren Stämme vom Boden bis 2—5 m Höhe zu $^1/_3$ oder $^1/_4$ ihres Querschnittes gespällt waren, ohne daß sie umgebrochen wären. Bei den Pappeln zerspringt das Holz mehr nach den Jahresringen statt nach den Markstrahlen, und bei den Espen hängen die einzelnen Splitter durch feine Fäden zusammen, „die dem ganzen Stamme das Ansehen eines Flachsbündels geben“. Bei Apfelbäumen kam keine deutliche Spällung vor; Kiefern, Tannen und Lärchen, also gerade diejenigen Bäume, welche leicht entwurzelt werden, wurden überhaupt nicht gespällt. Bei der Trombe von Monville (Nr. 108) wurde z. B. eine gespällte Buche zwischen zwei nicht gespällten Lärchen gefunden.

Was Martins über die Austrocknung dieser Holzsplitter sagt, sei hier wörtlich angeführt:

„Ein noch wesentlicheres Merkmal besteht darin, daß die Leisten und zündholzähnlichen Splitter sofort [?] nach dem Durchgang der Trombe vollständig ausgedörrt und saftleer erscheinen. Herr Preisser hat sich zu Montville am anderen Tage überzeugt, die HH. Decaisne und Bouchard[1]) zu Chatenay, Hr. de Gasparin[2]) an Pappeln, die die Windhose von Courthezon gespällt hatte. Die Trockniß der Splitter macht sie im höchsten Grade brüchig. Die einfachste Art, sich von dieser vollständigen Austrocknung zu überzeugen, ist die von Hrn. de Gasparin angewendete. Er brachte Bruchstücke von gespällten und ungespällten Pappeln zuerst in ein heißes Luftbad, dann unter die Glocke einer Luftpumpe. Eine sehr empfindliche Wage gab nicht den mindesten Gewichtsverlust des gespällten Holzes an, dagegen einen sehr bedeutenden des nicht gespällten. Hr. Darcet seinerseits fand nur 7 Proc. Wasser in den gespällten Bäumen von Chatenay; frisches Holz enthält aber 30 bis 40 Proc. Wasser, und sogar nach vier bis fünf Jahren findet man darin noch 24 bis 25 Proc.[3])."

Ein großes Interesse bieten endlich auch die unter 6. von Martins aufgeführten Bäume mit verdorrten Blättern. Schon früher war erwähnt, daß sie nicht selten zu dem Mißverständnis Anlaß gegeben haben, als seien sie verbrannt. Schon bei der Windhose von Öls (A 10) kommt dieses „versengte" Laub vor. Martins sagt darüber: „Zu Chatenay und Montville sind auch Bäume beobachtet worden, die noch aufrecht standen, deren sämtliches Laub aber schwarz oder verdorrt erschien." Bei Nr. 67 äußert der Berichterstatter zweifelnd: „Es wird zugleich behauptet, das Laub sey versengt worden, was indeß schwerlich constatirt ist." Bei Nr. 208 sah eine Hecke so aus, „als ob kochendes Wasser über sie ausgegossen wäre". Bei Nr. 166 heißt es: „Auf einigen Rübenfeldern, über welche das Phänomen sich fortbewegt habe, seien die jungen Rübenpflanzen total schwarz geworden." Es wird nicht gesagt, daß diese Feststellung gleich nach der Trombe

---

1) Compt. rend. **9**, 137.

2) Ebendort **12**, 1117 und **13**, 223.

3) Ebendort **19**, 2112 (1844).

gemacht wäre. Auch bei Nr. 6 verdorren Bäume und Kräuter, was von Peltier als Verbrennen ausgelegt wird. Bei Nr. 27 lesen wir: „Die Blätter der Weinreben waren versengt und verwelkt." Oder bei Nr. 34: „Überall, wo die Trombe vorüberzog, wurden der Weizen und Roggen und die Bäume versengt." Bei Nr. 219: „... bemerkte ich an vielen umgefallenen, sowie stehengebliebenen Bäumen, daß die Blätter wie versengt aussahen und bei Berührung zerfielen." Bei A 14 sah zwei Monate nach der Windhose die von ihr gebrochene Gasse „gegen den übrigen dunkelgrünen Buchwald ganz weißlich und als versenget aus". Mit aller wünschenswerten Deutlichkeit wird bei Nr. 78 berichtet: „Nichts ist von der Trombe verbrannt worden; man bemerkt nur, daß die Blätter der Hecken und Bäume, die nicht emporgehoben wurden und sich auf ihrem Weg befanden, verdorrt waren, als ob sie verbrannt waren." Bei Nr. 144 wird die offenbar richtige Erklärung dieser Erscheinung angegeben: „Diese zerrissenen, durchlöcherten, zum großen Theile von ihren Stielen abgerissenen Blätter waren geradezu charakteristisch für die Sturmbahn und fanden sich überall im Bereiche derselben. Die mit großer Kraft mitgeführten kleineren Steine und Kiesel, sowie die mechanische Gewalt des Sturmes selbst dürften die Erscheinung wohl hervorgerufen haben." In vielen Fällen wird auch wohl das Zerdrehen des Stammes die Ursache des schnellen Welkens sein.

Endlich sei noch einer besonders eigentümlichen Wirkung gedacht, welche bei der Mecklenburgischen Windhose A 14 zur Beobachtung gelangte und wohl auf die früher erwähnte Saug- oder Explosivwirkung zurückgeführt werden muß, nämlich das Ausziehen von halb vermoderten Baumstümpfen. Um den Verdacht der Unglaubwürdigkeit zu vermeiden, möge der ausführliche Bericht von Genzmer hier folgen:

„Ein eichener Stümmel, drey Fuß mit den Wurzeln hoch, und zween Fuß im Durchmesser dick ... mag nebst anderen ähnlichen Stümmeln die dritte Probe [der Kraft der Windhose] abgeben. Dieser machete mich besonders aufmerksam, zumal da ich auf meine gethane Anfrage erfuhr, daß derselbe gleichfalls nicht durch Menschenhände dahin gestellet worden sey ... Allein meine Verwunderung darüber ward bald hernach, ich weiß nicht, ob verringert, oder vergrößert, als ich auf dem nahe dabey ... gelegenen Acker, der vorher Waldung gewesen, und vor einigen Jahren ... urbar gemachet worden, weit mehrere dergleichen, und noch dickere ausgerissene eichene Stümmel hin und wieder, theils liegend, theils auf den Wurzeln stehend antraf, die wie ausgezogene Backenzähne — si fas est, magna componere paruis, auf dem Tische eines Marktschreyers ohne Ordnung herumlagen. Einer davon, der vier Fuß im Durchschnitte enthält, ist etwas weiter gegen Süden eben so behandelt, und auf den Wurzeln wieder aufrecht hingestellet worden; ohngeachtet ihn sechs Mann gewiß nicht würden aus der Erde herausgehoben haben, wenn sie auch selbige vorher rings herum weggegraben hätten. Wer dabey bedenket, daß solche abgehauene Stümmel höchstens nur einen Fuß hoch aus der Erde hervorragen; wie tief die Eichen mit ihren Wurzeln in der Erde zu stecken pflegen; wie fest sie folglich stehen müssen, und wie wenigen Ansatz der Wind an solchen kurzen runden Stämmen habe nehmen können: der wird diesen Umstand ... als die stärkesten Proben der ganz außerordentlichen Gewalt dieses Windwirbels ansehen und gelten lassen müssen."

Dazu in der Vorrede: „Dieses [die Zuverlässigkeit der Beobachtungen] gilt unter andern auch besonders von den ... mit ihren Wurzeln aus der Erde gerissenen Stümmeln (Stubben) der vor mehreren Jahren abgehauenen Bäume, welche vielen ganz unglaublich ja unmöglich vorgekommen sind. Einen von solchen Zweiflern habe ich damals durch den Augenschein zu überzeugen, Gelegenheit gehabt; indem die Löcher in der Erde auf dem gehaketen (umgepflügeten) Braachfelde, wo solche Stümmel gestecket hatten, und von welchen sie zehen, zwanzig und mehrere Schritte weggewälzet waren, ihn und einen jeden belehren konnten, daß keine Menschenhände dabey beschäfftiget gewesen; daß nichts umher gegraben oder gehacket sey; daß kein Hebebaum dabey angebracht worden, um solche auszuwuchten und hervorzuheben; und daß keine Fußtapfen in dem weichen Erdreiche von denen vorhanden waren, die sich mit dieser Arbeit sollten abgegeben haben ... Und endlich, warum hätten sie denn wohl diese Arbeit übernommen? Etwa Brennholz zu bekommen? Das ist in dortiger Gegend viel zu häufig, und manche große Stücke von alten Eichen liegen hin und wieder auf dem beackerten Felde herum, daß man daher gar nicht nöthig hat, Holz aus der Erde hervorzugraben. Oder vielleicht mir etwas aufzubinden? Woher wußten sie denn, daß genauere Nachfrage und Besichtigung wegen dieser Sache erfolgen würde? Oder wohl das Feld zu bequemerer Beackerung und besserer Nutzung zur Wintersaat zu reinigen? Warum hätten sie denn eben mitten in dem Striche des Windes diese Arbeit angefangen, und sie nicht außer demselben fortgesetzt? Warum hätten sie wohl die Stümmel selbst so weit von ihrem Standorte weggewälzet? Und warum wußte denn der Gutsherr nichts von dieser Anstalt?" Um „das Unglaubliche bey diesem ganzen Umstande zu mildern", fügt der Verfasser hinzu, daß die morschen Wurzelstümpfe oft nur sehr lose im Boden sitzen, und daß in den Löchern noch viel Reste dieses morschen Holzes steckte.

Fünfzehntes Kapitel.

Ansichten über die Entstehung der Tromben.

Nur die hauptsächlichsten Theorien sollen im folgenden kurz besprochen werden.

Am wenigsten brauchen wir uns bei der **vulkanischen Theorie** aufzuhalten, welche von Buffon und Lemery aufgestellt wurde. Sie glaubten in dem Wolkenschlauch eine vulkanische Rauchsäule zu sehen, und namentlich der Fuß der Wasserhosen besitzt ja, wenn man ihn aus gehöriger Entfernung betrachtet, in der Tat einige Ähnlichkeit mit einem tätigen unterseeischen Vulkan. Bei der Widerlegung dieser auf grober Unkenntnis beruhenden Ansicht machte man merkwürdigerweise von dem nächstliegenden Gegengrund, dem Fortschreiten der Tromben, gar nicht Gebrauch. Um auch einer Entstehung von oben herab Rechnung zu tragen, macht Buffon die Annahme, daß „durch Entzündung der in einer Wolke enthaltenen schwefligen Materie sich ein Luftstrom bildet, der senkrecht von der Wolke zum Meer herabsteigt", wodurch dann „alle wässerigen Teile, die die Wolke enthält, dem Luftstrom folgen und eine Trombe bilden, welche vom Himmel auf das Meer herabfällt". Noch 1744 vertritt Jallabert gelegentlich seiner Beschreibung einer Wasserhose die Annahme unterirdischer vulkanischer Wirbel, und sogar noch 1878 finden wir in den von Mansuy veröffentlichten Beobachtungen und Ansichten des Kapitäns Seaman die ganz ähnliche (durch ein Experiment erläuterte) Vorstellung, daß sich zunächst durch Einströmen des Wassers in unterirdische Hohlräume ein in der Achse leerlaufender Wasserstrudel bilde, durch dessen axialen Kanal die Dämpfe des Hohlraumes emporsteigen und als vulkanische Wolkensäule sichtbar werden.

Auch die **Platzregen-Theorie** von Eeles[1]) verdient kaum eine Erwähnung; die Trombe soll nur einen eng begrenzten, aber sehr heftigen Regenguß darstellen, und die trichterförmige Verjüngung nach unten eine Folge der gegenseitigen Anziehung der fallenden

[1]) Schreibweise nach Peltier; Muncke schreibt Eelers; Bonnafont schreibt diese Theorie einem Professor Telles zu.

Tropfen sein. Das Bild, welches dieser Erklärung zugrunde liegt, ist wohl das der Fallstreifen, welche bisweilen von einem a-cu herabhängend eine trichterförmige Gestalt annehmen, weil ihr mittelster Teil naturgemäß am spätesten der Auflösung in der nicht gesättigten unteren Schicht verfällt. Ich habe selber in Grönland eine a-cu-Wolke gesehen, bei der ich im Zweifel war, ob die herabhängenden Zapfen Fallstreifen oder kondensierende Wirbel waren. Freilich muß man Muncke beipflichten, wenn er Eeles Unkenntnis der Tatsachen vorwirft.

Fast ebenso bizarr wie die bisherigen erscheint uns heute die **elektrische Theorie.** Aber schon die große Zahl ihrer Vertreter (Beccaria 1753 mit Versuchen, Brisson 1767, Cavallo mit Versuchen, Reimarus, Michaud, Horner, Young, Hare, Pohl, Peltier 1840 mit Versuchen, Becquerel, Martins u. a.) zwingt uns, etwas näher darauf einzugehen. Zunächst dachte man, daß die elektrisch geladene Gewitterwolke vom Erdboden angezogen würde und sich deshalb in Gestalt eines Trichters herabsenke, der den Ausgleich vermittele. Auf See, meinte man, höbe sich die angezogene Wasseroberfläche ihrerseits dem Wolkenschlauch entgegen, und man glaubte in den Beobachtungen Belege dafür zu finden, daß im Augenblick der Berührung ein Blitz in der Trombe sichtbar werde. Diesen Vorgang ahmte man im kleinen mit einem benetzten Konduktor nach, den man einer Wasseroberfläche näherte. Die emporgerissenen, oft zur Wolkenhöhe emporgehobenen Gegenstände verglich man mit den tanzenden Kügelchen zwischen zwei entgegengesetzt geladenen Platten. Die immerhin erhebliche Lebensdauer der Tromben zwang dann zur Annahme einer dauernden elektrischen Strömung; man stellte die Ansicht auf, es gebe zwei Arten des Elektrizitätsausgleiches beim Gewitter: die plötzliche des Blitzes und die kontinuierliche der Tromben. Die Rotation der Tromben sei eine Wirkung des Erdmagnetismus auf diesen vertikalen Strom. Ebenso bewirke der Erdmagnetismus, daß die Tromben von WSW nach ENE, d. h. senkrecht zum magnetischen Meridian, fortschreiten (was der Betreffende zufällig in einem Falle festgestellt hatte). Die angebliche Lichterscheinung des Staubfußes, die wir oben als wesentlich auf einer optischen Täuschung beruhend erkannt haben, wurde als elektrische Flamme ausgelegt, und spätere Autoren scheinen auch mit der Vorstellung geliebäugelt zu haben, durch den luftverdünnten Raum im Inneren der Trombe könne ein mit Leuchterscheinung verbundener elektrischer Ausgleich ähnlich wie in Geißler-Röhren hindurchgehen. Weil Peltier nach dem Vorübergang einer Trombe tote Fische in einem Teich gefunden hatte (freilich der einzige derartige Fall!), schloß man, daß diese durch den elektrischen Strom getötet seien. Alles rätselhafte, insbesondere die gespällten Baumstämme, wurden auf Elektrizität zurückgeführt, welche hier durch starke Erhitzung des als Leiter benutzten Stammes das in ihm enthaltene Wasser zur Explosion gebracht haben sollte. Die verdorrten Blätter erklärte man für versengt durch die elektrische Flamme. Der „schweflige" Geruch wurde mit dem des Blitzes und der Elektrisiermaschine verglichen.

Die elektrische Theorie fand ihre Hauptvertreter in Frankreich, von wo auch die meisten jener Beschreibungen stammen, welche sich zugunsten dieser Theorie auslegen lassen. In Deutschland bevorzugte man die später zu besprechenden mechanischen und thermodynamischen Theorien, jedoch ohne die elektrische ganz zu verwerfen. In Amerika fand die letztere immerhin so viel Anhänger, daß Finley sich noch 1887 zu umständlichen Widerlegungen veranlaßt sah.

Zu den heute als unmöglich zu bezeichnenden Erklärungsversuchen[1]) ist auch die erst 1913 von Hess ausgearbeitete und in der Meteorologischen Zeitschrift zustimmend besprochene **Wogentheorie** zu zählen. Sich unvorsichtigerweise auf Peltier stützend, geht dieser Autor von der unrichtigen Annahme aus, es gebe Wolkenschläuche ohne Rotation, und deutet die Abbildungen vom Raths (Fig. 2, S. 31) in der Weise, daß er mehrere wie die Finger einer Hand neben einander in einer Reihe stehender Wolkenschläuche annimmt. Zur Entstehung einer solchen Schlauchreihe nimmt er eine Luftwoge an einer darüber gelegenen Schichtgrenze an, deren Kamm an einzelnen Punkten brandet und nun in einer freilich schwer verständlichen Weise die unter diesen Stellen befindlichen Luftsäulen zum Aufsteigen veranlaßt. Auch auf diese Theorie kann nicht weiter eingegangen werden.

---

[1]) Wir haben nicht alle aufgezählt. Aber z. B. auf Kastners Frage: „Ob wohl die Wettersäulen aus Feuerkugelstoff in Gasform bestehen?" brauchen wir wohl nicht einzugehen.

Thermodynamische Theorie. Es bleiben noch zwei Theorien, die mechanische und die thermodynamische. Die letztere, die wir zunächst besprechen wollen, sieht in der Trombe einen aufstrudelnden Luftfaden, der die durch Sonnenstrahlung erhitzte bodennächste Luftschicht in größere Höhen hinauf befördert. Die Rotation wird dabei als Begleiterscheinung aufgefaßt, wobei an den trichterförmigen Wasserwirbel erinnert wird, der sich über der Ausflußöffnung am Boden eines Wassergefäßes bildet. Da diese Vorstellung anscheinend für die Kleintromben wesentlich zutrifft [1], und man diese nicht von den Großtromben trennte, war man imstande, manche Beweise aus den Beobachtungen zu beschaffen. Schon 1753 vertrat Franklin diese Ansicht, 1786 desgleichen Oliver. Ferner sind zu nennen Ogden, Defrance, Espy 1840, Reye 1872, Hildebrandsson 1876, Mohn, Hoffmeyer, Ferrel 1886, Sprung 1885, Bigelow 1907 u. a. Wie man sieht, hat gerade eine große Zahl der bedeutendsten Fachmeteorologen diese thermodynamische Theorie vertreten, ja man kann sagen, daß sie in der zweiten Hälfte des 19. Jahrhunderts, namentlich seit der geschickten Darstellung von Reye, durchaus die herrschende war. Wir wollen hier nur auf die Ausführungen von Ferrel und Sprung näher eingehen, welche dauernd wertvolles enthalten.

Beide Autoren nehmen an, daß die Luftteilchen unter Erhaltung ihres Rotationsmomentes sich der Achse nähern, daß also das Rotationssystem bestimmt ist durch die Gleichung:

$$v \, . \, r = \text{konst.}$$

Wenn dann für den Abstand $r_0 = 1000\,\text{m}$ von der Trombenachse ein Zahlenwert für die hier herrschende Geschwindigkeit v_0 angenommen wird, läßt sich für gegebene Feuchtigkeitsverhältnisse aus dieser Gleichung die Breite der kondensierenden Säule, und zwar in allen Höhen, also die gesamte Form des Wolkenschlauches, berechnen. Vorausgesetzt wird dabei, daß die Wolkenbasis neben der Trombe einfach den Beginn der Kondensation beim Aufsteigen vom Erdboden darstellt. So ergeben sich die

[1] Mit dem bereits auf S. 7 gemachten Vorbehalt, daß für das Zustandekommen einer einheitlichen Rotation noch bestimmte Vorbedingungen, vermutlich eine bestimmte Windschichtung, gegeben sein müssen.

beiden Abbildungen Fig. 83 u. 84 für die dabei angegebenen Ausgangsbedingungen (v_0 Geschwindigkeit in 1000 m Achsenabstand, τ_0 Temperatur, τ Taupunkt der Luft außerhalb der Trombe am Erdboden). Zahlenmäßig ergibt sich der Radius der kondensierenden Säule in den beiden Beispielen zu 13 und 10 m, wozu die Geschwindigkeiten 100 und 156 m p. s. gehören. Diese Geschwindigkeiten müssen mindestens in den beiden Tromben vorkommen, damit auch am Boden Kondensation eintritt. Auf Ferrels Ansicht, daß in der oberen Verlängerung der Trombe der Schauplatz der Hagelbildung zu suchen sei, brauchen wir nicht einzugehen, da ihre Unhaltbarkeit auf der Hand liegt.

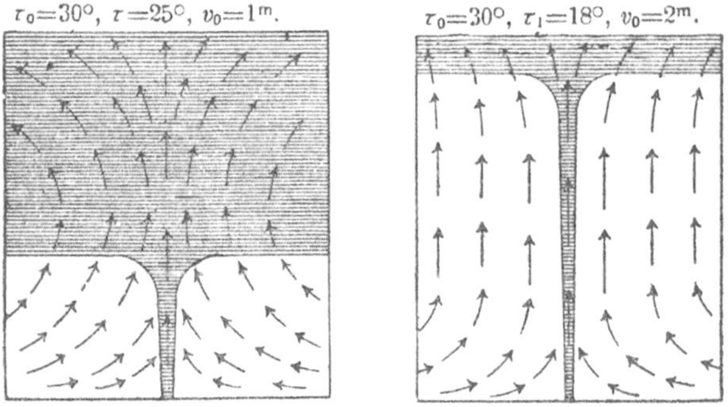

Fig. 83 u. 84. Theoretische Trombenformen für die oben angegebenen Ausgangswerte, nach Ferrel.

Übrigens haben sowohl Ferrel wie Sprung bereits gewisse Bedenken gegen diese Theorie gehabt, weil die für das Aufsteigen nötige Wärme im Widerspruch stehe mit der für die Kondensation nötigen Abkühlung. Sie kommen deshalb zu dem Schluß, daß die Wärme nur den ersten Anlaß für das Aufsteigen gebe, während das dauernde Aufströmen in der Trombe durch ihre Reibung am Boden erzeugt werde [1]).

Dieser in der zweiten Hälfte des 19. Jahrhunderts gerade in den engeren Fachkreisen fast überall vertretenen thermodynamischen Trombentheorie steht ein namentlich von Faye erhobener Einwand entgegen, nämlich, daß der Trombenwirbel von oben

---

1) Sprung, Lehrbuch der Meteorologie, Hamburg 1885, S. 228.

herabwächst. Faye nahm aber fälschlich an, daß auch die Luft absteige, und setzte sich auf diese Weise mit den Beobachtungen in Widerspruch, weshalb er nur wenige Anhänger gewann. Da ein Teil seiner Vorstellungen aber unbestreitbar richtig war und im Widerspruch mit der thermodynamischen Theorie stand, finden wir eine Reihe von vermittelnden Erklärungsversuchen, die meist darauf hinauslaufen, daß es zwei Arten von Tromben, eine aufsteigende und eine absteigende, geben soll. Aus den Beobachtungen wurde angeführt, daß der Wasserstaubfuß der Wasserhosen mitunter auffällig verschieden entwickelt ist; auch das Vorhandensein oder Fehlen des Wasserturms gab Anlaß, einen solchen Unterschied zu konstruieren, und auch die direkten Wahrnehmungen über aufsteigende oder absteigende Bewegung in der Wolkensäule. Auch heute müssen wir ja zugeben, daß es cyklonisch und anticyklonisch rotierende Tromben gibt, und ebenso könnte man zwischen rechtsseitigen und linksseitigen Tromben unterscheiden. Allerdings haben wir bisher keinen Anhalt, zu glauben, daß auch ihr Bau verschieden sei.

Die thermodynamische Theorie nimmt an, daß das Aufstrudeln überhitzter Luftmassen eine notwendige und ausreichende Bedingung der Trombenbildung ist, d. h. daß ohne solches Aufstrudeln keine Trombe entstehen kann, und daß außer dem Aufstrudeln keine weiteren Ursachen zur Erklärung nötig sind. Beide Annahmen sind falsch. Wie Hirn und namentlich v. Hann in allen drei Auflagen seines großen Lehrbuches der Meteorologie betont hat, trifft das Aufstrudeln nur bei Kleintromben zu, während Wind- und Wasserhosen die durch Weiterwachsen herabkommenden Enden eines Wirbels sind, dessen Ursprung und Lage in höheren Schichten zu suchen ist. Aber auch die andere Annahme, daß ein solches Aufstrudeln eine hinreichende Erklärung der Wirbelbewegung abgebe, ist niemals bewiesen worden, ja offenbar unrichtig. Die Erfahrung lehrt das Gegenteil; der von der Zigarre aufsteigende Rauch, der Luftstrom über der Lampe, die vulkanischen Rauchsäulen, die Cumulus-Wolken — nichts von alledem rotiert um die vertikale Achse. Auch der bekannte Wirbeltrichter über der Ausflußöffnung eines Wassergefäßes bildet sich nicht, wenn das Wasser im Gefäß ganz in Ruhe war, und dem ausfließenden Strahl nicht durch seine Seitenwände eine Rotation mitgeteilt wird. Das Aufstrudeln ist also für Kleintromben anscheinend eine notwendige, doch nicht hinreichende Bedingung; für Wind- und Wasserhosen aber keins von beiden.

Mechanische Theorie. Die letzte Theorie, die wir besprechen müssen, und welche zugleich die heute wahrscheinlichste Erklärung der Tromben umfaßt, ist die mechanische, in welcher nicht wie bei der vorigen, die Wärmeverhältnisse als Ursache und die Rotation als Folge, sondern umgekehrt die Rotation, mechanisch oder hydrodynamisch entstanden, als Ursache der thermodynamischen Effekte betrachtet wird, die sich in der Kondensation der Wolkensäule äußern.

Diese Theorie ist zugleich die älteste, denn schon im Altertum wurden, namentlich von Lucretius [1]), Ansichten geäußert, welche als die ersten Anfänge einer mechanischen Theorie gelten können. Die Stelle lautet in der Übersetzung [2]) folgendermaßen:

„Übrigens ist hiernach leicht einzusehen, auf welche Weise der »Prester« [feuriger Wirbelwind], wie die Griechen ihn nach seinem Aussehen nennen, sich von oben auf das Meer herabsenkt. Es kommt nämlich mitunter vor, daß gleichsam eine herabhängende Säule vom Himmel auf das Meer herabsteigt, um welche herum die Meeresfläche von brausenden Windstößen gepeitscht wird und heftig aufschäumt; werden Schiffe von diesem Aufruhr ergriffen, so werden sie übel zugerichtet und kommen in die größte Gefahr. Die Erscheinung tritt bisweilen ein, wenn ein heftiger Windstoß die Wolke, gegen die er prallt, nicht durchstoßen kann; er zieht sie dann allmählich herab, bis eine Säule vom Himmel zum Meere herabhängt; es ist als ob eine Masse durch die Faust und mit Hilfe des Armes von oben her in wirbelnde Bewegung gesetzt würde und sich auf dem Meere ausbreitete; sobald diese Säule zerstiebt, bricht von ihr ein gewaltiger Wind auf das Meer hervor und erregt die Oberfläche zu einem unglaublichen Schäumen; unter ständigem Kreisen senkt sich nämlich der Wirbel und zieht dabei, selbst unsichtbar, jene Wolkensäule mit sich hernieder. Sobald er diese schwere Wolkenmasse auf die Meeresfläche heruntergewirbelt hat, wirft er sich plötzlich selber mit seiner ganzen Wucht

---

[1]) Lucretius **6**, 419—445. — Auch Plinius beschreibt im Kap. 49 und 50 des II. Buches die verschiedenen Lokalstürme, darunter die Trombe, desgl. Aristoteles im 1. Kap. des III. Buches seiner Meteorologie. Doch sind diese Beschreibungen weniger klar.

[2]) Ich habe versucht, eine neue sinngemäße Übersetzung zu geben. An einzelnen Stellen ist jedoch die Auffassung unsicher. Die mir vorliegende deutsche Übersetzung von K. L. von Knebel (in Versen) steht an Klarheit hinter dem lateinischen Text zurück.

auf das Wasser, wühlt die ganze Meeresfläche unter ungeheurem Brausen auf und verwandelt sie in Gischt.

Es kommt auch vor, daß der Wirbelwind sich selber in Staubwolken hüllt, indem er aus der Luft die Staubteilchen zusammenrafft, und dann den von oben herabsteigenden Prester gleichsam nachahmt. Wo dieser sich auf das Land herabläßt und zerstiebt, entfesselt er einen maßlos heftigen Wirbelsturm. Da er aber überhaupt eine seltene Erscheinung darstellt, und auf dem Lande die Gebirge den Blick behindern, ist dieser Wirbelwind häufiger auf dem Meere zu beobachten, wo der Blick weiter reicht und der Himmel weniger abgedeckt ist[1]).“

Man beachte, daß hierin die Ähnlichkeit mit dem Feuerbrande, ferner das allmähliche Weiterwachsen von oben nach unten, der unsichtbare, die Wolkensäule umkreisende Wirbel, das explosionsartige Aufschäumen des Wassers, wenn die Wolkensäule es erreicht, ferner die Wesensgleichheit der Wind- und Wasserhosen, und das Vorwiegen der aufsteigenden Bewegung bei Windhosen

---

[1]) „Quod superest, facile est ex his cognoscere rebus,
Πρηστῆρας Graii quos ab re nominitarunt,
In mare qua missi veniant ratione superne;
Nam fit ut interdum tanquam demissa columna
In mare de coelo descendat, quam freta circum
Fervescunt graviter spirantibus incita flabris;
Et quaecunque in eo tum sunt deprensa tumultu
Navigia, in summum veniunt vexata periclum:
Hoc fit, ubi interdum non quit vis incita venti
Rumpere, quam coepit, nubem; sed deprimit, ut sit
In mare de coelo tanquam demissa columna
Paulatim, quasi quid pugno brachiique superne
Conjectu trudatur et extendatur in undas;
Quam cum discidit, hinc prorumpitur in mare venti
Vis, et fervorem mirum concinnat in undis;
Versabundus enim turbo descendit, et illam
Deducit pariter lento cum corpore nubem:
Quam simulac gravidam detrusit ad aequora ponti
Ille in aquam subito totum se immittit, et omne
Excitat ingenti sonitu mare fervere cogens.
Fit quoque, ut involvat venti se nubibus ipse
Vortex, conradens ex aere semina nubis,
Et quasi demissum coelo prestera imitetur:
Hic ubi se in terras demisit dissolvitque,
Turbinis immanem vim provomit atque procellae;
Sed quia fit raro omnino, montesque necesse est
Officere in terris, apparet crebrius idem
Prospectu maris in magno coeloque patenti.“

in einer Weise geschildert wird, die bereits eine große Vertrautheit mit der Erscheinung verrät. Der unsichtbare Wirbel, der den Wolkenschlauch herabwirbelt, wird — wenn die Übersetzung des gerade hier nicht ganz klaren Textes richtig ist — mit dem Arm verglichen, der das Wasser in einem Gefäß umrührt. So primitiv dieser Vergleich ist, so zeigt er doch deutlich, daß der Vorgang als ein rein mechanischer oder hydrodynamischer aufgefaßt wurde.

Andoque hat im Jahre 1727 die Ansicht geäußert, der Trombenwirbel entstehe durch zwei entgegengesetzte Winde, die in mäßiger Entfernung von einander wehen und die zwischen ihnen ruhende Luft zur Wirbelbildung veranlassen. Andere nennen als Urheber dieser Meinung auch Stuart, der 1702 die Hohlröhrenform der Wolkensäule hervorhob, und in jüngster Zeit hat Defant (1913) wiederum diese Ansicht ausgesprochen. Wir haben bereits auf S. 155 ff. gezeigt, daß zwar einige Beobachtungen für diese Ansicht zu sprechen scheinen, daß aber die Mehrzahl nicht damit vereinbar ist. Wie dort ausführlich erörtert wurde, ist die herangezogene Bedingung — die zwei entgegengesetzten Winde — weder notwendig noch hinreichend, um die Tromben zu erklären; ersteres nicht, weil viele Tromben unter anderen Windverhältnissen beobachtet werden, und letzteres nicht, weil sich an einer gewöhnlichen Schichtgrenze, an der die Bedingung erfüllt ist, noch durchaus keine Trombe bildet. Es gehört vielmehr durchaus ein Cumulo-Nimbus dazu, um eine Wind- oder Wasserhose zu erzeugen.

Der hervorragendste unter den älteren Vertretern der mechanischen Theorie ist Oersted[1]), welcher für seine Zeit ungewöhnlich richtige Anschauungen hegte. Die Anhänger der elektrischen Theorie schlug er mit ihren eigenen Waffen: Menschen, die in die Trombe geraten, erhalten keinen elektrischen Schlag, und Schiffskompasse in der Nähe von Wasserhosen werden nicht abgelenkt. Von seinen eigenen Sätzen sei folgendes hervorgehoben: Stets gehört eine Wolke zu der Trombe. Die letztere ist oft bis auf ihr oberes und unteres Ende unsichtbar. Es gibt in ihr eine aufsteigende und gleichzeitig eine absteigende Bewegung, deren Abstand von

---

[1]) Schumachers Jahrb. f. 1838, S. 228 und Bibl. univers., Sept. 1839, Nr. 45, S. 145.

der Achse verschieden ist. Auch die durchsichtige Luft außerhalb der Wolkensäule nimmt an der Wirbelbewegung teil. Die Trombe erzeugt eine Vertiefung in der Wasseroberfläche. Froschregen und dergleichen stammen von Tromben. Weder unter der Erd- oder Wasseroberfläche noch auf ihr sind die Bedingungen für die Erzeugung der Trombe zur Stelle, und diese muß deshalb ihren Ursprung in den oberen Regionen haben. In der Achse des Wirbels entsteht durch Zentrifugalkraft ein luftverdünnter Raum, in welchen dicht über dem Boden die Luft stark einströmt. Freilich verfiel auch Oersted dem verbreiteten Irrtum, daß die Hageltürme eine Art Tromben ohne Fuß seien. Von besonderem Interesse ist, daß Oersted die Vorstellung der zwei entgegengesetzten Winde ausdrücklich ablehnt, weil nach den Beobachtungen die Tromben sich vorwiegend in ruhiger Luft bilden. Mit der Verlegung des Ursprungs in höhere Schichten läßt er die Frage nach der Entstehung selber offen.

Von neueren Autoren sucht Hirn den Ursprung der Tromben in höheren Schichten ohne nähere Angaben. v. Hann nimmt ihn — für die nordamerikanischen Tornados — „unter dem Cirrus-Niveau und oberhalb der Region der unteren mächtigen Haufenwolkenbildungen“ an. Die Ansicht, daß der Trombenwirbel in der Höhe umbiegt und horizontal weiterlaufend mit dem Böenwirbel identisch ist, ist von W. Krebs und von mir vertreten worden. Wie bereits im elften Kapitel ausgeführt wurde, läßt sich für viele Tromben in der Tat der Nachweis führen, daß der Wirbel in der untersten Wolkenetage geschlossen umbiegt und auf eine Strecke, die bisweilen das Zehnfache des vertikalen Stückes ausmacht, horizontal verläuft. Aber es wurde doch auch gezeigt, daß es fraglich ist, ob alle Tromben diesen Bau haben. Gewisse Anzeichen deuten darauf hin, daß sich der Wirbel an der Stelle, wo er umbiegt, oft in eine Anzahl von Teilwirbeln auflöst, welche parallel und horizontal neben einander herlaufen, so daß der einheitliche Wirbel nur in dem vertikalen Stück besteht. Jedenfalls läßt sich über die Beziehungen des horizontalen Teiles der Trombe zur Böe gegenwärtig noch um so weniger etwas aussagen, als über die Natur der Böe selber noch keineswegs die Akten geschlossen sind. Die von Wilhelm Schmidt ausgeführten Experimente haben ein ganz neues Licht auf diese letztere Erscheinung geworfen und es wahrscheinlich gemacht, daß es verschiedene Arten von Böen gibt, deren Natur zunächst genauer erforscht werden muß, bevor das Verhältnis der Trombe zu ihnen ermittelt werden kann.

Die Beobachtungen scheinen anzudeuten, daß es nicht der fallende Niederschlag, sondern das Aufschießen des Cumulo-Nimbus ist, welches den Anlaß zur Trombenbildung gibt, und daß wahrscheinlich eine markante Windschichtung nötig ist, bei deren Durchbrechung von unten her der Wirbel entsteht. Für diese Auffassung, die mir gegenwärtig die größte Wahrscheinlichkeit zu besitzen scheint, spricht namentlich ein bisher in diesem Zusammenhange unbeachtet gebliebener Versuch von Vettin[1]), welcher folgendermaßen beschrieben ist:

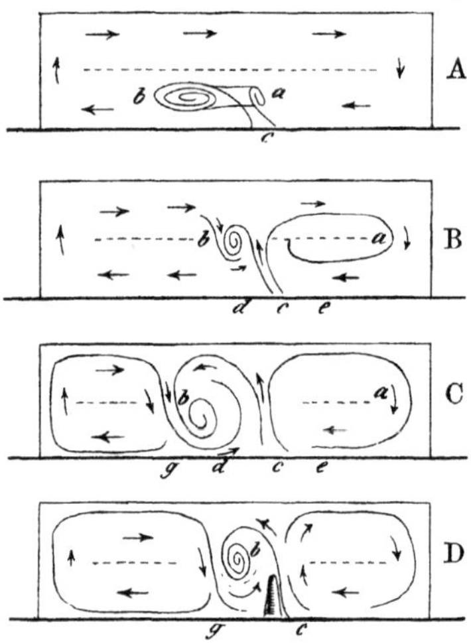

Fig. 85 A bis D. Versuch von Vettin: Wirbelbildung bei Durchbrechung einer Windgrenze.

In einem länglichen Glaskasten (Fig. 85) wird eine Zirkulation der Luft dadurch herbeigeführt, daß ein größeres Stück Eis in das eine Ende desselben gelegt wird. Die Luft, deren Bewegung durch Tabaksrauch sichtbar gemacht wird, zerfällt dann in zwei Schichten mit entgegengesetzter Bewegung. Erwärmt man nun den Gefäßboden am Punkte *c*, so daß sich die Luft hier in der bekannten Pilzform erhebt, so wird der entstehende Wirbelring, wie Fig. 85 A zeigt, auf der Leeseite, bei *b*, stark auseinandergezogen, also seine Rotation geschwächt, auf der Luvseite, bei *a*, dagegen verengt. Treibt man nun die Erwärmung so weit, daß die Schichtgrenze durchbrochen wird (Fig. 85 B), so wird der Wirbelring an der jetzigen Leeseite *a* wiederum auseinandergezogen und geht mehr und mehr in einen flächenhaften Gleitwirbel über. „Dagegen zieht sich der vorher erweiterte Rand (*b*) zusammen, indem

---

[1]) Vettin, Meteorologische Beobachtungen, Pogg. Ann. d. Phys. **102**, 246, 1857.

die Bewegung seines oberen Theils der oberen Strömung entgegenläuft. Zugleich wird seine Rotation beschleunigt durch die bei *b* herabstürzende Luft. Es bilden sich an dieser Stelle Rollen oder Schläuche, welche sich um ihre horizontale Achse wälzen, und die, wenn die Erwärmung bei *c* nachläßt, mit dem absteigenden Luftstrom herabgerollt werden und endlich zerfallen." (Fig. 85 C). Die unterste Figur (D) zeigt ein neben der Erwärmungsstelle angebrachtes Stückchen Holz, durch welches die Ausbildung dieses Wirbels besonders begünstigt wird [1]).

---

[1]) Es ist möglich, daß sich noch andere Versuche vorfinden, welche zur Klärung der Frage beitragen können. Die Literatur darüber ist sehr zerstreut. Außer den schon früher angegebenen, unter denen diejenigen von Weyher die erste Stelle einnehmen, habe ich noch folgende Arbeiten gefunden:

Wilcke (Kongl. Vetenskaps Akad.s nya Handlingar 1780, 1782, 1785; Referat in Zeitschr. d. Österr. Ges. f. Met. **11**, 221, 1876) erzeugte einen Wirbel im Wasser, indem er an einer über dem Wasser rotierenden Scheibe einen exzentrischen Stift anbrachte, der in das Wasser hineinragte und dasselbe umrührte. Durch am Boden des Gefäßes abgelagerte geschlemmte Kreide wurde die aufsteigende Bewegung in dem so erzeugten Wirbel sichtbar. Durch Anbringung der Scheibe am Boden des Gefäßes und Bedecken des Wassers mit einer Schicht Wein oder Öl konnte umgekehrt ein absteigender Wirbel erhalten werden.

Graf Xavier de Maistre (Bibl. univ. de Génève **3**, 226) erzeugte einen Wirbel mittels eines Mühlenrädchens aus zwei Brettchen von 2 Zoll Höhe und 1,5 Zoll Breite. Als Flüssigkeit benutzte er zunächst Öl mit einer dünnen Wasserschicht am Boden, die dann als Säule aufstieg. Mit Wasser allein machte er die Bewegung sichtbar, indem er grob pulverisierten Kopal hineintat, oder auch kleine Stückchen Schellack. Brachte er die Mühle unten an, so erhielt er absteigende Bewegung; brachte er sie in der Mitte an, so konnte er durch Hineinwerfen von etwas zerstoßenem blauen Glas in das Wasser und durch eine obenauf schwimmende Ölschicht die aufsteigende Bewegung der unteren und die absteigende der oberen Hälfte gleichzeitig sichtbar machen (nach Muncke).

Andries (Zeitschr. d. Österr. Ges. f. Met. **17**, 307, 385 und **18**, 113, 156) erzeugte Wirbel, indem er mit freier Hand ein Brettchen von 2,5 cm Breite durch das Wasser führte; die Bewegung wurde durch Zigarrenasche sichtbar gemacht. — Ferner sind zu nennen:

G. A. Hirn, Étude sur une classe particulière de tourbillons. Paris 1878.

Dechevrens, Compt. rend. **105**, 1286, 1887.

Daß eine solche immerhin auffällige und nach unseren aerologischen Erfahrungen nicht sehr häufige Windschichtung für die Trombenbildung nötig wäre, würde nicht nur zu ihrer Seltenheit passen, sondern insbesondere auch zu der bei den amerikanischen Tornados beobachteten Wetterlage.

Allerdings muß wohl eine Bestätigung und ein weiterer Ausbau dieses Vettinschen Versuches abgewartet werden, ehe die Richtigkeit dieser Erklärung als erwiesen betrachtet werden darf.

— Zum Schluß sei noch auf die Verwandtschaft der atmosphärischen Tromben mit den Mahlströmen, den echten Großtromben der Hydrosphäre, hingewiesen. Es ist eine bedauerliche Tatsache, daß diese seit alters her bekannten Erscheinungen noch fast gar nicht wissenschaftlich erforscht sind. In den norwegischen und isländischen Segelanweisungen ist nicht viel mehr als ihr Ort angegeben, und selbst in dem so ausführlichen „Handbuch der Hydrographie“ von Krümmel sucht man vergeblich mehr als den Namen. Die benachbarte Bevölkerung ist aber, wie ich selbst feststellen konnte, ganz vertraut mit dem rhythmischen An- und Abschwellen ihrer Rotationsgeschwindigkeit im Takt der Gezeiten; sie weiß genau, wann sie ungestraft mit Ruderbooten das im Wirbeltrichter sich sammelnde Treibholz abholen kann, und wann wiederum

---

Colladon (Compt. rend. **104**, 18. April und **105**, 17. Nov. 1887) ließ ein Schaufelrad in mittlerer Höhe im Wassergefäß rotieren und erhielt unter ihm eine aufsteigende, über ihm eine absteigende Bewegung. — Ferner:

Mascart, Journ. de Phys. **8**, 557, 1889.

W. H. Dines (Experiment illustrating the formation of the Tornado cloud, Quart. Journ. R. Met. Soc. **22**, 71, 1896) bringt eine neue, originelle Anordnung des Weyherschen Vorlesungsversuches der künstlichen, in Luft erzeugten Trombe: Statt ein Windrädchen an der Decke des Luftkastens zu benutzen, saugt er nur die Luft durch eine oben in der Mitte angebrachte Öffnung schnell ab; die an zwei offenen Vertikalkanten des Kastens einströmende Luft wird durch die Form

der Öffnungen (vgl. nebenstehenden Grundriß) zur Rotation gebracht, und der Luftwirbel wird, wie bei Weyher, durch den Dampf einer erhitzten Wasserschale sichtbar gemacht. Dines erhielt von dieser Erscheinung Photographien, welche die Röhrenform der Dampfsäule erkennen lassen.

Ferner sei auch verwiesen auf Auerbach in Winkelmanns Handb. d. Phys., 2. Aufl., **1** (2. Hälfte), 1047 ff.

selbst die modernen Küstendampfer, wenn sie hineingeraten, von dem Strudel willenlos im Kreise herumgeführt werden. Auch die Meteorologen müßten dafür dankbar sein, wenn die Erforschung dieser Erscheinungen endlich in Angriff genommen würde; denn wenn auch die Mahlströme durch ihre unveränderliche Lage verraten, daß das Bodenrelief bei ihrer Entstehung eine wesentliche, vielleicht die entscheidende Rolle spielt, so liegt doch auf der Hand, daß auch die Kenntnis der stets nur zufällig zu beobachtenden Wind- und Wasserhosen von einer solchen systematischen Untersuchung der Mahlströme mancherlei Anregung und Förderung zu erwarten hätte.

3000. I. 17.

48. **Meyer**, Kirstine, **Die Entwickelung des Temperaturbegriffs im Laufe der Zeiten, sowie dessen Zusammenhang mit den wechselnden Vorstellungen von der Natur der Wärme.** Aus dem Dänischen übersetzt von Irmgard Kolde und mit einem Vorwort von E. Wiedemann. Mit 21 Abbildungen. 1913. Preis geh. 4 *M*, geb. 4,80 *M*.

49. **Konen**, Prof. Dr. H., **Das Leuchten der Gase und Dämpfe mit besonderer Berücksichtigung der Gesetzmäßigkeiten in Spektren.** Mit 33 Abbildungen im Text und 1 Tafel. 1913. Preis geh. 12,50 *M*, geb. 13,50 *M*.

50. **Drude**, Prof. Dr. O., **Die Ökologie der Pflanzen.** Mit 80 eingedruckten Abbildungen. 1913. Preis geh. 10 *M*, geb. 11 *M*.

51. **Bauer**, Dr. Hugo, **Der heutige Stand der Synthese von Pflanzenalkaloiden.** 1913. Preis geh. 4,50 *M*, geb. 5,20 *M*.

52. **de Haas-Lorentz**, Dr. G. L., **Die Brownsche Bewegung und einige verwandte Erscheinungen.** Von der Verfasserin ins Deutsche übersetzt. 1913. Preis geh. 3,50 *M*, geb. 4,20 *M*.

53. **Rosenthal**, Prof. Dr. Werner, **Die tierische Immunität.** Mit einer Abbildung im Text. 1914. Preis geh. 6,50 *M*, geb. 7,20 *M*.

54. **Study**, Prof. Dr. E., **Die realistische Weltansicht und die Lehre vom Raume.** Geometrie, Anschauung und Erfahrung. 1914. Preis geh. 4,50 *M*, geb. 5,20 *M*.

55. **Martens**, Dr. F. F., **Physikalische Grundlagen der Elektrotechnik.** Zweiter Band: Dynamomaschinen, Transformatoren und Apparate für drahtlose Telegraphie. Mit 289 Abbild. 1915. Preis geh. 12,80 *M*, geb. 14,— *M*.

56. **Timerding**, H. E., **Die Analyse des Zufalls.** Mit 10 Abbildungen. 1915. Preis geh. 5,— *M*, geb. 5,80 *M*.

57. **Lipschütz**, Alexander, **Allgemeine Physiologie des Todes.** Mit 38 Abbild. 1915. Preis geh. 6,— *M*, geb. 6,80 *M*.

58. **von Linden**, Prof. Dr. Gräfin, **Parasitismus im Tierreich.** Mit 102 Abbild. und 7 Tafeln. 1915. Preis geh. 8,— *M*, geb. 9,— *M*.

59. **Jänecke**, Prof. Dr. Ernst, **Die Entstehung der deutschen Kalisalzlager.** Mit 24 Abbildungen. 1915. Preis geh. 4,— *M*, geb. 4,80 *M*.

60. **Wegener**, Prof. Dr. Alfred, **Wind- und Wasserhosen in Europa.** Mit 1 Titelbild u. 85 Abbildungen. 1917. Preis geh. 12,— *M*, geb. 13,60 *M*.

61. **Sapper**, Prof. Dr. Karl, **Geologischer Bau und Landschaftsbild.** Mit Abbildungen. Erscheint Frühjahr 1917.

Weitere Bände befinden sich in Vorbereitung.

GPSR Compliance

The European Union's (EU) General Product Safety Regulation (GPSR) is a set of rules that requires consumer products to be safe and our obligations to ensure this.

If you have any concerns about our products, you can contact us on ProductSafety@springernature.com

In case Publisher is established outside the EU, the EU authorized representative is:

Springer Nature Customer Service Center GmbH
Europaplatz 3
69115 Heidelberg, Germany

Batch number: 10577919

Printed by Printforce, the Netherlands